新一代人工智能系列教材

智能之门
神经网络与深度学习入门
（基于Python的实现）

胡晓武　秦婷婷　李超　邹欣　编著

高等教育出版社·北京

内容提要

本书是作者在总结多年的实际工程应用经验的基础上编著而成的,是一本面向本科生的神经网络与深度学习的入门教材。通过阅读本书,读者可以掌握神经网络与深度学习的基本理论,并通过大量的代码练习,在做中学,提高将理论知识运用于实际工程的能力。

本书内容丰富,以"提出问题－解决方案－原理分析－可视化理解"的方式向读者介绍了深度学习的入门知识,并总结了"9步学习法",分为基本概念、线性回归、线性分类、非线性回归、非线性分类、模型推理与应用部署、深度神经网络、卷积神经网络以及循环神经网络9个步骤,对神经网络和深度学习进行了系统全面的讲解。

本书既可以作为高等院校计算机、人工智能等专业的教学用书,也可供对深度学习感兴趣的研究人员和工程技术人员阅读参考。

新一代人工智能系列教材编委会

主　　任　潘云鹤（中国工程院）

副主任　郑南宁（西安交通大学）　　高　文（北京大学）

　　　　　吴　澄（清华大学）　　　　陈　纯（浙江大学）

　　　　　林金安（高等教育出版社）

成　　员　王飞跃（中科院自动化所）　李　波（北京航空航天大学）

　　　　　周志华（南京大学）　　　　吴　枫（中国科学技术大学）

　　　　　黄铁军（北京大学）　　　　周　杰（清华大学）

　　　　　刘　挺（哈尔滨工业大学）　薛建儒（西安交通大学）

　　　　　杨小康（上海交通大学）　　高新波（西安电子科技大学）

　　　　　刘成林（中科院大学）　　　薛向阳（复旦大学）

　　　　　古天龙（桂林电子科技大学）黄河燕（北京理工大学）

　　　　　于　剑（北京交通大学）　　何钦铭（浙江大学）

　　　　　吴　飞（浙江大学）

序

人工智能是引领这一轮科技革命、产业变革和社会发展的战略性技术，具有溢出带动性很强的头雁效应。当前，新一代人工智能正在全球范围内蓬勃发展，促进人类社会生活、生产和消费模式巨大变革，为经济社会发展提供新动能，推动经济社会高质量发展，加速新一轮科技革命和产业变革。

2017年7月，国务院发布了《新一代人工智能发展规划》，指出了人工智能正走向新一代。新一代人工智能（AI 2.0）的概念除了继续用电脑模拟人的智能行为外，还纳入了更综合的信息系统，如互联网、大数据、云计算等去探索由人、物、信息交织的更大更复杂的系统行为，如制造系统、城市系统、生态系统等的智能化运行和发展。这就为人工智能打开了一扇新的大门和一个新的发展空间。人工智能将从各个角度与层次，宏观、中观和微观地，去发挥"头雁效应"，去渗透我们的学习、工作与生活，去改变我们的发展方式。

要发挥人工智能赋能产业、赋能社会，真正成为推动国家和社会高质量发展的强大引擎，需要大批掌握这一技术的优秀人才。因此，中国人工智能的发展十分需要重视人工智能技术及产业的人才培养。

高校是科技第一生产力、人才第一资源、创新第一动力的结合点。因此，高校有责任把人工智能人才的培养置于核心的基础地位，把人工智能协同创新摆在重要位置。国务院《新一代人工智能发展规划》和教育部《人工智能科技创新行动计划》发布后，为切实应对经济社会对人工智能人才的需求，我国一流高校陆续成立协同创新中心、人工智能学院、人工智能研究院等机构，为人工智能高层次人才、专业人才、交叉人才及产业应用人才培养搭建平台。我们正处于一个百年未遇、大有可为的历史机遇期，要紧紧抓住新一代人工智能发展的机遇，勇立潮头、砥砺前行，通过凝练教学成果及把握科学研究前沿方向的高质量教材来"传道、授业、解惑"，提高教学质量，投身人工智能人才培养主战场，为我国构筑人工智能发展先发优势和贯彻教育强国、科技强国、创新驱动战略贡献力量。

为促进人工智能人才培养，推动人工智能重要方向教材和在线开放课程建设，国家新一代人工智能战略咨询委员会和高等教育出版社于2018年3月成立了"新一代人工智能系列教材"编委会，聘请我担任编委会主任，吴澄院士、郑南宁院士、高文院士、陈纯院士和高等教育出版社林金安副总编辑担任编委会副主任。

根据新一代人工智能发展特点和教学要求，编委会陆续组织编写和出版有关人工智能基础理论、算法模型、技术系统、硬件芯片和伦理安全以及"智能+"学科交叉等方面内容的系列教材，发布在线开放共享课程，以形成各具优势、衔接前沿、涵盖完整、交叉融合具有中国特色的人工智能一流教材体系。

"AI赋能、教育先行、创新引领、产学协同"，人工智能于1956年从达特茅斯学院出发，踏上了人类发展历史舞台，今天正发挥"头雁效应"，推动人类变革大潮，"其作始也简，其将毕也必巨"。我希望"新一代人工智能系列教材"的出版能够为人工智能各类型人才培养做出应有贡献。

衷心感谢编委会委员、教材作者、高等教育出版社编辑等为"新一代人工智能系列教材"出版所付出的时间和精力。

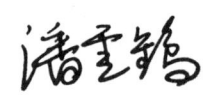

潘云鹤

前言

> What I cannot create, I do not understand.
>
> 如果我不能构建一个东西，那么我并没有真正理解它。
>
> ——物理学家理查德·费曼

2018 年初，本书的编写团队开始搭建微软亚洲研究院的人工智能教育平台，通过和高校的老师交流，了解到高校正面临着如下的挑战。

1. 人工智能技术栈复杂，新突破、新框架层出不穷，要"教"什么？是教数学基础，还是教即学即用的职业技能（例如模型调参技巧）？

2. 人工智能课程，在互联网上都能找到相应的课程或者讲义，那为何还要在课堂上面对面地授课？

3. 人工智能 = 算法 + 算力 + 数据，学校缺乏算力和数据，如何获取并管理有限的算力和数据，完成高质量的教学？

经过不断地探索和实践，找到了应对这些挑战的解决方案，本书就是成果之一。

1. 希望让读者"知其然，知其所以然"。在学习编程时，如果能亲手编写核心代码，并跟踪执行，就能掌握这个程序。类似地，如果能自己动手构建一个小型的深度学习系统，那么才算真正掌握了基本原理，入门了深度学习。

2. 如果读者缺乏足够的动力和能力去整理网上良莠不齐的资料并实践，往往出现"以后再看，再也不看""从入门到放弃"的现象。本书配有高质量的代码和注释，且在配套的网上社区能够展开讨论，能持续发展。本书的编写团队与北京某 985 高校合作，基于本书内容开设了一门选修课（32 学时），用"项目驱动"的教学方式，让学生们组队完成有实际意义的人工智能项目，入门深度学习。在微软中国公司内部有 50 余名工程师使用本书内容进行了为期 14 周的培训，取得了很好的效果。

微软人工智能教育
与学习共建社区

3. 本书的教学案例都放在 Github 上的"微软人工智能教育与学习共建社区"，这些案例（包括数据）可以让读者了解人工智能的各种模型和实际任务，也让课程教师在教学中有丰富的素材可以选择。

Talk is cheap, show me the code（代码胜于雄辩）。

希望读者可以通过"运行代码 — 理解代码 — 改进代码"的方式，

来理解和掌握深度学习的入门知识和技能。网上社区的内容，包括知识点短视频还在不断地更新中，希望读者能参与社区的各种活动，在实战和问答中精进。

本书把深度学习的入门知识归纳成了9个步骤，如图1所示。每一步一般会使用如下方式进行讲解。

1. 提出问题：先提出一个与现实相关的假设问题，为了由浅入深，这些问题并不复杂，是实际工程问题的简化版本。

2. 解决方案：运用神经网络的知识解决这些问题，从最简单的模型开始，逐步深入。

3. 原理分析：使用基本的物理学概念或者数学工具，理解神经网络的工作方式。

4. 可视化理解：可视化是学习新知识的重要手段，由于本书中使用的是简单案例，因此可以很方便地可视化。

原理分析和可视化理解是本书的一个特点，希望能告诉读者，神经网络是可以学懂的，大家不要停留在"不知其所以然"的状态。

另外，为了便于理解，本书提供了大量的示意图，相信读者会通过这些示意图快速而深刻地理解其中的知识点，使大家能够真正从"零"开始，对神经网络、深度学习有基本的了解，并能动手实践。

本书每一章都有思考题和练习题，可以帮助读者深刻理解神经网络和深度学习的基本理论，且培养读者举一反三、解决实际问题的能力。对初学者，可以使其具备自学更复杂模型和更高级内容的能力；对已经有一定基础且酷爱深度学习的读者，可以培

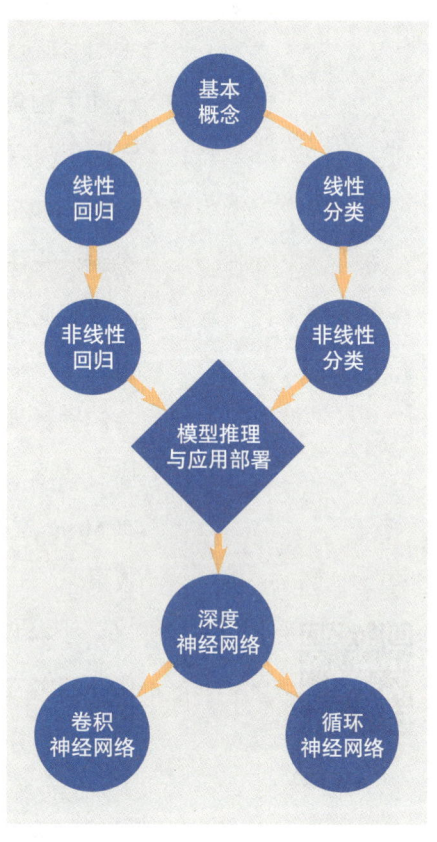

图1 9步学习法

养其研发新模型的能力。

"人工智能"在最近几年成为了火热的名词，人工智能有很多研究和应用的领域，学习人工智能，也有很多途径。这本《智能之门》只是介绍其中一种方法，从某种意义上说，只是一个"小门"。希望读者通过这个"小门"掌握一些基本而关键的知识和技能，一窥门径，为将来的"登堂入室"做好准备。本书的封面是由高霖设计，他选择了中国古建筑中经典的斗拱作为设计的主题，斗拱巧妙而优雅地在建筑中起到承上启下的作用。这个设计也延续了《编程之美》《构建之法》的风格。

本书是一个团队合作的成果，由胡晓武、秦婷婷、李超、邹欣共同编写完成。

最后，要感谢浙江大学吴飞教授在审阅过程中给我们提出的详细和高质量的反馈。还要感谢微软亚洲研究院对外合作部的马歆、蒋运韫对这个项目的长期支持，感谢研究院的领导周礼栋博士对这次跨界探索的鼓励，感谢研究员曹颖，工程师曹旭、宋驰，项目经理郑春蕾，实习生徐宇飞、张少锋、毛清扬给予的支持，感谢沈园、沈卓、武逸超、孙玥在业余时间录制的知识点短视频，感谢工程师范飞龙对本书提出的意见。更要感谢高等教育出版社编辑们的对本书的辛勤付出，感谢北京航空航天大学高小鹏教授的支持。当然还要感谢编者的家人给予的照顾和鼓励。本书不足之处在所难免，期待读者们指正，一起为人工智能的教育和创新做出贡献。

编 者

2020 年 7 月于北京和西雅图

目录

第一步 基本概念 ... 001

■ 第 1 章 概论 ... 003
1.1 人工智能发展简史 ... 003
1.2 科学范式的演化 ... 009

■ 第 2 章 神经网络中的三个基本概念 ... 017
2.1 通俗地理解三大概念 ... 017
2.2 线性反向传播 ... 021
2.3 梯度下降 ... 026

■ 第 3 章 损失函数 ... 031
3.1 损失函数概论 ... 031
3.2 均方差函数 ... 033
3.3 交叉熵损失函数 ... 036

第二步 线性回归 ... 041

■ 第 4 章 单入单出的单层神经网络——单变量线性回归 ... 043
4.1 单变量线性回归问题 ... 043
4.2 最小二乘法 ... 048
4.3 梯度下降法 ... 053
4.4 神经网络法 ... 055
4.5 梯度下降的三种形式 ... 061

■ 第 5 章 多入单出的单层神经网络——多变量线性回归 ... 069
5.1 多变量线性回归问题 ... 069
5.2 正规方程解法 ... 071
5.3 神经网络解法 ... 075
5.4 样本特征数据归一化 ... 081
5.5 正确的推理预测方法 ... 087

第三步 线性分类 ... 091

■ 第 6 章 多入单出的单层神经网络——线性二分类 ... 093
6.1 线性二分类 ... 093
6.2 二分类函数 ... 095
6.3 用神经网络实现线性二分类 ... 098

■ 第 7 章 多入多出的单层神经网络——线性多分类 ... 105
7.1 线性多分类 ... 105
7.2 多分类函数 ... 108
7.3 用神经网络实现线性多分类 ... 117

第四步 非线性回归 ... 123

■ 第 8 章 激活函数 ... 125
8.1 激活函数概论 ... 125
8.2 挤压型激活函数 ... 126
8.3 半线性激活函数 ... 131

- 第 9 章 单入单出的双层神经网络——非线性回归 135
  - 9.1 非线性回归 135
  - 9.2 用多项式回归法拟合正弦曲线 138
  - 9.3 用多项式回归法拟合复合函数曲线 144
  - 9.4 验证与测试 149
  - 9.5 用双层神经网络实现非线性回归 157
  - 9.6 曲线拟合 164

第五步 非线性分类 171

- 第 10 章 多入单出的双层神经网络——非线性二分类 173
  - 10.1 双变量非线性二分类 173
  - 10.2 使用双层神经网络的必要性 176
  - 10.3 非线性二分类的实现 180
  - 10.4 实现逻辑异或门 183
  - 10.5 实现双弧形二分类 187
  - 10.6 双弧形二分类的工作原理 189

- 第 11 章 多入多出的双层神经网络——非线性多分类 193
  - 11.1 双变量非线性多分类 193
  - 11.2 非线性多分类 194

- 第 12 章 多入多出的三层神经网络——深度非线性多分类 201
  - 12.1 多变量非线性多分类 201
  - 12.2 三层神经网络的实现 202

第六步 模型推理与应用部署 211

- 第 13 章 模型推理与应用部署 213
  - 13.1 手工测试训练效果 213
  - 13.2 模型文件概述 218
  - 13.3 ONNX 模型文件 223

第七步 深度神经网络 229

- 第 14 章 搭建深度神经网络框架 231
  - 14.1 框架设计 231
  - 14.2 回归任务功能测试 235
  - 14.3 二分类任务功能测试 239
  - 14.4 多分类功能测试 241
  - 14.5 MNIST 手写体识别 246

- 第 15 章 网络优化 249
  - 15.1 权重矩阵初始化 249
  - 15.2 梯度下降优化算法 253
  - 15.3 自适应学习率算法 259

- 第 16 章 正则化 269
  - 16.1 过拟合 269
  - 16.2 L2 正则 277
  - 16.3 L1 正则 283
  - 16.4 丢弃法 290

第八步　卷积神经网络 297

■ 第 17 章　卷积神经网络的原理 299
17.1　卷积神经网络概论 299
17.2　卷积的前向计算 305
17.3　卷积层的训练 311
17.4　池化层 319

■ 第 18 章　卷积神经网络的应用 325
18.1　经典的卷积神经网络模型 325
18.2　实现颜色分类 335
18.3　实现几何图形分类 347
18.4　解决 MNIST 分类问题 355

第九步　循环神经网络 363

■ 第 19 章　普通循环神经网络 365
19.1　循环神经网络概论 365
19.2　两个时间步的循环神经网络 369
19.3　四个时间步的循环神经网络 377
19.4　通用的循环神经网络 388
19.5　实现空气质量预测 397

■ 第 20 章　高级循环神经网络 411
20.1　高级循环神经网络概论 411
20.2　LSTM 的基本原理 412
20.3　LSTM 的代码实现 419
20.4　GRU 的基本原理 429
20.5　序列到序列模型 432

结束语 435

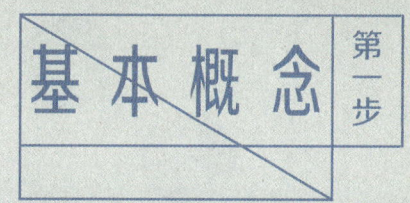

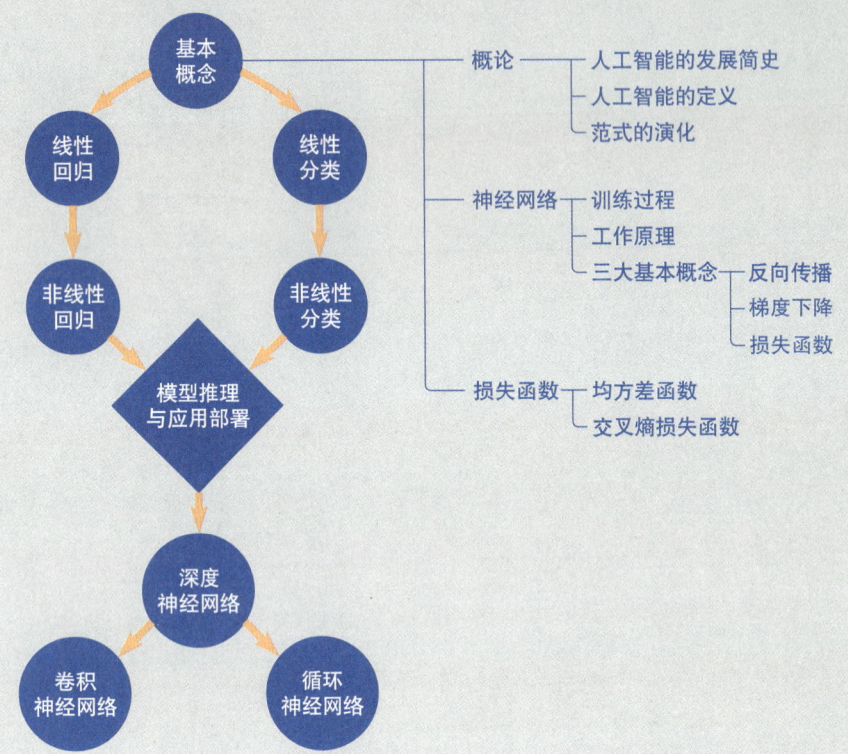

第1章 概论

1.1 人工智能发展简史

我们从"智能"开始。从计算机科学出现之时,科学家就开始探讨计算机是否能有"智能"。1950 年,英国科学家艾伦·麦席森·图灵(Alan Mathison Turning)发表了论文,讨论创造出具有真正智能的机器的可能性,并提出了著名的图灵测试:如果一台机器能够与人类展开对话,且人类不能辨别出其机器身份,那么称这台机器具有智能。现在活跃于计算机、手机等硬件上的"智能助手"在各自的功能领域,通常被大众认为具有智能的。但是这些"智能助手"真的有智能么?

1980 年,美国哲学家约翰·瑟尔(John Searle)提出了有趣的思维挑战——中文房间问题,如图 1-1 所示。

一个对中文一窍不通,只会英语的人被关在一个封闭房间中。房间里有一本英文手册,说明该如何处理收到的汉语信息。房间外的人向房间内输入中文问题,房间内的人便按照手册的说明,查找到合适的指示,将相应的中文字符组合成对问题的解答,并将答案输出。

图 1-1 中文房间问题

房间外的人看到自己输入的中文问题能得到回答,很可能就会认为房间内的人懂中文,就像现在的聊天机器人那样,那么这是"智能"吗?如果可以写一段程序,根据一些规则和已有的数据,和用户进行某种程度的"智能"对话,图 1-2 是该程序流程图。程序接到用户的输入后,如果不是结束会话的指令,就在数据库中寻找合适的回答,然后根据情况准备输出,如此循环往复。

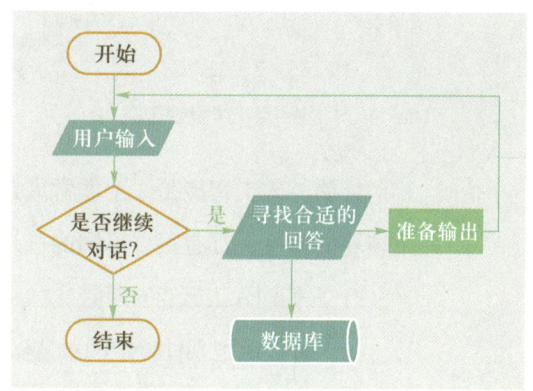

图 1-2 简单的程序流程图

20世纪60年代中期,由约瑟夫·魏泽鲍姆(Joseph Weizenbaum)教授创建的Eliza程序,就能根据一些规则和用户进行文字对话,让很多用户认为这个程序具有智能。那么这段程序和人工智能有区别吗?

从1956年的达特茅斯会议开始,人工智能(artificial intelligence,AI)作为一个专门的研究领域出现,经历了超过半个世纪的起伏,终于在2007年前后,迎来了大发展。图1-3展现了人工智能历史中的一些里程碑事件。

从图1-3中可以看出,人工智能的发展经历了如下的起伏模式。

(1)研究(包括技术)取得了一定的进展。

(2)研究的进展让人们看到了人工智能的潜力,并对此产生过高的期望。例如在1958年至1970年间,对人工智能领域的各种突破,科学家们的预计都过于乐观。

(3)上述过高的期望让产业界开始开发各种应用,并积极宣传。

(4)当这些应用未能全部满足期望时,人工智能行业进入低谷,直到下一批研究和技术取得突破性进展。在2007年之后,大规模的数据和廉价的计算能力,使得神经网络技术兴起,成为AI领域的明星技术。

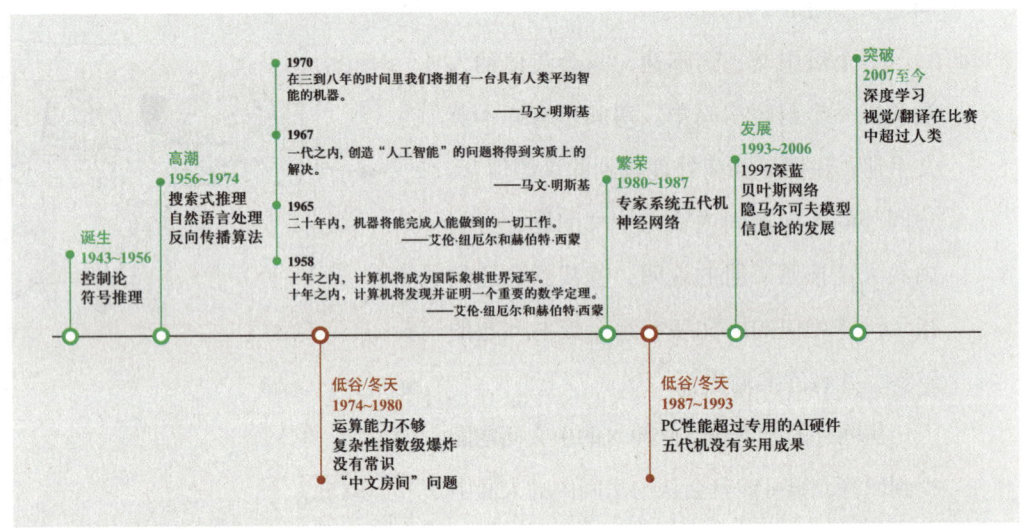

图1-3 人工智能历史中的里程碑事件

目前,人工智能是一个非常庞杂的概念。从人们对人工智能的期待、技术特点和应用领域的角度,都有很多不同的概念。

1. 人们对人工智能的期待

(1)智能地把某件特定的事情做好,在某个领域增强人类的智慧,这种方式又叫智能增强。例如搜索引擎、自动翻译、智能助手等,帮助人类完成某种特定任务。这也叫"弱人工智能"或"狭义人工智能"。

（2）像人类一样能认知、思考与判断，却模拟人类的智能，这是人工智能学科一开始就希望达到的目标。这样的智能也叫"通用人工智能"（artificial general intelligence, AGI）或"强人工智能"。对于这样的人工智能，科幻小说有很多描写，也有一些科学研究。但是在实际的应用并没有大的突破。有学者认为，AGI 是不可能通过目前人们编写程序的方式实现的。尽管如此，社会上还是有人担忧有一天计算机的 AGI 会超过人类的智能，人类再也赶不上计算机，从而永远受制于计算机。

2. 技术特点

从技术特点的角度来看，如果能让运行程序的计算机来学习并自动掌握某些规律，某种程度上可以说是实现了狭义的人工智能，这种方法即机器学习。在几十年的发展历史中，机器学习领域涌现出很多技术，这些技术都有以下共性。

如果程序解决某种任务（用 T 表示）的效果（用 P 表示）随着经验（用 E 表示）的增加而得到了提高，即这个程序就能从经验 E 中学到了关于任务 T 的知识，并让效果 P 得到提高，具体过程如下。

① 选择一个模型结构（例如逻辑回归、决策树等），构建上文中的程序。

② 将训练数据（包含输入和输出）输入模型中，不断学习，得到经验 E。

③ 通过不断执行任务 T 并衡量效果 P，让 P 不断提高，直到达到一个满意的值。

那么，机器学习的各种方法是如何从经验中学习呢？大致可以分为下面三种类型。

（1）监督学习（supervised learning）

通过标注的数据来学习，例如，程序通过学习标注了正确答案的手写数字的图像数据，它就能认识其他的手写数字。

（2）无监督学习（unsupervised learning）

通过没有标注的数据来学习。这种算法可以发现数据中自然形成的共同特性（聚类），可以用来发现不同数据之间的联系，例如，买了商品 A 的顾客往往也购买了商品 B。

（3）强化学习（reinforcement learning）

我们可以让程序选择和它的环境互动（例如玩一个游戏），环境给程序的反馈是一些"奖励"（例如游戏中获得高分），程序要学习到一个模型，能在这种环境中得到高的分数，不仅是当前局面要得到高分，而且最终的结果也要是高分才行。

综上所述，如果把机器学习比作一个小孩，那么，教育小孩的方式就有几种：根据正确答案指导学习（监督学习）；根据小孩实践的过程给予各种鼓励（强化学习）；还有自由探索世界，让小孩自己总结规律（无监督学习）。

机器学习领域出现了各种模型，其中，神经网络模型是一个重要的方法，它的原型在 1943 年就出现了。在生物神经网络中,每个神经元与其他神经元相连,当它兴奋时,就会向相邻的神经元发送化学物质,从而改变这些神经元内的电位。如果某神经元的电位超过了一个阈值,那么它就会被激活(兴奋),也向其他神经元发送化学物质。把许多这样的神经元按照一定的层次结构连接起来,就构建成一个神经网络。图 1-4 是 M-P 神经元模型的示意图。

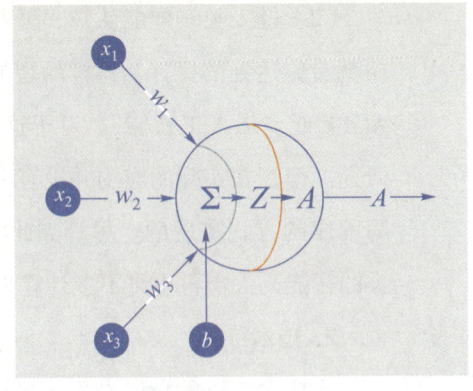

图 1-4　M-P 神经元模型

随着数据的丰富和机器计算力的增强,人们不断增加神经网络的层次数目,相邻层次之间的输入输出由非线性函数来控制,这就产生了深度神经网络(deep neural network,DNN)。最近几年,DNN 给人工智能领域带来了新的生机,并在图像分类、语音识别、自然语言处理等方面取得了重大突破。

随着人们不断地调整网络结构,DNN 也演变出许多不同的网络拓扑结构,例如卷积神经网络(convolution neural network,CNN)、循环神经网络(recurrent neural network,RNN)、长短期记忆(long short-term memory,LSTM)、生成对抗网络(generative adversarial network,GAN)、迁移学习(transfer learning)等,且这些模型还在不断演化中。

训练 AI 模型,需要一系列专门的工具,业界有不少成熟的训练平台(TensorFlow,PyTorch,MXNet 等),这些平台也在不断演化,支持新的模型,提高训练的效率,改进易用性等。当然读者也可以自己开发平台来训练,本书将带领读者自己动手打造一个小型的开发平台。

3. 应用领域

从应用领域的角度来看,狭义人工智能应用广泛,且效果显著。

其中,一种应用是标杆式的任务,例如 ImageNet,考察 AI 模型能否识别图像中物体的类别,2015 年,AI 的识别率超过人类。在其他领域中,AI 也取得了达到或超过人类最高水平的成绩。例如,在翻译领域中,谷歌、微软等公司的中英自动翻译水平超过人类;在各类比赛中,例如,阅读理解领域的 SQuAD 比赛,2019 年的麻将比赛,2019 年的德州扑克比赛以及围棋比赛(谷歌公司的 AlphaGo 和 AlphaZero)中,AI 均能取得超越人类的成绩。

另一种应用是 AI 和其他技术结合,解决政府、企业、个人用户的需求。在政府方面,把所有计算、数据、云端和物联网终端联系起来,搭建一个能支持智能决定的系统，用于运行现代社会的城市管理、金融、医疗、物流和交通等管理或服务软件，即智能基础建设。

在个人用户方面，AI 技术出现在各种各样的应用程序和服务中，例如，解决用户旅游时的外语翻译、照片美颜和个人定制化的学习等需求。

本书的内容其实是庞大 AI 系统中几个微小的部分，图 1-5 显示了弱人工智能领域中机器学习部分的内容。从这个角度说，本书的名字"智能之门"正是想说明这只是进入人工智能领域的一个小门而已，读者可以自行学习和探索其他门道。

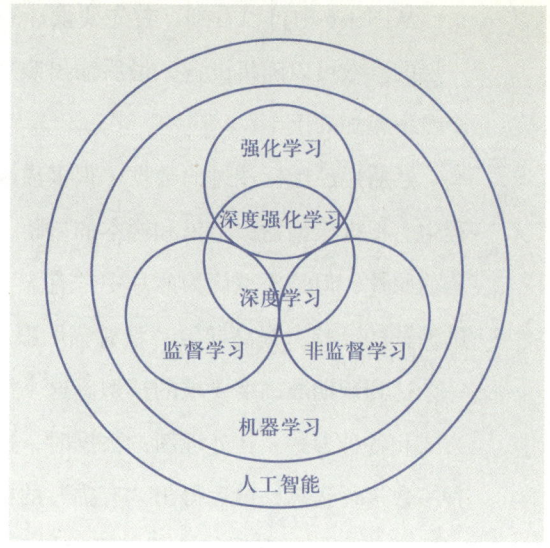

图 1-5　弱人工智能领域中机器学习部分的内容

那么，一个典型的机器学习模型是怎么得来的，又是怎么在应用中使用的？以一个监督学习的例子来说明，要做一个"看照片识别猫"的小应用，且希望该应用判断"照片中是否有猫"的错误率不高于 5%。具体模型的生成与应用流程如图 1-6 所示。

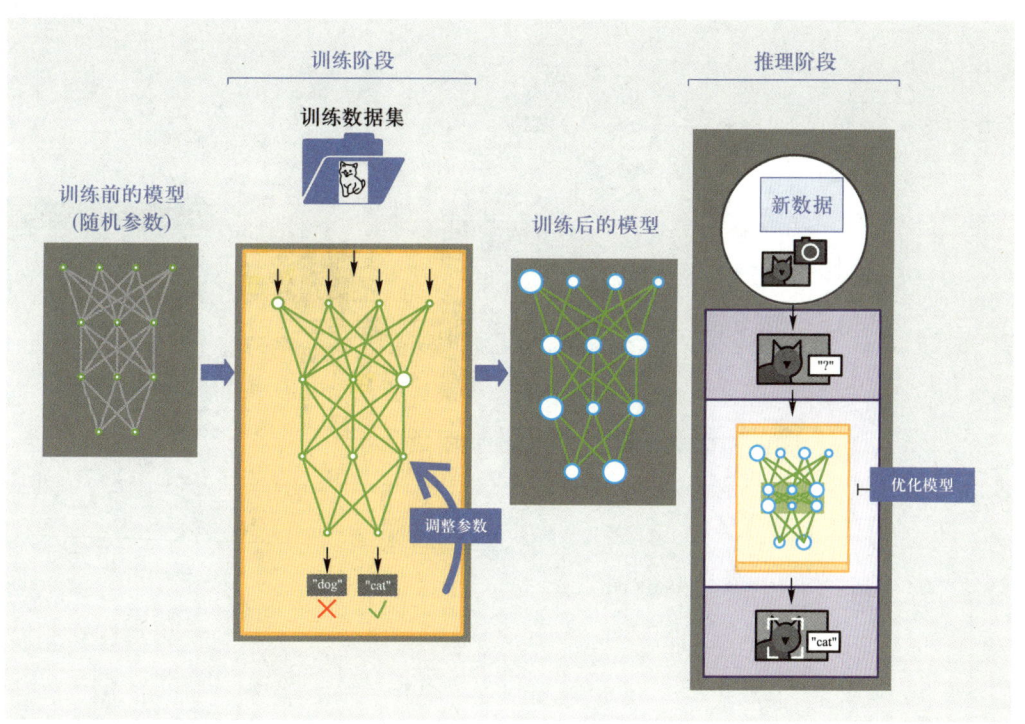

图 1-6　模型的生成与应用流程

从图1-6中可以看到，首先要设计一个模型，该模型的网络结构可以是多层的，每一层的参数可以随机设置，最后输出照片中"有猫"的概率和"没有猫"的概率（这两个概率相加等于1）。

然后用已经标注过的数据（很多猫或其他动物的照片）来训练这个模型。在训练过程中，根据模型输出结果和样本的差距，用程序自动调整模型的各个参数（如果输入是狗的照片，但是模型认为照片中"有猫"的概率很大，那么就要降低导致"有猫"概率的参数的影响，提高导致"没有猫"概率的参数的影响）。经过多次调整，最后得到了一个达到预期准确度要求的模型。这个模型的核心价值就在于它的内部各层网络的联系方式和各种参数。在处理新的数据时，这个模型可以根据新数据的特点，以及模型中各种参数进行运算，最后得出"有猫"的概率是多少，这个过程叫推理。如果新数据的特点和训练集的数据类似，那么可以假设这个模型会达到95%的准确率，这样就满足了用户的需求。

在现代软件开发流程中，程序的开发流程和AI模型的开发流程应该如何协作呢？软件工程师和数据科学家并肩工作，前者完善代码库，后者完善模型库，最后的产品通过各种途径（IoT设备、网页、手机、桌面程序等）交到用户手中，产品使用过程中的各种数据和反馈会通过合法的途径回到团队，让团队分析数据并不断改进。图1-7展示了这个协作的过程。

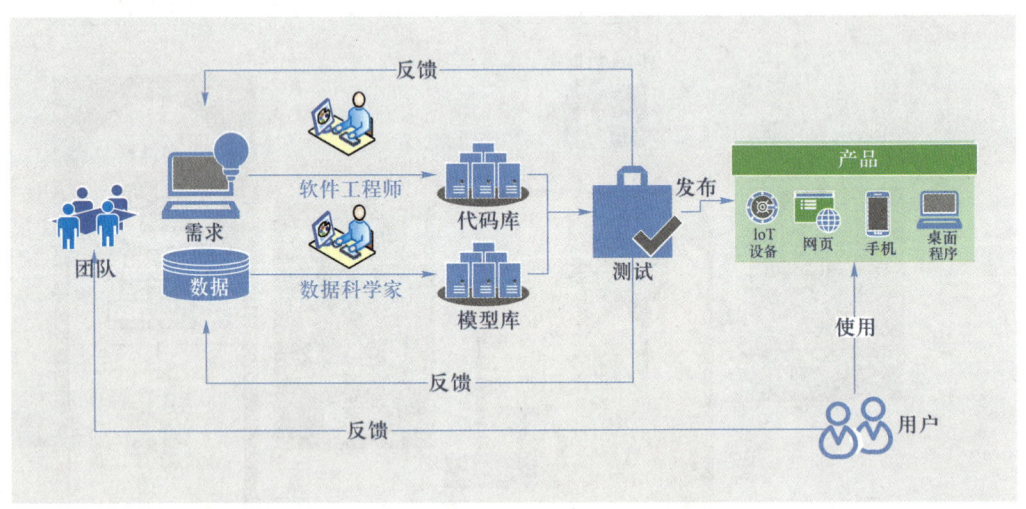

图1-7 程序开发流程与AI模型开发流程的协作

1.2 科学范式的演化

在很多人眼里，AI来势汹汹，甚至会颠覆很多领域，这些新技术的出现是否有规律可循？还会有别的技术突然出现让人们措手不及吗？这本书中的内容会不会过几年就完全过时了？这本书的目的就是要讲"智能"中的规律，让读者掌握基本的规律。从古至今，人类一直在试图了解客观规律，找到事物变化的相互关系。了解客观规律需要方法论，人类探索世界、寻找规律的方法论在历史上也发生了几次革命性的改变，即科学范式（science paradigm）的演化，如表1-1所示。计算机数据库专家、图灵奖获得者吉姆·格雷（Jim Cray）认为，现在谈论的AI大潮是属于数据探索（data exploration）这个范式的一部分。

表1-1 科学范式的演化

时间	科学范式的演化
几千年前开始	科学是经验性的，描述各种自然现象并归纳一些规律
几百年前开始	产生了理论这一分支，使用模型，泛化
几十年前开始	产生了科学计算这一分支，通过计算来模拟复杂的现象
现在	产生了数据探索这一分支，融合了理论、试验和模拟 • 数据被捕获，或者由模拟器产生 • 数据经过软件处理 • 信息和知识被提取出来并储存 • 科学家使用数据处理工具和统计学方法分析这些数据

1.2.1 科学范式演化的四个阶段

1. 第一阶段：经验（empirical）归纳

从几千年前到几百年前，人们通过观察自然现象来归纳总结一些规律。

人类最早的科学研究，主要以记录和描述自然现象为特征，不妨称为经验归纳（第一范式）。人们看到自然现象，凭着自己的经验总结一些规律，并把规律推广到其他领域。这些规律通常是定性的，不是定量的。有时看似符合直觉，其实原理是错误的；有时在某个局部有效，但是推广到其他领域则不能适用；有些结论出自权威人士或机构，即使是错误的也长时间无人质疑。例如，人们看到日月星辰都围绕我们转，地心说很自然就产生了。在地心说存在的几千年中，人们发展和修正了各种概念和模型来描述各种天体运行的规律，甚至产生了托勒密地心说这种十分繁杂但与事实不符的模型。人们对于不同的观点，也没有严谨的定义和试验来证明，如中国古代"两小儿辩日"的故事。

> 孔子东游，见两小儿辩斗，问其故。
> 一儿曰："我以日始出时去人近，而日中时远也。"
> 一儿以日初出远，而日中时近也。
> 一儿曰："日初出大如车盖，及日中则如盘盂，此不为远者小而近者大乎？"
> 一儿曰："日初出沧沧凉凉，及其日中如探汤，此不为近者热而远者凉乎？"
> 孔子不能决也。
> 两小儿笑曰："孰为汝多知乎？"

两个小孩通过视觉效果和身体对温度的感觉来判断太阳和地球的距离变化，而且他们把主观的"我觉得它远"完全等同于"物体离我远"的客观事实。这是一个典型的错误思维。现代社会中，人们的知识储备已经很多了，能否替上文中的两位小孩解惑呢？针对其中的"日初出沧沧凉凉，及其日中如探汤，此不为近者热而远者凉乎？"的论断，分析如下。

很显然，这句话说明了两件事的相关性，即日初出——沧沧凉凉，日中——如探汤。然后，展示了因果关系，即近者热（一个发热的东西，距离我近，我就会感觉热），远者凉（一个发热的东西，距离我远，我就会觉得凉）。综合起来，小孩得出了如下结论：因为中午我感觉热了，所以太阳在中午离我近。但是，由"发热的东西距离我近"得出"我感觉热"，反之，并不一定成立。人们用火炉煮水，开始水是凉的，后来水越来越热，但是火炉和水的距离并没有变。这是小孩论断的关键漏洞之一。

找到事物变化的规律，认识事件的因果关系，是人类认识世界的主要目的之一。但是人类在这个领域的理论进展并不显著，很多人把相关性等同于因果关系，就像上文中的小孩那样。人工智能学者朱迪亚·珀尔在他的著作《为什么》一书中，描述了因果关系的三个层级。

（1）第一层级研究"关联"。例如，中午的太阳让我觉得热，近的火也让我觉得热。

（2）第二层级研究"干预"。例如，如果中午我躲在屋里不出去，我会觉得凉快，那这说明什么？

（3）第三层级研究"反事实推理"。例如，如果天上有两个太阳，我会觉得更热，但是它们离我会更近吗？

掌握了这些理论知识，读者将能更准确、更有效地分析问题。

2. 第二阶段：理论（theoretical）推导

这一阶段，科学家们开始明确定义一些科学概念，也开始构建各种模型，在模型中尽量撇清次要和无关因素。例如在中学的物理实验中，假设"斜面足够光滑，无摩擦力""空气阻力可以忽略不计"等。在这个理论推导阶段，以伽利略、牛顿为代表的科学家，开启了现代科学之门。伽利略在比萨斜塔做的试验推翻了两千多年来人们想当然的"定律"。

在理论演算阶段，不但要定性，而且要定量，要通过数学公式严格地推导得到结论。我们现在知道真空中自由落体的公式为

$$h = \frac{1}{2}gt^2$$

h 是下落的高度，g 是重力加速度，t 是运动时间。这个公式里没有物体的质量，所以在真空中，自由落体的速度和物体的质量无关。

3. 第三阶段：计算仿真（computational simulation）

从20世纪中期开始，利用计算机对科学实验进行计算仿真的模式迅速得到普及，人们可以对复杂现象通过模拟仿真，推演更复杂的现象，典型案例如模拟核试验、天气预报等。计算仿真越来越多地取代实验，逐渐成为科研的常规方法。科学家先定义问题，确认假设，再利用数据进行分析和验证。

4. 第四阶段：数据探索（data exploration）

在这个阶段，科学家收集数据、分析数据、探索新的规律。在深度学习的浪潮中，许多结果都是基于海量数据学习得来的。有些数据并不是从现实世界中收集而来，而是由计算机程序生成的。例如，在AlphaGo算法训练的过程中，它和自己对弈了数百万局，这个数量大大超过了所有记录下来的职业选手棋谱的数量。

1.2.2 科学范式的应用

举一个小例子，看看各个阶段的方法论如何解决下面的"智能之门"问题。

如图1-8所示，顾客参加抽奖活动，三扇门后面只有一个有奖品，顾客选择其中一扇门之后，主持人会打开一扇没有奖品的门，并给顾客一次改变选择的机会。此时，改选另外一个门获奖的概率会更大吗？

1. 使用经验归纳的范式

在生活中的确有各种抽奖的机会，但似乎中奖的次数并不多。从生活经验出发，应该怎么选择呢？如果从生活经验出发，大部分人感觉自己会中计，因此决定"我换了就

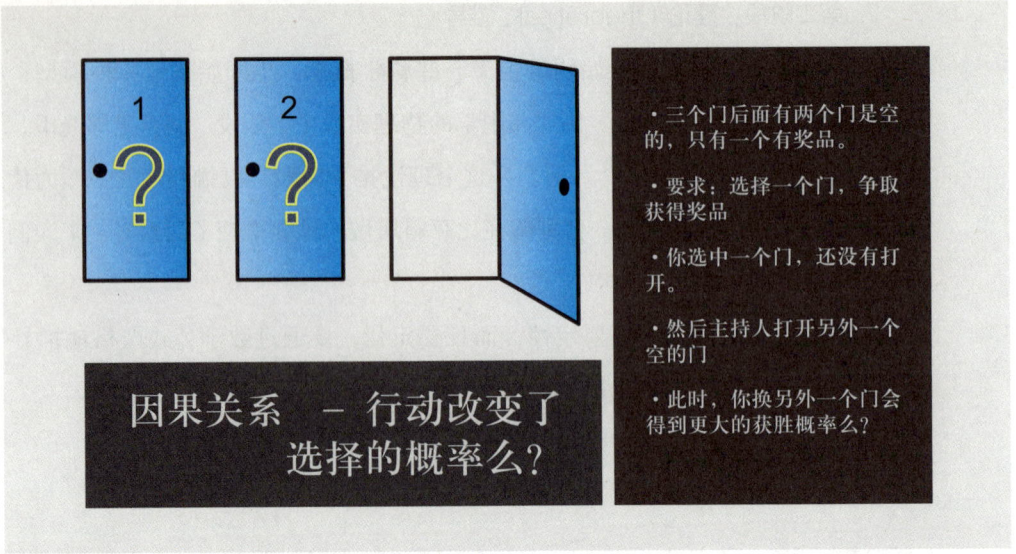

图 1-8 智能之门

上当了，不换"或"我改变选择对运气不好，我不换"。当然，还可以用类比推理的办法，如果是 100 扇门，只有一扇门后面有奖品，选中了一扇门，裁判打开了另外 98 个没有奖品的门，这个时候，要换门么？

2. 使用理论推导的范式

设 A 为第一次选到了中奖门，B 为改变选择后选到了中奖门，C 为未改变选择选到了中奖门。

初始选择就是获奖门的获奖概率是 $\frac{1}{3}$，即 $P(A)=\frac{1}{3}$。

当选中一个门之后，其他两个门的获奖概率是 $\frac{2}{3}$，即 $P(\bar{A})=\frac{2}{3}$。

用户先选择了一个门，奖品在这个门后，用户后来改变选择，他的获奖概率是 0，即 $P(B|A)=0$。

用户选择了一个门，奖品在门后，后来他不改变选择，他的获奖概率是 1，即 $P(C|A)=1$。

类似地，用户首次选择的门后面没有奖品，他改变选择后，获奖概率是 1，不改变选择，那么获奖概率是 0，即 $P(B|\bar{A})=1$，$P(C|\bar{A})=0$。

所以，改变选择后中奖的概率等于 $\frac{2}{3}$，即 $P(B)=P(B|A) \times P(A)+ P(B|\bar{A}) \times P(\bar{A})=\frac{2}{3}$。

不改变选择而中奖的概率等于 $\frac{1}{3}$，和 A 事件发生的概率一样，即 $P(C)=P(C|\bar{A}) \times P(\bar{A})+P(C|A) \times P(A)=\frac{1}{3}$。

所以，P(B)＞P(C)。

3. 使用计算仿真的范式

还可以用计算仿真的方法来看看各种情况下的中奖概率。Python 程序示例如图 1-9 所示。

```python
import numpy as np
import random
def DoorAndPrizeSim(switch, loopNum):
    win = 0
    total = 0

    for loop in range(loopNum):
        prize = random.randint(0,2)
        initialChoice = random.randint(0,2)
        doors = [0,1,2]           #set all value to 0,1,2
        doors.remove(prize)       #remote the door with prize

        if (initialChoice in doors):
            doors.remove(initialChoice)

        #randomly open a door that doesn't have the prize, and it's not the chosen
        n = len(doors)
        r = random.randint(0,n-1)

        openDoor = doors[r]

        if (switch):
            secondChoice = 3 - openDoor - initialChoice
        else:
            secondChoice = initialChoice

        #see if we have a wining door, which means the prize == secondChoice
        total +=1
        if (secondChoice == prize):
            win += 1

    return (win/total)

print("when switching, the winning rate is", DoorAndPrizeSim(True, 1000000))
print("when not switching, the winning rate is", DoorAndPrizeSim(False, 1000000))

when switching, the winning rate is 0.666572
when not switching, the winning rate is 0.334115
```

图 1-9　用程序模拟智能之门问题

当随机模拟一百万轮换门（switching）和不换门（not switching）的情况后，得到如下结果。

换门，最后得奖的概率是 $0.666\,572\left(约\dfrac{2}{3}\right)$。

不换门，最后得奖的概率是 $0.334\,115\left(约\dfrac{1}{3}\right)$。

4. 使用数据探索的范式

当人类探索客观世界时，大部分情况下，是不了解新环境的运行规则的，可以通过观察自己的行动和客观世界的反馈，判断得失，再总结出规律。人们可以用强化学习（reinforcement learning）的方法来找出适当的策略。

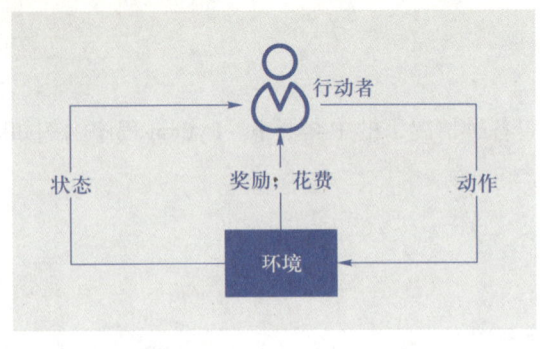

图1-10 强化学习示意图

假设顾客在图 1-10 中是行动者，他身处某种环境中，有一定的状态，他为了达到一定的目的（奖励、花费），不断地采取一系列的动作去尝试与环境进行交互，这些交互会给他带来奖励，同时改变他的状态，他可以根据交互中的反馈不断地调整策略，试图了解状态、动作和总的奖励之间的关系。强化学习可以通过表格来跟踪和调整这些关系（如 Q-Learning 方法），或者通过神经网络来达到同样的目的。

使用 Q-Learning 方法的伪代码如下。

```
// 维护一个表格，命名为 Q，存储 Agent 所在的"状态"和"收益"
1. 起始状态，表格 Q 所有内容都清零
2. 在每一个选择的机会时候
3. 查找目前状态中可能收益最大的动作
4. 执行动作，得到收益，进入下一个状态
5. 按照规则，更新表格 Q 中的收益
6. 新收益 = 原来的收益 +（新收益 + 未来可能获得的最大收益）× 折扣率
```

完整的可执行代码在网上社区里可以找到。通过学习和运行示例程序，可以看到这段程序通过强化学习的手段和客观环境交互，学到了一个获利机会更大的策略。这个过程和大家玩游戏是不是很类似呢？

对比前文中的依赖事先设计好逻辑的聊天程序，以及依赖事先准备好的数据的"中文房间"程序，这个例子的不同之处在于程序从和环境交互的过程中学习，不断完善。当然，深度学习还有很多更强有力的学习方法，将在下面的章节中一步一步地介绍，如何构建各种神经网络，完成各种层次的数据探索任务，以及它们在实践中的应用。

问题和讨论

读者可以去课程配套网上社区参与讨论。

1. 如果一个人工智能专业的大学生毕业了，刚好遇到人工智能的"冬天"，他/她应该怎么办？

人工智能经历很多起起伏伏，其中有两个 AI 的冬天，我们从中学到什么规律？AI 的冬天来自认识和期望值的巨大落差，外行对 AI 的效果有巨大的期望值，内行则挣扎

于各种具体困难中。正如 Roy Amara 指出的那样，我们总是高估一项科技所带来的短期效益，却又低估它的长期影响。经过几十年积累下来的 AI 技术，在计算机算力提高、数据丰富的背景下，找到了突破口，神经网络和反向传播这些"旧"技术重新找到了用武之地，在过去的十几年中不断给人们带来惊喜。这些惊喜又导致了巨大的期望值。

现在全国各地多所高校新建了人工智能学院和相关专业，这么快的速度的确和巨大的期望值有关。如果 AI 的发展在几年后又会出现寒冬，现在培养的人工智能专业的学生刚刚毕业，他们还能通过自己的专业找到满意的工作吗？那时候需要什么技能？

2. 中文房间问题

把房间内的人等同于计算机的 CPU，房间内的说明书相当于程序，房间外的人等同于用户。用户和计算机在用中文交流，就像用户和中文聊天机器人程序交互一样。这个计算机真的懂中文吗？它有智能吗？ 请阐述你同意或反对的理由。

3. 计算机的计算能力越来越强，仿真的能力也随之提高。那么，是否存在计算机不能仿真的情况？例如，超级计算机能否运用各种模型和数据，计算出第二天的彩票中奖号码？

第2章 神经网络中的三个基本概念

2.1 通俗地理解三大概念

神经网络训练的基本思想就是：先"猜"一个结果，即预测结果 A，看看这个预测结果和事先标记好的训练集中的真实结果 Y 之间的差距，然后调整策略，再试一次，这一次就不是"猜"了，而是有依据地向正确的方向靠近。如此反复多次，一直到预测结果和真实结果之间相差无几，就结束训练。

在神经网络训练中，把"猜"叫作初始化，可以随机，也可以根据以前的经验给定初始值。即使是"猜"，也是有技术含量的。

神经网络中的三大概念是：反向传播，梯度下降，损失函数。这三个概念是紧密相连的，讲到一个，肯定会涉及另外一个。但由于损失函数篇幅较长，将在下一章中详细介绍。

下面通过几个例子来直观地说明这三个概念。

> 【例2.1】猜数
>
> 甲乙两人玩猜数的游戏，乙提前确定好一个数，由甲来猜，数字的范围是 [1, 50]。
>
> 甲：我猜5。
>
> 乙：太小了。
>
> 甲：50。
>
> 乙：有点儿大。
>
> 甲：30。
>
> 乙：小了。
>
> ……
>
> 可将这个游戏总结如下。
> - 目的：猜到乙确定的数字。
> - 初始化：甲猜5。
> - 前向计算：甲每次猜的新数字。

- 损失函数：乙根据甲猜的数来和自己确定的数做比较，得出"大了"或"小了"的结论。
- 反向传播：乙告诉甲"小了"或"大了"。
- 梯度下降：甲根据乙的反馈自行调整下一轮的猜测值。

这里的损失函数"太小了""有点儿大"，虽然很不精确，但是给出了两个信息。

方向：大了或小了。

程度："太""有点儿"。

【例2.2】黑盒子

假设有一个黑盒子如图 2-1 所示。我们只能看到输入和输出的数值，看不到里面的计算过程，当输入 1 时，输出 2.334，同时黑盒子有个信息显示：我需要输出值是 4。然后试试输入 2，结果输出 5.332，比 4 大了很多。那么第一次输入的损失值是 2.334-4=-1.666，而二次的损失值是 5.332-4=1.332。

图2-1 黑盒子

这里的损失函数就是一个简单的减法，用实际值减去目标值。它可以给出两个信息：一是方向，是大了还是小了；二是差值。这样就给下一次输入提供了依据。

- 目的：猜测一个输入值，使得黑盒子的输出是 4。
- 初始化：输入 1。
- 前向计算：黑盒子内部的数学逻辑。
- 损失函数：在输出端，用输出值减 4。
- 反向传播：告诉猜数的人差值，包括正负号和值。
- 梯度下降：在输入端，根据正负号和值，确定下一次的猜测值，再次进行前向计算。

【例2.3】打靶

小明拿了一支步枪，射击100米外的靶子。假定小明无法准确定位靶子的位置。第一次试枪后，拉回靶子一看，弹着点偏左了，于是在第二次试枪时，小明就会有意识地向右侧偏几毫米，再看靶子上的弹着点，如此反复几次，小明就会掌握这支步枪的使用了。图2-2显示了小明的5次试枪过程。

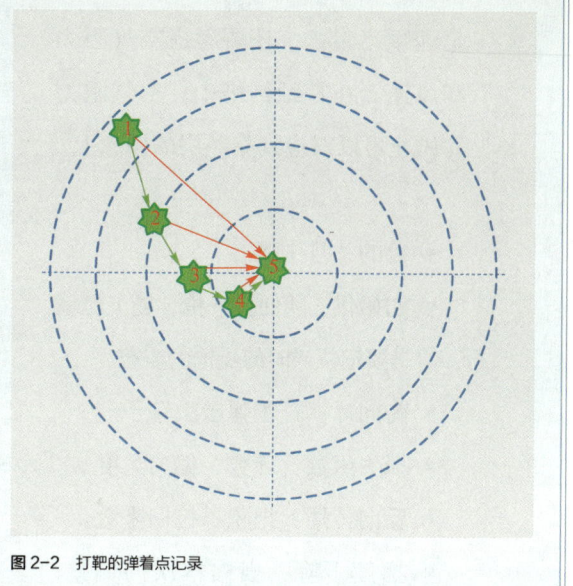

图2-2 打靶的弹着点记录

在有监督的学习中，需要衡量神经网络输出和预期的输出之间的差异大小。这种误差函数能够反映出当前网络输出和实际结果之间的不一致程度，也就是说误差函数的函数值越大，反映出模型预测的结果越不准确。

在例2.3中，小明预期的目标是全部命中靶心，从最外圈至靶心各圈得分依次为1分，2分，3分，……，正中靶心可以得10分。

- 每次试枪弹着点和靶心之间的差距即为误差，可以用一个误差函数来表示，例如差距的绝对值，如图2-2中的红色线。

- 一共试枪5次，即训练（迭代）了5次。

- 每次试枪后，把靶子拉回来看弹着点，然后调整下一次的射击角度的过程，叫反向传播。注意，把靶子拉回来看和跑到靶子前面去看有本质的区别，在数学概念中，人跑到靶子前面去看，是正向微分过程；把靶子拉回来看，是反向微分过程。

- 每次调整角度的数值和方向，叫作梯度。例如向右侧调整1 mm，或者向左下方调整2 mm，如图2-2中的绿色矢量线。

图2-2是每次单发点射，所以每次训练样本的个数是1。在实际的神经网络训练中，通常需要多个样本，做批量训练，以避免单个样本本身采样时带来的误差。在本例中，多个样本可以描述为连发射击，假设一次可以连打3发子弹，每次的离散程度都类似，如图2-3所示。如果每次3发子弹连发，这3发子弹的弹着点和靶心之间的差距之和再除以3，叫作损失，可以用损失函数来表示。

其实射击并不这么简单，如果是远距离狙击，还要考虑空气阻力和风速。在神经网络中，空气阻力和风速可以对应到隐藏层的概念上。

- 目的：打中靶心。
- 初始化：随便打一枪，能上靶就行，但是要记住当时的步枪的姿态。
- 前向计算：子弹击中靶子。
- 损失函数：环数，偏离角度。
- 反向传播：把靶子拉回来看。
- 梯度下降：根据本次的偏差，调整步枪的射击角度，再次进行前向计算。

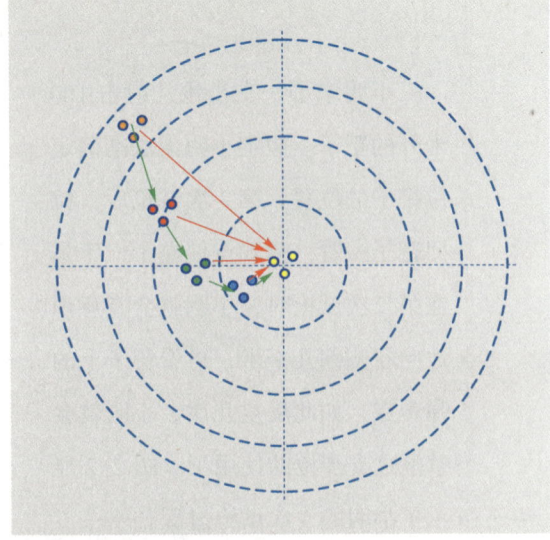

图 2-3 连发弹着点记录

损失函数的描述是如下。

（1）1 环，偏左上 45°。

（2）6 环，偏左上 15°。

（3）7 环，偏左。

（4）8 环，偏左下 15°。

（5）10 环。

这里的损失函数也有两个信息：距离和方向。

由此，可以得出梯度为矢量。它既是方向信息，又是数值信息。

【例 2.4】 黑盒子的进阶玩法

以上三个例子比较简单，容易理解。本例中的进阶玩法实际上是破解黑盒子，破解流程如下。

（1）记录下所有输入值和输出值，如表 2-1 所示。

表 2-1 样本数据表

样本 ID	输入（特征值）	输出（标签）
1	1	2.21
2	1.1	2.431
3	1.2	2.652
4	2	4.42

（2）搭建一个神经网络，给出初始权重值，先假设这个黑盒子的逻辑是：$z = x + x^2$。

（3）输入1，根据$z = x + x^2$得到输出为2，而实际的输出值是2.21，则误差值为2-2.21=-0.21，小了。

（4）调整权重值，例如$z=1.5x+x^2$，再输入1.1，得到的输出为2.86，实际输出为2.431，则误差值为2.86-2.431=0.429，大了。

（5）调整权重值，例如$z=1.2x+x^2$再输入1.2。

（6）调整权重值，再输入2。

（7）所有样本遍历一遍，计算平均的损失函数值。

（8）以此类推，重复步骤（3）～（6），直到损失函数值小于一个指标，例如0.001，就可以认为网络训练完毕，黑盒子"破解"了，实际是被近似模拟了，因为神经网络并不能得到黑盒子里的真实函数。

从上面的过程可以看出，如果误差值是正数，则降低权重；反之则升高权重。

根据上述实例，可以简单总结反向传播与梯度下降的基本工作原理和步骤如下。

（1）初始化。

（2）正向计算。

（3）损失函数为我们提供了计算损失的方法。

（4）梯度下降是指在损失函数基础上向着损失最小的点靠近，从而指引了网络权重调整的方向。

（5）反向传播是把损失值反向传给神经网络的每一层，让每一层都可以根据损失值反向调整权重。

（6）重复正向计算过程，直到精度满足要求（例如损失函数值小于0.001）。

2.2 线性反向传播

2.2.1 正向计算

假设一个函数，

$$z = x \cdot y \tag{2.2.1}$$

其中，

$$x = 2w + 3b \tag{2.2.2}$$

$$y = 2b+1 \quad (2.2.3)$$

计算过程如图 2-4 所示。

注意这里 x, y, z 是计算结果。w, b 是变量。

当 $w=3, b=4$ 时，会得到图 2-5 所示的结果。

最终的 z 值，受到了前面很多因素的影响：变量 w，变量 b，计算式 x，计算式 y。常数是个定值，不考虑。

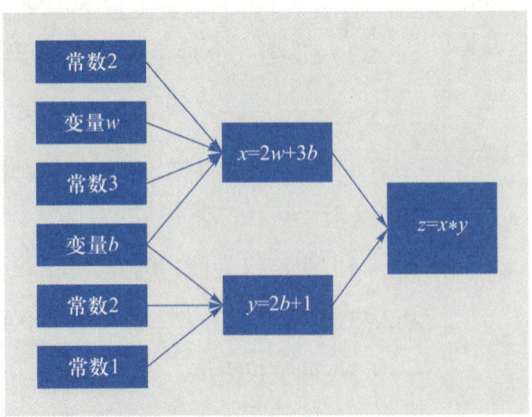

图 2-4 简单线性计算的计算过程图

2.2.2 反向传播求解 w

1. 求 w 的偏导

在图 2-5 中，$z=162$，如果想让 z 变小一些，例如目标是 $z=150$，w 应该如何变化呢？为了简化问题，暂时只考虑改变 w 的值，令 b 值固定为 4。

如果想解决这个问题，可以在输入端不断尝试，把 w 变成 4 试试，再变成 3.5 试试……直到满意为止。下面将要讲解一个更好的解决办法：反向传播。

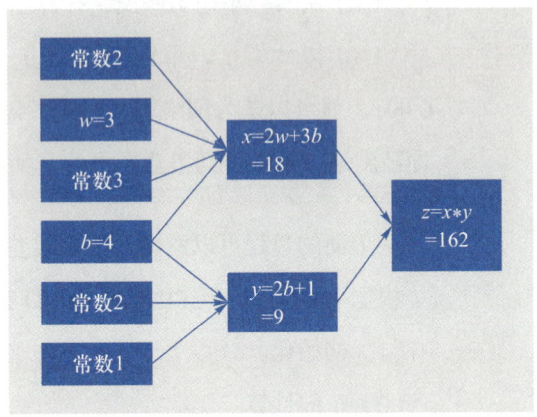

图 2-5 计算结果

从 z 开始一层一层向回看，关于变量 w 的偏导计算结果如下。

因为 $z = x \cdot y$，其中 $x = 2w+3b$，$y = 2b+1$，所以，

$$\frac{\partial z}{\partial w} = \frac{\partial z}{\partial x} \cdot \frac{\partial x}{\partial w} = y \cdot 2 = 18 \quad (2.2.4)$$

其中，

$$\frac{\partial z}{\partial x} = \frac{\partial}{\partial x}(x \cdot y) = y = 9$$

$$\frac{\partial x}{\partial w} = \frac{\partial}{\partial w}(2w+3b) = 2$$

图 2-6 其实就是链式法则的具体表现，z 的误差通过中间的 x 传递到 w。如果不是用链式法则，而是直接用 z 的表达式计算对 w 的偏导数，会是什么样呢？我们来试验一下。

根据公式（2.2.1）至公式（2.2.3），可以得到，

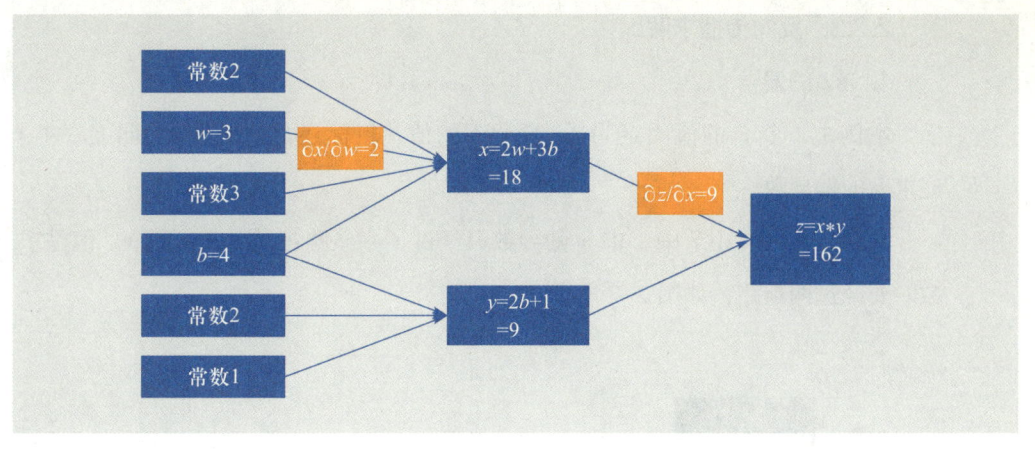

图 2-6　对 w 的偏导求解过程

$$z = x \cdot y = (2w+3b)(2b+1) = 4wb + 2w + 6b^2 + 3b \tag{2.2.5}$$

对上式求 w 的偏导，

$$\frac{\partial z}{\partial w} = 4b + 2 = 4 \times 4 + 2 = 18 \tag{2.2.6}$$

不难发现，公式（2.2.4）和公式（2.2.6）的结果完全一致。

2. 求 w 的具体变化值

公式（2.2.4）和公式（2.2.6）的含义是：当 w 发生变化时，z 的变化值是 w 的变化值的 18 倍。目的是 z=150，目前在初始状态时是 162，所以，问题转化为：如果需要 z 从 162 变到 150 时，w 需要变化多少？

既然，

$$\Delta z = 18 \cdot \Delta w$$

则，

$$\Delta w = \frac{\Delta z}{18} = \frac{162-150}{18} = 0.666\,7$$

所以，

$$w = w - 0.666\,7 = 2.333\,3$$

$$x = 2w + 3b = 16.666\,6$$

$$z = x \cdot y = 16.666\,6 \times 9 = 149.999\,4$$

通过计算，很快就能将 z 值变成 149.999 4，与 150 的目标非常地接近，这就是偏导数的威力所在。

【练习】推导 z 对 b 的偏导数，结果在下一小节中使用。

2.2.3 反向传播求解 b

1. 求 b 的偏导

本例中,令 w 的值固定为 3,变化 b 的值,目标还是让 z=150。同上一小节一样,先求 b 的偏导数。

注意,在上一小节中,求 w 的导数只经过了一条路:从 z 到 x 到 w。但是求 b 的导数时要经过两条路,如图 2-7 所示。

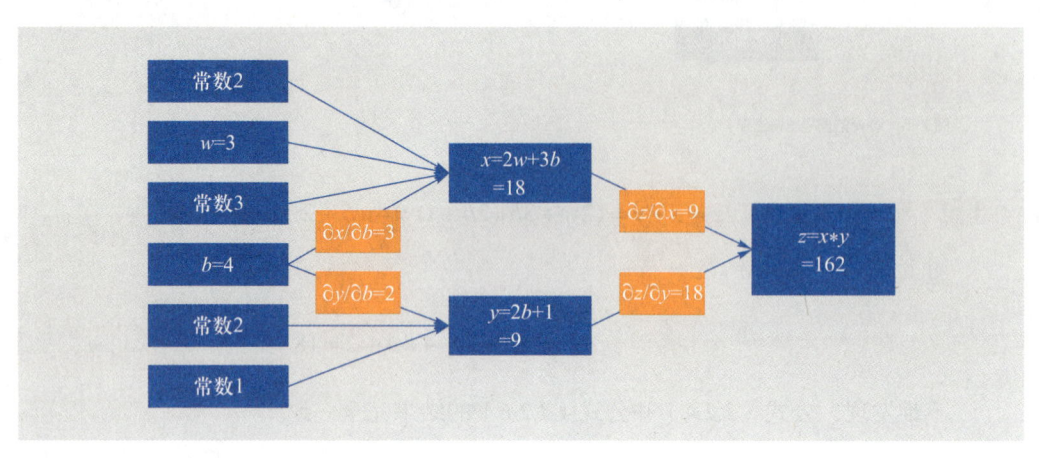

图 2-7 对 b 的偏导求解过程

(1) 从 z 到 x 到 b。
(2) 从 z 到 y 到 b。

从复合导数公式来看,这两者应该是相加的关系,所以有

$$\frac{\partial z}{\partial b} = \frac{\partial z}{\partial x} \cdot \frac{\partial x}{\partial b} + \frac{\partial z}{\partial y} \cdot \frac{\partial y}{\partial b} = y \cdot 3 + x \cdot 2 = 63 \quad (2.2.7)$$

其中,

$$\frac{\partial z}{\partial x} = \frac{\partial}{\partial x}(x \cdot y) = y = 9$$

$$\frac{\partial z}{\partial y} = \frac{\partial}{\partial y}(x \cdot y) = x = 18$$

$$\frac{\partial x}{\partial b} = \frac{\partial}{\partial b}(2w + 3b) = 3$$

$$\frac{\partial y}{\partial b} = \frac{\partial}{\partial b}(2b + 1) = 2$$

不妨再验证一下链式求导的正确性。根据公式(2.2.5)有

$$z = x \cdot y = (2w + 3b)(2b + 1) = 4wb + 2w + 6b^2 + 3b$$

对上式求 b 的偏导:

$$\frac{\partial z}{\partial b} = 4w + 12b + 3 = 12 + 48 + 3 = 63 \qquad (2.2.8)$$

结果和公式（2.2.7）的链式法则一样。

2. 求 b 的具体变化值

公式（2.2.7）和公式（2.2.8）的含义是：当 b 发生变化时，z 的变化值是 b 的变化值的 63 倍。目的是让 z=150，目前在初始状态时是 162，所以，问题转化为 z 需要从 162 变到 150 时，b 需要变化多少？

既然，

$$\Delta z = 63 \cdot \Delta b$$

则有

$$\Delta b = \frac{\Delta z}{63} = \frac{162 - 150}{63} = 0.190\,5$$

所以，

$$b = b - 0.190\,5 = 3.809\,5$$

$$x = 2w + 3b = 17.428\,5$$

$$y = 2b + 1 = 8.619$$

$$z = x \cdot y = 17.428\,5 \times 8.619 = 150.216\,2$$

这个结果与 150 很接近了，但是精度还不够。再迭代几次，应该可以近似等于 150 了，直到误差不大于 0.000 1 时，就可以结束迭代了，对于计算机来说，这些运算的执行速度很快。

【练习】请读者尝试手动继续迭代两次，看看误差的精度可以达到多少？

用数学公式倒推求解一个二次方程，就能直接得到准确的 b 值。但是在机器学习中，计算机并不会解二次方程，而且很多时候不是用二次方程就能解决实际问题的。在上例中，是用计算机擅长的迭代计算的方法来不断逼近真实解，这就是机器学习的真谛，而且这种方法是普遍适用的。

2.2.4 同时求解 w 和 b 的变化值

同时改变 w 和 b，使得最终结果为 z=150。

已知 $\Delta z = 12$，不妨假定误差的一半由 w 产生，另外一半由 b 产生，则有

$$\Delta b = \frac{\Delta z / 2}{63} = \frac{12/2}{63} = 0.095$$

$$\Delta w = \frac{\Delta z / 2}{18} = \frac{12/2}{18} = 0.333$$

其中，

$$w = w - \Delta w = 3 - 0.333 = 2.667$$

$$b = b - \Delta b = 4 - 0.095 = 3.905$$

$$x = 2w + 3b = 2 \times 2.667 + 3 \times 3.905 = 17.049$$

$$y = 2b + 1 = 2 \times 3.905 + 1 = 8.81$$

$$z = x \times y = 17.049 \times 8.81 = 150.202$$

代码位置

ch02，Level1

知识拓展：非线性反向传播

2.3 梯度下降

2.3.1 从自然现象中理解梯度下降

在很多文章中，都以"一个人被困在山上，需要迅速下到谷底"来举例，这个人会"寻找当前所处位置最陡峭的地方向下走"。这个例子中忽略了安全因素，这个人不可能沿着最陡峭的方向走，要考虑坡度。

在自然界中，梯度下降的最好例子就是泉水流下山的过程（此处忽略泉水流动的惯性）。

（1）泉水受重力影响，会在当前位置，沿着最陡峭的方向流动，有时会形成瀑布——梯度下降。

（2）泉水流下山的路径不是唯一的，在同一个地点，有可能有多个位置具有同样的陡峭程度，而造成了分流——可以得到多个解。

（3）遇到坑洼地区，有可能形成湖泊，而终止下山过程——不能得到全局最优解，而是局部最优解。

2.3.2 梯度下降的数学理解

梯度下降的数学公式为

$$\theta_{n+1} = \theta_n - \eta \cdot \nabla J(\theta) \qquad (2.3.1)$$

- θ_{n+1}：下一个值。
- θ_n：当前值。
- －：减号，表示梯度的反向。
- η：学习率或步长，控制每一步走的距离，不能太快以免错过最佳景点，不能太慢以免时间太长。
- ∇：梯度，函数当前位置的最快上升点。
- $J(\theta)$：函数。

梯度下降的三要素为当前点、方向和步长。

"梯度下降"包含了如下两层含义。

（1）梯度：函数当前位置的最快上升点。

（2）下降：与导数相反的方向，亦即与上升相反的方向运动，就是下降。

图 2-8 解释了在函数极值点的两侧做梯度下降的计算过程，梯度下降的目的就是使得 x 值向极值点逼近。

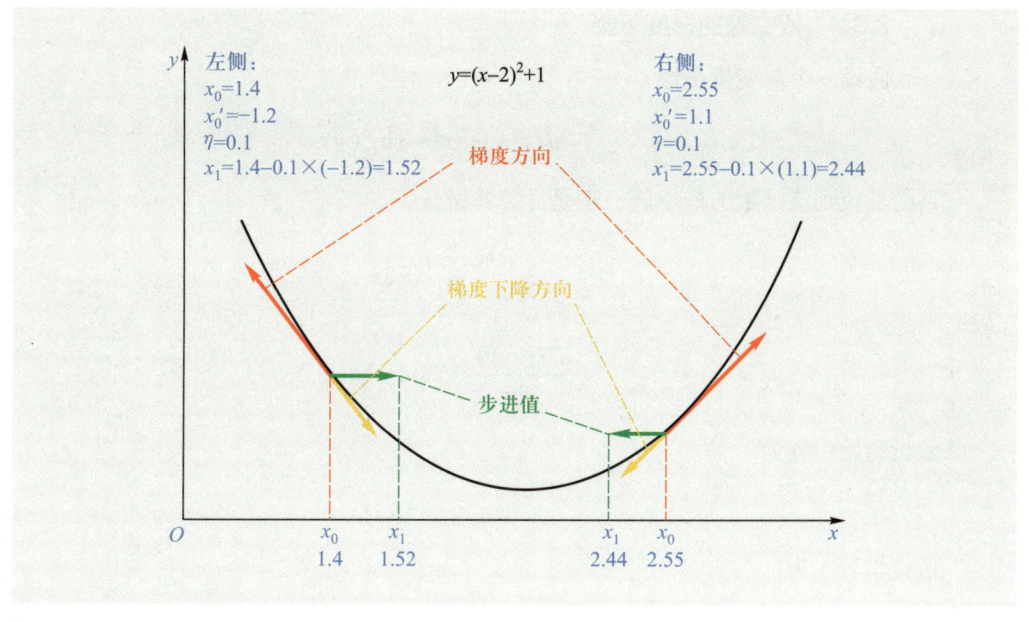

图 2-8　梯度下降的计算过程

2.3.3　单变量函数的梯度下降

假设一个单变量函数，

$$J(x) = x^2$$

目的是找到该函数的最小值，计算其微分，

$$J'(x) = 2x$$

假设初始位置为

$$x_0 = 1.2$$

假设学习率为

$$\eta = 0.3$$

根据公式（2.3.1），进行迭代，

$$x_{n+1} = x_n - \eta \cdot \nabla J(x) = x_n - \eta \cdot 2x \quad (2.3.2)$$

图 2-9 使用梯度下降法迭代的过程

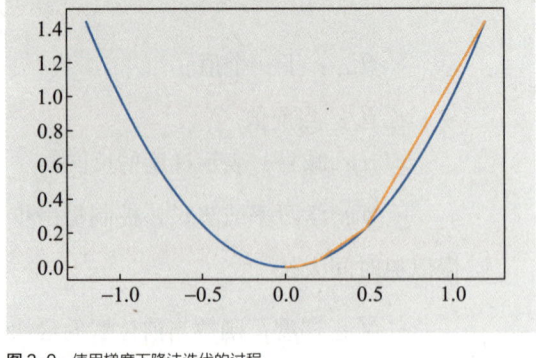

假设终止条件为 $J(x)<1e-2$，迭代过程如图 2-9 所示。

```
x=0.480000, y=0.230400
x=0.192000, y=0.036864
x=0.076800, y=0.005898
x=0.030720, y=0.000944
```

2.3.4 双变量的梯度下降

假设一个双变量函数，

$$J(x, y) = x^2 + \sin^2(y)$$

目的是找到该函数的最小值，于是计算其微分，

$$\frac{\partial J(x,y)}{\partial x} = 2x$$

$$\frac{\partial J(x,y)}{\partial y} = 2\sin y \cos y$$

假设初始位置为

$$(x_0, y_0) = (3, 1)$$

假设学习率为

$$\eta = 0.1$$

根据公式（2.3.1），迭代过程如下。

$$\begin{aligned}(x_{n+1}, y_{n+1}) &= (x_n, y_n) - \eta \cdot \nabla J(x, y) \\ &= (x_n, y_n) - \eta \cdot (2x, 2\sin y \cos y)\end{aligned} \quad (2.3.3)$$

假设终止条件为 $J(x, y)<0.01$，迭代过程如表 2-2 所示。

表 2-2 双变量梯度下降的迭代过程

迭代次数	x	y	$J(x,y)$
1	3	1	9.708 073
2	2.4	0.909 070	6.382 415
...	...	...	...
15	0.105 553	0.063 481	0.015 166
16	0.084 442	0.050 819	0.009 711

迭代 16 次后，$J(x,y)$ 的值为 0.009 711，满足小于 0.01 的条件，停止迭代。

如表 2-3 所示，由于是双变量，所以需要用三维图来解释。请注意看两张图中间那条隐隐的黑色线，表示梯度下降的过程，从红色的高地一直沿着坡度向下走，直到蓝色的洼地。

表 2-3 在三维空间内的梯度下降过程

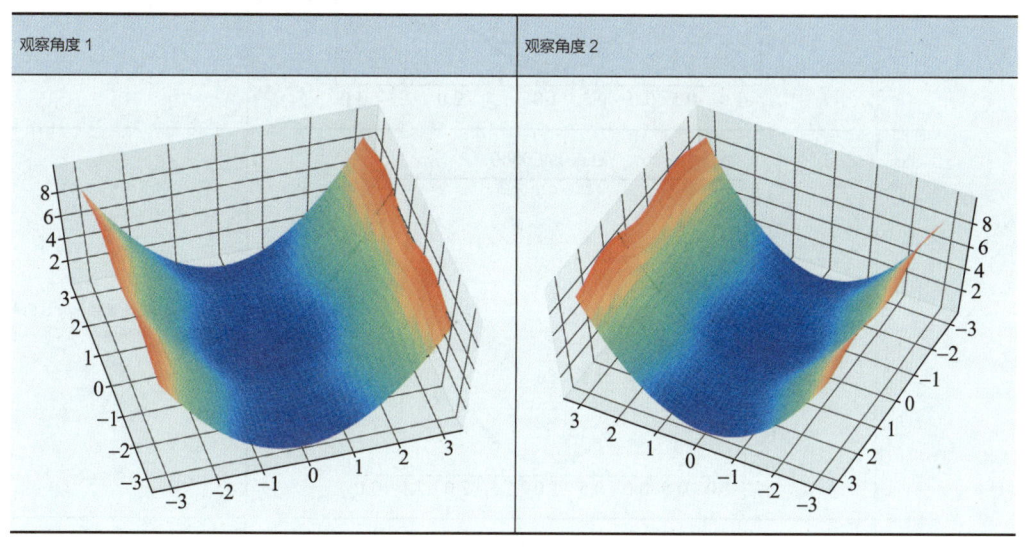

观察角度 1	观察角度 2

2.3.5 学习率 η 的选择

在公式表达时，学习率用 η 表示。在代码里，学习率用 learning_rate 或者 eta 表示。针对上面的例子，试验不同学习率对迭代情况的影响，如表 2-4 所示。

代码位置

ch02, Level3, Level4, Level5

表2-4 不同学习率对迭代情况的影响

学习率	迭代路线图	说明
1.0	eta=1.000000	学习率太大，迭代的情况很糟糕，在一条水平线上跳来跳去，永远也不能下降
0.8	eta=0.800000	学习率大，会有这种左右跳跃的情况发生，不利于神经网络的训练
0.4	eta=0.400000	学习率合适，损失值会从单侧下降，4步以后基本接近了理想值
0.1	eta=0.100000	学习率较小，损失值会从单侧下降，但下降速度非常慢，10步了还没有到达理想状态

第3章 损失函数

3.1 损失函数概论

3.1.1 概念

在各种材料中经常看到的中英文词汇有多种，在本书中，使用"损失函数"和"Loss Function"，具体的损失函数用 J 来表示，误差值用 $loss$ 表示。

"损失"即所有样本的"误差"的总和，亦即（m 为样本数）：

$$损失 = \sum_{i=1}^{m} 误差_i$$

$$J = \sum_{i=1}^{m} loss$$

在黑盒子的例子中，如果说"某个样本的损失"是不对的，只能说"某个样本的误差"，因为样本是一个一个计算的。如果把神经网络的参数调整到完全满足独立样本的输出误差为 0，通常会使其他样本的误差变得更大，那么损失函数值就会变得更大。所以，通常会在根据某个样本的误差调整权重后，计算一下整体样本的损失函数值，来判定网络是不是已经训练到了可接受的状态。

3.1.2 损失函数的作用

损失函数的作用就是计算神经网络每次迭代的前向计算结果与真实值的差距，从而指导下一步的训练向正确的方向进行。

使用损失函数的具体步骤如下。

（1）用随机值初始化前向计算公式的参数。

（2）代入样本，计算输出的预测值。

（3）用损失函数计算预测值和标签值（真实值）的误差。

（4）根据损失函数的导数，沿梯度最小方向将误差回传，修正前向计算公式中的各个权重值。

（5）重复步骤（2），直到损失函数值达到一个满意的值就停止迭代。

3.1.3 机器学习中常用的损失函数

m 是样本数，a 是预测值，y 是样本标签值，$loss$ 是单个样本的误差值，J 是损失函数值。

（1）0-1 损失函数

$$J=\sum_{i=1}^{m} loss, \quad loss = \begin{cases} 0 & a = y \\ 1 & a \neq y \end{cases}$$

（2）绝对值损失函数

$$J=\sum_{i=1}^{m} loss, \quad loss = |y - a|$$

（3）铰链/折页损失函数或最大边界损失函数，主要用于 SVM（支持向量机）中。

$$J=\sum_{i=1}^{m} loss, \quad loss = \max(0, 1 - y \cdot a), y = \pm 1$$

（4）对数损失函数，又叫交叉熵损失函数。

$$J=\sum_{i=1}^{m} loss, \quad loss = -[y \log a + (1 - y) \log(1 - a)]$$

（5）均方差损失函数

$$J=\sum_{i=1}^{m} loss, \quad loss = (a - y)^2$$

（6）指数损失函数

$$J=\sum_{i=1}^{m} loss, \quad loss = e^{-(y \cdot a)}$$

3.1.4 损失函数的图像理解

1. 用二维函数图像理解单变量对损失函数的影响

图 3-1 中，纵坐标是损失函数值，横坐标是变量。不断地改变变量的值，会造成损失函数值的上升或下降。而梯度下降算法会让计算沿着损失函数值下降的方向前进。

（1）假设初始位置在 A 点，$x=x_0$，损失函数值较大，回传给网络做训练。

（2）经过一次迭代后，移动到了

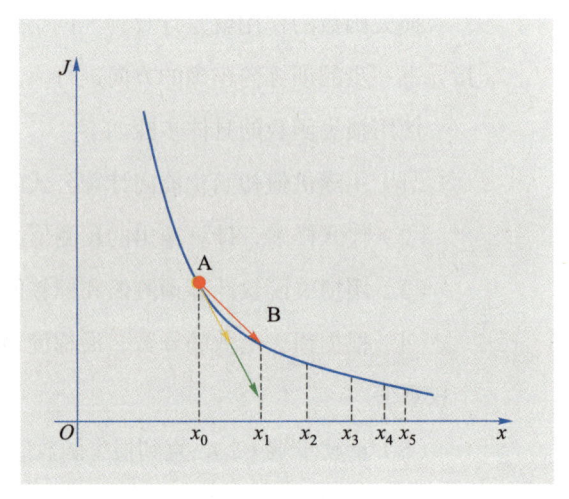

图 3-1 单变量的损失函数图

B 点，$x=x_1$，损失函数值也相应减小，再次回传重新训练。

（3）以此节奏不断向损失函数的最低点靠近，经历了 x_2、x_3、x_4、x_5。

（4）直到损失函数值达到可接受的程度，例如 x_5 的位置，就停止训练。

2．用等高线图理解双变量对损失函数的影响

图 3-2 中，横坐标是变量 w，纵坐标是变量 b。两个变量的组合形成的损失函数值，在图中对应处于等高线上的唯一的坐标点。w、b 所有不同值的组合会形成一个损失函数值的矩阵，把矩阵中具有相同（相近）损失函数值的点连接起来，可以形成一个不规则椭圆，其圆心位置的损失值为 0，也是要逼近的目标位置。

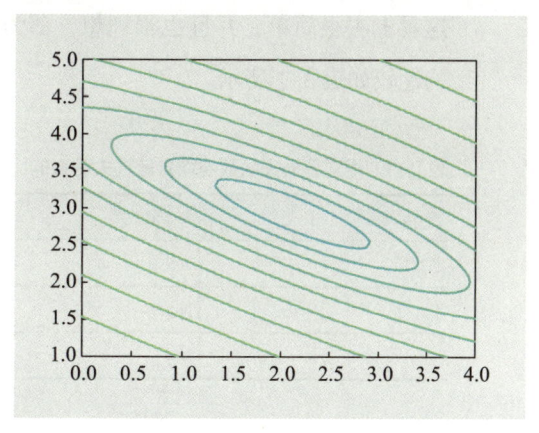

图 3-2 双变量的损失函数图

这个椭圆如同平面地图中的等高线，中心位置比边缘位置要低，通过对损失函数值的计算，对损失函数的求导，会使损失函数值沿着等高线形成的梯子一步步下降，无限逼近中心点。

3.1.5 常用的损失函数

- 均方差函数，主要用于回归。
- 交叉熵函数，主要用于分类。

二者都是非负函数，极值在底部，用梯度下降法可以求解。

3.2 均方差函数

均方差函数（mean square error，MSE）是最直观的一个损失函数，计算预测值和真实值之间的欧氏距离。预测值和真实值越接近，两者的均方差就越小。

均方差函数常用于线性回归（linear regression），即函数拟合（function fitting），公式如下。

$$loss = \frac{1}{2}(z-y)^2 \qquad \text{（单样本）}$$

$$J = \frac{1}{2m}\sum_{i=1}^{m}(z_i - y_i)^2 \qquad \text{（多样本）}$$

3.2.1 工作原理

要想得到预测值 a 与真实值 y 的差距，最朴素的想法就是用求差值。

对于单样本来说，求差值没问题，但是多样本累计时，a_i-y_i 有可能有正有负，误差求和时就会导致相互抵消，从而失去价值。所以有了绝对值差的想法，即 $error=|a_i-y_i|$。这看上去很简单，并且也很理想，那为什么还要引入均方差损失函数呢？两种损失函数的比较如表 3-1 所示。

表 3-1 绝对值损失函数与均方差损失函数的比较

样本标签值	样本预测值	绝对值损失函数	均方差损失函数
[1,1,1]	[1,2,3]	|1-1|+|2-1|+|3-1|=3	$(1-1)^2+(2-1)^2+(3-1)^2=5$
[1,1,1]	[1,3,3]	|1-1|+|3-1|+|3-1|=4	$(1-1)^2+(3-1)^2+(3-1)^2=8$
		4/3=1.33	8/5=1.6

可以看到 5 比 3 已经大了很多，8 比 4 大了一倍，而 8 比 5 也放大了某个样本的局部损失对全局带来的影响，即对某些偏离大的样本比较敏感，从而引起监督训练过程的足够重视，以便回传误差。

3.2.2 实际案例

假设有一组数据如图 3-3 所示，想找到一条拟合的直线。

图 3-4 中，前三张显示了一个逐渐找到最佳拟合直线的过程。在图 3-4（a）中，用均方差函数计算得到 loss=0.530 669；在图 3-4（b）中，直线向上平移一些，误差计算 loss=0.164 647，比图 3-4（a）的误差小很多；在图 3-4（c）中，又向上平移了一些，误差计算 loss=0.048 626，

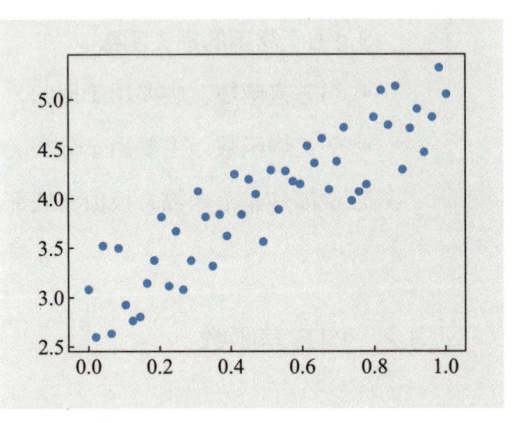

图 3-3 平面上的样本数据

此后还可以继续尝试平移（改变 b 值）或者变换角度（改变 w 值），得到更小的损失函数值；在图 3-4（d）中，偏离了最佳位置，误差值 loss=0.182 604，这种情况，算法会让尝试方向反向向下。

图 3-4（c）是损失函数值最小的情况。比较图 3-4（a）和图 3-4（b），由于均方差的损失函数值都为正，如何判断是向上移动还是向下移动？

在实际的训练过程中，是没有必要计算损失函数值的，因为损失函数值只体现在反

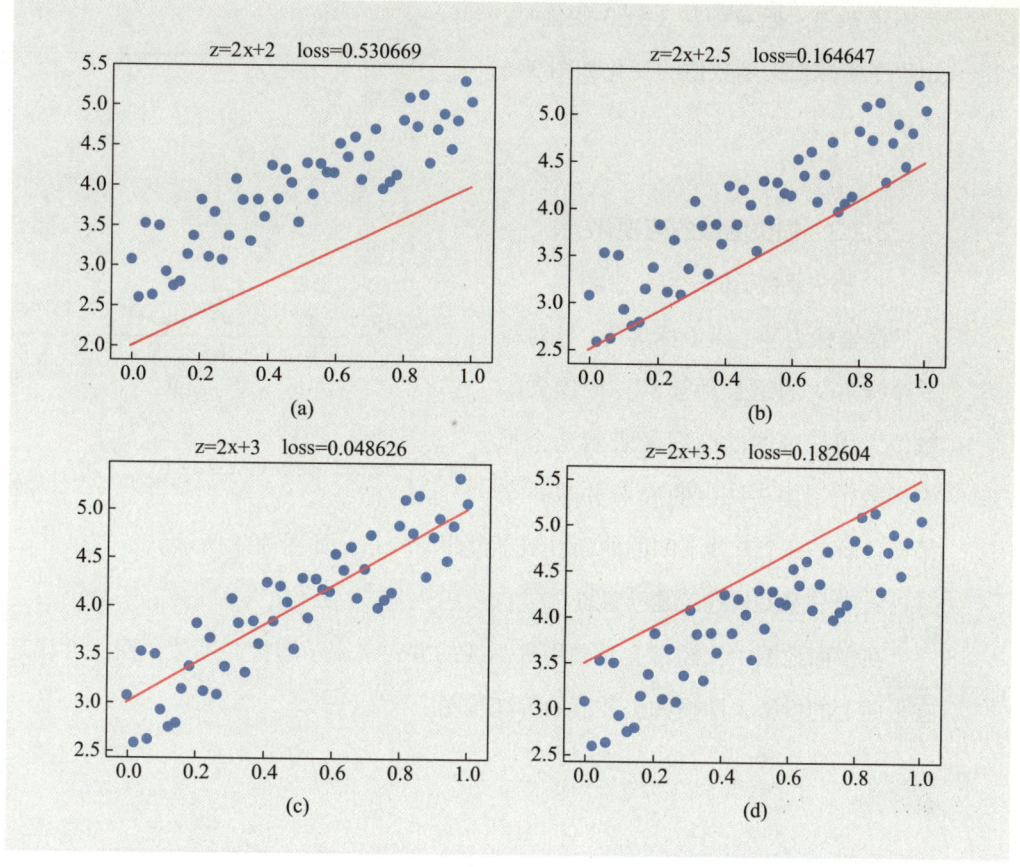

图 3-4 损失函数值与直线位置的关系

向传播的过程中。接下来看看均方差函数的导数，

$$\frac{\partial J}{\partial a_i} = a_i - y_i$$

虽然 $(a_i - y_i)^2$ 永远是正数，但是 $a_i - y_i$ 却可以是正数（直线在点下方时）或者负数（直线在点上方时），这个正数或者负数被反向传播到前面的计算过程中，就会引导训练过程朝正确的方向尝试。

在上面的例子中，变量 w 和变量 b 的变化都会影响最终的损失函数值。

假设该拟合直线的方程是 $y=2x+3$，当固定 $w=2$，把 b 值从 2 到 4 变化时，用程序模拟损失函数值的变化如图 3-5 所示。

假设该拟合直线的方程是 $y=2x+3$，

图 3-5 固定 w 时，b 的变化造成的损失值

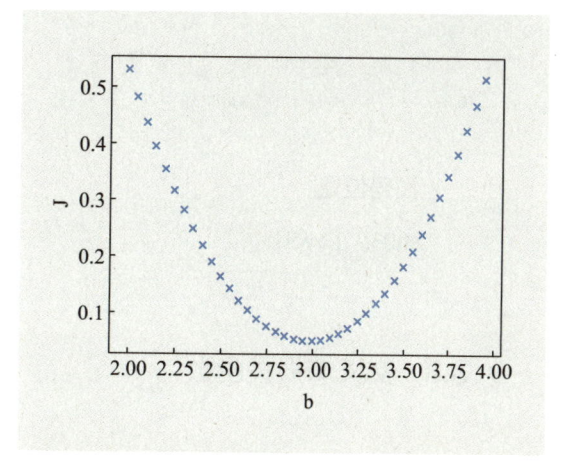

当固定 $b=3$，把 w 值从 1 到 3 变化时，用程序模拟损失函数值的变化如图 3-6 所示。

3.2.3 损失函数的可视化

1. 损失函数值的三维示意图

横坐标为 w，纵坐标为 b，针对每一个 w 和 b 的组合计算出一个损失函数值，用三维图的高度来表示这个损失函数值。图 3-7 中的底部并非一个平面，而是一个有些下凹的曲面，只不过曲率较小，如图 3-7 所示。

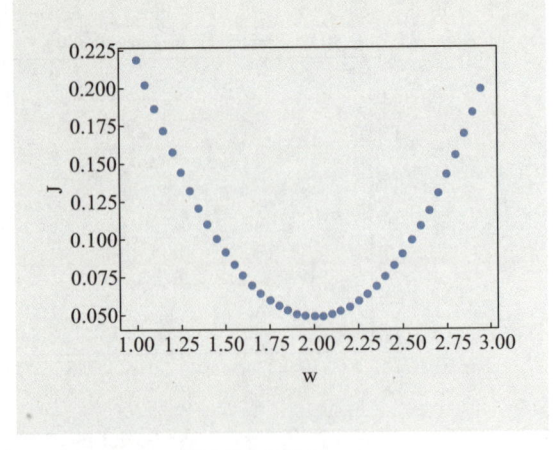

图 3-6 固定 b 时，w 的变化造成的损失值

2. 损失函数值的二维示意图

在平面地图中，经常会看到用等高线的方式来表示海拔高度值，图 3-8 就是图 3-7 在平面上的投影，即损失函数值的等高线图。

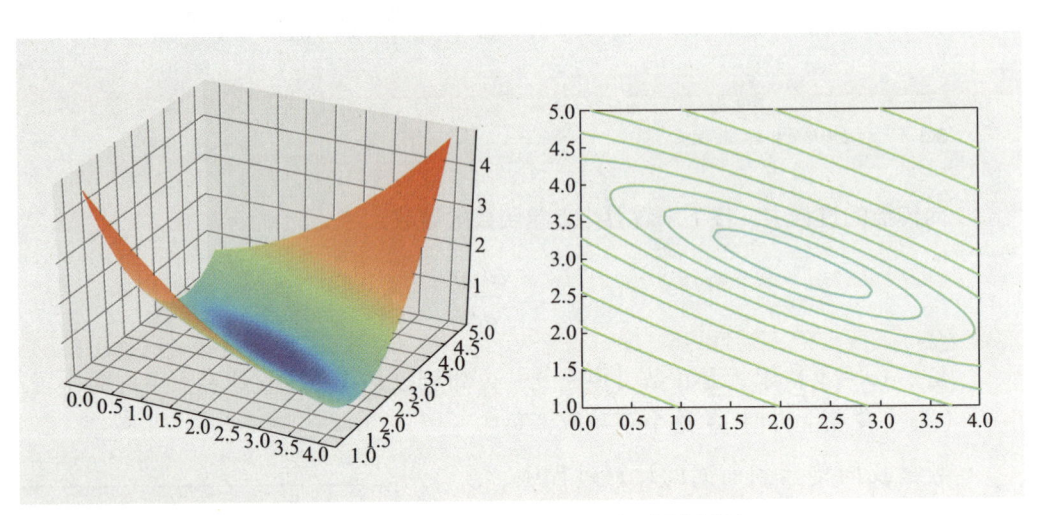

图 3-7 w 和 b 同时变化时的损失值形成的曲面

图 3-8 损失函数的等高线图

代码位置

ch03，Level1

3.3 交叉熵损失函数

交叉熵（cross entropy）是香农（Shannon）信息论中一个重要概念，主要用于度量

两个概率分布间的差异性信息。在信息论中，交叉熵是表示两个概率分布 p，q 的差异，其中 p 表示真实分布，q 表示预测分布，那么 $H(p,q)$ 就称为交叉熵。

$$H(p,q) = \sum_i p_i \cdot \ln \frac{1}{q_i} = -\sum_i p_i \ln q_i \tag{3.3.1}$$

交叉熵可在神经网络中作为损失函数，p 表示真实标记的分布，q 则为训练后的模型的预测标记分布，交叉熵损失函数可以衡量 p 与 q 的相似性。

交叉熵函数常用于逻辑回归（logistic regression），也就是分类（classification）。

3.3.1 交叉熵的由来

1. 信息量

信息论中，信息量的表示方式如下。

$$I(x_j) = -\ln(p(x_j)) \tag{3.3.2}$$

其中，

x_j：表示一个事件。

$p(x_j)$：表示 x_j 发生的概率。

$I(x_j)$：表示信息量，x_j 越不可能发生时，它一旦发生后的信息量就越大。

假设对于某位学生学习神经网络原理课程，有三种可能的情况发生，如表 3-2 所示。

表 3-2　三种事件的概论和信息量

事件编号	事件	概率 p	信息量 I
x_1	优秀	p=0.7	I=−ln(0.7)=0.36
x_2	及格	p=0.2	I=−ln(0.2)=1.61
x_3	不及格	p=0.1	I=−ln(0.1)=2.30

不难看出该同学不及格的信息量较大，相对来说，"优秀"事件的信息量反而小了很多。

2. 熵

熵的表示方式如下。

$$H(p) = -\sum_{j}^{n} p(x_j) \ln\left(p(x_j)\right) \tag{3.3.3}$$

表 3-2 中的熵可以表示为

$$\begin{aligned} H(p) &= -\big[p(x_1)\ln p(x_1) + p(x_2)\ln p(x_2) + p(x_3)\ln p(x_3) \big] \\ &= 0.7 \times 0.36 + 0.2 \times 1.61 + 0.1 \times 2.30 \\ &= 0.804 \end{aligned}$$

3. 相对熵

相对熵又称 KL 散度（Kullback-Leibler divergence），如果对于同一个随机变量 x 有两个单独的概率分布 $P(x)$ 和 $Q(x)$，可以使用 KL 散度来衡量这两个分布的差异，这个相当于信息论范畴的均方差。

KL 散度的计算公式如下。

$$D_{KL}(p \| q) = \sum_{j=1}^{n} p(x_j) \ln \frac{p(x_j)}{q(x_j)} \qquad (3.3.4)$$

n 为事件的所有可能性的数量。D 的值越小，表示这两个分布越接近。

4. 交叉熵

把公式（3.3.4）变换为：

$$\begin{aligned} D_{KL}(p \| q) &= \sum_{j=1}^{n} p(x_j) \ln p(x_j) - \sum_{j=1}^{n} p(x_j) \ln q(x_j) \\ &= -H(p(x)) + H(p,q) \end{aligned} \qquad (3.3.5)$$

上式的前一部分恰巧就是 p 的熵，后一部分是交叉熵。

$$H(p,q) = -\sum_{j=1}^{n} p(x_j) \ln q(x_j) \qquad (3.3.6)$$

在机器学习中，需要评估标签值和预测值之间的差距，使用 KL 散度刚刚好，即 $D_{KL}(y \| a)$，由于 KL 散度中的前一部分 $H(y)$ 不变，故在优化过程中，只需要关注交叉熵就可以了。所以一般在机器学习中直接用交叉熵做损失函数来评估模型。

$$loss = -\sum_{j=1}^{n} y_j \ln a_j \qquad (3.3.7)$$

公式（3.3.7）是单样本情况，n 并不是样本个数，而是分类个数。所以，对于批量样本的交叉熵计算公式是：

$$J = -\sum_{i=1}^{m} \sum_{j=1}^{n} y_{ij} \ln a_{ij} \qquad (3.3.8)$$

m 是样本数，n 是分类数。

有一类特殊问题，就是事件只有两种情况发生的可能，例如"学会了"和"没学会"，称为二分类问题。对于这类问题，当 $n=2$ 时，交叉熵可以简化为：

$$loss = -\left[y \ln a + (1-y) \ln(1-a) \right] \qquad (3.3.9)$$

对于批量样本，交叉熵计算公式如下。

$$J = -\sum_{i=1}^{m} \left[y_i \ln a_i + (1-y_i) \ln(1-a_i) \right] \qquad (3.3.10)$$

3.3.2 二分类问题的交叉熵

把公式（3.3.10）分解成两种情况，当 y=1 时，即标签值是 1，是个正例，加号后面的项为 0：

$$loss = -\ln(a) \tag{3.3.11}$$

在图 3-9 中，横坐标是预测输出，纵坐标是损失函数值。y=1 意味着当前样本标签值是 1，当预测输出越接近 1 时，损失函数值越小，训练结果越准确。当预测输出越接近 0 时，损失函数值越大，训练结果越糟糕。

当 y=0 时，即标签值是 0，是个反例，加号前面的项为 0：

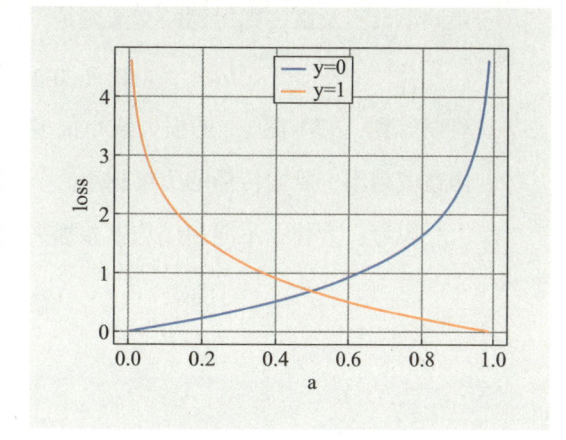

$$loss = -\ln(1-a) \tag{3.3.12}$$

图 3-9 二分类交叉熵损失函数图

此时，损失函数值如图 3-9 所示。

假设学会了某门课程的标签值为 1，没有学会的标签值为 0。想建立一个预测器，对于一个特定的学员，根据出勤率、课堂表现、作业情况、学习能力等来预测其学会该课程的概率。

对于学员甲，预测其学会的概率为 0.6，而实际上该学员通过了考试，真实值为 1。所以，学员甲的交叉熵损失函数值是：

$$loss_1 = -(1 \times \ln 0.6 + (1-1) \times \ln(1-0.6)) = 0.51$$

对于学员乙，预测其学会的概率为 0.7，而实际上该学员也通过了考试。所以，学员乙的交叉熵损失函数值是：

$$loss_2 = -(1 \times \ln 0.7 + (1-1) \times \ln(1-0.7)) = 0.36$$

由于 0.7 比 0.6 更接近 1，是相对准确的值，所以 $loss_2$ 要比 $loss_1$ 小，反向传播的力度也会小。

3.3.3 多分类问题交叉熵

当标签值不是非 0 即 1 的情况时，就是多分类了。假设期末考试有三种情况。

（1）优秀，标签值 OneHot 编码为 [1,0,0]。

（2）及格，标签值 OneHot 编码为 [0,1,0]。

（3）不及格，标签值 OneHot 编码为 [0,0,1]。

假设预测学员丙的成绩为优秀、及格、不及格的概率为 [0.2,0.5,0.3]，而真实情况是该学员不及格，则得到的交叉熵是：

$$loss_1 = -(0 \times \ln 0.2 + 0 \times \ln 0.5 + 1 \times \ln 0.3) = 1.2$$

假设预测学员丁的成绩为优秀、及格、不及格的概率为 [0.2,0.2,0.6]，而真实情况是该学员不及格，则得到的交叉熵是：

$$loss_2 = -(0 \times \ln 0.2 + 0 \times \ln 0.2 + 1 \times \ln 0.6) = 0.51$$

可以看到，0.51 比 1.2 的损失值小很多，这说明预测值越接近真实标签值，交叉熵损失函数值越小，反向传播的力度越小。

思考：为什么不能使用均方差损失函数作为分类问题的损失函数？

线性回归

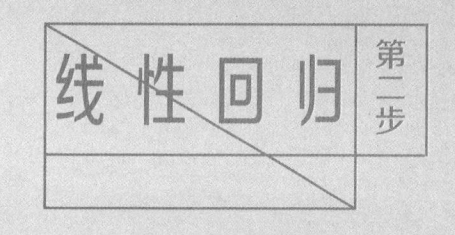

第二步

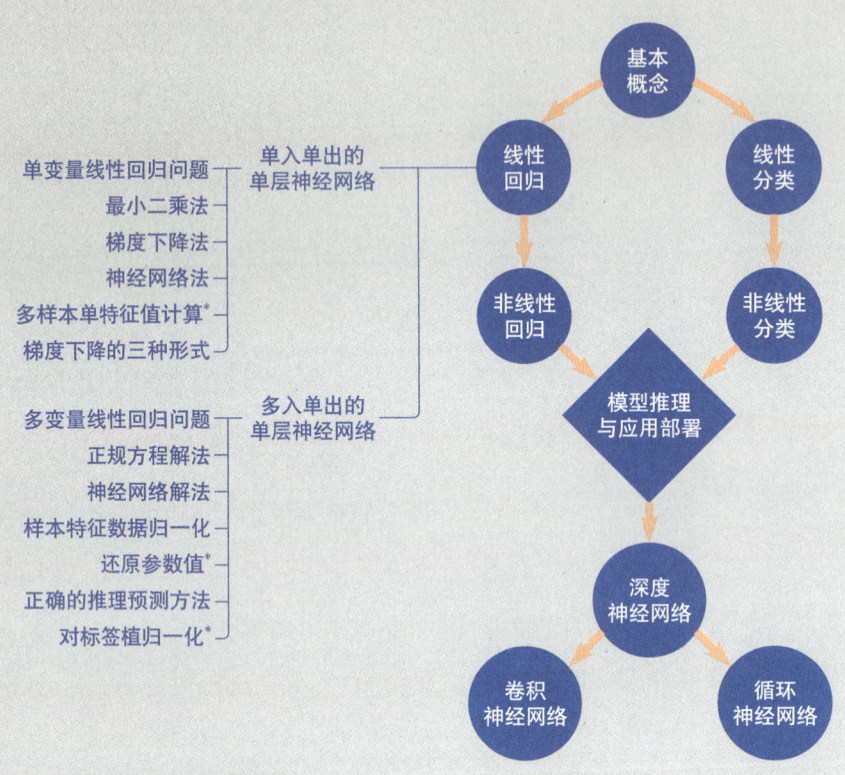

- 单变量线性回归问题 ┐
- 最小二乘法
- 梯度下降法   ├ 单入单出的单层神经网络
- 神经网络法
- 多样本单特征值计算*
- 梯度下降的三种形式 ┘

- 多变量线性回归问题 ┐
- 正规方程解法
- 神经网络解法   ├ 多入单出的单层神经网络
- 样本特征数据归一化
- 还原参数值*
- 正确的推理预测方法
- 对标签值归一化*   ┘

```
          基本概念
         ↙      ↘
      线性回归   线性分类
        ↓          ↓
      非线性回归  非线性分类
         ↘      ↙
       模型推理与应用部署
              ↓
          深度神经网络
         ↙          ↘
    卷积神经网络    循环神经网络
```

注：带*号部分为知识拓展内容。

第4章 单入单出的单层神经网络——单变量线性回归

4.1 单变量线性回归问题

4.1.1 提出问题

在互联网建设初期，各大运营商需要解决的问题就是保证服务器所在的机房的温度常年保持在23℃左右。在一个新建的机房里，如果计划部署346台服务器，应该如何配置空调的最大功率？

这个问题虽然能通过热力学计算得到公式，但是总会有误差。因此人们往往会在机房里装一个温控器，来控制空调的开关或制冷能力，风扇的转速等，其中最大制冷能力是一个关键性的数值。更先进的做法是直接把机房建在海底，用隔离的海水循环降低空气温度的方式来冷却。

通过一些统计数据（称为样本数据），可以得到表4-1。一般把自变量 X 称为样本特征值，把因变量 Y 称为样本标签值。

表4-1 样本数据

样本序号	服务器数量 X/千台	空调功率 Y/kW
1	0.928	4.824
2	0.469	2.950
3	0.855	4.643
...	...	...

这个数据是二维的，所以可以用可视化的方式来展示，如图4-1所示，横坐标是服务器数量，纵坐标是空调功率。

通过对图4-1的观察，可以判断它属于一个线性回归问题，而且是最简单的一元线性回归。于是，把热力学计算的问题转换成一个统计问题，因为不能精确地计算出每块电路板或每台机器到底能产生多少热量。

部分读者可能会想到一个办法：在样本数据中，找一个与346非常近似的例子，以它为参考就可以找到合适的空调功率数值了。

当然，这样做是完全科学合理的，实际上这就是线性回归的解题思路：利用已有值，预测未知值。也就是说，这些读者不经意间使用了线性回归模型。而实际上，这个例子非常简单，只有一个自变量和一个因变量，因此可以用简单直接的方法来解决问题。但是，当有多个自变量时，这种直接的办法可能就会失效了。假设有三个自变量，很有可能不能在样本中找到和这三个自变量的组合非常接近的数据，此时就应该借助更系统的方法了。

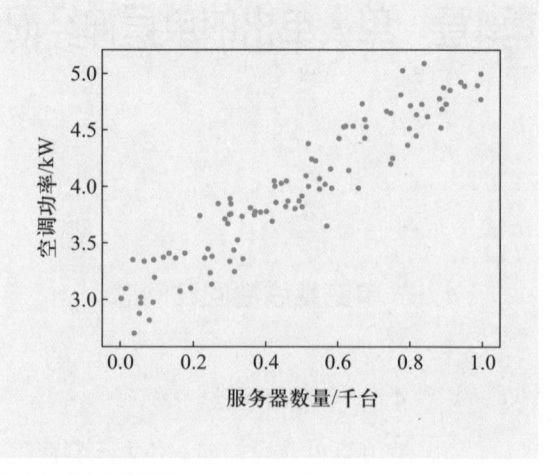

图 4-1　样本数据可视化

4.1.2　一元线性回归模型

回归分析是一种数学模型。当因变量和自变量为线性关系时，它是一种特殊的线性模型。

最简单的情形是一元线性回归，由大体上有线性关系的一个自变量和一个因变量组成，模型是：

$$Y = a + bX + \varepsilon \tag{4.1.1}$$

X 是自变量，Y 是因变量，ε 是随机误差，a 和 b 是参数，在线性回归模型中，a 和 b 是要通过算法学习出来的。

从常规概念上讲，模型是人们通过主观意识借助实体或者虚拟表现来构成对客观事物的描述，这种描述通常是有一定的逻辑或者数学含义的抽象表达方式。例如对小轿车建模的话，会是这样描述：由发动机驱动的四轮铁壳子。对能量概念建模的话，那就是爱因斯坦狭义相对论的著名推论：$E=mc^2$。

对数据建模的话，就是用一个或几个公式来描述这些数据的产生条件或者相互关系，例如有一组数据是大致满足 $y=3x+2$ 这个公式，那么这个公式就是模型。为什么说是"大致"呢？因为在现实世界中，一般都有噪声（误差）存在，所以不可能非常准确地满足这个公式，只要是在这条直线两侧附近，就可以算作是满足条件。

对于线性回归模型，有如下几点需要了解。

- 通常假定随机误差的均值为 0，方差为 σ^2（$\sigma^2>0$，σ^2 与 X 的值无关）。
- 若进一步假定随机误差遵从正态分布，就叫正态线性模型。
- 一般地，若有 k 个自变量和 1 个因变量，则因变量的值分为两部分：一部分由自变量影响，即表示为它的函数，函数形式已知且含有未知参数；另一部分由其他的未考虑因素和随机性影响，即随机误差。

- 当函数为参数未知的线性函数时，称为线性回归分析模型。
- 当函数为参数未知的非线性函数时，称为非线性回归分析模型。
- 当自变量个数大于 1 时称为多元回归。
- 当因变量个数大于 1 时称为多重回归。

通过对数据的观察，可以大致认为它符合线性回归模型的条件，于是列出了公式（4.1.1），不考虑随机误差的话，主要任务就是找到合适的 a 和 b，这就是线性回归的任务。

如图 4-2 所示，左侧为线性模型，可以看到直线穿过了一组三角形所形成的区域的中心线，并不要求这条直线穿过每一个三角形。右侧为非线性

图 4-2　线性回归和非线性回归的区别

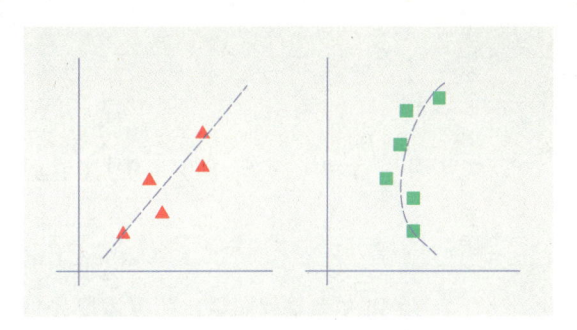

模型，一条曲线穿过了一组矩形所形成的区域的中心线。在本章中，先学习如何解决左侧的线性回归问题。

接下来会用几种方法来解决这类问题。

（1）最小二乘法。

（2）梯度下降法。

（3）神经网络法。

4.1.3　公式形态

这里要解释一下线性公式中 W 和 X 的顺序问题（由于后续内容不局限于单一变量或单一样本问题，此处采用矩阵形式表示）。在很多书中，可以看到下面的公式：

$$Y = W^{\mathrm{T}} X + B \quad (4.1.2)$$

或者

$$Y = W \cdot X + B \quad (4.1.3)$$

而在本书中使用

$$Y = X \cdot W + B \quad (4.1.4)$$

这三者的主要区别是样本数据 X 的形状定义，相应地会影响到 W 的形状定义。举例来说，如果 X 有三个特征值，那么 W 必须有三个权重值与特征值对应。

1. 公式（4.1.2）的矩阵形式

X 是列向量：

$$X = \begin{bmatrix} x_1 \\ x_2 \\ x_3 \end{bmatrix}$$

W 也是列向量：

$$W = \begin{bmatrix} w_1 \\ w_2 \\ w_3 \end{bmatrix}$$

$$Y = W^T X + B = \begin{bmatrix} w_1 & w_2 & w_3 \end{bmatrix} \begin{bmatrix} x_1 \\ x_2 \\ x_3 \end{bmatrix} + b$$

$$= w_1 \cdot x_1 + w_2 \cdot x_2 + w_3 \cdot x_3 + b \qquad (4.1.5)$$

W 和 X 都是列向量，所以需要先把 W 转置后，再与 X 做矩阵乘法。

2. 公式（4.1.3）的矩阵形式

公式（4.1.3）与公式（4.1.2）的区别是 W 的形状，在公式（4.1.3）中，W 是行向量：

$$W = \begin{bmatrix} w_1 & w_2 & w_3 \end{bmatrix}$$

而 X 的形状仍然是列向量：

$$X = \begin{bmatrix} x_1 \\ x_2 \\ x_3 \end{bmatrix}$$

这样相乘之前不需要做矩阵转置了。

$$Y = W \cdot X + B = \begin{bmatrix} w_1 & w_2 & w_3 \end{bmatrix} \begin{bmatrix} x_1 \\ x_2 \\ x_3 \end{bmatrix} + b$$

$$= w_1 \cdot x_1 + w_2 \cdot x_2 + w_3 \cdot x_3 + b \qquad (4.1.6)$$

3. 公式（4.1.4）的矩阵形式

X 是个行向量：

$$X = \begin{bmatrix} x_1 & x_2 & x_3 \end{bmatrix}$$

W 是列向量：

$$W = \begin{bmatrix} w_1 \\ w_2 \\ w_3 \end{bmatrix}$$

所以 X 在前，W 在后：

$$Y = X \cdot W + B = \begin{bmatrix} x_1 & x_2 & x_3 \end{bmatrix} \begin{bmatrix} w_1 \\ w_2 \\ w_3 \end{bmatrix} + b$$

$$= x_1 \cdot w_1 + x_2 \cdot w_2 + x_3 \cdot w_3 + b \tag{4.1.7}$$

比较公式（4.1.5）至公式（4.1.7），最后的运算结果是相同的。

再分析一下前两种形式的 X 矩阵，由于 $\begin{bmatrix} x_1 \\ x_2 \\ x_3 \end{bmatrix}$ 是个列向量，意味着特征由行表示，当有 2 个样本同时参与计算时，X 需要增加一列，变成了如下形式：

$$X = \begin{bmatrix} x_{11} & x_{21} \\ x_{12} & x_{22} \\ x_{13} & x_{23} \end{bmatrix}$$

x_{ij} 的第一个下标表示样本序号，第二个下标表示样本特征，所以 x_{21} 是第 2 个样本的第 1 个特征。一般人们都是认为行在前、列在后，但是 x_{21} 却是处于第 1 行第 2 列，和习惯正好相反。

如果采用第三种形式，则 2 个样本的 X 可表示为

$$X = \begin{bmatrix} x_{11} & x_{12} & x_{13} \\ x_{21} & x_{22} & x_{23} \end{bmatrix}$$

第 1 行是第 1 个样本的 3 个特征，第 2 行是第 2 个样本的 3 个特征，这与常用的阅读习惯正好一致，第 1 个样本的第 2 个特征在矩阵的第 1 行第 2 列，因此在本书中一律使用第三种形式来描述线性方程。

另外一个原因是，在很多深度学习库的实现中，确实是把 X 放在 W 前面做矩阵运算的，同时 W 的形状也是从左向右看，例如左侧有 2 个样本的 3 个特征输入（2×3 表示 2 个样本 3 个特征值），右侧是 1 个输出，则 W 的形状就是 3×1。否则，就需要倒着看，W 的形状成了 1×3，而 X 变成了 3×2，不符合常规阅读习惯。

对于 B 来说，它永远是 1 行，列数与 W 的列数相等。例如 W 是 3×1 的矩阵，则 B 是 1×1 的矩阵。如果 W 是 3×2 的矩阵，意味着 3 个特征输入到 2 个神经元上，则 B 是 1×2 的矩阵，每个神经元分配 1 个偏置（bias）。

4.2 最小二乘法

4.2.1 历史

最小二乘法,也叫最小平方法(least square method),它通过最小化误差的平方和寻找数据的最佳函数匹配。利用最小二乘法可以简便地求得未知的数据,并使得这些求得的数据与实际数据之间误差的平方和最小。最小二乘法还可用于曲线拟合。其他优化问题,如通过最小化能量或最大化熵,也可用最小二乘法来表达。

1801 年,意大利天文学家朱赛普·皮亚齐发现了第一颗小行星谷神星。经过 40 多天的跟踪观测后,由于谷神星运行至太阳背后,使得皮亚齐无法定位谷神星。随后全世界的科学家利用皮亚齐的观测数据开始寻找谷神星,但是大多数都没有结果。时年 24 岁的高斯也计算了谷神星的轨道。奥地利天文学家海因里希·奥尔伯斯根据高斯计算出来的轨道重新发现了谷神星。

高斯使用的最小二乘法于 1809 年发表在他的著作《天体运动论》中。法国科学家勒让德于 1806 年独立发明"最小二乘法",但因不为世人所知,勒让德曾与高斯为谁最早创立最小二乘法原理发生争执。

1829 年,高斯提供了最小二乘法的优化效果强于其他方法的证明。

4.2.2 数学原理

线性回归试图学习

$$z(x_i) = w \cdot x_i + b \quad (4.2.1)$$

使得

$$z(x_i) \cong y_i \quad (4.2.2)$$

其中,x_i 是样本特征值,y_i 是样本标签值,z_i 是模型预测值。

如何学得 w 和 b 呢?均方差是回归任务中常用的手段,公式如下。

$$J = \sum_{i=1}^{m}(z(x_i) - y_i)^2 = \sum_{i=1}^{m}(y_i - wx_i - b)^2 \quad (4.2.3)$$

J 为损失函数。实际上就是试图找到一条直线,使所有样本到直线上的残差的平方和最小。

图 4-3 中,圆形点是样本点,直线是当前的拟合结果。如图 4-3 左图所示,要计算样本点到直线的垂直距离,需要再根据直线的斜率来求垂足然后再计算距离,这样计算

起来很慢；但在实际工程中，通常使用的是图 4-3 右图的方式，即样本点到直线的竖直距离，因为这样计算较简便。

假设计算出的初步结果如图 4-3 中的虚线所示，这条直线是否合适呢？需要计算图中每个点到这条直线的距离，把这些距离的值都加起来（都是正数，不存在互相抵消的问题）成为误差。

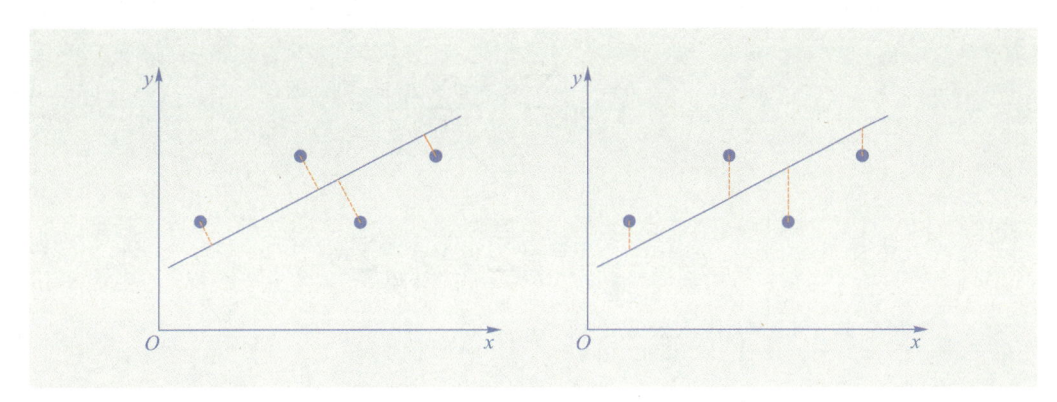

图 4-3 均方差函数的评估原理

因为图 4-3 中的几个点不在一条直线上，所以不存在一条直线能同时穿过它们。所以，只能想办法让总体误差最小，就意味着整体偏差最小，那么最终的那条直线就是要求的结果。

如果想让误差的值最小，通过对 w 和 b 求导，再令导数为 0，就是 w 和 b 的最优解。推导过程如下。

$$\frac{\partial J}{\partial w} = \frac{\partial \left(\sum_{i=1}^{m}(y_i - wx_i - b)^2 \right)}{\partial w} \qquad (4.2.4)$$
$$= 2\sum_{i=1}^{m}(y_i - wx_i - b)(-x_i)$$

令公式（4.2.4）为 0，则有

$$\sum_{i=1}^{m}(y_i - wx_i - b)x_i = 0 \qquad (4.2.5)$$

$$\frac{\partial J}{\partial b} = \frac{\partial \left(\sum_{i=1}^{m}(y_i - wx_i - b)^2 \right)}{\partial b} \qquad (4.2.6)$$
$$= 2\sum_{i=1}^{m}(y_i - wx_i - b)(-1)$$

令公式（4.2.6）为 0，则有

$$\sum_{i=1}^{m}(y_i - wx_i - b) = 0 \qquad (4.2.7)$$

由公式（4.2.7）得到，

$$\sum_{i=1}^{m} b = m \cdot b = \sum_{i=1}^{m} y_i - w \sum_{i=1}^{m} x_i \qquad (4.2.8)$$

两边除以 m，

$$b = \frac{1}{m}\left(\sum_{i=1}^{m} y_i - w \sum_{i=1}^{m} x_i\right) = \overline{y} - w\overline{x} \qquad (4.2.9)$$

其中，

$$\overline{y} = \frac{1}{m}\sum_{i=1}^{m} y_i,\ \overline{x} = \frac{1}{m}\sum_{i=1}^{m} x_i \qquad (4.2.10)$$

将公式（4.2.9）代入公式（4.2.5），

$$\sum_{i=1}^{m}(y_i - wx_i - \overline{y} + w\overline{x})x_i = 0$$

$$\sum_{i=1}^{m}(x_i y_i - wx_i^2 - x_i\overline{y} + w\overline{x}x_i) = 0$$

$$\sum_{i=1}^{m}(x_i y_i - x_i\overline{y}) - w\sum_{i=1}^{m}(x_i^2 - \overline{x}x_i) = 0$$

$$w = \frac{\sum_{i=1}^{m}(x_i y_i - x_i\overline{y})}{\sum_{i=1}^{m}(x_i^2 - \overline{x}x_i)} \qquad (4.2.11)$$

将公式（4.2.10）代入公式（4.2.11），

$$w = \frac{\sum_{i=1}^{m}(x_i \cdot y_i) - \sum_{i=1}^{m} x_i \cdot \frac{1}{m}\sum_{i=1}^{m} y_i}{\sum_{i=1}^{m} x_i^2 - \sum_{i=1}^{m} x_i \cdot \frac{1}{m}\sum_{i=1}^{m} x_i} \qquad (4.2.12)$$

分子分母都乘以 m，

$$w = \frac{m\sum_{i=1}^{m} x_i y_i - \sum_{i=1}^{m} x_i \sum_{i=1}^{m} y_i}{m\sum_{i=1}^{m} x_i^2 - \left(\sum_{i=1}^{m} x_i\right)^2} \qquad (4.2.13)$$

$$b = \frac{1}{m}\sum_{i=1}^{m}(y_i - wx_i) \qquad (4.2.14)$$

而事实上，公式（4.2.13）有很多种形式，例如下面两个公式也是正确的解。

$$w = \frac{\sum_{i=1}^{m} y_i(x_i - \overline{x})}{\sum_{i=1}^{m} x_i^2 - \left(\sum_{i=1}^{m} x_i\right)^2 / m} \quad (4.2.15)$$

$$w = \frac{\sum_{i=1}^{m} x_i(y_i - \overline{y})}{\sum_{i=1}^{m} x_i^2 - \overline{x}\sum_{i=1}^{m} x_i} \quad (4.2.16)$$

以上两个公式，如果把公式（4.2.10）代入，也可以得到和公式（4.2.13）相同的答案，只不过需要以下公式。

$$\sum_{i=1}^{m}(x_i \overline{y}) = \overline{y}\sum_{i=1}^{m} x_i = \frac{1}{m}\left(\sum_{i=1}^{m} y_i\right)\left(\sum_{i=1}^{m} x_i\right)$$
$$= \frac{1}{m}\left(\sum_{i=1}^{m} x_i\right)\left(\sum_{i=1}^{m} y_i\right) = \overline{x}\sum_{i=1}^{m} y_i \quad (4.2.17)$$
$$= \sum_{i=1}^{m}(y_i \overline{x})$$

4.2.3 代码实现

下面用 Python 代码来实现以上的计算过程。

1. 计算w值

```
# 根据公式（4.2.15）
def method1(X,Y,m):
    x_mean = X.mean()
    p = sum(Y*(X-x_mean))
    q = sum(X*X) - sum(X)*sum(X)/m
    w = p/q
    return w

# 根据公式（4.2.16）
def method2(X,Y,m):
    x_mean = X.mean()
    y_mean = Y.mean()
    p = sum(X*(Y-y_mean))
```

```
    q = sum(X*X) - x_mean*sum(X)
    w = p/q
    return w


# 根据公式(4.2.13)
def method3(X,Y,m):
    p = m*sum(X*Y) - sum(X)*sum(Y)
    q = m*sum(X*X) - sum(X)*sum(X)
    w = p/q
    return w
```

由于有函数库的帮助,不需要手动编写 sum(), mean() 这样的基本函数。

2. 计算b值

```
# 根据公式(4.2.14)
def calculate_b_1(X,Y,w,m):
    b = sum(Y-w*X)/m
    return b


# 根据公式(4.2.9)
def calculate_b_2(X,Y,w):
    b = Y.mean() - w * X.mean()
    return b
```

4.2.4 运算结果

用以上几种方法,最后得出的结果都是一致的,可以起到交叉验证的作用,计算结果如下。

```
w1=2.056827, b1=2.965434
w2=2.056827, b2=2.965434
w3=2.056827, b3=2.965434
```

代码位置

ch04, Level1

4.3 梯度下降法

有了上一节的最小二乘法做基准，本小节用梯度下降法求解 w 和 b，从而可以比较二者的结果。

4.3.1 数学原理

在下面的公式中，规定 x_i 是第 i 个样本特征值（单特征），y_i 是第 i 个样本标签值，z_i 是第 i 个预测值。

预设函数（hypothesis function）为一个线性函数。

$$z_i = x_i \cdot w + b \tag{4.3.1}$$

损失函数为均方差函数。

$$loss(w,b) = \frac{1}{2}(z_i - y_i)^2 \tag{4.3.2}$$

与最小二乘法相比，梯度下降法和最小二乘法的模型及损失函数是相同的，都是线性模型加均方差损失函数。模型用于拟合，损失函数用于评估效果。区别在于，最小二乘法从损失函数求导，直接求得数学解析解，而梯度下降法以及后面的神经网络法，都是利用导数传递误差，再通过迭代的方式用近似解逼近真实解。

4.3.2 梯度计算

1. 计算 z 的梯度

根据公式（4.3.2），得到

$$\frac{\partial loss}{\partial z_i} = z_i - y_i \tag{4.3.3}$$

2. 计算 w 的梯度

我们用 $loss$ 的值作为误差衡量标准，通过求 w 对它的影响，也就是求 $loss$ 对 w 的偏导数，来得到 w 的梯度。由于 $loss$ 是通过公式（4.3.2）到公式（4.3.1）间接地联系到 w 的，所以使用链式求导法则，通过单个样本来求导。

根据公式（4.3.1）和公式（4.3.2），得到

$$\frac{\partial loss}{\partial w} = \frac{\partial loss}{\partial z_i}\frac{\partial z_i}{\partial w} = (z_i - y_i)x_i \qquad (4.3.4)$$

3. 计算b的梯度

$$\frac{\partial loss}{\partial b} = \frac{\partial loss}{\partial z_i}\frac{\partial z_i}{\partial b} = z_i - y_i \qquad (4.3.5)$$

4.3.3 代码实现

```python
if __name__ == '__main__':

    reader = SimpleDataReader()
    reader.ReadData()
    X,Y = reader.GetWholeTrainSamples()

    eta = 0.1
    w, b = 0.0, 0.0
    for i in range(reader.num_train):
        # get x and y value for one sample
        xi = X[i]
        yi = Y[i]
        # 公式（4.3.1）
        zi = xi * w + b
        # 公式（4.3.3）
        dz = zi - yi
        # 公式（4.3.4）
        dw = dz * xi
        # 公式（4.3.5）
        db = dz
        # update w,b
        w = w - eta * dw
        b = b - eta * db

    print("w=", w)
    print("b=", b)
```

完全按照公式推导实现了上述代码,所以,梯度下降就是把推导的数学公式转化为代码,直接放进迭代过程。另外,并没有直接计算损失函数值,而只是把它融入公式推导中。

4.3.4 运行结果

上述代码运行结果如下。

```
w= [1.71629006]
b= [3.19684087]
```

读者可能会注意到,上面的结果和最小二乘法的结果(w1=2.056827,b1=2.965434)相差比较多,这个问题在下面的小节讲解。

代码位置

ch04,Level2

4.4 神经网络法

在梯度下降法中,简单讲述了神经网络中线性拟合的如下几个原理。

(1)初始化权重值。

(2)根据权重值放出一个解。

(3)根据均方差函数求误差。

(4)误差反向传播给线性计算部分以调整权重值。

(5)判断是否满足终止条件,不满足的话跳回(2)。

4.4.1 定义神经网络结构

首次尝试建立神经网络,先用一个最简单的单层单点神经元,如图4-4所示。

用最简单的线性回归的例子来说明神经网络中最重要的反向传播和梯度下降的概念、过程以及代码实现。

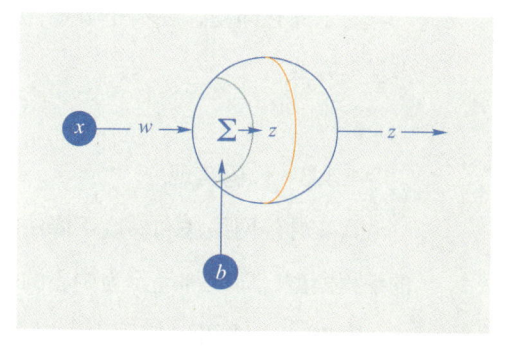

图4-4 单层单点神经元

1. 输入层

此神经元在输入层只接受一个输入特征，经过参数 w，b 的计算后，直接输出结果。这样一个简单的"网络"，只能解决简单的一元线性回归问题，而且由于是线性的，不需要定义激活函数，大大简化了程序，而且便于大家循序渐进地理解各种知识点。

严格来说，输入层在神经网络中并不能称为一个层。

2. 权重 w 和 b

因为是一元线性问题，所以 w 和 b 都是一个标量。

3. 输出层

输出层为 1 个神经元，线性预测公式如下。

$$z_i = x_i \cdot w + b$$

4. 损失函数

因为是线性回归问题，所以损失函数使用均方差函数。

$$loss(w,b) = \frac{1}{2}(z_i - y_i)^2$$

其中，z_i 是模型的预测输出，y_i 是实际的样本标签值，i 表示第 i 个样本。

4.4.2 反向传播

由于本例中使用了和上一节中的梯度下降法同样的数学原理，所以反向传播的算法也是一样的，参见 4.3.2 小节。

1. 计算 w 的梯度

$$\frac{\partial loss}{\partial w} = \frac{\partial loss}{\partial z_i} \frac{\partial z_i}{\partial w} = (z_i - y_i)x_i$$

2. 计算 b 的梯度

$$\frac{\partial loss}{\partial b} = \frac{\partial loss}{\partial z_i} \frac{\partial z_i}{\partial b} = z_i - y_i$$

为了简化问题，在本小节中，反向传播使用单样本的方式，在下一小节中，将介绍多样本方式。

4.4.3 代码实现

其实神经网络法和梯度下降法在本质上是一样的，只不过神经网络法使用一个崭新的编程模型，即以神经元为中心的代码结构设计，这样便于以后的功能扩充。

在 Python 中可以使用面向对象的技术，通过创建一个类（class）来描述神经网络的属性和行为，下面创建一个叫作 NeuralNet 的类，然后通过逐步向此类中添加方法，来实现神经网络的训练和推理过程。

1. 定义类

```
class NeuralNet(object):
    def __init__(self, eta):
        self.eta = eta
        self.w = 0
        self.b = 0
```

NeuralNet 类从 object 类派生，并具有初始化函数，其参数是 eta，也就是学习率，需要调用者指定。另外两个成员变量是 w 和 b，初始化为 0。

2. 前向计算

```
    def __forward(self, x):
        z = x * self.w + self.b
        return z
```

这是一个私有方法，所以前面有两个下画线，只在 NeuralNet 类中被调用，不对外公开。

3. 反向传播

下面的代码是通过梯度下降法中的公式推导而得的，也设计成私有方法。

```
    def __backward(self,x,y,z):
        dz = z - y
        db = dz
        dw = x * dz
        return dw,db
```

dz 是中间变量，避免重复计算。dz 又可以写成 delta_Z，是当前层神经网络的反向误差输入。

4. 梯度更新

```
    def __update(self,dw,db):
        self.w = self.w - self.eta * dw
        self.b = self.b - self.eta * db
```

每次更新 w 和 b 的值以后，直接存储在成员变量中，方便下次迭代时直接使用。

5. 训练过程

只训练一轮的算法描述如下。

> for 循环，直到所有样本数据使用完毕。
> （1）读取一个样本数据。
> （2）前向计算。
> （3）反向传播。
> （4）更新梯度。

```
def train(self, dataReader):
    for i in range(dataReader.num_train):
        # get x and y value for one sample
        x,y = dataReader.GetSingleTrainSample(i)
        # get z from x,y
        z = self.__forward(x)
        # calculate gradient of w and b
        dw, db = self.__backward(x, y, z)
        # update w,b
        self.__update(dw, db)
    # end for
```

6. 推理预测

```
def inference(self, x):
    return self.__forward(x)
```

推理过程，实际上就是一个前向计算过程，之所以单独拿出来，是为了方便对外接口的设计，所以这个方法被设计成了公开的方法。

7. 主程序

```
if __name__ == '__main__':
    # read data
    sdr = SimpleDataReader()
```

```
sdr.ReadData()
# create net
eta = 0.1
net = NeuralNet(eta)
net.train(sdr)
# result
print("w=%f,b=%f" %(net.w, net.b))
# predication
result = net.inference(0.346)
print("result=", result)
ShowResult(net, sdr)
```

4.4.4 运行结果可视化

输出结果如下。

```
w=1.716290,b=3.196841
result= [3.79067723]
```

最终得到 w 和 b 的值，对应的直线方程是 y=1.716 29x+3.196 841。推理预测时，已知有 346 台服务器，先要除以 1 000，因为横坐标是以千台为单位的，代入前向计算函数，得到的结果是 3.74 kW。

在主程序中，结果显示函数如下。

```
def ShowResult(net, dataReader):
```

对于初学神经网络的人来说，可视化的训练过程及结果，可以极大地帮助理解神经网络的原理，Python 的 Matplotlib 库提供了非常丰富的绘图功能。

在结果显示函数中，先获得所有样本点数据，把它们绘制出来。然后在 [0,1] 之间等距设定 10 个点作为 x 值，用 x 值通过网络推理方法 net.inference( ) 获得每个点的 y 值，最后

图 4-5 拟合效果

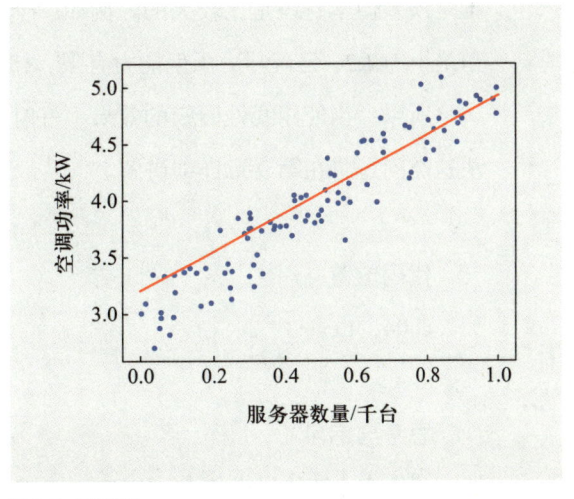

把这些点连起来，就可以画出图 4-5 中的拟合直线。

可以看到红色直线虽然穿过了蓝色点阵，但是好像不是处于正中央的位置，应该再稍微逆时针旋转才会达到最佳的位置。后面小节中会讲到如何提高训练结果的精度问题。

4.4.5 工作原理

单纯地看待这个线性回归问题，其原理就是先假设样本点是呈线性分布的，注意这里的线性有可能是高维空间的，而不仅仅是二维平面上的。但是高维空间人类无法想象，所以不妨用二维平面上的问题来举例。

在 4.3 节的梯度下降法中，首先假设这个问题是个线性问题，因而有了公式 $z=xw+b$，用梯度下降的方式求解最佳的 w、b 的值。

在本节中，用神经元的编程模型把梯度下降法包装了一下，这样就进入了神经网络的世界，从而有成熟的方法论可以解决更复杂的问题，如多个神经元协同工作、多层神经网络协同工作等。

如图 4-5 所示，样本点位置固定，神经网络的任务就是找到一条直线（首先假设这是线性问题），让该直线穿过样本点阵，并且所有样本点到该直线的距离的平方和最小。可以想象成每一个样本点都有一根橡皮筋连接到直线上，连接点距离该样本点最近，所有的橡皮筋形成一个合力，不断地调整该直线的位置。该合力具备两种调节方式。

（1）如果上方的拉力大一些，直线就会向上平移一些，这相当于调节 b 值。

（2）如果侧方的拉力大一些，直线就会向侧方旋转一些，这相当于调节 w 值。

直到该直线处于平衡位置时，也就是线性拟合的最佳位置了。

如果样本点不是呈线性分布的，可以用直线拟合吗？

答案是"可以的"，只是最终的效果不太理想，误差可以做到在线性条件下的最小，但是误差值本身还是比较大的。例如一个半圆形的样本点阵，用直线拟合可以达到误差值最小为 1.2，已经尽力了但能力有限。如果用弧线去拟合，可以达到误差值最小为 0.3。

所以，当使用线性回归的效果不好时，即判断出一个问题不是线性问题时，如何解决这类问题将在第 9 章详细讲解。

代码位置

ch04，Level3

思考与练习

请把本小节代码中的 dw 和 db 也改成私有属性，然后试着运行程序。

> 知识拓展：多样本单特征值计算

4.5 梯度下降的三种形式

比较一下前面三种方法得到的 w 和 b 的值，见表 4-2。

表 4-2 三种方法的结果比较

方法	w	b
最小二乘法	2.056 827	2.965 434
梯度下降法	1.716 290 06	3.196 840 87
神经网络法	1.716 290 06	3.196 840 87

这个问题的原始值是 $w=2$，$b=3$，由于样本噪声的存在，使用最小二乘法得到了 2.056 827、2.965 434 这样的非整数解，是完全可以接受的。但是使用梯度下降和神经网络两种方法，得到的值，准确度很低。从图 4-6 的神经网络法的训练结果来看，拟合直线是斜着穿过样本点区域的，并没有在样本点的正中央。

难道是神经网络法有什么问题吗？最小二乘法可以得到数学解析

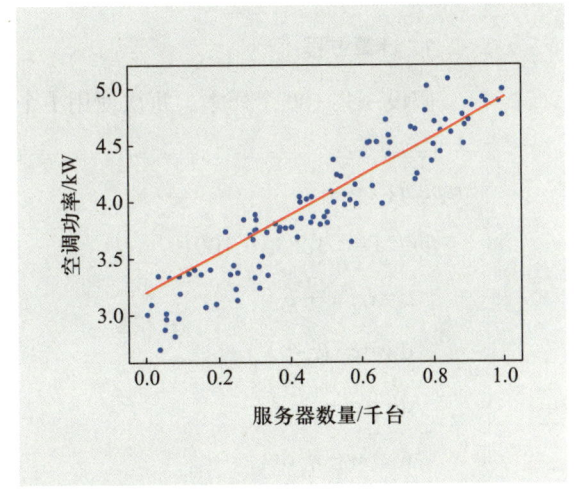

图 4-6 神经网络法的拟合效果

解，所以它的结果是可信的。梯度下降法和神经网络法本质相同，只是梯度下降没有使用神经元模型。所以，接下来需要研究一下如何调整神经网络的训练过程，先从最简单的梯度下降的三种形式说起。

在下面的说明中，为了简化问题，使用如下假设。

（1）使用线性回归模型，即 $z=xw+b$。

（2）样本特征值数量为 1，即 x、w、b 都是标量。

（3）使用均方差损失函数。

计算 w 的梯度：

$$\frac{\partial loss}{\partial w} = \frac{\partial loss}{\partial z_i}\frac{\partial z_i}{\partial w} = (z_i - y_i)x_i$$

计算 b 的梯度：

$$\frac{\partial loss}{\partial b} = \frac{\partial loss}{\partial z_i}\frac{\partial z_i}{\partial b} = z_i - y_i$$

4.5.1 单样本随机梯度下降

随机梯度下降（stochastic gradient descent, SDG）的单样本访问方式如图 4-7 所示。

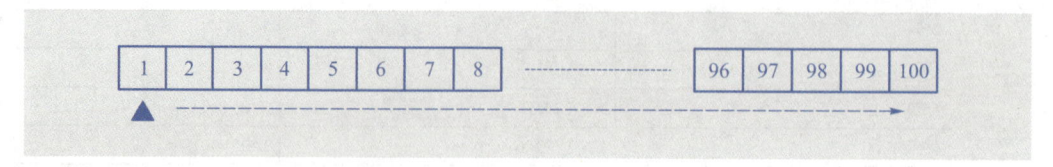

图 4-7 单样本访问方式

1. 计算过程

假设一共 100 个样本，每次使用 1 个样本，计算过程如下。

```
repeat{
    for  i =  1,2,3,…,100{
        z_i = x_i · w + b
        dw = x_i · (z_i - y_i)
        db = z_i - y_i
        w = w - η · dw
        db = b - η · db
    }
}
```

2. 特点

（1）训练样本：每次使用一个样本数据进行一次训练，更新一次梯度，重复以上过程。

（2）优点：训练开始时损失值下降很快，随机性大，找到最优解的可能性大。

（3）缺点：受单个样本的影响大，损失函数值波动大，到后期徘徊不前，在最优解附近震荡；不能并行计算。

3. 运行结果

在表 4-3 的左边，由于限定了停止条件，即当损失函数值小于等于 0.02 时停止训练，所以，单样本方式迭代了 300 次后达到了精度要求。

表 4-3 的右边是 w 和 b 共同构成的损失函数等高线图。梯度下降时，开始收敛较快，稍微有些弯曲地向中央地带靠近。到后期波动较大，找不到准确的前进方向，曲折地达到中心附近。

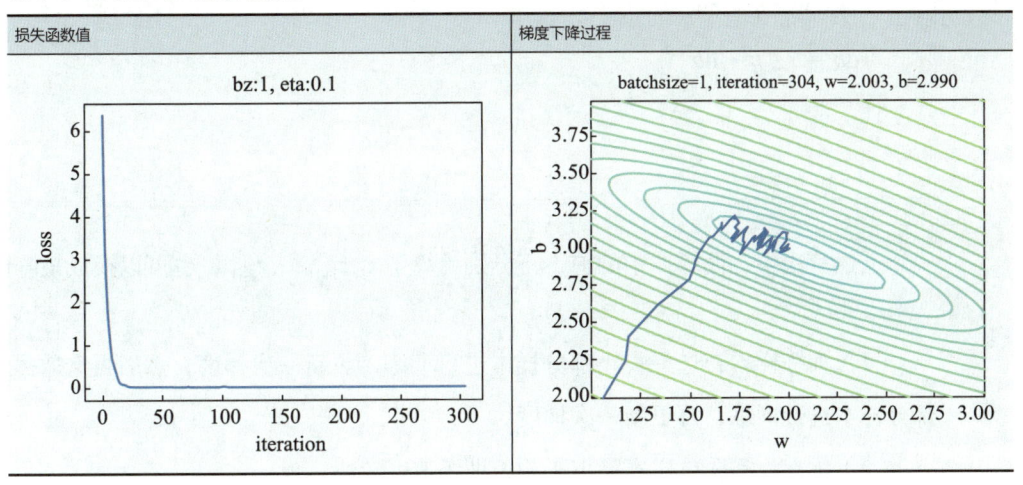

表 4-3　单样本方式的训练情况

损失函数值	梯度下降过程
bz:1, eta:0.1	batchsize=1, iteration=304, w=2.003, b=2.990

4.5.2　小批量样本梯度下降

小批量样本梯度下降（mini-batch gradient descent）的样本访问方式如图 4-8 所示。

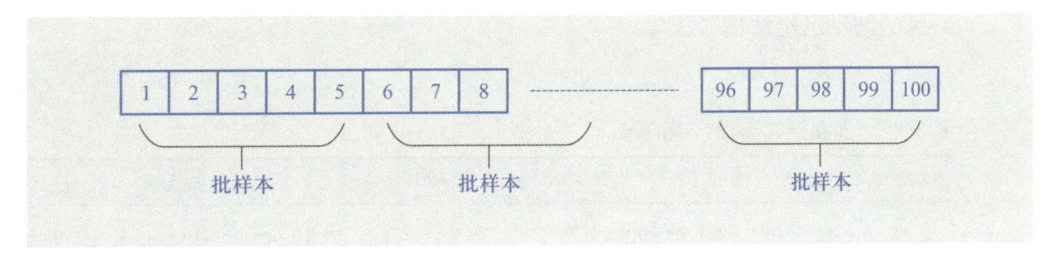

图 4-8　小批量样本访问方式

1. 计算过程

假设一共 100 个样本，每个小批量 5 个样本，计算过程如下。

```
repeat{
    for   i =   1,6,11,…,96{
```

$$z_i = x_i \cdot w + b$$
$$z_{i+1} = x_{i+1} \cdot w + b$$
$$\dots$$
$$z_{i+4} = x_{i+4} \cdot w + b$$
$$dw = \frac{1}{5}\sum_{k=i}^{i+4} x_k \cdot (z_k - y_k)$$
$$db = \frac{1}{5}\sum_{k=i}^{i+4} (z_k - y_k)$$
$$w = w - \eta \cdot dw$$
$$db = b - \eta \cdot db$$
}
}

上述算法中，循环体中的前 5 行分别计算了 $z_i, z_{i+1}, \cdots, z_{i+4}$，也可以换成矩阵运算。

2. 特点

（1）训练样本：选择一小部分样本进行训练，更新一次梯度，然后再选取另外一小部分样本进行训练，再更新一次梯度。

（2）优点：不受单样本噪声影响，训练速度较快。

（3）缺点：批大小的选择很关键，会影响训练结果。

3. 运行结果

在表 4-4 的右边，梯度下降时，在接近中心时有小波动，和单样本方式比较，在中心区的波动已经缓解了很多。

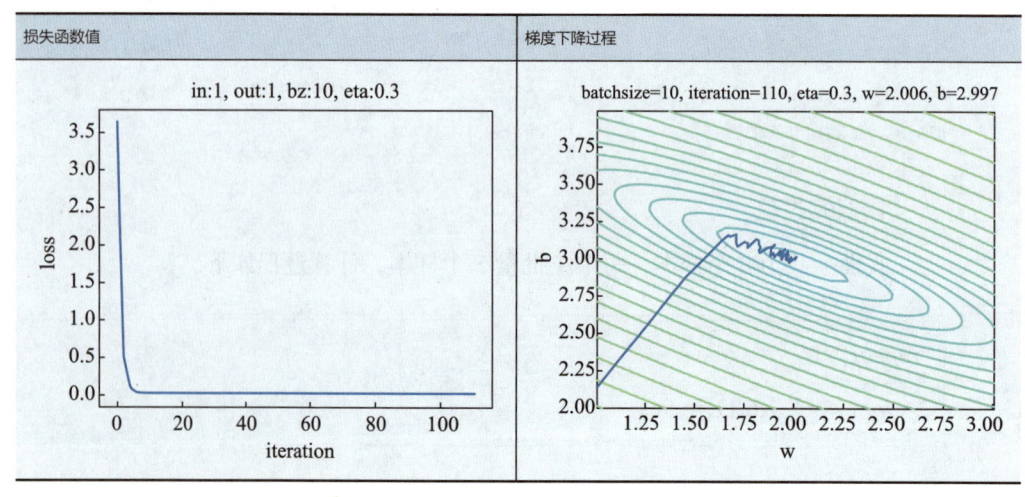

表 4-4　小批量样本方式的训练情况

批大小通常由以下几个因素决定。

- 更大的批量会计算更精确的梯度，但是回报却是小于线性的。
- 极小批量通常难以充分利用多核架构。这决定了最小批量的数值，低于这个值的小批量处理不会减少计算时间。
- 如果批量处理中的所有样本可以并行地处理，那么内存消耗和批量大小成正比。硬件设施是批量大小的限制因素。
- 某些硬件上使用特定大小的数组时，运行时间会更少，尤其是 GPU，通常使用 2 的幂数作为批量大小可以更快，如 32、256，大模型时可以尝试用 16。
- 可能是由于小批量在学习过程中加入了噪声，会带来一些正则化的效果。泛化误差通常在批量大小为 1 时最好。因为梯度估计的高方差，小批量使用较小的学习率，以保持稳定性，但是降低学习率会使迭代次数增加。

在实际工程中，通常使用小批量梯度下降形式。

4.5.3 全批量样本梯度下降

全批量样本梯度下降（full batch gradient descent）的样本访问方式如图 4-9 所示。

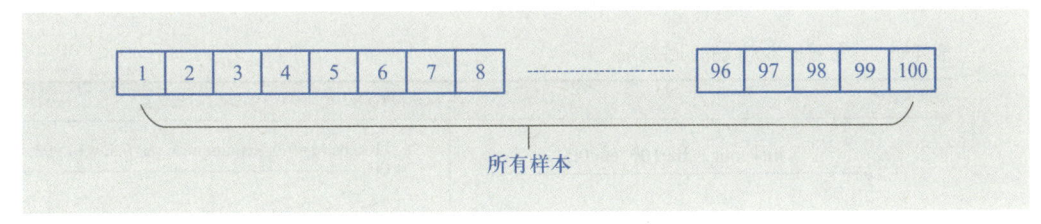

图 4-9 全批量样本访问方式

1. 计算过程

假设一共 100 个样本，每次使用全部样本，计算过程如下。

$$repeat\{$$
$$z_1 = x_1 \cdot w + b$$
$$z_2 = x_2 \cdot w + b$$
$$\dots$$
$$z_{100} = x_{100} \cdot w + b$$
$$dw = \frac{1}{100} \sum_{i=1}^{100} x_i \cdot (z_i - y_i)$$
$$db = \frac{1}{100} \sum_{i=1}^{100} (z_i - y_i)$$

$$w = w - \eta \cdot dw$$
$$db = b - \eta \cdot db$$
}

上述算法中，循环体中的前 100 行分别计算了 $z_1, z_2, \cdots, z_{100}$，可以换成矩阵运算。

2. 特点

（1）训练样本：每次使用全部数据集进行一次训练，更新一次梯度，重复以上过程。

（2）优点：受单个样本的影响最小，一次计算全体样本速度快，损失函数值没有波动，到达最优点平稳，方便并行计算。

（3）缺点：数据量较大时不能实现（内存限制），训练过程变慢。初始值不同，可能导致获得局部最优解，并非全局最优解。

3. 运行结果

设置 batch_size=1，即是全批量的意思。在表 4-5 中的右边，梯度下降时，在整个过程中只有一次方向变化，就直接到达了中心点。

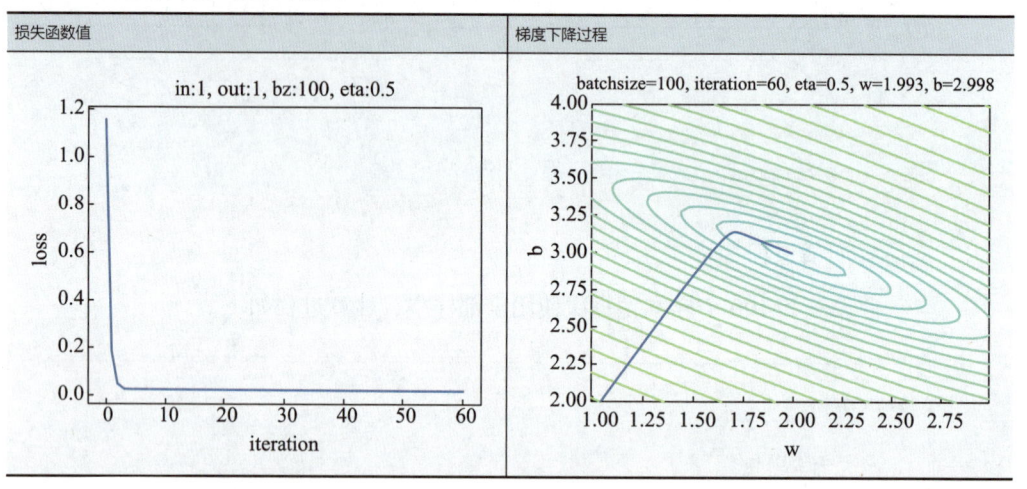

表 4-5　全批量样本方式的训练情况

损失函数值	梯度下降过程

4.5.4　三种方法的比较

表 4-6 比较了三种方法的结果，其结果都接近于 $w=2$，$b=3$ 的原始解。最后的可视化结果如图 4-10 所示，可以看到直线已经处于样本点比较中间的位置。

表 4-6 三种方法的比较

方法 结果	单样本	小批量	全批量
梯度下降过程图解	batchsize=1, iteration=304, w=2.003, b=2.990	batchsize=10, iteration=110, eta=0.3, w=2.006, b=2.997	batchsize=100, iteration=60, eta=0.5, w=1.993, b=2.998
批大小	1	10	100
学习率	0.1	0.3	0.5
迭代次数	304	110	60
epoch	3	10	60
结果	w=2.003, b=2.990	w=2.006, b=2.997	w=1.993, b=2.998

相关概念

• batch size：批大小，一次训练的样本数量。

• iteration：迭代，一次正向传播和一次反向传播。

• epoch：所有样本被使用了一次，叫作一个 epoch。

假设一共有样本 1 000 个，批大小为 20，则一个 epoch 中，需要 1 000/20=50 次迭代才能训练完所有样本。

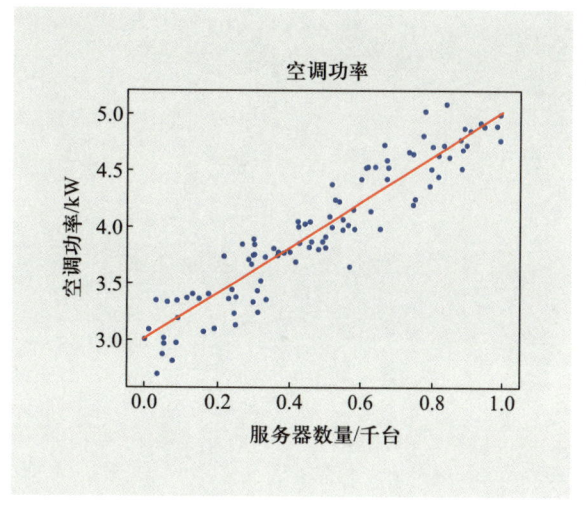

图 4-10 较理想的拟合效果图

代码位置

ch04，Level5

思考与练习

1. 调整学习率、批大小等参数，观察神经网络训练的过程与结果。

2. 进一步提高精度（设置 eps 为更小的值），观察 w 和 b 的结果值以及拟合直线的位置。

3. 用纸和笔推算一下矩阵运算的维度。假设：

X 为 4×2 的矩阵；

W 为 2×3 的矩阵；

B 为 1×3 的矩阵。

第5章 多入单出的单层神经网络——多变量线性回归

5.1 多变量线性回归问题

5.1.1 提出问题

问题：在北京通州，距离通州区中心 15 km 的一套 93 m² 的房子，大概是多少钱？

房价预测问题，是机器学习的一个入门话题。影响北京通州房价的因素有很多，居住面积、地理位置、朝向、学区房、周边设施、建筑年份等，其中，面积和地理位置是两个比较重要的因素。地理位置信息一般采用经纬度方式表示，但是经纬度是两个特征值，联合起来才有意义，因此，本章中把它转换成了到通州区中心的距离。

有 1 000 个样本，每个样本有两个特征值，一个标签值，示例如表 5-1 所示。

表 5-1 样本数据

样本序号	地理位置 /km	居住面积 /m²	价格（万元）
1	10.06	60	302.86
2	15.47	74	393.04
3	18.66	46	270.67
4	5.20	77	450.59
...	...	...	...

（1）特征值 1——地理位置，统计得到，

最大值：21.96 km；

最小值：2.02 km；

平均值：12.13 km。

（2）特征值 2——房屋面积，统计得到，

最大值：119 m²；

最小值：40 m²；

平均值：78.9 m²。

（3）标签值——房价，单位为万元，

最大值：674.37；

最小值：181.38；

平均值：420.64。

这个数据是三维的，所以可以用两个特征值作为 x 和 y，用标签值作为 z，在三维坐标中展示如表 5-2 所示。

表 5-2 样本在三维空间的可视化

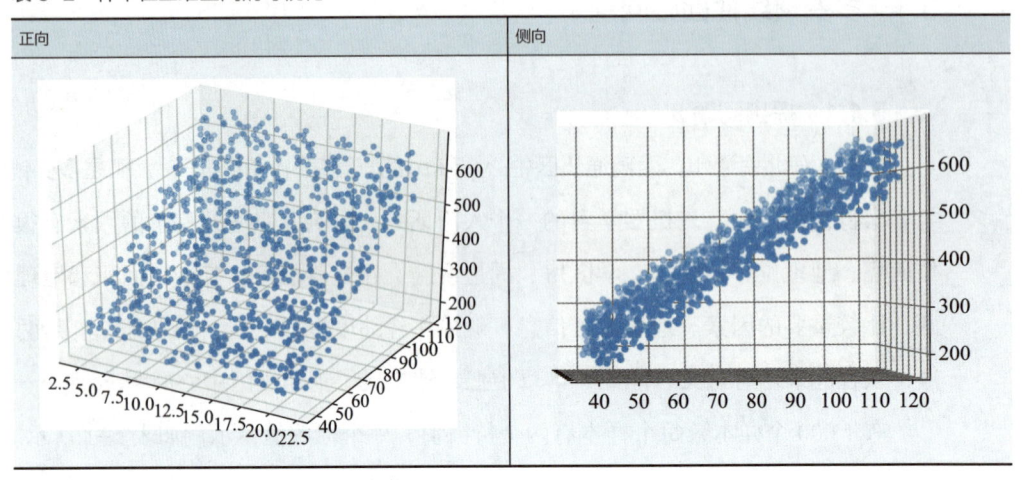

正向	侧向

从正向看，很像一块草坪，似乎是一个平面。再从侧向看，和第 4 章中的直线拟合数据很像。所以，对于这种三维的线性拟合，可以把它想象成为拟合一个平面，这个平面会位于这块"草坪"的中位，把"草坪"分割成上下两块更薄的"草坪"，最终使得所有样本点到这个平面的距离的平方和最小。

5.1.2 多元线性回归模型

由于表中可能没有恰好符合 15 km、93 m² 条件的数据，因此需要根据 1 000 个样本值来建立一个模型，来解决预测问题。

通过图示，基本可以确定这个问题是个线性回归问题，而且是典型的多元线性回归，即包括两个或两个以上自变量的回归。多元线性回归的函数模型如下，

$$y = a_0 + a_1 x_1 + a_2 x_2 + \cdots + a_k x_k$$

具体化到房价预测问题，上面的公式可以简化成

$$z = x_1 \bullet w_1 + x_2 \bullet w_2 + b$$

抛开本例的房价问题，对于一般的应用问题，建立多元线性回归模型时，为了保证回归模型具有优良的解释能力和预测效果，应首先注意自变量的选择，准则如下。

（1）自变量对因变量必须有显著的影响，并呈密切的线性相关。

（2）自变量与因变量之间的线性相关必须是真实的，而不是形式上的。

（3）自变量之间应具有一定的互斥性，即自变量之间的相关程度不应高于自变量与因变量之间的相关程度。

（4）自变量应具有完整的统计数据，其预测值容易确定。

5.1.3 解决方案

如果用传统的数学方法解决这个问题，可以通过正规方程解法，从而可以得到数学解析解，然后再使用神经网络求得近似解，从而比较两者的精度，再进一步调试神经网络的参数，达到学习的目的。

不妨把两种方式先在这里做一个对比，读者阅读并运行代码，得到结果后，仔细体会表 5-3 中的比较项。

表 5-3 两种方法的比较

方法	正规方程解法	梯度下降法
原理	几次矩阵运算	多次迭代
特殊要求	X^TX 的逆矩阵存在	需要确定学习率
复杂度	$O(n^3)$	$O(n^2)$
适用样本数	$m < 10\,000$	$m \geqslant 10\,000$

5.2 正规方程解法

对于线性回归问题，除了前面提到的最小二乘法可以解决一元线性回归的问题外，也可以解决多元线性回归问题。

对于多元线性回归，可以用正规方程（normal equation）来解决，也就是得到一个数学上的解析解，又叫解方程法。具体的公式描述如下。

$$y = a_0 + a_1 x_1 + a_2 x_2 + \cdots + a_k x_k \tag{5.2.1}$$

5.2.1 简单的推导方法

在做函数拟合（回归）时预设函数 h 为：

$$h(w,b) = b + x_1 w_1 + x_2 w_2 + \cdots + x_n w_n \tag{5.2.2}$$

令 $b = w_0$，则：

$$h(w) = w_0 + x_1 \cdot w_1 + x_2 \cdot w_2 + \cdots + x_n \cdot w_n \tag{5.2.3}$$

公式（5.2.3）中的 x_i 是一个样本的 n 个特征值，如果把 m 个样本一起计算，将会得到如下矩阵。

$$H = X \cdot W \tag{5.2.4}$$

公式（5.2.4）中的 X 和 W 的矩阵如下：

$$X = \begin{bmatrix} 1 & x_{1,1} & x_{1,2} & \cdots & x_{1,n} \\ 1 & x_{2,1} & x_{2,2} & \cdots & x_{2,n} \\ \vdots & \vdots & \vdots & & \vdots \\ 1 & x_{m,1} & x_{m,2} & \cdots & x_{m,n} \end{bmatrix} \tag{5.2.5}$$

$$W = \begin{bmatrix} w_0 \\ w_1 \\ \vdots \\ w_n \end{bmatrix} \tag{5.2.6}$$

期望预设函数的输出与真实值一致，则有：

$$H = X \cdot W = Y \tag{5.2.7}$$

其中，Y 矩阵为：

$$Y = \begin{bmatrix} y_1 \\ y_2 \\ \vdots \\ y_m \end{bmatrix} \tag{5.2.8}$$

直观上看，$W=Y/X$，但是这里三个值都是矩阵，而矩阵没有除法，所以需要得到 X 的逆矩阵，用 Y 乘以 X 的逆矩阵即可。但是又会遇到一个问题，只有方阵才有逆矩阵，而 X 不一定是方阵，所以要先把左侧变成方阵，就可能会有逆矩阵存在了。所以，先把等式两边同时乘以 X 的转置矩阵 X^T，以便得到 X 的方阵：

$$X^T X W = X^T Y \tag{5.2.9}$$

$X^T X$ 一定是个方阵，并且假设其存在逆矩阵，把它移到等式右侧，有

$$W = (X^T X)^{-1} X^T Y \tag{5.2.10}$$

5.2.2 复杂的推导方法

损失函数仍然使用均方差函数，

$$J(w,b) = \sum (z_i - y_i)^2 \tag{5.2.11}$$

把 b 看作是一个恒等于 1 的特征，并把 $Z=XW$ 公式代入，并变成矩阵形式。

$$J = \sum (x_i w_i - y_i)^2 = (XW - Y)^T \cdot (XW - Y) \tag{5.2.12}$$

对 w_i 求导，令导数为 0，就是 w_i 的最小值解。

$$\begin{aligned}\frac{\partial J(w)}{\partial w_i} &= \frac{\partial}{\partial w}[(XW-Y)^T \cdot (XW-Y)] \\ &= \frac{\partial}{\partial w}[(X^T W^T - Y^T) \cdot (XW-Y)] \\ &= \frac{\partial}{\partial w}[(X^T X W^T W - X^T W^T Y - Y^T XW + Y^T Y)]\end{aligned} \quad (5.2.13)$$

求导后，第一项的结果是 $2X^T XW$；第二项和第三项的结果都是 $X^T Y$；第四项的结果是 0。再令导数为 0，

$$J'(w) = 2X^T XW - 2X^T Y = 0 \quad (5.2.14)$$

$$X^T XW = X^T Y \quad (5.2.15)$$

$$W = (X^T X)^{-1} X^T Y \quad (5.2.16)$$

结论和公式（5.2.10）一样。

逆矩阵 $(X^T X)^{-1}$ 可能不存在的原因如下。

（1）特征值冗余，例如 $x_2 = x_1^2$，即正方形的边长与面积的关系，不能作为两个特征同时存在。

（2）特征数量过多，例如特征数 n 比样本数 m 还要大。

以上两点在这个具体的例子中都不存在。

5.2.3 代码实现

把表 5-1 的样本数据代入方程内。根据公式（5.2.5），可以建立如下的 X, Y 矩阵。

$$X = \begin{bmatrix} 1 & 10.06 & 60 \\ 1 & 15.47 & 74 \\ 1 & 18.66 & 46 \\ 1 & 5.20 & 77 \\ & \cdots & \end{bmatrix} \quad (5.2.17)$$

$$Y = \begin{bmatrix} 302.86 \\ 393.04 \\ 270.67 \\ 450.59 \\ \cdots \end{bmatrix} \quad (5.2.18)$$

根据公式（5.2.10），则有

$$W = (X^T X)^{-1} X^T Y$$

（1）X 是 1 000×3 矩阵，X 的转置是 3×1 000 矩阵，$X^T X$ 生成 3×3 的矩阵。

（2）$(X^TX)^{-1}$ 也是 3×3 矩阵。

（3）再乘以 X^T，变成 3×1 000 矩阵。

（4）再乘以 Y，Y 是 1 000×1，所以变成 3×1，就是 W 的解，其中包括一个偏移值 b 和两个权重值 w。

```python
if __name__ == '__main__':
    reader = SimpleDataReader()
    reader.ReadData()
    X,Y = reader.GetWholeTrainSamples()
    num_example = X.shape[0]
    one = np.ones((num_example,1))
    x = np.column_stack((one, (X[0:num_example,:])))
    a = np.dot(x.T, x)
    # need to convert to matrix, because np.linalg.
    # inv only works on matrix instead of array
    b = np.asmatrix(a)
    c = np.linalg.inv(b)
    d = np.dot(c, x.T)
    e = np.dot(d, Y)
    #print(e)
    b=e[0,0]
    w1=e[1,0]
    w2=e[2,0]
    print("w1=", w1)
    print("w2=", w2)
    print("b=", b)
    # inference
    z = w1 * 15 + w2 * 93 + b
    print("z=",z)
```

5.2.4 运行结果

```
w1= -2.0184092853092226
```

```
w2= 5.055333475112755
b= 46.235258613837644
z= 486.1051325196855
```

得到房价预测值约为 486 万元。至此，得到了解析解，可以用这个解作为标准答案，去验证神经网络的训练结果。

代码位置

ch05，Level1

5.3 神经网络解法

与单特征值的线性回归问题类似，多变量（多特征值）的线性回归可以看作是一种高维空间的线性拟合。以具有两个特征值的情况为例，这种线性拟合不再用直线去拟合点，而是用平面去拟合点。

5.3.1 定义神经网络结构

定义一个如图 5-1 所示的单层神经网络，该神经网络的特点如下。

（1）没有中间层，只有输入项和输出层（输入项不算一层）。

（2）输出层只有一个神经元。

（3）神经元有一个线性输出，不经过激活函数处理，即在图 5-1 中，经过求和得到 Z 值之后，直接把 Z 值输出。

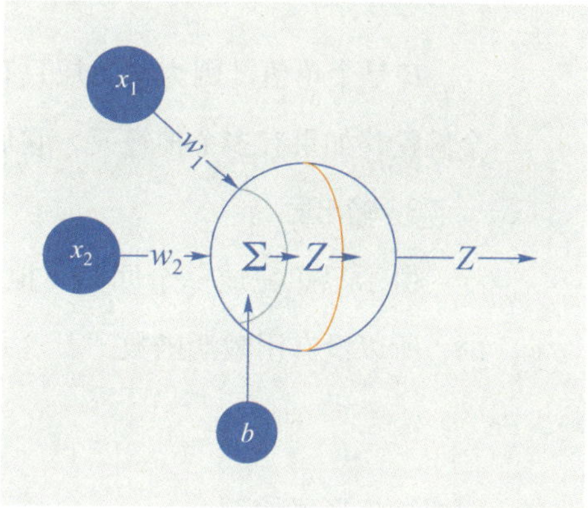

图 5-1 多入单出的单层神经元结构

与上一章的神经元相比，这次仅仅是多了一个输入，但却是质的变化，即一个神经元可以同时接收多个输入，这是神经网络能够处理复杂逻辑的根本原因。

1. 输入层

单独看第一个样本，

$$\boldsymbol{x}_1 = \begin{bmatrix} x_{11} & x_{12} \end{bmatrix} = \begin{bmatrix} 10.06 & 60 \end{bmatrix}$$

$$\boldsymbol{y}_1 = \begin{bmatrix} 302.86 \end{bmatrix}$$

一共有1 000个样本,每个样本2个特征值,X就是一个$1\,000 \times 2$的矩阵。

$$X = \begin{bmatrix} x_1 \\ x_2 \\ \vdots \\ x_{1\,000} \end{bmatrix} = \begin{bmatrix} x_{1,1} & x_{1,2} \\ x_{2,1} & x_{2,2} \\ \vdots & \vdots \\ x_{1\,000,1} & x_{1\,000,2} \end{bmatrix}$$

$$Y = \begin{bmatrix} y_1 \\ y_2 \\ \vdots \\ y_{1\,000} \end{bmatrix} = \begin{bmatrix} 302.86 \\ 393.04 \\ \vdots \\ 450.59 \end{bmatrix}$$

x_1表示第一个样本,$x_{1,1}$表示第一个样本的一个特征值,y_1是第一个样本的标签值。

2. 权重矩阵W和B

由于输入层是两个特征,输出层是一个变量,所以W是2×1的矩阵,而B是1×1的矩阵。

$$W = \begin{bmatrix} w_1 \\ w_2 \end{bmatrix}$$

$$B = [b]$$

B是个单值,因为输出层只有一个神经元,所以只有一个偏置,每个神经元对应一个偏置,如果有多个神经元,它们都会有各自的b值。

3. 输出层

由于只想完成一个回归(拟合)任务,所以输出层只有一个神经元。由于是线性的,所以没有用激活函数。

$$z = x_{11}w_1 + x_{12}w_2 + b$$

写成矩阵形式如下。

$$Z = X \cdot W + B$$

4. 损失函数

因为是线性回归问题,所以损失函数使用均方差函数。

$$loss(w,b) = \frac{1}{2}(z_i - y_i)^2 \tag{5.3.1}$$

其中,z_i是样本预测值,y_i是样本的标签值。

5.3.2 反向传播

1. 单样本多特征计算

与上一章不同，本章中的前向计算是多特征值的公式：

$$z_i = x_{i1} \cdot w_1 + x_{i2} \cdot w_2 + b$$
$$= \begin{bmatrix} x_{i1} & x_{i2} \end{bmatrix} \begin{bmatrix} w_1 \\ w_2 \end{bmatrix} + b \quad (5.3.2)$$

因为每个样本有两个特征值，对应的也有两个权重值。x_{i1} 表示第 i 个样本的第 1 个特征值，所以无论是 x 还是 W 都是一个向量或者矩阵了，那么在反向传播方法中的梯度计算公式还有效吗？答案是肯定的。

由于 W 被分成了 w_1 和 w_2 两部分，根据公式（5.3.1）和公式（5.3.2），分别对它们求导。

$$\frac{\partial loss}{\partial w_1} = \frac{\partial loss}{\partial z_i} \frac{\partial z_i}{\partial w_1} = (z_i - y_i) \cdot x_{i1} \quad (5.3.3)$$

$$\frac{\partial loss}{\partial w_2} = \frac{\partial loss}{\partial z_i} \frac{\partial z_i}{\partial w_2} = (z_i - y_i) \cdot x_{i2} \quad (5.3.4)$$

由于 W 的形状是：

$$W = \begin{bmatrix} w_1 \\ w_2 \end{bmatrix}$$

所以损失函数对 W 和 B 的偏导，写成如下形式。

$$\begin{aligned} \frac{\partial loss}{\partial W} &= \begin{bmatrix} \partial loss / \partial w_1 \\ \partial loss / \partial w_2 \end{bmatrix} = \begin{bmatrix} (z_i - y_i) \cdot x_{i1} \\ (z_i - y_i) \cdot x_{i2} \end{bmatrix} \\ &= \begin{bmatrix} x_{i1} \\ x_{i2} \end{bmatrix}(z_i - y_i) = \begin{pmatrix} x_{i1} & x_{i2} \end{pmatrix}^{\mathrm{T}}(z_i - y_i) \\ &= x_i^{\mathrm{T}}(z_i - y_i) \end{aligned} \quad (5.3.5)$$

$$\frac{\partial loss}{\partial B} = z_i - y_i \quad (5.3.6)$$

2. 多样本多特征计算

本小节中用 3 个样本（即 $m=3$）做一个实例化推导，推导过程如下。

$$z_1 = x_{11}w_1 + x_{12}w_2 + b$$
$$z_2 = x_{21}w_1 + x_{22}w_2 + b$$
$$z_3 = x_{31}w_1 + x_{32}w_2 + b$$

$$J(w,b) = \frac{1}{2 \times 3}\left[(z_1 - y_1)^2 + (z_2 - y_2)^2 + (z_3 - y_3)^2\right]$$

$$\frac{\partial J}{\partial \boldsymbol{W}} = \begin{bmatrix} \frac{\partial J}{\partial w_1} \\ \frac{\partial J}{\partial w_2} \end{bmatrix} = \begin{bmatrix} \frac{\partial J}{\partial z_1}\frac{\partial z_1}{\partial w_1} + \frac{\partial J}{\partial z_2}\frac{\partial z_2}{\partial w_1} + \frac{\partial J}{\partial z_3}\frac{\partial z_3}{\partial w_1} \\ \frac{\partial J}{\partial z_1}\frac{\partial z_1}{\partial w_2} + \frac{\partial J}{\partial z_2}\frac{\partial z_2}{\partial w_2} + \frac{\partial J}{\partial z_3}\frac{\partial z_3}{\partial w_2} \end{bmatrix}$$

$$= \begin{bmatrix} \frac{1}{3}(z_1-y_1)x_{11} + \frac{1}{3}(z_2-y_2)x_{21} + \frac{1}{3}(z_3-y_3)x_{31} \\ \frac{1}{3}(z_1-y_1)x_{12} + \frac{1}{3}(z_2-y_2)x_{22} + \frac{1}{3}(z_3-y_3)x_{32} \end{bmatrix}$$

$$= \frac{1}{3}\begin{bmatrix} x_{11} & x_{21} & x_{31} \\ x_{12} & x_{22} & x_{32} \end{bmatrix}\begin{bmatrix} z_1-y_1 \\ z_2-y_2 \\ z_3-y_3 \end{bmatrix} = \frac{1}{3}\begin{bmatrix} x_{11} & x_{12} \\ x_{21} & x_{22} \\ x_{31} & x_{32} \end{bmatrix}^{\mathrm{T}}\begin{bmatrix} z_1-y_1 \\ z_2-y_2 \\ z_3-y_3 \end{bmatrix}$$

$$= \frac{1}{m}\boldsymbol{X}^{\mathrm{T}}(\boldsymbol{Z}-\boldsymbol{Y}) \tag{5.3.7}$$

$$\frac{\partial J}{\partial \boldsymbol{B}} = \frac{1}{m}(\boldsymbol{Z}-\boldsymbol{Y}) \tag{5.3.8}$$

5.3.3 代码实现

公式（5.3.6）和第 4 章中的一样，所以此处依然采用第 4 章中已经写好的 HelperClass 目录中的那些类，来表示神经网络。虽然此次神经元多了一个输入，但是不用改代码就可以适应这种变化，因为在前向计算代码中，使用的是矩阵乘的方式，可以自动适应 X 的多个列的输入，只要对应的 W 矩阵形状是正确的即可。

但是在初始化时，必须手动指定 X 和 W 的形状，如下面的代码所示。

```
if __name__ == '__main__':
    # net
    params = HyperParameters(2, 1, eta=0.1, max_epoch=100, batch_size=1, eps = 1e-5)
    net = NeuralNet(params)
    net.train(reader)
    # inference
    x1 = 15
    x2 = 93
    x = np.array([x1,x2]).reshape(1,2)
    print(net.inference(x))
```

在参数中，指定了学习率为 0.1，最大循环次数为 100 次，批大小为 1 个样本，以及停止条件损失函数值为 1e-5。

在神经网络初始化时，指定了 input_size=2，output_size=1，即一个神经元可以接收两个输入，最后是一个输出。

最后的 inference 部分，是把两个条件（15 km，93 m^2）代入，查看输出结果。

在下面的神经网络的初始化代码中，W 的初始化是根据 input_size 和 output_size 的值进行的。

```python
class NeuralNet(object):
    def __init__(self, params):
        self.params = params
        self.W = np.zeros((self.params.input_size, self.params.output_size))
        self.B = np.zeros((1, self.params.output_size))
```

1. 正向计算的代码

```python
class NeuralNet(object):
    def __forwardBatch(self, batch_x):
        Z = np.dot(batch_x, self.W) + self.B
        return Z
```

2. 误差反向传播的代码

```python
class NeuralNet(object):
    def __backwardBatch(self, batch_x, batch_y, batch_z):
        m = batch_x.shape[0]
        dZ = batch_z - batch_y
        dB = dZ.sum(axis=0, keepdims=True)/m
        dW = np.dot(batch_x.T, dZ)/m
        return dW, dB
```

5.3.4 运行结果

在 Visual Studio 2017 中，可以按 Ctrl+F5 组合键运行上述代码。输出结果如下。

```
epoch=0
NeuralNet.py:32: RuntimeWarning: invalid value encountered in
subtract
  self.W = self.W - self.params.eta * dW
0 500 nan
epoch=1
1 500 nan
epoch=2
2 500 nan
epoch=3
3 500 nan
```

思考：减法怎么会出问题？什么是 nan？

nan 的意思是数值异常，导致计算溢出了，出现了没有意义的数值。现在是每 500 个迭代监控一次。把监控频率调小一些，再次运行，结果如下。

```
epoch=0
0 10 6.838664338516814e+66
0 20 2.665505502247752e+123
0 30 1.4244204612680962e+179
0 40 1.393993758296751e+237
0 50 2.997958629609441e+290
NeuralNet.py:76: RuntimeWarning: overflow encountered in square
  LOSS = (Z - Y)**2
0 60 inf
...
0 110 inf
NeuralNet.py:32: RuntimeWarning: invalid value encountered in
subtract
  self.W = self.W - self.params.eta * dW
0 120 nan
0 130 nan
```

前10次迭代，损失函数值已经达到了6.83e+66，而且越往后运行值越大，最后终于溢出了。如图5-2所示的损失函数历史记录也表明了这一过程。

代码位置

ch05，Level2

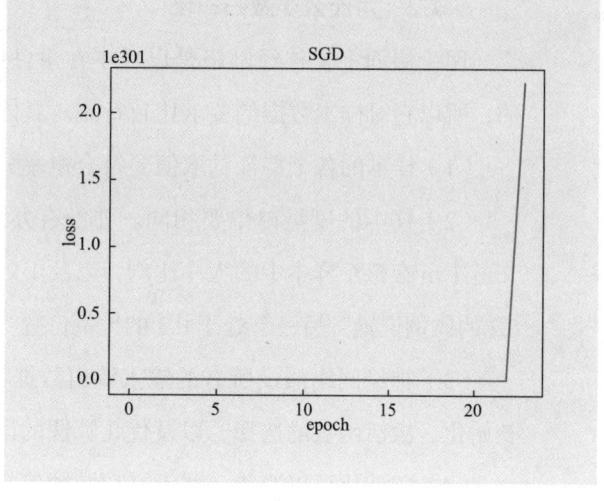

图 5-2　训练过程中损失函数值的变化

5.4　样本特征数据归一化

数据归一化，又可以叫标准化（normalization）。

5.4.1　发现问题的根源

仔细分析一下输出结果，前两次迭代的损失值已经是天文数字了，后面的 **W** 和 **B** 的值也在不断变大，说明网络发散了。难道遇到了传说中的梯度爆炸！数值太大，导致计算溢出了。第一次遇到这个情况，但相信不会是最后一次，因为这种情况在神经网络中太常见了。

回想一个问题：为什么在第4章中，没有遇到数据溢出的情况？样本数据如表4-1所示。所有的 X 值都是在 [0,1] 之间的，而本章中的房价数据有两个特征值，一个是千米数，一个是平方米数，全都不是在 [0,1] 之间的，并且取值范围还不相同。不妨把本次样本数据做一下归一化处理。

其实，数据归一化是深度学习的必要步骤之一，但由于它很少被强调，以至于初学者们经常忽略。

根据 5.1.1 中对数据的初步统计，是不是也可以把千米数都除以 100，而平方米数都除以 1 000 呢？这样也会得到 [0,1] 之间的数字，千米数的取值范围是 [2,22]，除以 100 后变成了 [0.02,0.22]。平方米数的取值范围是 [40,120]，除以 1 000 后变成了 [0.04,0.12]。

对本例来说这样做肯定是可以正常工作的，但是下面要介绍一种更科学合理的做法。

5.4.2 为什么要做归一化

理论层面上,神经网络是以样本在事件中的统计分布概率为基础进行训练和预测的,所以它对样本数据的要求比较苛刻。具体说明如下。

(1)样本的各个特征的取值要符合概率分布,即位于 [0,1] 区间内。

(2)样本的度量单位要相同。并没有办法去比较 1 m 和 1 kg 的区别,但是,如果知道 1 m 在整个样本中的大小比例,以及 1 kg 在整个样本中的大小比例,例如一个处于 0.2 的比例位置,另一个处于 0.3 的比例位置,就可以说这个样本的 1 m 比 1 kg 要小。

(3)神经网络假设所有的输入输出数据都是标准差为 1,均值为 0,包括权重值的初始化,激活函数的选择,以及优化算法的设计。

(4)归一化可以避免一些不必要的数值问题。因为激活函数 Sigmoid 或 tanh 函数的非线性区间大约在 [-1.7,1.7]。意味着要使神经元有效,线性计算输出的值的数量级应该在 1(1.7 所在的数量级)左右。如果输入较大,就意味着权值必须较小,一个较大,一个较小,两者相乘,就引起数值问题了。

(5)如果输出层的数量级很大,会引起损失函数的数量级很大,反向传播时的梯度也就很大,这时会给梯度的更新带来数值问题。

(6)如果梯度非常大,学习率就必须非常小,因此,学习率初始值的选择需要参考输入的范围,不如直接将数据归一化,这样学习率就不必再根据数据范围作调整。

5.4.3 从损失函数等高线图分析归一化的必要性

在房价数据中,地理位置的取值范围是 [2,20],而房屋面积的取值范围为 [40,120],二者相差太远,根本不可以放在一起计算吗?

根据公式 $z = x_1 w_1 + x_2 w_2 + b$,神经网络想学习 w_1 和 w_2,但是数值范围问题导致神经网络很难"理解"。图 5-3 展示了归一化前后的损失函数等高线图,表明地理位置和

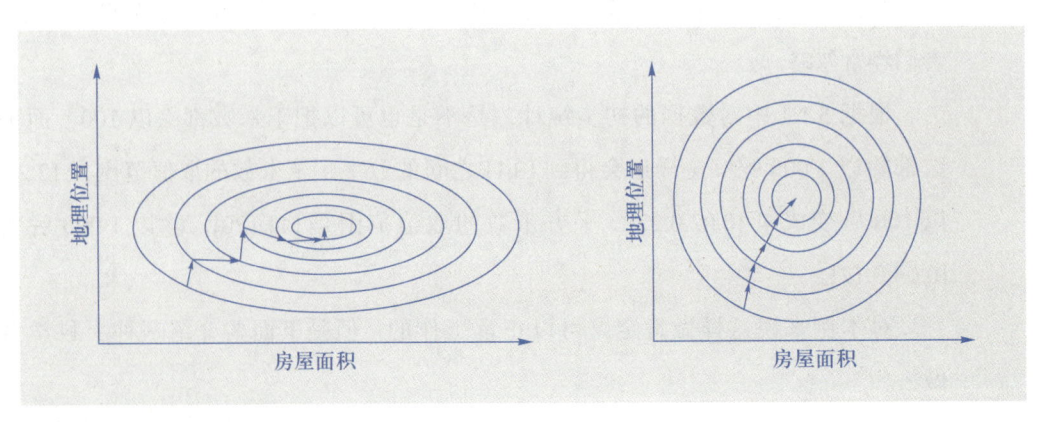

图 5-3 归一化前后的损失函数等高线图

房屋面积取不同的值时，作为组合来计算损失函数值时，形成的类似地图的等高图，图 5-5 左侧为归一化前，右侧为归一化后。归一化前，房屋面积的取值范围是 [40,120]，而地理位置的取值范围是 [2,20]，二者会形成一个很扁的椭圆。这样在寻找最优解时，过程会非常曲折，甚至根本就没法训练。

5.4.4 相关的基本概念

1. 归一化

把数据线性地变成 [0,1] 或 [-1,1] 之间的小数，把带单位的数据（如米，千克等）变成无量纲的数据，区间缩放。归一化有三种方法，具体如下。

（1）Min-Max 归一化

$$x_{new} = \frac{x - x_{min}}{x_{max} - x_{min}} \tag{5.4.1}$$

（2）平均值归一化

$$x_{new} = \frac{x - \bar{x}}{x_{max} - x_{min}} \tag{5.4.2}$$

（3）非线性归一化

① 对数转换

$$y = \log(x) \tag{5.4.3}$$

② 反余切转换

$$y = \text{arccot}(x) \cdot 2/\pi \tag{5.4.4}$$

2. 标准化

把每个特征值中的所有数据，变成平均值为 0，标准差为 1 的数据，最后为正态分布。Z-score 规范化也叫标准差标准化或零均值标准化，其中 std 是标准差。

$$x_{new} = (x - \bar{x})/std \tag{5.4.5}$$

3. 中心化

平均值为 0，无标准差要求。

$$x_{new} = x - \bar{x} \tag{5.4.6}$$

5.4.5 如何做数据归一化

按照归一化的定义，只要把地理位置列和居住面积列分别做归一化就达到要求了，结果如表 5-4 所示。

表 5-4 归一化后的样本数据

样本序号	地理位置 /km	居住面积 /m²	价格 / 万元
1	0.403 3	0.253 1	302.86
2	0.674 4	0.430 3	393.04
3	0.834 1	0.075 9	270.67
4	0.159 2	0.468 3	450.59
...	...	...	...

注意：

（1）并未归一化样本的标签数据，所以最后一行的价格还是保持不变。

（2）对两列特征值分别做归一化处理。

5.4.6 代码实现

在 HelperClass 目录的 SimpleDataReader.py 文件中，给该类增加一个方法。

```python
    def NormalizeX(self):
```

返回值 X_new 是归一化后的样本，和原始数据的形状一样。

再把主程序修改一下，在 ReadData() 方法后，紧接着调用 Norma-lizeX() 方法。

```python
if __name__ == '__main__':
    # data
    reader = SimpleDataReader()
    reader.ReadData()
    reader.NormalizeX()
```

5.4.7 运行结果

运行上述代码，输出结果如下。

```
epoch=9
9 0 391.75978721600353
9 100 387.79811202735783
...
```

```
9 800 380.78054509441193
9 900 575.5617634691969
W= [[-41.71417524]
 [395.84701164]]
B= [[242.15205099]]
z= [[37366.53336103]]
```

虽然损失函数值没有趋近于 0，但是却稳定在了 400 左右振荡，这也算是收敛。看一下损失函数值的变化过程，如图 5-4 所示。

再看看 W 和 B 的输出值和 z 的预测值。

```
w1 = -41.71417524
w2 = 395.84701164
b = 242.15205099
z = 37366.53336103
```

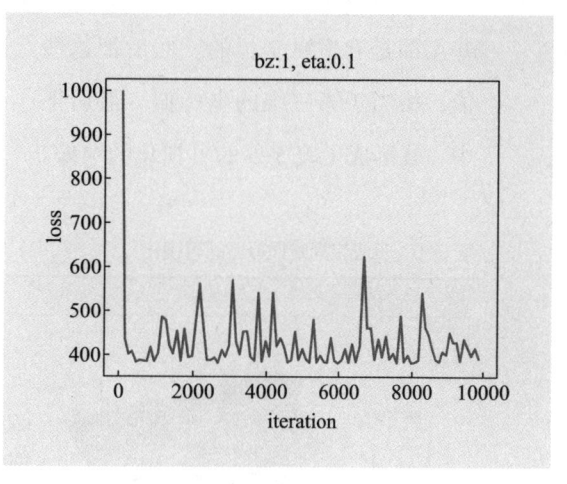

图 5-4　训练过程中损失函数值的变化

回忆一下解方程法的输出值，如下所示。

```
w1= -2.0184092853092226
w2= 5.055333475112755
b= 46.235258613837644
z= 486.1051325196855
```

解方程法预测房价结果为

$$Z = -2.018 \times 15 + 5.055 \times 93 + 46.235$$
$$= 486.105(万元)$$

神经网络法预测房价结果为

$$Z = -14.714 \times 15 + 395.847 \times 93 + 242.152$$
$$= 37\,366(万元)$$

思考：两种预测结果相差甚远，这是为什么？和数据归一化有关系吗？

5.4.8 工作原理

在 5.1.1 中，想象神经网络会寻找一个平面，来拟合这些空间中的样本点，是不是这样呢？通过下面的函数来实现数据可视化。

```
def ShowResult(net, reader):
```

前半部分代码先是把所有的点显示在三维空间中，曾经描述它们像一块厚厚的草坪。后半部分的代码在 [0,1] 空间内形成了一个 50×50 的网格，亦即有 2 500 个点，这些点都是有横纵坐标的。然后把这些点送入神经网络中做预测，得到了 2 500 个预测值，相当于第三维的坐标值。最后把这 2 500 个三维空间的点，以网格状显示在空间中，就形成了表 5-5 的可视化的结果。

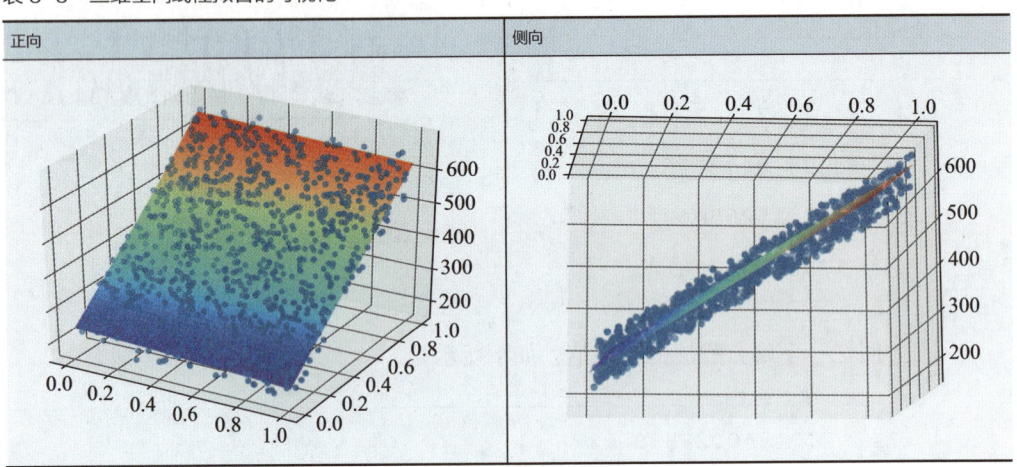

表 5-5 三维空间线性拟合的可视化

正向	侧向

读者可能会产生如下两个疑问。

（1）为什么要在 [0,1] 空间中形成 50×50 的网格呢？

（2）50 这个数字是从哪里来的？

NumPy 库的 np.linspace（0,1）的含义，就是在 [0,1] 空间中生成 50 个等距的点，第三个参数不指定时，缺省是 50。因为前面对样本数据做过归一化，统一到了 [0,1] 空间中，这就方便分析问题，不用考虑每个特征值的实际范围是多大了。

从表 5-6 中的正向图可以看到，真的形成了一个平面；从侧向图可以看到，这个平面也确实穿过了那些样本点，并且把它们分成了上下两个部分。只不过由于训练精度的问题，没有做到平分，而是斜着穿过了点的区域，就好像第 4.4 节中的精度不够的线性回归的结果。

所以，这就印证了 4.4.5 中的关于高维空间拟合的说法：在二维平面上是一条拟合直线，在三维空间上是一个拟合平面。每个样本点到这个平面上都有一个无形的作用力，当作用力达到平衡时，也就是平面拟合的最佳位置。

至此，可以确定神经网络的训练结果并没有错，一定是别的地方出了差错。

代码位置

ch05，Level3

知识拓展：还原参数值

5.5 正确的推理预测方法

5.5.1 预测数据的归一化

在知识拓展中，用训练出来的模型预测房屋价格之前，还需要先还原 W 和 B 的值，这看上去比较麻烦，下面介绍一种其他的推理方法。

既然在训练时可以把样本数据归一化，那么在预测时，把预测数据也做相同方式的归一化，不是就可以和训练数据一样进行预测了吗？但还有一个问题，训练时的样本数据是批量的，至少是成百成千的数量级。但是预测时，一般只有一个或几个数据，如何做归一化？

在针对训练数据做归一化时，得到的最重要的数据是训练数据的最小值和最大值，只需要把这两个值记录下来，在预测时使用它们对预测数据做归一化，这就相当于把预测数据"混入"训练数据。前提是预测数据的特征值不能超出训练数据的特征值范围，否则有可能影响准确程度。

5.5.2 代码实现

基于这种想法，先给 SimpleDataReader 类增加一个方法 Normalize PredicateData()，如下述代码。

```
class SimpleDataReader(object):
    # normalize data by self range and min_value
    def NormalizePredicateData(self, X_raw):
```

```
            X_new = np.zeros(X_raw.shape)
            n = X_raw.shape[1]
            for i in range(n):
                col_i = X_raw[:,i]
                X_new[:,i] = (col_i - self.X_norm[i,0])/self.X_norm[i,1]
            return X_new
```

X_norm 数组中的数据，是在训练时从样本数据中得到的最大值减最小值，如表 5-6 所示的样例。

表 5-6 各个特征值的特征保存

特征值	最小值	数值范围（最大值减最小值）
特征值 1	2.02	21.96-2.02=19.94
特征值 2	40	119-40=79

所以，最后 X_new 就是按照训练样本的规格归一化好的预测归一化数据，然后把这个预测归一化数据放入网络中进行预测。

```
import numpy as np
from HelperClass.NeuralNet import *

if __name__ == '__main__':
    # data
    reader = SimpleDataReader()
    reader.ReadData()
    reader.NormalizeX()
    # net
    params = HyperParameters(eta=0.01, max_epoch=100, batch_size=10, eps = 1e-5)
    net = NeuralNet(params, 2, 1)
    net.train(reader, checkpoint=0.1)
    # inference
```

```
x1 = 15
x2 = 93
x = np.array([x1,x2]).reshape(1,2)
x_new = reader.NormalizePredicateData(x)
z = net.inference(x_new)
print("Z=", z)
```

5.5.3 运行结果

```
199 99 380.5942402877278
[[-40.23494571] [399.40443921]] [[244.388824]]
W= [[-40.23494571]
 [399.40443921]]
B= [[244.388824]]
Z= [[486.16645199]]
```

比较一下解方程法的结果。

```
z= 486.1051325196855
```

二者非常接近，可以说这种方法的确很方便，把预测数据看作训练数据的一个记录，先做归一化，再做预测，这样就不需要把权重矩阵还原了。

看上去已经完美地解决了这个问题，但是，仔细看看代码中的 loss 值，还有 W 和 B 的值，都是几十几百的数量级，这和神经网络的概率计算的优点并不吻合，实际上它们的值都应该在 [0,1] 之间的。

对于数量级大的数据，其波动有可能很大。目前还没有使用激活函数，一旦网络复杂了，开始使用激活函数时，像 486.166 这种数据，一旦经过激活函数就会发生梯度饱和的现象，输出值总为 1，这样对于后面的网络就没什么意义了，因为输入值都是 1。

思考：看起来上述问题解决得并不完美，试想还能有什么更好的解决方案？

代码位置

ch05,Level5

知识拓展:对标签值进行归一化

线性分类

第三步

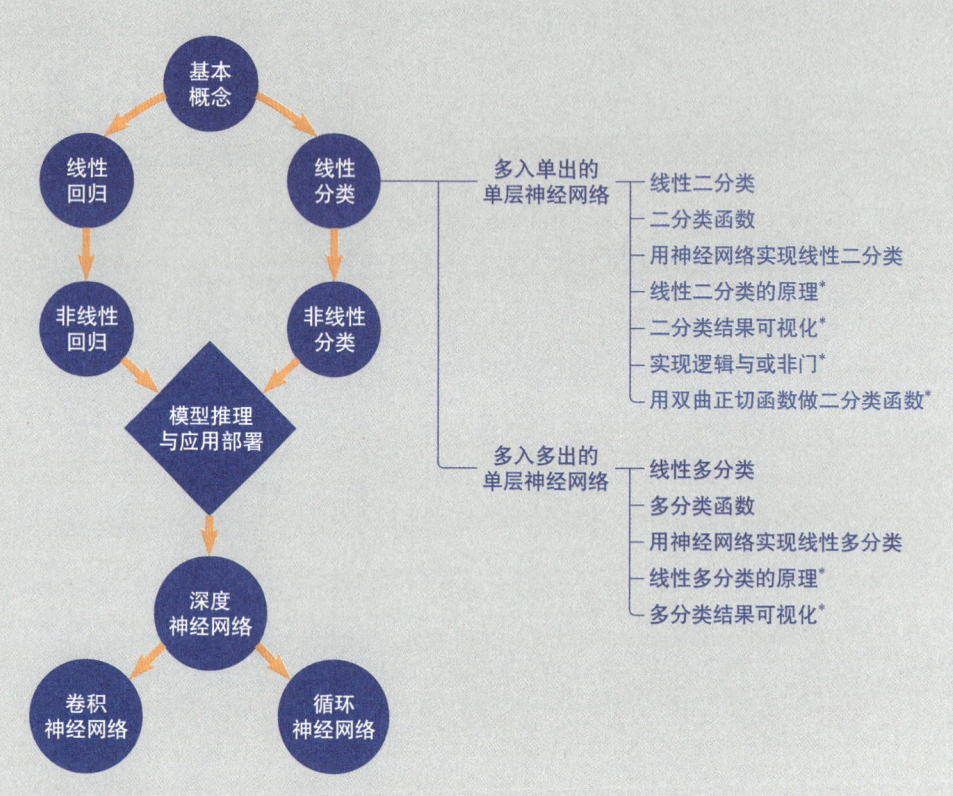

```
                    ┌──────┐
                    │ 基本  │
                    │ 概念  │
                    └──┬───┘
              ┌────────┴────────┐
              ▼                 ▼
          ┌──────┐          ┌──────┐
          │ 线性  │          │ 线性  │─────── 多入单出的 ─┬─ 线性二分类
          │ 回归  │          │ 分类  │        单层神经网络 │
          └──┬───┘          └──┬───┘                    ├─ 二分类函数
             ▼                 ▼                        │
          ┌──────┐          ┌──────┐                    ├─ 用神经网络实现线性二分类
          │ 非线性 │          │ 非线性 │                    │
          │ 回归  │          │ 分类  │                    ├─ 线性二分类的原理*
          └──┬───┘          └──┬───┘                    │
             └────────┬────────┘                        ├─ 二分类结果可视化*
                     ▼                                  │
               ◇ 模型推理 ◇                              ├─ 实现逻辑与或非门*
                 与应用部署                              │
                     │                                  └─ 用双曲正切函数做二分类函数*
                     ▼
                                          多入多出的 ─┬─ 线性多分类
                ┌──────┐                  单层神经网络 │
                │ 深度  │                              ├─ 多分类函数
                │神经网络│                              │
                └──┬───┘                              ├─ 用神经网络实现线性多分类
         ┌────────┴────────┐                         │
         ▼                 ▼                         ├─ 线性多分类的原理*
     ┌──────┐          ┌──────┐                      │
     │ 卷积  │          │ 循环  │                      └─ 多分类结果可视化*
     │神经网络│          │神经网络│
     └──────┘          └──────┘
```

注：带*号部分为知识拓展内容。

第6章 多入单出的单层神经网络——线性二分类

6.1 线性二分类

6.1.1 提出问题

在中国象棋棋盘中，用楚河汉界把两个阵营的棋子分隔开。回忆历史，公元前206年前后，楚汉相争，当时刘邦和项羽麾下的城池，在中原地区的地理位置示意图如图6-1所示，部分样本数据如表6-1所示。

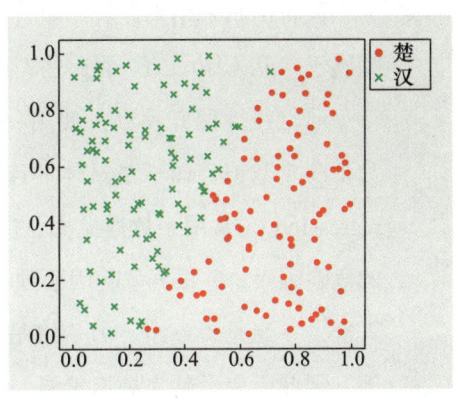

图6-1 样本数据可视化

表6-1 样本数据抽样

样本序号	X_1：经度相对值	X_2：纬度相对值	Y：1=汉，0=楚
1	0.325	0.888	1
2	0.656	0.629	0
3	0.151	0.101	1
4	0.785	0.024	0
...	...	...	...
200	0.631	0.001	0

在本例中，中原地区的经纬度坐标其实应该是一个两位数以上的实数，例如(35.234，−122.455)。为了简化问题，已经把它们归一化到 [0,1] 之间了。

问题

（1）经纬度相对坐标值为（0.58，0.92）时，属于楚还是汉？

（2）经纬度相对坐标值为（0.62，0.55）时，属于楚还是汉？

（3）经纬度相对坐标值为（0.39，0.29）时，属于楚还是汉？

读者可能会觉得这个太简单了，这不是有图吗？定位坐标值后在图上一比画，一下子就能找到对应的区域了。但是我们要求用机器学习的方法来解决这个看似简单的问题，以便将来的预测行为快速准确，而不是拿个尺子在图上去比画。

另外，本着用简单的例子说明复杂原理的原则，用这个看似简单的例子，是想让读者对问题和解决方法都有一个视觉上的清晰认识，而这类可视化的问题，在实际生产环境中并不多见。

6.1.2 逻辑回归模型

回归问题可以分为两类：线性回归和逻辑回归。在第二步中，讲解了线性回归模型，在第三步中，将讲解逻辑回归模型。

逻辑回归是用来计算"事件=Success"和"事件=Failure"的概率。当因变量的类型属于二元（1/0，真/假，是/否）变量时，就应该使用逻辑回归。

回忆线性回归模型，使用一条直线拟合样本数据，而逻辑回归模型是"拟合"0和1两个数值，而不是具体的连续数值，所以又叫广义线性模型。逻辑回归（logistic regression），常用于数据挖掘、疾病自动诊断、经济预测等领域。例如，探讨引发疾病的危险因素，并根据危险因素预测疾病发生的概率等。以胃癌病情分析为例，选择两组人群，一组是胃癌组，另一组是非胃癌组，两组人群必定具有不同的体征与生活方式等。因此因变量就为是否胃癌，值为"是"或"否"；自变量就可以包括很多因素，如年龄、性别、饮食习惯、是否幽门螺杆菌感染等。

自变量既可以是连续的，也可以是分类的。然后通过逻辑回归分析，可以得到自变量的权重，从而可以大致了解到底哪些因素是胃癌的危险因素。同时根据该权值可以通过危险因素预测一个人患癌症的可能性。

逻辑回归，也叫分类器，分为线性分类器和非线性分类器，本章中讲解线性分类器。而无论是线性还是非线性分类器，又分为两种，即二分类问题和多分类问题。

本章要学习的路径是：回归问题→逻辑回归问题→线性逻辑回归即分类问题→线性二分类问题。

表 6-2 示意说明了线性二分类和非线性二分类的区别。

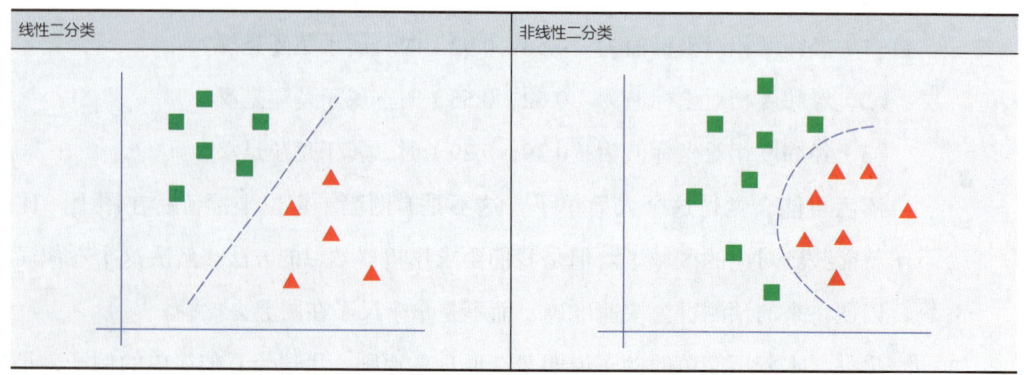

表 6-2 直观理解线性二分类与非线性二分类的区别

线性二分类	非线性二分类

6.2 二分类函数

6.2.1 概念

二分类函数对线性和非线性二分类都适用。对数几率函数，既可以当作激活函数使用，又可以当作二分类函数使用。本书会根据不同的任务区分激活函数和分类函数这两个概念，在二分类任务中，叫 Logistic 函数，而作为激活函数时，叫 Sigmoid 函数。而在某些资料中，把这两个概念混用了，例如下面这个说法："我们在最后使用 Sigmoid 激活函数来做二分类"，这是不恰当的。

- 公式

$$Logistic(z) = \frac{1}{1+e^{-z}} \to a$$

- 导数

$$Logistic'(z) = a(1-a)$$

该函数的输入值域为 $(-\infty,\infty)$，输出值域为 $(0,1)$，其函数图像如图 6-2 所示。

此函数实际上是一个概率计算，它把 $(-\infty,\infty)$ 之间的任何数字都压缩到 $(0,1)$ 之间，返回一个概率值，这个概率值接近 1 时，认为是正例，否则认为是负例。

训练时，样本经过神经网络最后一层矩阵运算的结果作为输入 z，经

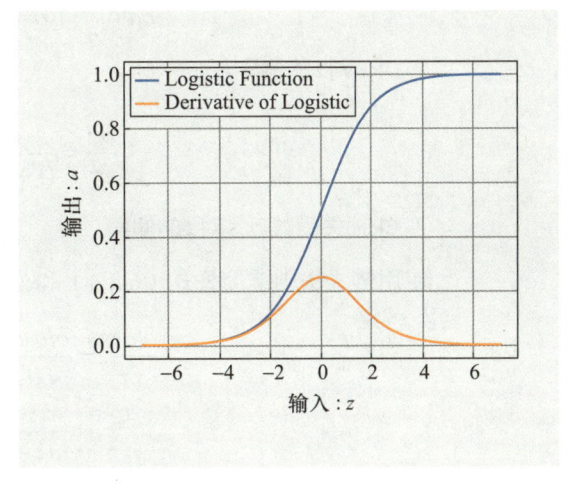

图 6-2 Logistic 函数图像

过 Logistic 函数计算后，输出一个（0,1）之间的预测值。假设这个样本的标签值为 0 属于负类，如果其预测值越接近 0，就越接近标签值，那么误差越小，反向传播的力度就越小。

推理时，预先设定一个阈值例如 0.5，当推理结果大于 0.5 时，认为是正类；小于 0.5 时认为是负类；等于 0.5 时，根据情况自己定义。阈值也不一定就是 0.5，阈值越大，准确率越高，召回率越低；阈值越小则相反，准确率越低，召回率越高。

例如，input=2 时，output=0.88，而 0.88＞0.5，算作正例；input=-1 时，output=0.27，而 0.27＞0.5，算作负例。

6.2.2 正向传播

1. 前向运算

$$z = x \cdot w + b \tag{6.2.1}$$

2. 分类计算

$$a = Logistic(z) = \frac{1}{1 + e^{-z}} \tag{6.2.2}$$

3. 损失函数计算

二分类交叉熵损失函数可表示为：

$$loss(w,b) = -\left[y \ln a + (1-y) \ln(1-a)\right] \tag{6.2.3}$$

6.2.3 反向传播

1. 求损失函数对 a 的偏导

$$\frac{\partial loss}{\partial a} = -\left[\frac{y}{a} + \frac{-(1-y)}{1-a}\right] = \frac{a-y}{a(1-a)} \tag{6.2.4}$$

2. 求 a 对 z 的偏导

$$\frac{\partial a}{\partial z} = \frac{e^{-z}}{(1+e^{-z})^2} = a(1-a) \tag{6.2.5}$$

3. 求损失函数 $loss$ 对 z 的偏导

使用链式法则链接公式（6.2.4）和公式（6.2.5），

$$\begin{aligned}\frac{\partial loss}{\partial z} &= \frac{\partial loss}{\partial a} \frac{\partial a}{\partial z} \\ &= \frac{a-y}{a(1-a)} \cdot a(1-a) = a-y\end{aligned} \tag{6.2.6}$$

使用交叉熵函数求导得到的分母，与 Logistic 分类函数求导后的结果，正好可以抵消，最后只剩下了 $a-y$ 这一项。这种匹配关系是为了达到以下目的。

（1）损失函数满足二分类的要求，无论是正例还是反例，都是单调的。

（2）损失函数可导，以便于使用反向传播算法。

（3）使计算过程更简单。

4. 多样本情况

假设样本数量为 3，推导过程如下。

$$\boldsymbol{Z} = \begin{bmatrix} z_1 \\ z_2 \\ z_3 \end{bmatrix}, \boldsymbol{A} = Logistic\begin{bmatrix} z_1 \\ z_2 \\ z_3 \end{bmatrix} = \begin{bmatrix} a_1 \\ a_2 \\ a_3 \end{bmatrix}$$

$$J(w,b) = -[y_1 \ln a_1 + (1-y_1)\ln(1-a_1)]$$
$$-[y_2 \ln a_2 + (1-y_2)\ln(1-a_2)]$$
$$-[y_3 \ln a_3 + (1-y_3)\ln(1-a_3)]$$

代入公式（6.2.6），

$$\frac{\partial J(w,b)}{\partial \boldsymbol{Z}} = \begin{bmatrix} \partial J(w,b)/\partial z_1 \\ \partial J(w,b)/\partial z_2 \\ \partial J(w,b)/\partial z_3 \end{bmatrix}$$

$$= \begin{bmatrix} a_1 - y_1 \\ a_2 - y_2 \\ a_3 - y_3 \end{bmatrix} = \boldsymbol{A} - \boldsymbol{Y}$$

所以，用矩阵运算时可以简化为矩阵相减的形式：$\boldsymbol{A} - \boldsymbol{Y}$。

6.2.4 对数几率的来历

经过数学推导后可以知道，神经网络实际上是在通过不断调整 w 和 b 的值，使所有正例的样本都处在大于 0.5 的范围内，所有负例都小于 0.5。但是如果只说大于或者小于，无法做准确的量化计算，所以用对数几率函数来模拟。

举例说明对数几率函数的来历。假设有一个硬币，抛出落地后，得到正面的概率是 0.5，得到反面的概率是 0.5，如果用正面的概率除以反面的概率，0.5/0.5=1，这个数值即几率（odds）。

如果 a 是把样本预测为正例的概率，那么 1−a 就是预测其为负例的概率，则几率表示为

$$odds = \frac{a}{1-a} \tag{6.2.7}$$

几率反映了样本作为正例的相对概率，而对几率取对数就叫做对数几率（log odds，logit）。

不同的概率与对数几率的对照表如表 6-3 所示。

表 6-3　概率到对数几率的对照表

概率 a	0	0.1	0.2	0.3	0.4	0.5	0.6	0.7	0.8	0.9	1
反概率 (1−a)	1	0.9	0.8	0.7	0.6	0.5	0.4	0.3	0.2	0.1	0
几率 odds	0	0.11	0.25	0.43	0.67	1	1.5	2.33	4	9	∞
对数几率 ln(odds)	N/A	−2.19	−1.38	−0.84	−0.4	0	0.4	0.84	1.38	2.19	N/A

可以看出几率的值不是线性的，不利于分析问题，而对几率取对数，可以得到一组成线性关系的值，并可以用直线方程 $xw+b$ 来表示，即

$$\ln(odds) = \ln\frac{a}{1-a} = xw+b \qquad (6.2.8)$$

对公式（6.2.8）等号两边取自然指数，

$$\frac{a}{1-a} = e^{xw+b} \qquad (6.2.9)$$

$$a = \frac{1}{1+e^{-(xw+b)}}$$

令 $z=xw+b$，

$$a = \frac{1}{1+e^{-z}} \qquad (6.2.10)$$

不难发现，公式（6.2.10）与公式（6.2.2）相同。

以上推导过程，实际上就是用线性回归模型的预测结果来逼近样本分类的对数几率。这种方法的优点如下。

（1）直接对分类概率建模，无须事先假设数据分布，避免了假设分布不准确带来的问题。

（2）不仅预测出类别，而且得到了近似的概率，这对许多需要利用概率辅助决策的任务很有用。

（3）对数几率函数是任意阶可导的凸函数，许多数值优化算法都可以直接用于求取最优解。

6.3 用神经网络实现线性二分类

先看看如何用神经网络实现二分类问题。二分类问题用一个神经元就可以达到目的，也就是说分类结果完全依赖于这一个神经元根据输入信号的判断。

例如在楚汉城池示意图中，在两个颜色区域之间存在一条分隔的直线，即线性可分的。

（1）从视觉上判断是线性可分的，所以使用单层神经网络即可。

（2）输入特征是经度和纬度，所以在输入层设置两个输入，x_1 表示经度，x_2 表示维度。

（3）最后输出的是一个二分类，分别是楚汉地盘，可以看成非 0 即 1 的二分类问

题，所以只用一个输出单元即可。

6.3.1 定义神经网络结构

综上所述，只需要二入一出的神经元就可以搞定。这个网络只有输入层和输出层，由于输入层不算在内，所以是单层网络，如图 6-3。

与第 5 章的网络结构图相比，这次在神经元输出时使用了分类函数，所以有个 a 的输出，而不是以往的 Z 的直接输出。

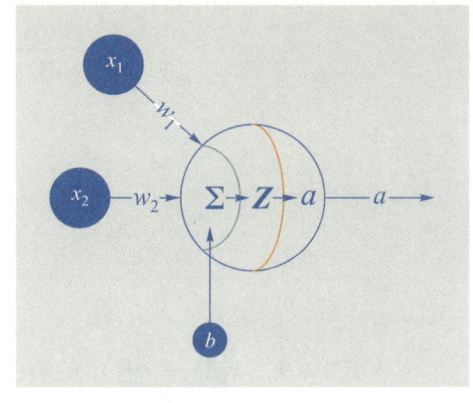

图 6-3 完成二分类任务的神经元结构

1. 输入层

输入经度 x_1 和纬度 x_2 两个特征，输入矩阵可表示为

$$X = [x_1 \quad x_2]$$

2. 权重矩阵

输入是两个特征，输出一个数，则 W 是 2×1 的矩阵。

$$W = \begin{bmatrix} w_1 \\ w_2 \end{bmatrix}$$

B 为 1×1 矩阵，其行数永远是 1，列数永远和 W 的列数一样。

$$B = [b_1]$$

3. 输出层

$$Z = X \cdot W + B = [x_1 \quad x_2]\begin{bmatrix} w_1 \\ w_2 \end{bmatrix} + [b_1] \tag{6.3.1}$$

$$= x_1 \cdot w_1 + x_2 \cdot w_2 + b_1$$

$$a = Logistic(Z) \tag{6.3.2}$$

4. 损失函数

二分类交叉熵损失函数可表示为

$$loss(w,b) = -[y\ln a + (1-y)\ln(1-a)] \tag{6.3.3}$$

其中，y 表示与 x 对应的标签值。

6.3.2 反向传播

6.2 节中已经推导了 $loss$ 对 Z 的偏导数，结论为 $A-Y$。接下来，求 $loss$ 对 W 的导数。本例中，W 的形式是一个 2 行 1 列的向量，所以求 W 的偏导的过程如下。

$$\frac{\partial loss}{\partial \boldsymbol{W}} = \begin{bmatrix} \partial loss/\partial w_1 \\ \partial loss/\partial w_2 \end{bmatrix}$$

$$= \begin{bmatrix} \dfrac{\partial loss}{\partial z}\dfrac{\partial z}{\partial w_1} \\ \dfrac{\partial loss}{\partial z}\dfrac{\partial z}{\partial w_2} \end{bmatrix} = \begin{bmatrix} (a-y)x_1 \\ (a-y)x_2 \end{bmatrix}$$

$$= \begin{bmatrix} x_1 & x_2 \end{bmatrix}^{\mathrm{T}}(a-y) \tag{6.3.4}$$

上式中，x_1、x_2 是一个样本的两个特征值。如果是多样本的话，公式（6.3.4）将会变成其矩阵形式，以 3 个样本为例。

$$\frac{\partial J}{\partial \boldsymbol{W}} = \begin{bmatrix} x_{11} & x_{12} \\ x_{21} & x_{22} \\ x_{31} & x_{32} \end{bmatrix}^{\mathrm{T}} \begin{bmatrix} a_1 - y_1 \\ a_2 - y_2 \\ a_3 - y_3 \end{bmatrix} \tag{6.3.5}$$

$$= \boldsymbol{X}^{\mathrm{T}}(\boldsymbol{A} - \boldsymbol{Y})$$

6.3.3 代码实现

由于第 5 章中的神经网络只能实现线性回归，现在要增加分类的功能，所以需要加一个枚举类型，可以让调用者通过指定参数来控制神经网络的功能。

```
class NetType(Enum):
    Fitting = 1,
    BinaryClassifier = 2,
    MultipleClassifier = 3,
```

然后在超参类里把这个新参数加在初始化函数里。

```
class HyperParameters(object):
    def __init__(self, eta=0.1, max_epoch=1000, batch_size=5, eps=0.1, net_type=NetType.Fitting):
        self.eta = eta
        self.max_epoch = max_epoch
        self.batch_size = batch_size
        self.eps = eps
        self.net_type = net_type
```

再增加一个 Logistic 分类函数。

```python
class Logistic(object):
    def forward(self, z):
        a = 1.0 / (1.0 + np.exp(-z))
        return a
```

以前只有均方差函数,现在增加了交叉熵函数,所以新建一个类便于管理。

```python
class LossFunction(object):
    def __init__(self, net_type):
        self.net_type = net_type
    # end def

    def MSE(self, A, Y, count):
        ...

    # for binary classifier
    def CE2(self, A, Y, count):
        ...
```

上面的类是通过初始化时的网络类型来决定何时调用均方差函数、何时调用交叉熵函数 (CE2) 的。

下面修改一下 NeuralNet 类的前向计算函数,通过判断当前的网络类型,来决定是否要在线性变换后再调用 Sigmoid 分类函数。

```python
class NeuralNet(object):
    def __init__(self, params, input_size, output_size):
        self.params = params
        self.W = np.zeros((input_size, output_size))
        self.B = np.zeros((1, output_size))

    def __forwardBatch(self, batch_x):
        Z = np.dot(batch_x, self.W) + self.B
        if self.params.net_type == NetType.BinaryClassifier:
            A = Sigmoid().forward(Z)
```

```
        return A
    else:
        return Z
```

主函数如下。

```
if __name__ == '__main__':
    ...
    params = HyperParameters(eta=0.1, max_epoch=100, batch_size=10, eps=1e-3, net_type=NetType.BinaryClassifier)
    ...
```

与以往不同的是，设定超参中的网络类型是 BinaryClassifier。

6.3.4 运行结果

从图 6-4 可以看出损失函数值记录很平稳地下降，说明网络收敛了。截取最后几行的输出结果如下。

```
99 19 0.20742586902509108
W= [[-7.66469954]
 [ 3.15772116]]
B= [[2.19442993]]
A= [[0.65791301]
 [0.30556477]
 [0.53019727]]
```

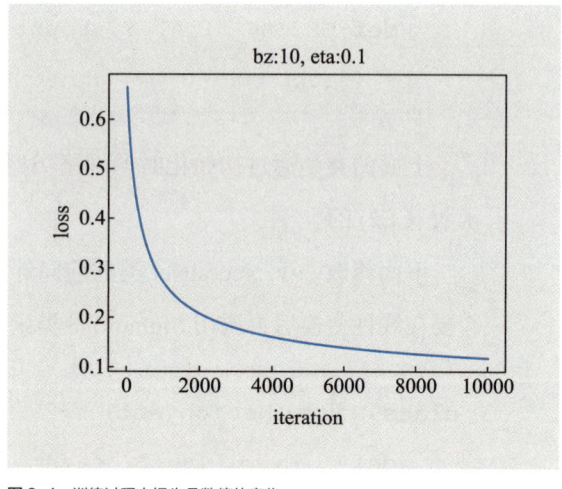

图 6-4　训练过程中损失函数值的变化

上述代码中的 A 值是返回的预测结果。

（1）经纬度相对值为 (0.58,0.92) 时，概率为 0.65，属于汉；

（2）经纬度相对值为 (0.62,0.55) 时，概率为 0.30，属于楚；

（3）经纬度相对值为 (0.39,0.29) 时，概率为 0.53，属于汉。

分类的方式是，可以指定当 A>0.5 时是正例，A≤0.5 时就是反例。有时候正例反例的比例不一样或者有特殊要求时，也可以用不是 0.5 的数来当阈值。

代码位置

ch06,Level1

知识拓展：线性二分类原理

二分类结果可视化

实现逻辑与或非门

用双曲正切函数做二分类函数

第7章 多入多出的单层神经网络——线性多分类

7.1 线性多分类

7.1.1 提出问题

第 6 章解决了楚汉相争的问题，本章来解决三国问题。一共有 140 个样本数据，如表 7-1 所示，其可视化结果如图 7-1 所示。

其中，分类标签值的含义如下。

（1）魏国城池：标签为 1，图 7-1 中的蓝色点。

（2）蜀国城池：标签为 2，图 7-1 中的红色点。

图 7-1 样本数据可视化

（3）吴国城池：标签为 3，图 7-1 中的绿色点。

表 7-1 样本数据抽样

样本序号	相对经度值 x_1	相对纬度值 x_2	分类 y
1	7.033	3.075	3
2	4.489	4.869	2
3	8.228	9.735	1
...	...	...	...
140	4.632	9.014	1

问题

（1）经纬度相对值为（5，1）时，属于哪个国？

（2）经纬度相对值为（7，6）时，属于哪个国？

（3）经纬度相对值为（5，6）时，属于哪个国？

（4）经纬度相对值为（2，7）时，属于哪个国？

7.1.2 多分类学习策略

1. 线性多分类和非线性多分类的区别

图 7-2 显示了线性多分类和非线性多分类的区别。左侧为线性多分类，右侧为非线性多分类。它们的区别在于不同类别的样本点之间是否可以用一条直线来互相分割。对神经网络来说，线性多分类可以使用单层结构来解决，而非线性多分类需要使用双层结构。

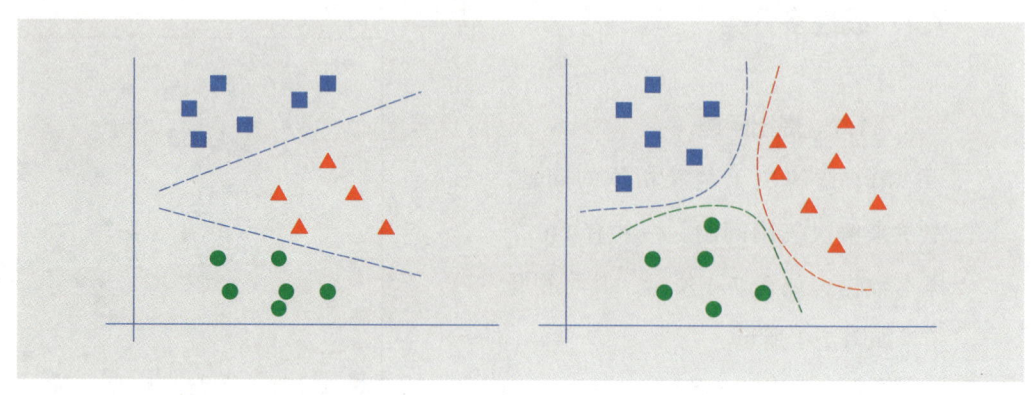

图 7-2 直观理解线性多分类与非线性多分类的区别

2. 二分类与多分类的关系

第 6 章已经讲解过使用神经网络进行二分类的方法，它并不能用于多分类。在传统的机器学习中，有些二分类算法可以直接推广应用于多分类问题，但是在更多的时候，会基于一些基本策略，利用二分类学习器来解决多分类问题。

3. 多分类问题的三种解法

（1）一对一方式

每次训练分类器时，先只保留两个类别的数据。如果一共有 N 个类别，则需要训练 C_N^2 个分类器。以 $N=3$ 时举例，需要训练 A|B、B|C、A|C 三个分类器。如图 7-3 最左侧的图所示，这个二分类器只关心蓝色和绿色样本的分类，而不管红色样本的情况，也就是说在训练时，只把蓝色和绿色样本输入网络。

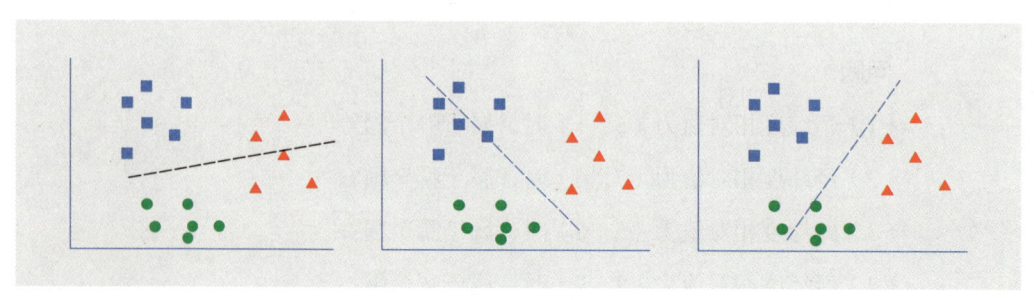

图 7-3 一对一方式

推理时，A|B 分类器告诉你是 A 类时，需要再到 A|C 分类器再试一下，如果也是 A 类，则就是 A 类。如果 A|C 分类器告诉你是 C 类，则基本是 C 类了，不可能是 B 类。

（2）一对多方式

如图 7-4，处理一个类别时，暂时把其他所有类别看作是一类，这样对于三分类问题，可以得到三个分类器。

如图 7-4 中的最左图，在训练时，把红色样本当作一类，把蓝色和绿色样本混在一起当作另外一类。

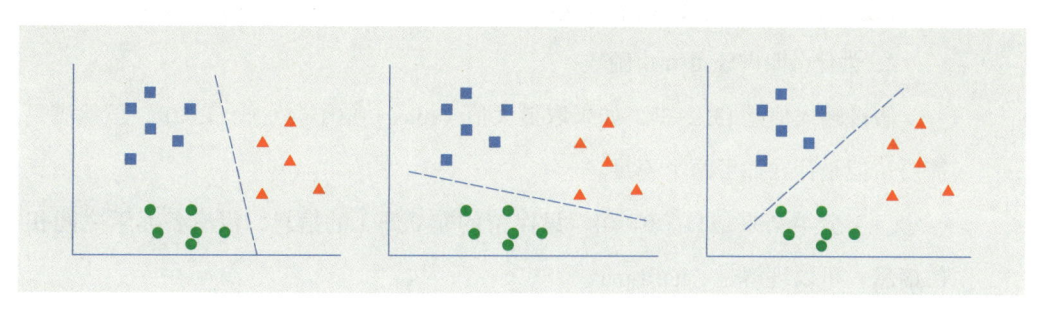

图 7-4 一对多方式

推理时，同时调用三个分类器，再把三种结果组合起来，就是真实的结果。例如，第一个分类器告诉你是"红类"，那么它确实就是红类；如果告诉你是非红类，则需要看第二个分类器的结果，绿类或者非绿类，以此类推。

（3）多对多方式

假设有四个类别 A、B、C、D，可以把 AB 算作一类，CD 算作一类，训练分类器 1；再把 AC 算作一类，BD 算作一类，训练分类器 2。

推理时，第 1 个分类器的结果是 AB 类，第二个分类器的结果是 BD 类，则执行与操作，就是 B 类。

4. 多分类与多标签

多分类学习中，虽然有多个类别，但是每个样本只属于一个类别。

有一种情况也很常见，例如在一幅图中，既有蓝天白云，又有花草树木，那么这张图片可以有以下两种标注方法。

（1）标注为"风景"，而不是"人物"，属于风景图片，这叫分类。

（2）被同时标注为"蓝天""白云""花草""树木"等多个标签，这样的任务不是多分类学习，而是多标签学习（multi-label learning）。本章不涉及这类问题。

7.2 多分类函数

多分类函数对线性多分类和非线性多分类问题都适用。先回忆一下二分类问题，在线性计算后，使用了 Logistic 函数计算样本的概率值，从而把样本分成了正负两类。那么对于多分类问题，应该使用什么方法来计算样本属于各个类别的概率值呢？又是如何作用到反向传播过程中的呢？

7.2.1 多分类函数Softmax的定义

1. 为什么叫作Softmax函数

假设输入值是 [3,1,-3]，如果取最大值（max）操作会变成 [1,0,0]，虽然满足了分类需要，但是存在如下两个不足。

（1）分类结果是 [1，0，0]，只保留的非 0 即 1 的信息，没有各元素之间相差多少的信息，可以理解是 "hard-max"。

（2）取最大值操作本身不可导，无法用在反向传播中。

所以 Softmax 函数加了个 "soft" 来模拟取最大值（max）的行为，但同时又保留了相对大小的信息。

$$a_j = \frac{e^{z_j}}{\sum_{i=1}^{m} e^{z_i}} = \frac{e^{z_j}}{e^{z_1} + e^{z_2} + \cdots + e^{z_m}}$$

上式中，z_j 是对第 j 项的分类原始值，即矩阵运算的结果，z_i 是参与分类计算的每个类别的原始值，m 是总的分类数，a_j 是对第 j 项的计算结果。

假设 $j=1$，$m=3$，上式为

$$a_1 = \frac{e^{z_1}}{e^{z_1} + e^{z_2} + e^{z_3}}$$

Softmax 函数的工作过程如图 7-5 所示。

当输入的数据 $[z_1,z_2,z_3]$ 是 [3,1,-3] 时，按照图示过程进行计算，可以得出输出的概率分布是 [0.879,0.119,0.002]。对比 max 运算和 Softmax 的不同，如表 7-2 所示。

在至少有三个类别时，通常使用 Softmax 公式计算它们的输出，比较相对大小后，得出该样本属于第一类，因为第一类的值为 0.879，在三者中最大。注意这是对一个样本的计算得出的数值，而不是三个样本，亦即 Softmax 给出了某个样本分别属于三个类别的概率。

Softmax 函数有两个特点：三个类别的概率相加为 1；每个类别的概率都大于 0。

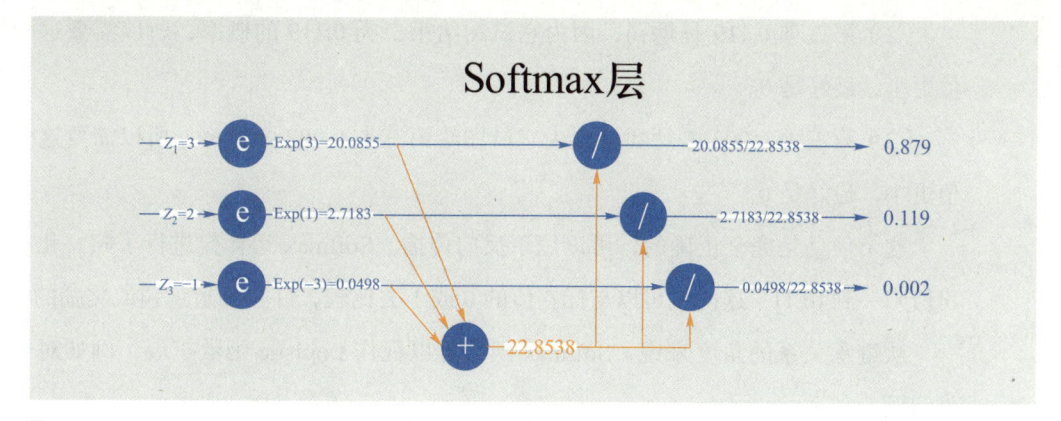

图 7-5　Softmax 函数的工作过程

表 7-2　max 运算和 Softmax 运算的不同

输入原始值	(3, 1, −3)
max 运算	(1, 0, 0)
Softmax 运算	(0.879, 0.119, 0.002)

2. Softmax 函数的工作原理

假设网络输出的预测数据是 Z=[3,1,−3]，而标签值是 Y=[1,0,0]。反向传播时，根据前面的经验会用 $Z-Y$，得到：

$$Z-Y=[2,1,-3]$$

分析结果，可以看出以下几点。

（1）第一项是 2，已经预测准确了此样本属于第一类，但是反向误差的值是 2，即惩罚值是 2。

（2）第二项是 1，惩罚值是 1，预测对了，仍有惩罚值。

（3）第三项是 −3，惩罚值是 −3，意味着奖励值是 3，明明预测错误却给了奖励。

如果不使用 Softmax 这种运算机制，会存在上述现象，问题总结如下。

（1）预测值和标签值之间不可比，例如 Z[0]=3 与 Y[0]=1 是不可比的。

（2）Z 中的三个元素之间虽然可比，但只能比大小，不能比差值，例如 Z[0]>Z[1]>Z[2]，但 3 和 1 相差 2，1 和 −3 相差 4，这些差值是无意义的。

在使用 Softmax 运算之后，得到的值是 A=[0.879, 0.119, 0.002]，则有

$$A-Y=[-0.121,0.119,0.002]$$

可以看出如下几点。

（1）第一项 −0.121 是奖励给该类别 0.121，因为它做对了，但是可以让这个概率值更大，最好是 1。

（2）第二项 0.119 是惩罚，因为它试图给第二类 0.119 的概率，所以需要这个概率值更小，最好是 0。

（3）第三项 0.002 是惩罚，因为它试图给第三类 0.002 的概率，所以需要这个概率值更小，最好是 0。

这个信息是完全正确的，可以用于反向传播。Softmax 运算先进行了归一化，把输出值归一到 [0,1]，这样就可以与标签值的 0 或 1 去比较，并且知道惩罚或奖励的幅度。

从继承关系的角度来说，Softmax 函数可以视作 Logistic 函数扩展，例如对于二分类问题，

$$a_1 = \frac{e^{z_1}}{e^{z_1} + e^{z_2}} = \frac{1}{1 + e^{z_2 - z_1}}$$

Logistic 函数也是给出了当前样本的一个概率值，只不过是依靠偏近 0 或偏近 1 来判断属于正类还是负类。

7.2.2 正向传播

1. 矩阵运算

$$Z = X \cdot W + B \tag{7.2.1}$$

2. 分类计算

$$a_j = \frac{e^{z_j}}{\sum_{i=1}^{m} e^{z_i}} = \frac{e^{z_j}}{e^{z_1} + e^{z_2} + \cdots + e^{z_m}} \tag{7.2.2}$$

3. 损失函数计算

计算单样本时，m 是分类数，损失函数如下。

$$loss(w,b) = -\sum_{i=1}^{m} y_i \ln a_i \tag{7.2.3}$$

计算多样本时，m 是分类数，n 是样本数，损失函数如下。

$$J(w,b) = -\sum_{j=1}^{n}\sum_{i=1}^{m} y_{ij} \log a_{ij} \tag{7.2.4}$$

Softmax 在神经网络结构中的示意图如图 7-6 所示。

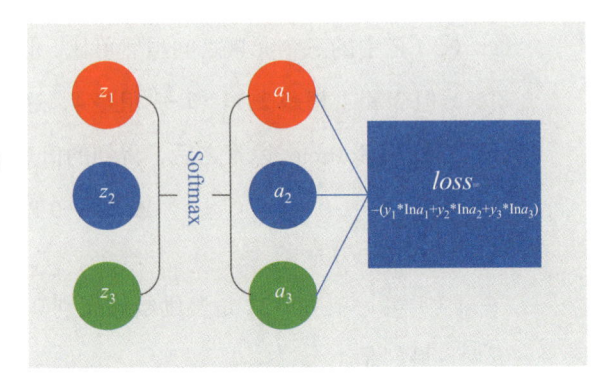

图 7-6 Softmax 在神经网络结构中的示意图

7.2.3 反向传播

1. 实例化推导

先用实例化的方式来做反向传播公式的推导，然后再扩展到一般情况。假设有三个类别，则有

$$z_1 = x \cdot w + b_1 \tag{7.2.5}$$

$$z_2 = x \cdot w + b_2 \tag{7.2.6}$$

$$z_3 = x \cdot w + b_3 \tag{7.2.7}$$

$$a_1 = \frac{e^{z_1}}{\Sigma e^{z_i}} = \frac{e^{z_1}}{e^{z_1} + e^{z_2} + e^{z_3}} \tag{7.2.8}$$

$$a_2 = \frac{e^{z_2}}{\Sigma e^{z_i}} = \frac{e^{z_2}}{e^{z_1} + e^{z_2} + e^{z_3}} \tag{7.2.9}$$

$$a_3 = \frac{e^{z_3}}{\Sigma e^{z_i}} = \frac{e^{z_3}}{e^{z_1} + e^{z_2} + e^{z_3}} \tag{7.2.10}$$

令

$$E = e^{z_1} + e^{z_2} + e^{z_3}$$

$$loss(w,b) = -(y_1 \ln a_1 + y_2 \ln a_2 + y_3 \ln a_3) \tag{7.2.11}$$

$$\frac{\partial loss}{\partial z_1} = \frac{\partial loss}{\partial a_1}\frac{\partial a_1}{\partial z_1} + \frac{\partial loss}{\partial a_2}\frac{\partial a_2}{\partial z_1} + \frac{\partial loss}{\partial a_3}\frac{\partial a_3}{\partial z_1} \tag{7.2.12}$$

依次求解公式（7.2.12）中的各项，

$$\frac{\partial loss}{\partial a_1} = -\frac{y_1}{a_1} \tag{7.2.13}$$

$$\frac{\partial loss}{\partial a_2} = -\frac{y_2}{a_2} \tag{7.2.14}$$

$$\frac{\partial loss}{\partial a_3} = -\frac{y_3}{a_3} \tag{7.2.15}$$

$$\begin{aligned}\frac{\partial a_1}{\partial z_1} &= \left(\frac{\partial e^{z_1}}{\partial z_1}E - \frac{\partial E}{\partial z_1}e^{z_1}\right)/E^2 \\ &= \frac{e^{z_1}E - e^{z_1}e^{z_1}}{E^2} = a_1(1-a_1)\end{aligned} \tag{7.2.16}$$

$$\frac{\partial a_2}{\partial z_1} = \left(\frac{\partial e^{z_2}}{\partial z_1}E - \frac{\partial E}{\partial z_1}e^{z_2}\right)/E^2$$

$$= \frac{0 - e^{z_1}e^{z_2}}{E^2} = -a_1 a_2 \quad (7.2.17)$$

$$\frac{\partial a_3}{\partial z_1} = \left(\frac{\partial e^{z_3}}{\partial z_1}E - \frac{\partial E}{\partial z_1}e^{z_3}\right)/E^2$$
$$= \frac{0 - e^{z_1}e^{z_3}}{E^2} = -a_1 a_3 \quad (7.2.18)$$

把公式（7.2.13）～（7.2.18）代入公式（7.2.12）中，

$$\begin{aligned}\frac{\partial loss}{\partial z_1} &= -\frac{y_1}{a_1}a_1(1-a_1) + \frac{y_2}{a_2}a_1 a_2 + \frac{y_3}{a_3}a_1 a_3 \\ &= -y_1 + y_1 a_1 + y_2 a_1 + y_3 a_1 \\ &= -y_1 + a_1(y_1 + y_2 + y_3) \\ &= a_1 - y_1\end{aligned} \quad (7.2.19)$$

由公式（7.2.19）可得，

$$\frac{\partial loss}{\partial z_i} = a_i - y_i \quad (7.2.20)$$

2. 一般性推导

（1）Softmax 函数自身的求导

由于 Softmax 函数涉及求和，所以有如下两种情况。

① 求输出项 a_1 对输入项 z_1 的导数，此时：$j=1$，$i=1$，$i=j$，可以扩展到 i，j 为任意相等值。

② 求输出项 a_2 或 a_3 对输入项 z_1 的导数，此时：$j=2$ 或 3，$i=1$，$i \neq j$，可以扩展到 i,j 为任意不等值。

Softmax 函数的分子：因为是计算 a_j，所以 Softmax 函数的分子是 e^{z_j}。Softmax 函数的分母可表示为

$$\sum_{i=1}^{m} e^{z_i} = e^{z_1} + \cdots + e^{z_j} + \cdots + e^{z_m} => E$$

当 $i=j$ 时（例如输出分类值 a_1 对 z_1 的求导），求 a_j 对 z_i 的导数，此时分子上的 e^{z_j} 要参与求导。

$$\begin{aligned}\frac{\partial a_j}{\partial z_i} &= \frac{\partial}{\partial z_i}(e^{z_j}/E) = \frac{\partial}{\partial z_j}(e^{z_j}/E) \\ &= \frac{e^{z_j}E - e^{z_j}e^{z_j}}{E^2} = \frac{e^{z_j}}{E} - \frac{(e^{z_j})^2}{E^2} \\ &= a_j - a_j^2 = a_j(1 - a_j)\end{aligned} \quad (7.2.21)$$

当 $i \neq j$ 时（例如输出分类值 a_1 对 z_2 的求导，$j=1$，$i=2$），a_j 对 z_i 的导数，分子上的 z_j 与 i 没有关系，求导为 0，分母的求和项中 e^{z_i} 要参与求导。因为分子 e^{z_j} 对 e^{z_i} 求导的结果是 0，故有

$$\frac{\partial a_j}{\partial z_i} = \frac{-(E)' e^{z_j}}{E^2}$$

求和公式对 e^{z_i} 的导数 $(E)'$，除了 e^{z_i} 项外，其他都是 0。

$$(E)' = (e^{z_1} + \cdots + e^{z_i} + \cdots + e^{z_m})' = e^{z_i}$$

所以，

$$\begin{aligned}\frac{\partial a_j}{\partial z_i} &= \frac{-(E)' e^{z_j}}{(E)^2} = -\frac{e^{z_j} e^{z_i}}{(E)^2} \\ &= -\frac{e^{z_j}}{E} \frac{e^{z_i}}{E} = -a_i a_j\end{aligned} \quad (7.2.22)$$

（2）结合损失函数的整体反向传播公式

要求 loss 值对 z_1 的偏导数。和 Logistic 函数不同，Logistic 函数是一个 z 对应一个 a，所以反向关系也是一对一。而在这里，a_1 的计算是有 z_1，z_2，z_3 参与的，a_i 的计算也是有 z_1，z_2，z_3 参与的，即所有 a 的计算都与前一层的 z 有关，所以考虑反向时也会比较复杂。

先从公式（7.2.11）看，a_1 肯定与 z_1 有关，那么 a_2，a_3 是否与 z_1 有关呢？

再从 Softmax 函数的形式来看，无论是 a_1，a_2，a_3，都是与 z_1 相关的，而不是一对一的关系，所以，想求 loss 对 z_1 的偏导，必须把以下三条路的结果相加，loss → a_1 → z_1，loss → a_2 → z_1，loss → a_3 → z_1，于是有了如下公式：

$$\begin{aligned}\frac{\partial loss}{\partial z_i} &= \frac{\partial loss}{\partial a_1}\frac{\partial a_1}{\partial z_i} + \frac{\partial loss}{\partial a_2}\frac{\partial a_2}{\partial z_i} + \frac{\partial loss}{\partial a_3}\frac{\partial a_3}{\partial z_i} \\ &= \sum_j \frac{\partial loss}{\partial a_j}\frac{\partial a_j}{\partial z_i}\end{aligned}$$

令 $i=1$，$j=3$，即实例化推导中的情况。

因为 Softmax 函数涉及各项求和，分类结果和标签值分类是否一致，需要分情况讨论。

$$\frac{\partial a_j}{\partial z_i} = \begin{cases} a_j(1-a_j), & i = j \\ -a_i a_j, & i \neq j \end{cases}$$

因此，$\frac{\partial loss}{\partial z_i}$ 应该是 $i = j$ 和 $i \neq j$ 两种情况的和。

当 $i=j$ 时，loss 通过 a_1 对 z_1 求导（或者是通过 a_2 对 z_2 求导）：

$$\frac{\partial loss}{\partial z_i} = \frac{\partial loss}{\partial a_j}\frac{\partial a_j}{\partial z_i} = -\frac{y_j}{a_j}a_j(1-a_j)$$
$$= y_j(a_j - 1) = y_i(a_i - 1) \tag{7.2.23}$$

当 $i \neq j$ 时，$loss$ 通过 a_2+a_3 对 z_1 求导：

$$\frac{\partial loss}{\partial z_i} = \frac{\partial loss}{\partial a_j}\frac{\partial a_j}{\partial z_i} = \sum_j^m\left(-\frac{y_j}{a_j}\right)(-a_j a_i)$$
$$= \sum_j^m(y_j a_i) = a_i\sum_{j \neq i}y_j \tag{7.2.24}$$

综上，则有

$$\frac{\partial loss}{\partial z_i} = y_i(a_i - 1) + a_i\sum_{j \neq i}y_j$$
$$= -y_i + a_i y_i + a_i\sum_{j \neq i}y_j$$
$$= -y_i + a_i\left(y_i + \sum_{j \neq i}y_j\right)$$
$$= -y_i + a_i * 1$$
$$= a_i - y_i \tag{7.2.25}$$

因为 y_j 是取值 [1,0,0] 或者 [0,1,0] 或者 [0,0,1] 的，这三者相加，就是 [1,1,1]，在矩阵乘法运算里乘以 [1,1,1] 相当于什么都不做，就等于原值。

惊奇地发现，最后的反向计算过程就是：a_i-y_i，假设当前样本的 a_i=[0.879,0.119,0.002]，而 y_i=[0,1,0]，则：

$$a_i - y_i = [0.879, 0.119, 0.002] - [0,1,0] = [0.879, -0.881, 0.002]$$

其含义是，样本预测第一类，但实际是第二类，所以给第一类 0.879 的惩罚值，给第二类 0.881 的奖励，给第三类 0.002 的惩罚，并反向传播给神经网络。

后面对 $z = wx + b$ 的求导，与二分类一样，不再赘述。

7.2.4 代码实现

第一种，直接按照公式写。

```
def Softmax1(x):
    e_x = np.exp(x)
    v = np.exp(x) / np.sum(e_x)
    return v
```

这个可能会发生的问题是，当 x 很大时，np.exp(x) 很容易溢出，因为是指数运算。所以，有了下面这种改进的代码。

```
def Softmax2(Z):
    shift_Z = Z - np.max(Z)
    exp_Z = np.exp(shift_Z)
    A = exp_Z / np.sum(exp_Z)
    return A
```

输出部分代码如下。

```
Z = np.array([3,0,-3])
print(Softmax1(Z))
print(Softmax2(Z))
```

两个实现方式的结果一致。

```
[0.95033021 0.04731416 0.00235563]
[0.95033021 0.04731416 0.00235563]
```

假设有 3 个值 a，b，c，并且 a 在三个数中最大，则 b 所占的 Softmax 比例写成

$$P(b) = \frac{e^b}{e^a + e^b + e^c}$$

如果减去最大值变成了 $a-a$，$b-a$，$c-a$，令 $b'=b-a$，则 b' 所占的 Softmax 比例为

$$P(b') = \frac{e^{b-a}}{e^{a-a} + e^{b-a} + e^{c-a}}$$
$$= \frac{e^b / e^a}{e^a / e^a + e^b / e^a + e^c / e^a}$$
$$= \frac{e^b}{e^a + e^b + e^c}$$

所以

$$P(b) == P(b')$$

上述代码中，Softmax2 函数的写法对一个一维的向量或者数组是没问题的，如果 Z 是个 $m \times n$ 维 (m，$n>1$) 的矩阵，就有问题了。因为 np.sum(exp_Z) 这个函数，会把 $m \times n$ 矩阵里的所有元素加在一起，得到一个标量值，而不是相关列元素加在一起。具

体代码如下。

```python
class Softmax(object):
    def forward(self, z):
        shift_z = z - np.max(z, axis=1, keepdims=True)
        exp_z = np.exp(shift_z)
        a = exp_z / np.sum(exp_z, axis=1, keepdims=True)
        return a
```

axis=1，这个参数非常重要。上述代码中，如果输入 z 是单样本的预测值话，如果是分三类，则应该是个 3×1 的数组，如果 z 为 [3,1,–3]，则 a 为 [0.879,0.119,0.002]。

但是，如果是批量训练，假设每次用两个样本，具体代码如下。

```python
if __name__ == '__main__':
    z = np.array([[3,1,-3],[1,-3,3]]).reshape(2,3)
    a = Softmax().forward(z)
    print(a)
```

输出结果如下。

```
[[0.87887824 0.11894324 0.00217852]
 [0.11894324 0.00217852 0.87887824]]
```

其中，a 是包含两个样本的 Softmax 结果，每个数组里面的三个数字相加为 1。

如果 s = np.sum(exp_z)，不指定 axis=1 参数，则结果如下。

```
[[0.43943912 0.05947162 0.00108926]
 [0.05947162 0.00108926 0.43943912]]
```

a 虽然包含两个样本，但是变成了两个样本所有的 6 个元素相加为 1，这不是 Softmax 函数的本意，Softmax 函数只计算一个样本（一行）中的数据。

7.3 用神经网络实现线性多分类

7.3.1 定义神经网络结构

从图 7-1 来看，在三个颜色之间有两个比较明显的分界线，而且是直线，即是线性可分的。如何通过神经网络精确地找到这两条分界线呢？

- 从视觉上判断是线性可分的，所以使用单层神经网络即可。
- 输入特征是两个，x_1 是经度，x_2 是纬度。
- 输出的是三个分类，分别是魏、蜀、吴，所以输出层有三个神经元。

如果有三个以上的分类同时存在，需要为每一类别分配一个神经元，这个神经元的作用是根据前端输入的各种数据，先做线性处理，然后做一次非线性处理，计算每个样本在每个类别中的预测概率，再和标签中的类别比较，看看预测是否准确。如果准确，则奖励这个预测，给予正反馈；如果不准确，则惩罚这个预测，给予负反馈。两类反馈都反向传播到神经网络系统中去调整参数。

这个网络只有输入层和输出层，由于输入层不算在内，所以是单层网络，如图 7-7 所示。

与前面的单层网络不同的是，图 7-7 最右侧的输出层还多出来一个 Softmax 分类函数，这是多分类任务中的标准配置，可以看作是输出层的激活函数，并不单独成为一层，与二分类中的 Logistic 函数一样。

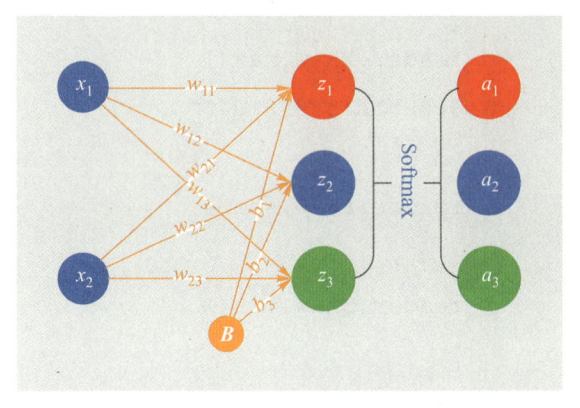

图 7-7 多入多出单层神经网络

1. 输入层

输入经度 x_1 和纬度 x_2 两个特征。

$$X = [x_1 \quad x_2]$$

2. 权重矩阵

权重矩阵 W 的尺寸，可以从前往后看，例如，输入层是 2 个特征，输出层是 3 个神经元，则 W 就是 2×3 的矩阵。

$$W = \begin{bmatrix} w_{11} & w_{12} & w_{13} \\ w_{21} & w_{22} & w_{23} \end{bmatrix}$$

B 的尺寸是 1×3，列数永远和神经元的数量一样，行数永远是 1。

$$B = \begin{bmatrix} b_1 & b_2 & b_3 \end{bmatrix}$$

3. 输出层

输出层三个神经元，再加上一个 Softmax 计算，最后有 a_1, a_2, a_3 三个输出。

$$Z = \begin{bmatrix} z_1 & z_2 & z_3 \end{bmatrix}$$

$$A = \begin{bmatrix} a_1 & a_2 & a_3 \end{bmatrix}$$

其中，$Z = X \cdot W + B$，$A = Softmax(Z)$

7.3.2 样本数据

使用 SimpleDataReader 类读取数据后，观察数据的基本属性。

```
reader.XRaw.shape
(140, 2)
reader.XRaw.min()
0.058152279749505986
reader.XRaw.max()
9.925126526921046

reader.YRaw.shape
(140, 1)
reader.YRaw.min()
1.0
reader.YRaw.max()
3.0
```

从上述代码中可以看出以下几点。

（1）训练数据 XRaw，140 个记录，两个特征，最小值为 0.058，最大值为 9.925。

（2）标签数据 YRaw，140 个记录，一个分类值，取值范围是 [1,2,3]。

一般来说，在标记样本时，经常用 1，2，3 这样的标记来指明类别。所以样本数据的示例如下。

$$Y = \begin{bmatrix} y_1 \\ y_2 \\ \vdots \\ y_{140} \end{bmatrix} = \begin{bmatrix} 3 \\ 2 \\ \vdots \\ 1 \end{bmatrix}$$

在有 Softmax 多分类计算时，可以用下面这种等价的方式，被称为 OneHot，即在这一列数据中，只有一个 1，其他都是 0。

$$Y = \begin{bmatrix} y_1 \\ y_2 \\ \vdots \\ y_{140} \end{bmatrix} = \begin{bmatrix} 0 & 0 & 1 \\ 0 & 1 & 0 \\ \vdots & \vdots & \vdots \\ 1 & 0 & 0 \end{bmatrix}$$

1 所在的列数就是这个样本的分类类别。标签数据对应到每个样本数据上，列对齐，只有 (1,0,0)，(0,1,0)，(0,0,1) 三种组合，分别表示第一类、第二类和第三类。

在 SimpleDataReader 中实现 ToOneHot() 方法，把原始标签转变成 OneHot 编码。

```
class SimpleDataReader(object):
    def ToOneHot(self, num_category, base=0):
        ...
```

7.3.3 代码实现

1. 添加分类函数

在 Activators.py 中，增加 Softmax 的实现，并添加单元测试。

```
class Softmax(object):
    def forward(self, z):
        ...
```

2. 前向计算

前向计算需要增加分类函数调用。

```
class NeuralNet(object):
    def forwardBatch(self, batch_x):
        Z = np.dot(batch_x, self.W) + self.B
        if self.params.net_type == NetType.BinaryClassifier:
            A = Logistic().forward(Z)
            return A
        elif self.params.net_type == NetType.MultipleClassifier:
            A = Softmax().forward(Z)
            return A
```

```
        else:
            return Z
```

3. 反向传播

在多分类函数一节详细介绍了反向传播的推导过程，推导的结果很令人惊喜，就是一个简单的减法，与前面学习的拟合、二分类的算法结果都一样。

```
class NeuralNet(object):
    def backwardBatch(self, batch_x, batch_y, batch_a):
        ...
```

4. 计算损失函数值

损失函数不再是均方差和二分类交叉熵了，而是交叉熵函数对于多分类的形式，并且添加条件分支来判断只在网络类型为多分类时调用此损失函数。

```
class LossFunction(object):
    # fcFunc: feed forward calculation
    def CheckLoss(self, A, Y):
        m = Y.shape[0]
        if self.net_type == NetType.Fitting:
            loss = self.MSE(A, Y, m)
        elif self.net_type == NetType.BinaryClassifier:
            loss = self.CE2(A, Y, m)
        elif self.net_type == NetType.MultipleClassifier:
            loss = self.CE3(A, Y, m)
        #end if
        return loss
    # end def

    # for multiple classifier
    def CE3(self, A, Y, count):
        ...
```

5. 推理函数

```
def inference(net, reader):
    xt_raw = np.array([5,1,7,6,5,6,2,7]).reshape(4,2)
    xt = reader.NormalizePredicateData(xt_raw)
    output = net.inference(xt)
    r = np.argmax(output, axis=1)+1
    print("output=", output)
    print("r=", r)
```

注意在推理之前，先做归一化，因为原始数据是在 [0,10] 范围的。

函数 np.argmax 的作用是比较 output 里数据的值，返回最大的数据所在的位置，从 0 开始计算。

np.argmax 函数的参数 axis=1，是因为有 4 个样本参与预测，所以需要在第二维上区分开来，分别计算每个样本的 argmax 值。

6. 主程序

```
if __name__ == '__main__':
    num_category = 3
    ...
    num_input = 2
    params = HyperParameters(num_input, num_category, eta=0.1, max_epoch=100, batch_size=10, eps=1e-3, net_type=NetType.MultipleClassifier)
    ...
```

7.3.4 运行结果

从图 7-8 所示的趋势上来看，损失函数值还有进一步下降的可能，以提高模型精度。有兴趣的读者可以多训练几轮，看看效果。

下面是最后几行的输出结果。

```
epoch=99
99 13 0.25497053433985734
```

```
W= [[-1.43234109 -3.57409342  5.00643451]
 [ 4.47791288 -2.88936887 -1.58854401]]
B= [[-1.81896724  3.66606162 -1.84709438]]
output= [[0.01801124 0.73435241 0.24763634]
 [0.24709055 0.15438074 0.59852871]
 [0.38304995 0.37347646 0.24347359]
 [0.51360269 0.46266935 0.02372795]]
r= [2 3 1 1]
```

注意，r是分类预测结果，对于每个测试样本的结果，是按行看的，即第一行是第一个测试样本的分类结果，可以得出如下结论。

（1）经纬度相对值为（5,1）时，概率0.734为最大，属于2，蜀国。

（2）经纬度相对值为（7,6）时，概率0.598为最大，属于3，吴国。

（3）经纬度相对值为（5,6）时，概率0.383为最大，属于1，魏国。

（4）经纬度相对值为（2,7）时，概率0.513为最大，属于1，魏国。

代码位置

ch07，Level1

思考与练习

从4个样本的推理结果来看，分类都是正确的，但是只有第一个样本的结果0.734的概率值处于绝对领先位置，其他几个分类的概率值优势并不明显，这是为什么？如何让其正确分类的概率值的差距更大？

知识拓展：线性多分类的原理

多分类结果的可视化

非线性回归 第四步

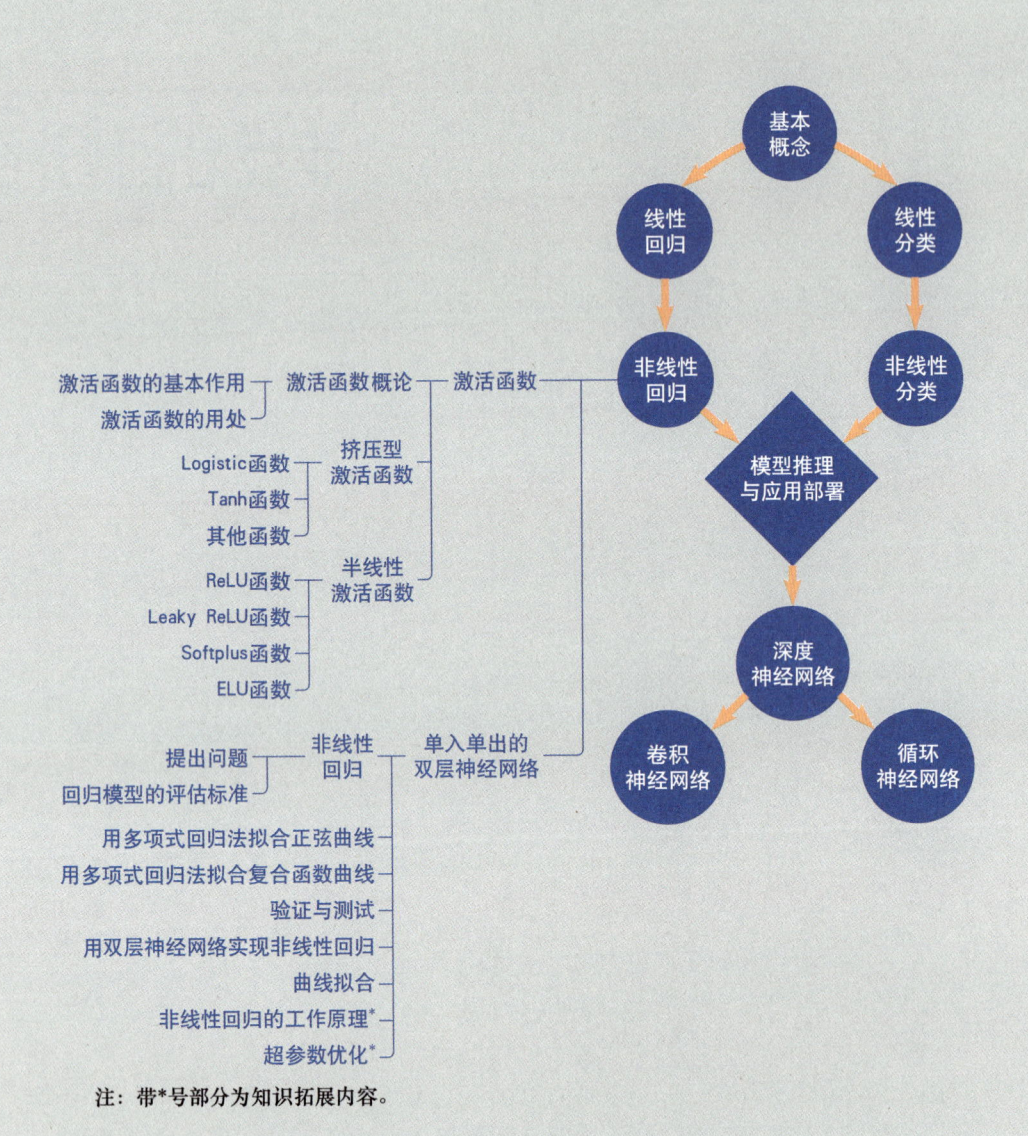

```
                                                    基本
                                                    概念
                                                   ↙    ↘
                                               线性      线性
                                               回归      分类
                                                ↓         ↓
           激活函数的基本作用 ─┐                非线性    非线性
           激活函数的用处    ├─ 激活函数概论 ─ 激活函数 ─ 回归      分类
                          │                              ↘    ↙
                    Logistic函数 ┐                      模型推理
                    Tanh函数    ├ 挤压型                 与应用部署
                    其他函数    │ 激活函数                    ↓
                                │                        深度
                    ReLU函数    ┐                       神经网络
                    Leaky ReLU函数 ├ 半线性               ↙    ↘
                    Softplus函数 │ 激活函数             卷积      循环
                    ELU函数    ┘                      神经网络    神经网络

           提出问题      ┐  非线性 ── 单入单出的
           回归模型的评估标准 ┘ 回归      双层神经网络

           用多项式回归法拟合正弦曲线
           用多项式回归法拟合复合函数曲线
           验证与测试
           用双层神经网络实现非线性回归
           曲线拟合
           非线性回归的工作原理*
           超参数优化*

           注：带*号部分为知识拓展内容。
```

第8章 激活函数

8.1 激活函数概论

8.1.1 激活函数的基本作用

图 8-1 是神经网络中的一个神经元，假设该神经元有三个输入，分别为 x_1, x_2, x_3，那么，

$$z = x_1w_1 + x_2w_2 + x_3w_3 + b \quad (8.1.1)$$

$$a = \sigma(z) \quad (8.1.2)$$

激活函数 $a = \sigma(z)$ 的作用可总结如下。

（1）给神经网络增加非线性因素。

（2）把公式（8.1.1）的计算结果压缩到 [0,1]，便于后面的计算。

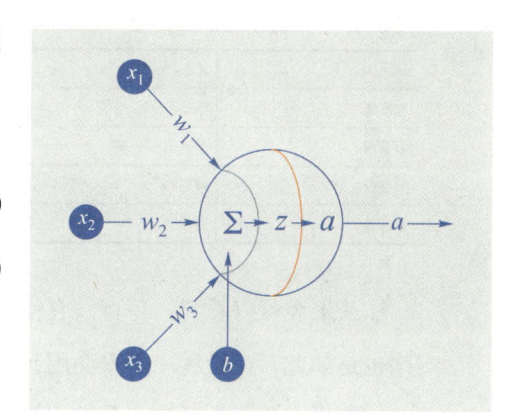

图 8-1 激活函数在神经元中的位置

激活函数具有如下几种性质。

（1）非线性：线性的激活函数和没有激活函数一样。

（2）可导性：做误差反向传播和梯度下降，必须要保证激活函数的可导性。

（3）单调性：单一的输入会得到单一的输出，较大值的输入得到较大值的输出。

在物理实验中，继电器是最初的激活函数的原型：当输入电流大于一个阈值时，会产生足够的磁场，从而打开下一级电源通道，如图 8-2 所示。

在神经网络中，用"1"来代表一个神经元被激活，"0"代表一个神经元未被激活。

这个阶跃函数有什么不好的地方呢？主要的一点就是其梯度（导数）恒为零（个别点除外）。反向传播公式中，

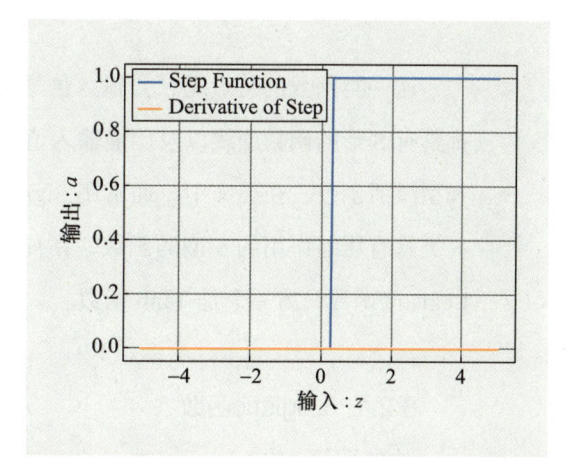

图 8-2 继电器的阶跃形态

梯度传递用到了链式法则，如果在这样一个连乘的式子其中有一项是零，这样的梯度就会恒为零，是无法进行反向传播的。

8.1.2 激活函数的用处

激活函数用在神经网络的层与层之间，神经网络的最后一层不用激活函数。

神经网络不管有多少层，最后的输出层决定了这个神经网络的作用。在单层神经网络中，我们学习到了表 8-1 所示的内容。

表 8-1 单层的神经网络的参数与功能

输入	输出	激活函数	分类函数	功能
单变量	单输出	无	无	线性回归
多变量	单输出	无	无	线性回归
多变量	单输出	无	二分类函数	二分类
多变量	多输出	无	多分类函数	多分类

从上表可以看到，一直没有使用激活函数，而只使用了分类函数。对于多层神经网络也是如此，在最后一层只会用到分类函数来完成二分类或多分类任务，如果是拟合任务，则不需要分类函数。总之，神经网络最后一层不需要激活函数；激活函数只用于连接前后两层神经网络。

在后面的章节中，当不需要指定具体的激活函数形式时，会使用 $a(\ )$ 来代表激活函数运算，用 a 来代表激活函数值。

8.2 挤压型激活函数

这一类函数的特点是，当输入值域的绝对值较大的时候，其输出在两端是饱和的，都具有 S 形的函数曲线以及压缩输入值域的作用，所以叫挤压型激活函数，又可以叫饱和型激活函数。在英文中，通常用 Sigmoid 来表示，原意是 S 型的曲线，在数学中是指一类具有压缩作用的 S 型的函数，在神经网络中，有两个常用的 Sigmoid 函数，一个是 Logistic 函数，另一个是 Tanh 函数。

8.2.1 Logistic函数

对数几率函数（Logistic function 简称对率函数。很多资料中通常把激活函数和分类函数混为一谈，原因是在二分类任务中，最后一层使用的对率函数与在神经网络层与层之间连接的 Sigmoid 激活函数，是同样的形式。所以它既是激活函数，又是分类函数的一个特例。

在本书中约定，凡是"Logistic"指的是二分类函数；而"Sigmoid"指的是激活函数。

1. 公式

$$Sigmoid(z) = \frac{1}{1+e^{-z}} \to a \qquad (8.2.1)$$

对其求导，有

$$Sigmoid'(z) = a(1-a) \qquad (8.2.2)$$

注意，如果是矩阵运算的话，需要在公式（8.2.2）中使用 ⊙ 符号表示按元素的矩阵相乘，后面不再强调。具体求导过程如下。

令 $u = 1$，$v = 1+e^{-z}$，则

$$\begin{aligned}
Sigmoid'(z) &= \left(\frac{u}{v}\right)' = \frac{u'v - v'u}{v^2} \\
&= \frac{0-(1+e^{-z})'}{(1+e^{-z})^2} = \frac{e^{-z}}{(1+e^{-z})^2} \\
&= \frac{1+e^{-z}-1}{(1+e^{-z})^2} = \frac{1}{1+e^{-z}} - \left(\frac{1}{1+e^{-z}}\right)^2 \\
&= a - a^2 = a(1-a)
\end{aligned}$$

2. 值域

（1）输入值域：$(-\infty, \infty)$。

（2）输出值域：$(0,1)$。

（3）导数值域：$[0, 0.25]$。

3. 函数图像

该激活函数的函数图像如图 8-3 所示。

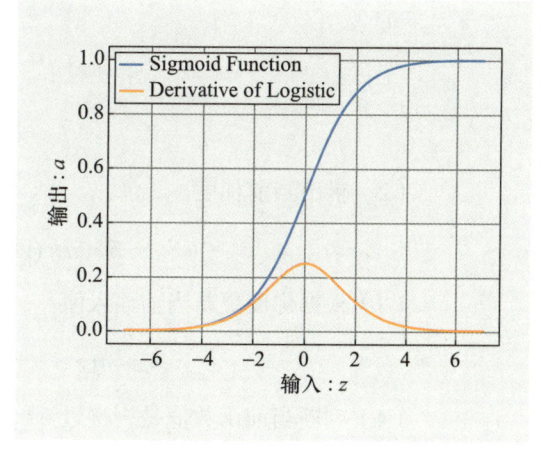

图 8-3 Sigmoid 函数图像

4. 优点

从函数图像来看，Sigmoid 函数的作用是将输入压缩到 (0,1) 这个区间范围内，这种输出在 (0,1) 的函数可以用来模拟一些概率分布的情况。它还是一个连续函数，导数简单易求。

从数学上来看，Sigmoid 函数对中央区的信号增益较大，对两侧区的信号增益小，在信号的特征空间映射上，有很好的效果。

从神经科学上来看，中央区酷似神经元的兴奋态，两侧区酷似神经元的抑制态，因而在神经网络学习方面，可以将重点特征推向中央区，将非重点特征推向两侧区。

我们经常听到这样的对白。

甲：你觉得这件事情成功概率有多大？

乙：我有六成把握能成功。

Sigmoid 函数就起到了如何把一个数值转化成一个通俗意义上的"把握"的表示。z 坐标值越大，经过 Sigmoid 函数之后的结果就越接近 1，把握就越大，即表明 Sigmoid 函数具有分类功能。

5. 缺点

（1）指数计算代价大。

（2）反向传播时梯度消失：从梯度图像中可以看到，Sigmoid 的梯度在两端都会接近于 0，根据链式法则，如果传回的误差是 δ，那么梯度传递函数是 $\delta \cdot a'$，而 a' 这时接近零，也就是说整体的梯度也接近零。这就出现梯度消失的问题，并且这个问题可能导致网络收敛速度比较慢。

假定学习速率是 0.2，Sigmoid 函数值是 0.9（处于饱和区了），如果想把这个函数的值降到 0.5，需要经过多少步呢？

数值计算过程如下。

（1）求出当前输入的值。

$$a = \frac{1}{1+e^{-z}} = 0.9$$

$$z = \ln 9$$

（2）求出当前梯度。

$$\delta = a \times (1-a) = 0.9 \times 0.1 = 0.09$$

（3）根据梯度更新当前输入值。

$$z_{new} = z - \eta \times \delta = \ln 9 - 0.2 \times 0.09 = \ln(9) - 0.018$$

（4）判断当前函数值是否接近 0.5。

$$a = \frac{1}{1+e^{-z_{new}}} = 0.898368$$

（5）重复步骤（2）和（3），直到当前函数值接近 0.5。

如果用一个程序来计算的话，需要迭代 67 次，才可以从 0.9 趋近 0.5。

此外，如果输入数据是 (−1,1) 范围内的均匀分布的数据会导致什么样的结果呢？经过 Sigmoid 函数处理之后这些数据的均值就从 0 变到了 0.5，导致了均值的漂移，在很多应用中，这个性质是不好的。

8.2.2 Tanh函数

双曲正切函数（Tanhyperbolic function），通常写作 Tanh 函数。

1. 公式

$$\text{Tanh}(z) = \frac{e^z - e^{-z}}{e^z + e^{-z}} = \left(\frac{2}{1+e^{-2z}} - 1\right) \to a \quad (8.2.3)$$

即

$$\text{Tanh}(z) = 2 \cdot Sigmoid(2z) - 1 \quad (8.2.4)$$

2. 导数公式

$$\text{Tanh}'(z) = (1+a)(1-a)$$

利用基本导数公式，令 $u = e^z - e^{-z}$，$v = e^z + e^{-z}$，则有：

$$\begin{aligned}
\text{Tanh}'(z) &= \frac{u'v - v'u}{v^2} \\
&= \frac{(e^z - e^{-z})'(e^z + e^{-z}) - (e^z + e^{-z})'(e^z - e^{-z})}{(e^z + e^{-z})^2} \\
&= \frac{(e^z + e^{-z})(e^z + e^{-z}) - (e^z - e^{-z})(e^z - e^{-z})}{(e^z + e^{-z})^2} \\
&= \frac{(e^z + e^{-z})^2 - (e^z - e^{-z})^2}{(e^z + e^{-z})^2} \\
&= 1 - \frac{(e^z - e^{-z})^2}{e^z + e^{-z}} = 1 - a^2
\end{aligned}$$

3. 值域

（1）输入值域：$(-\infty, \infty)$

（2）输出值域：$(-1, 1)$

（3）导数值域：$[0, 1]$

4. 函数图像

图 8-4 是双曲正切的函数图像。

5. 优点

Tanh 函数具有 Sigmoid 的所有优点。无论从理论公式还是函数图像，这个函数都是和 Sigmoid 非常相像的

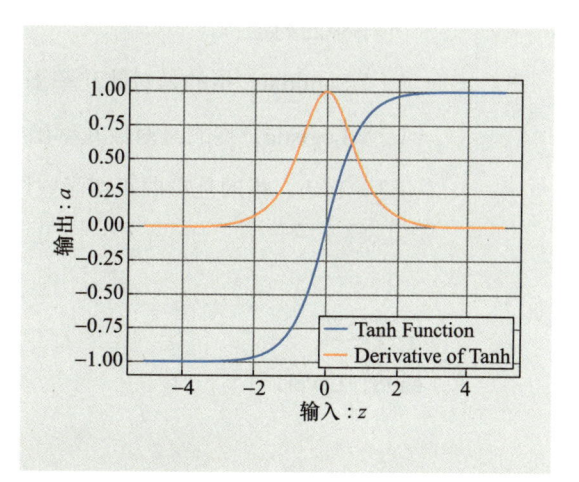

图 8-4 双曲正切函数图像

激活函数，它们的性质也确实如此。但是比起 Sigmoid 函数，Tanh 函数少了一个缺点，就是它本身是零均值的，也就是说，在传递过程中，输入数据的均值并不会发生改变，这就使它在很多应用中能表现出比 Sigmoid 更优异的效果。

6. 缺点

Tanh 函数中存在指数计算，代价大；梯度消失问题仍然存在。

8.2.3 其他函数

图 8-5 展示了其他 S 形函数，除了 Tanh (x) 以外，其他的基本不怎么使用，目的是告诉大家这类函数有很多，但是常用的只有 Sigmoid 和 Tanh 两个。

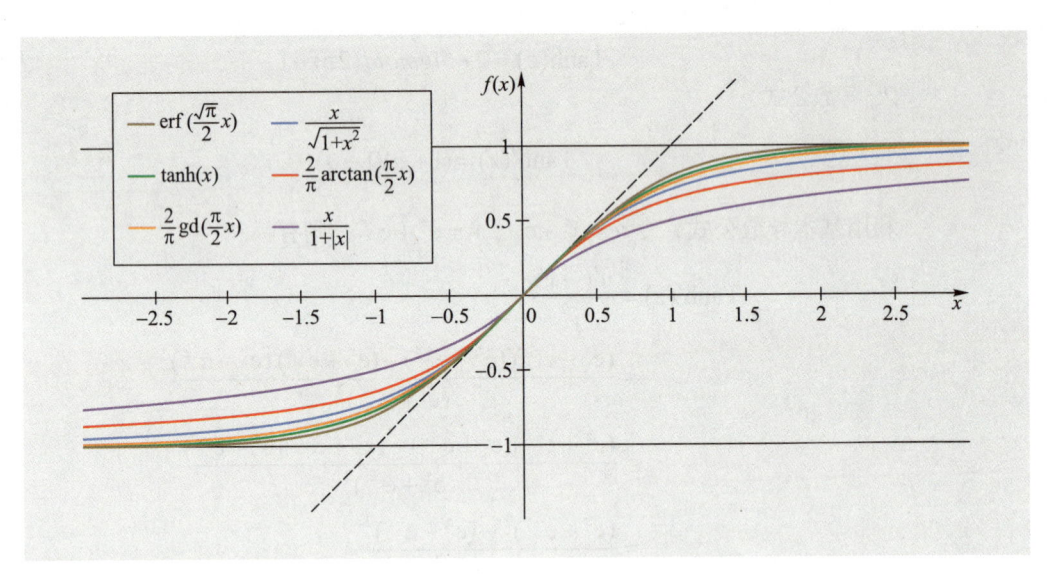

图 8-5 其他 S 形函数

> 本书中的约定：
> （1）Sigmoid，指的是对数几率函数用于激活函数时的称呼。
> （2）Logistic，指的是对数几率函数用于二分类函数时的称呼。
> （3）Tanh，指的是双曲正切函数用于激活函数时的称呼。

代码位置

ch08，Level1

8.3 半线性激活函数

非线性激活函数，也可以叫非饱和型激活函数。

8.3.1 ReLU函数

修正线性单元（rectified linear unit，ReLU）函数，又叫线性整流函数或斜坡函数。

1. 公式

$$ReLU(z) = \max(0, z) = \begin{cases} z & (z \geq 0) \\ 0 & (z < 0) \end{cases}$$

2. 导数

$$ReLU'(z) = \begin{cases} 1 & z \geq 0 \\ 0 & z < 0 \end{cases}$$

3. 值域

（1）输入值域：$(-\infty, \infty)$

（2）输出值域：$(0, \infty)$

（3）导数值域：$[0, 1]$

4. 函数图像

ReLU 的函数图像如图 8-6 所示。

5. 仿生学原理

大脑方面的相关研究表明生物神经元的信息编码通常是比较分散及稀疏的。通常情况下，大脑中在同一时间大概只有 1%~4% 的神经元处于活跃状态。使用线性修正以及正则化可以对机器神经网络中神经元的活跃度（即输出为正值）进行调试；相比之下，Sigmoid 函数在输入为 0 时输出为 0.5，即已经是半饱和的稳定状态，不够符合实际生物学对模拟神经网络的期望。不过需要指出的是，一般情况下，在一个使用修正线性单元（即线性整流）的神经网络中大概有 50% 的神经元处于激活状态。

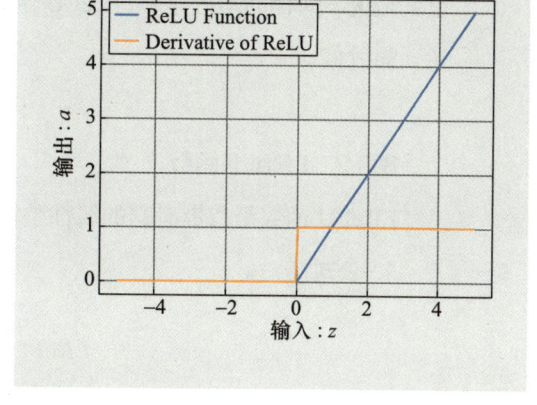

图 8-6 ReLU 的函数图像

6. 优点

（1）反向导数恒等于 1，该函数可以更加有效率地反向传播梯度值，收敛速度快。

（2）该函数可以避免梯度消失问题。

（3）计算简单，速度快。

（4）活跃度的分散性使得神经网络的整体计算成本下降。

7. 缺点

该函数有两个缺点，一是无界，二是梯度很大的时候可能导致的神经元"死"掉。

这个死掉的原因是什么呢？是因为很大的梯度导致更新之后的网络传递过来的输入是小于零的，从而导致 ReLU 的输出是 0，计算所得的梯度是零，然后对应的神经元不更新，从而使 ReLU 输出恒为零，对应的神经元恒定不更新，等于这个 ReLU 失去了作为一个激活函数的作用。问题的关键点就在于输入小于零时，ReLU 回传的梯度是零，从而导致了后面的不更新。在学习率设置不恰当的情况下，很有可能网络中大部分神经元"死"掉，即不起作用了。

用和 8.2.1 中更新相似的算法步骤和参数，来模拟一下 ReLU 的梯度下降次数，也就是学习率 $\eta=0.2$，希望函数值从 0.9 衰减到 0.5，这样需要多少步呢？

由于 ReLU 的导数为 1，所以有

$$0.9 - 1 \times 0.2 = 0.7$$
$$0.7 - 1 \times 0.2 = 0.5$$

也就是说，同样的学习速率，ReLU 函数只需要两步就可以做到 Sigmoid 需要 67 步才能达到的数值。

8.3.2 LReLU 函数

LReLU 函数是指带泄露的线性整流（Leaky ReLU）函数。

1. 公式

$$LReLU(z) = \begin{cases} z & z \geq 0 \\ \alpha \cdot z & z < 0 \end{cases}$$

2. 导数

$$LReLU'(z) = \begin{cases} 1 & z \geq 0 \\ \alpha & z < 0 \end{cases}$$

3. 值域

（1）输入值域：$(-\infty, \infty)$

（2）输出值域：$(-\infty, \infty)$

（3）导数值域：$[\alpha, 1]$

4. 函数图像

LReLU 的函数图像如图 8-7 所示。

5. 优点

该函数继承了 ReLU 函数的优点。

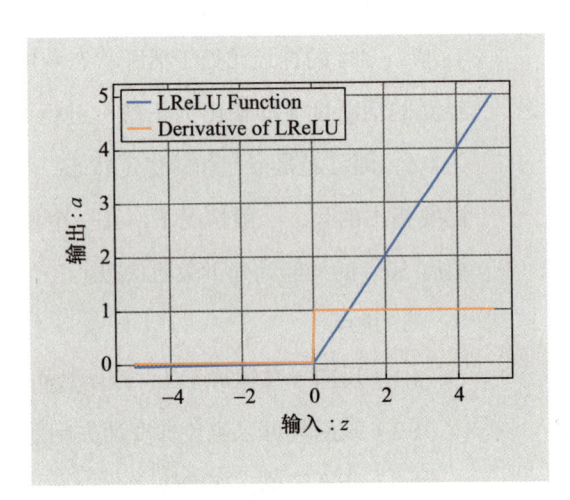

图 8-7 LReLU 的函数图像

LReLU 函数同样有收敛快速和运算复杂度低的优点，而且由于给了 $z<0$ 时一个比较小的梯度 α，使得 $z<0$ 时依旧可以进行梯度传递和更新，可以在一定程度上避免神经元"死"掉的问题。

8.3.3 Softplus函数

1. 公式

$$Softplus(z) = \ln(1+e^z)$$

2. 导数

$$Softplus'(z) = \frac{e^z}{1+e^z}$$

3. 值域

（1）输入值域：$(-\infty, \infty)$

（2）输出值域：$(0, \infty)$

（3）导数值域：$(0, 1)$

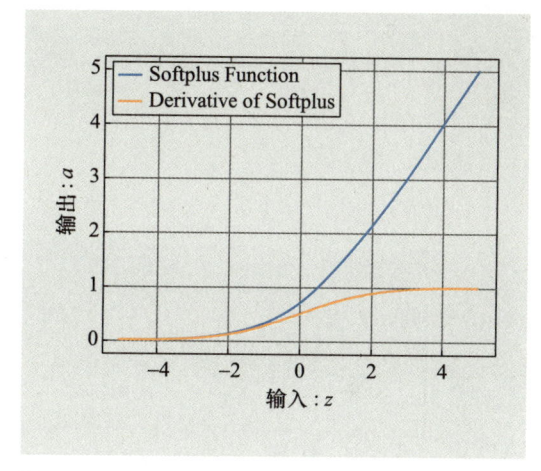

4. 函数图像

Softplus 的函数图像如图 8-8 所示。

图 8-8 Softplus 的函数图像

8.3.4 ELU函数

1. 公式

$$ELU(z) = \begin{cases} z & z \geq 0 \\ \alpha(e^z - 1) & z < 0 \end{cases}$$

2. 导数

$$ELU'(z) = \begin{cases} 1 & z \geq 0 \\ \alpha e^z & z < 0 \end{cases}$$

3. 值域

（1）输入值域：$(-\infty, \infty)$

（2）输出值域：$(-\alpha, \infty)$

（3）导数值域：$(0, 1]$

4. 函数图像

ELU 的函数图像如图 8-9 所示。

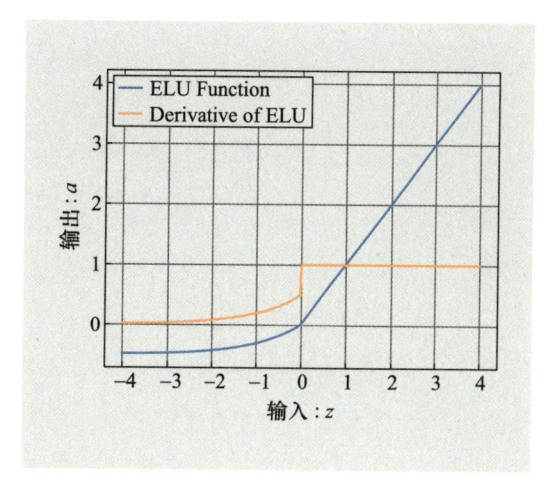

图 8-9 ELU 的函数图像

代码位置

ch08，Level2

第9章 单入单出的双层神经网络——非线性回归

9.1 非线性回归

9.1.1 提出问题一

第5章学习了线性回归的解决方案，但是在工程实践中，最常遇到不是线性问题，而是非线性问题，例如图9-1所示的正弦曲线。其样本数据如表9-1所示。

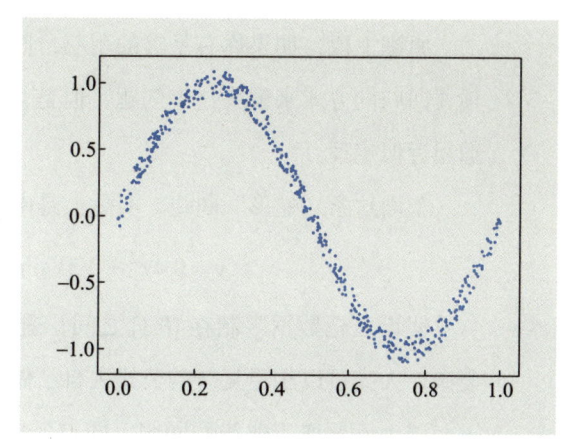

图9-1 成正弦曲线分布的样本点

表9-1 成正弦曲线分布的样本数据

样本	x	y
1	0.1199	0.6108
2	0.0535	0.3832
3	0.6978	0.9496
...	...	...

问题：如何使用神经网络拟合一条有很强规律的曲线，例如正弦曲线？

9.1.2 提出问题二

正弦函数是非常有规律的，单层神经网络即可拟合。如果是更复杂的曲线，单层神经网络还能轻易做到吗？例如图9-2所示的样本点和表9-2的所示的样本值，如何使用神经网络方法来拟合这条曲线？

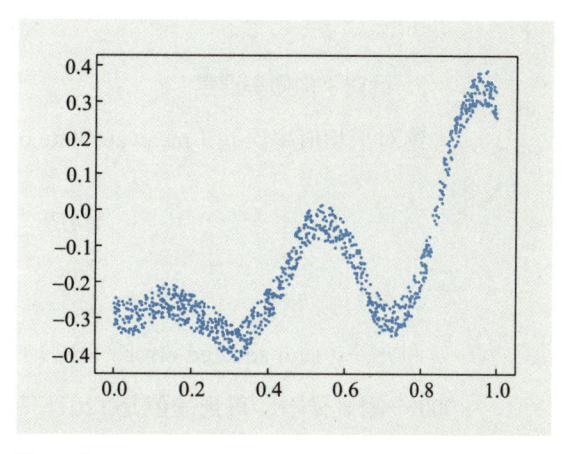

图9-2 复杂曲线样本可视化

表 9-2 复杂曲线样本数据

样本	x	y
1	0.606	−0.113
2	0.129	−0.269
3	0.582	0.027
...	...	...
1000	0.199	−0.281

原则上说，如果你有足够的耐心，愿意花很高的时间成本和计算资源，总可以用多项式回归的方式来解决这个问题，但是，本章将会讲解另外一个定理：前馈神经网络的通用近似定理。

上面这条"蛇形"曲线，实际上是由下面这个公式添加噪音后生成的。

$$y = 0.4x^2 + 0.3x\sin(15x) + 0.01\cos(50x) - 0.3$$

假设已把数据限制在 [0,1] 之间，避免做归一化的麻烦。要是觉得这个公式还不够复杂，大家可以用更复杂的公式去自己做试验。

以上问题属于非线性回归，即自变量 x 和因变量 y 之间不是线性关系。常用的传统的处理方法有线性迭代法、分段回归法、迭代最小二乘法等。在神经网络中，解决这类问题的思路非常简单，就是使用带有一个隐藏层的两层神经网络。

9.1.3 回归模型的评估标准

回归问题主要是求值，评价标准主要是看求得值与实际结果的偏差有多大，所以回归问题主要用以下值来评价模型。

1. 平均绝对误差

平均绝对误差（mean absolute error，MAE）对异常值不如均方差敏感，类似中位数。

$$MAE = \frac{1}{m}\sum_{i=1}^{m}|a_i - y_i| \qquad (9.1.1)$$

2. 绝对平均值率误差

绝对平均值率误差（mean absolute percentage error，MAPE）的表达式如下。

$$MAPE = \frac{100}{m}\sum_{i=1}^{m}\left|\frac{a_i - y_i}{y_i}\right| \qquad (9.1.2)$$

3. 和方差

和方差（sum squared error，SSE）的表达式如下。其值与样本数量有关系，假设有 1 000 个测试样本，得到的值是 120；只有 100 个测试样本，得到的值是 11。但是不能说 11 就比 120 要好。

$$SSE = \sum_{i=1}^{m}(a_i - y_i)^2 \qquad (9.1.3)$$

4. 均方差

均方差（mean squared error, MSE）就是实际值减去预测值的平方再求期望，即线性回归的代价函数。由于 MSE 计算的是误差的平方，所以它对异常值是非常敏感的，因为一旦出现异常值，MSE 指标会变得非常大。MSE 越小，证明误差越小。

$$MSE = \frac{1}{m}\sum_{i=1}^{m}(a_i - y_i)^2 \qquad (9.1.4)$$

5. 均方根误差

均方根误差（root mean squared error, RMSE）是均方差开根号的结果，其实质是一样的，只不过对结果有更好的解释。

$$RMSE = \sqrt{\frac{1}{m}\sum_{i=1}^{m}(a_i - y_i)^2} \qquad (9.1.5)$$

例如，要预测房价，每平方米是万元，我们预测结果也是万元，那么 MSE 差值的平方单位应该是千万级别的。假设模型预测结果与真实值相差 1 000 元，则用 MSE 的计算结果是 1 000 000，这个值没有单位，如何描述这个差距？于是就求个平方根，这样误差可以与标签值是同一个数量级的，在描述模型时即可说成该模型的误差是多少元。

6. R 平方

上面的几种衡量标准针对不同的模型会有不同的值。例如说预测房价，那么误差单位就是元，如 3 000 元、11 000 元等。如果预测身高就可能是 1.6 米、1.7 米之类的。也就是说，对于不同的场景，会有不同量纲，因而也会有不同的数值，无法简洁地描述清楚。

我们通常用概率来表达准确率，例如 89% 的准确率。在线性回归中的衡量标准就是 R 平方。

$$R^2 = 1 - \frac{\sum(a_i - y_i)^2}{\sum(\overline{y}_i - y_i)^2} = 1 - \frac{MSE(a,y)}{Var(y)} \qquad (9.1.6)$$

R 平方是多元回归中的回归平方和（分子）占总平方和（分母）的比例，它是度量多元回归方程中拟合程度的一个统计量。R 平方的值越接近 1，表明回归平方和占总平方和的比例越大，回归线与各观测点越接近，回归的拟合程度就越好。

- 如果结果是 0，说明模型预测效果不理想。
- 如果结果是 1，说明模型无错误。
- 如果结果是 0~1 之间的数，就是模型的好坏程度。
- 如果结果是负数，说明模型预测效果极差。

9.2 用多项式回归法拟合正弦曲线

9.2.1 多项式回归的概念

1. 一元一次线性模型

因为只有一项,所以不能称为多项式了。它可以解决单变量的线性回归,在第 4 章学习过相关内容。其模型为:

$$z = xw + b \tag{9.2.1}$$

2. 多元一次多项式

多变量的线性回归,在第 5 章讲解过相关内容。其模型为:

$$z = x_1w_1 + x_2w_2 + \cdots + x_mw_m + b \tag{9.2.2}$$

这里的多变量,是指样本数据的特征值为多个,上式中的 $x_1, x_2, \cdots, x_m$ 代表了 m 个特征值。

3. 一元多次多项式

单变量的非线性回归,例如正弦曲线的拟合问题,很明显不是线性问题,但是只有一个特征值,所以不满足前两种形式。如何解决这种问题呢?

由于任意函数在较小的范围内,都可以用多项式逼近。因此在实际工程实践中,有时候可以不管 y 值与 x 值的数学关系究竟是什么,而是强行用回归分析方法进行近似的拟合。

那么如何得到更多的特征值呢?对于只有一个特征值的问题,可以把特征值的高次方作为另外的特征值,加入到回归分析中。

$$z = xw_1 + x^2w_2 + \cdots + x^mw_m + b \tag{9.2.3}$$

上式中 x 是原有的唯一特征值,x^m 是利用 x 的 m 次方作为额外的特征值,这样就把特征值的数量从 1 个变为 m 个。

令 $x_1 = x, x_2 = x^2, \cdots, x_m = x^m$,则:

$$z = x_1w_1 + x_2w_2 + \cdots + x_mw_m + b \tag{9.2.4}$$

可以看到公式(9.2.4)和公式(9.2.2)是一样的,所以解决方案也一样。

4. 多元多次多项式

多变量的非线性回归,其参数与特征组合繁复,但最终都可以归结为公式(9.2.2)和公式(9.2.4)的形式。所以,不管是几元几次多项式,都可以使用第 5 章的方法来解决。

在用代码具体实现之前,先看一个常见的例子,如图 9-3 所示。一堆散点,看上去像是一条带有很大噪音的正弦曲线,从左上到右下,分别是 1 次多项式,2 次多项式，……，10 次多项式，其中，图（4）（5）（6）（7）是比较理想的拟合；图（1）（2）（3）欠拟合，多项式的次数不够高；图（8）（9）（10）过拟合，多项式次数过高。

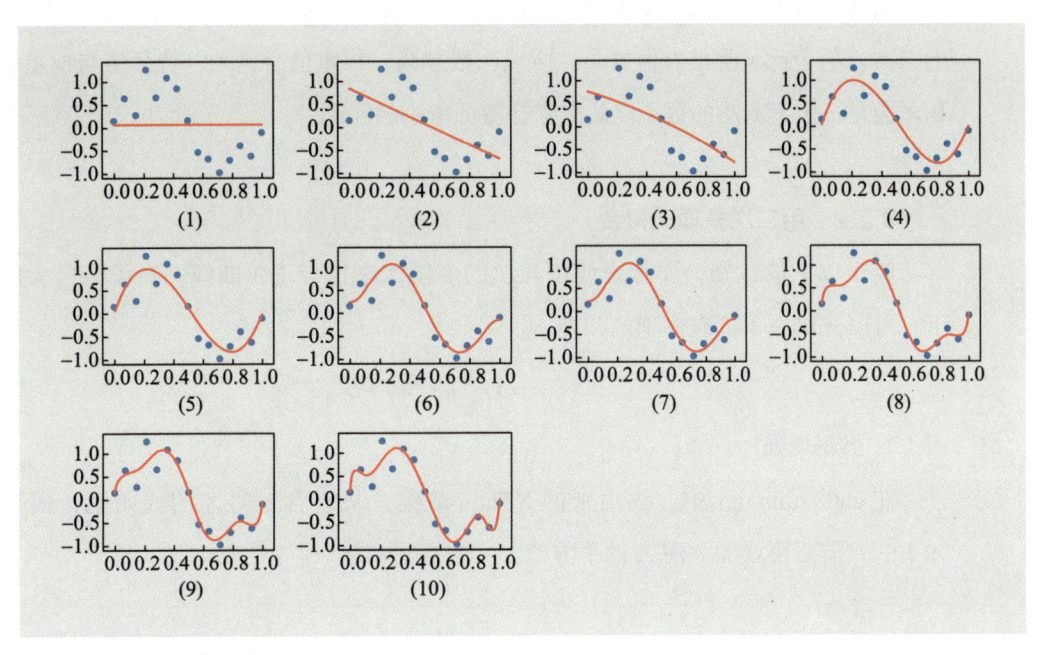

图 9-3　对有噪音的正弦曲线的拟合

再看表 9-3 中多项式的权重值，表示了拟合的结果，表头的数字表示使用了几次多项式，例如第 2 列有两个值，表示该多项式的拟合结果是：

$$y = 0.826x_1 - 1.84x_2$$

表 9-3　多项式训练结果的权重值

多项式次数 权重	1	2	3	4	5	6	7	8	9	10
x_1	−0.096	0.826	0.823	0.033	0.193	0.413	0.388	0.363	0.376	0.363
x_2		−1.84	−1.82	9.68	5.03	−7.21	−4.50	1.61	−6.46	18.39
x_3			−0.017	−29.80	−7.17	90.05	57.84	−43.49	131.77	−532.78
x_4				19.85	−16.09	−286.93	−149.63	458.26	−930.65	5 669.0
x_5					17.98	327.00	62.56	−1 669.06	3 731.38	−29 316.1
x_6						−123.61	111.33	2 646.22	−8 795.97	84 982.2
x_7							−78.31	−1 920.56	11 551.86	−145 853
x_8								526.35	−7 752.23	147 000
x_9									2 069.6	−80 265.3
x_{10}										18 296.6

从表 9-3 中还可以看到，项数越多，权重值越大。这是为什么呢？

在做多项式拟合之前，所有的特征值都会先做归一化，然后再获得 x 的平方值，三次方值等。在归一化之后，x 的值变成了 [0,1] 之间，那么 x 的平方值会比 x 值要小，x 的三次方值会比 x 的平方值要小。所以次数越高，权重值会越大，特征值与权重值的乘积才会是一个不太小的数，以此来弥补特征值小的问题。

9.2.2 用二次多项式拟合

鉴于以上的认知，要考虑使用几次的多项式来拟合正弦曲线。在没有经验的情况下，可以先试一下二次多项式，即：

$$z = xw_1 + x^2w_2 + b \tag{9.2.5}$$

1. 数据增强

在 ch08.train.npz 中，读出来的 XTrain 数组，只包含 1 列 X 的原始值，根据公式（9.2.5），需要再增加一列 X 的平方值。

```
file_name = "../../data/ch08.train.npz"
class DataReaderEx(SimpleDataReader):
    def Add(self):
        X = self.XTrain[:,]**2
        self.XTrain = np.hstack((self.XTrain, X))
```

从 SimpleDataReader 类中派生出子类 DataReaderEx，然后添加 Add() 方法，先计算 XTrain 第一列的平方值放入 X 中，然后再把 X 合并到 XTrain 右侧，这样 XTrain 就变成了两列，第一列是 X 的原始值，第二列是 X 的平方值。

2. 主程序

在主程序中，先加载数据进行数据增强，然后建立神经网络 net，参数 num_input=2，对应着 XTrain 中的两列数据，相当于两个特征值。

```
if __name__ == '__main__':
    dataReader = DataReaderEx(file_name)
    dataReader.ReadData()
    dataReader.Add()
    # net
    num_input = 2
```

```
    num_output = 1
    params = HyperParameters(num_input, num_output, eta=0.2,
max_epoch=10000, batch_size=10, eps=0.005, net_type=NetType.
Fitting)
    net = NeuralNet(params)
    net.train(dataReader, checkpoint=10)
    ShowResult(net, dataReader, params.toString())
```

3. 运行结果

上述多项式训练过程和结果如表 9-4 所示。从损失函数曲线上看，没有任何损失值下降的趋势；再看拟合情况，只拟合成了一条直线。这说明二次多项式不能满足要求。

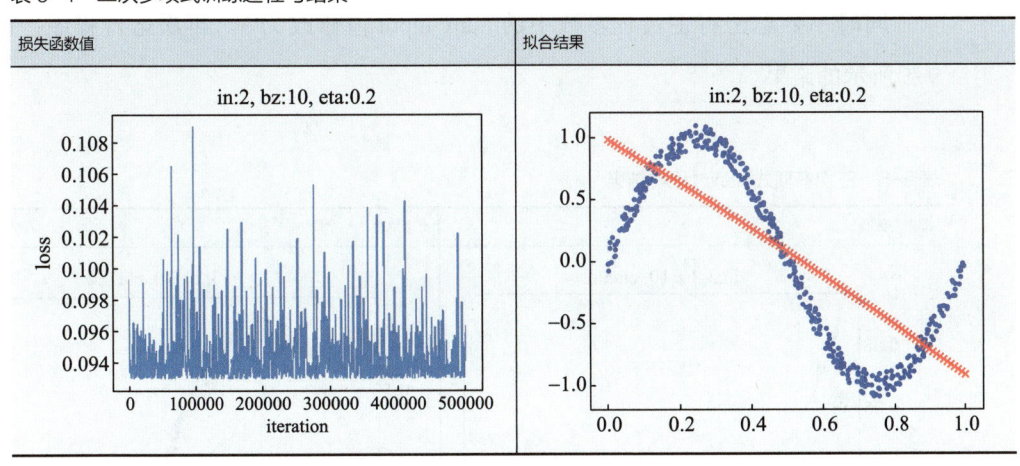

表 9-4　二次多项式训练过程与结果

损失函数值	拟合结果

以下是最后几行的输出结果。

```
9989 49 0.09410913779071385
9999 49 0.09628814270449357
W= [[-1.72915813]
 [-0.16961507]]
B= [[0.98611283]]
```

对此结论有所怀疑的读者，可以尝试着修改主程序中的各种超参数，例如降低学习率、增加循环次数等，来验证此结论。

9.2.3 用三次多项式拟合

三次多项式的公式可表达为

$$z = xw_1 + x^2w_2 + x^3w_3 + b \tag{9.2.6}$$

在二次多项式的基础上，把训练数据再增加一列 x 的三次方，作为一个新的特征。以下为数据增强部分的代码。

```python
class DataReaderEx(SimpleDataReader):
    def Add(self):
        X = self.XTrain[:,]**2
        self.XTrain = np.hstack((self.XTrain, X))
        X = self.XTrain[:,0:1]**3
        self.XTrain = np.hstack((self.XTrain, X))
```

同时不要忘记将主过程参数中的 num_input 值修改为 3。再次运行程序，得到表 9-5 所示的结果。

表 9-5 三次多项式训练过程与结果

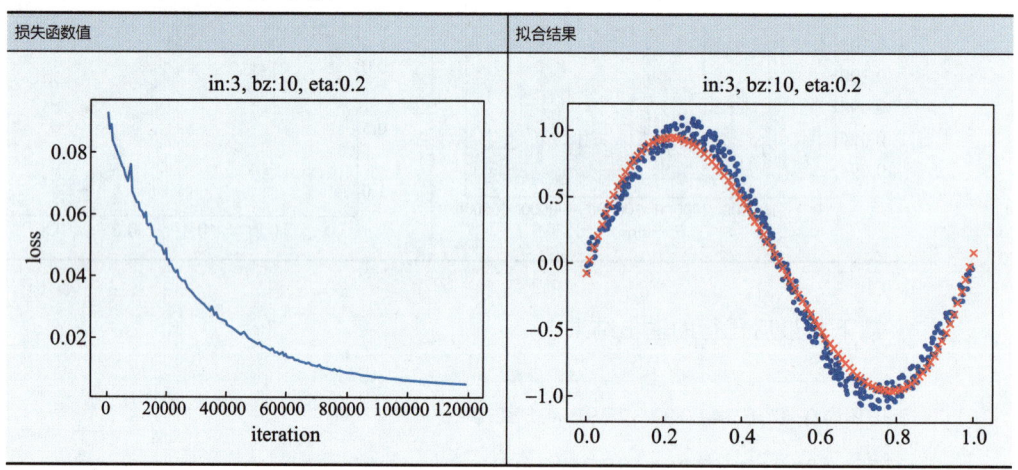

表 9-5 中左侧图显示损失函数值下降得很平稳，说明网络训练效果还不错。拟合的结果也很令人满意，虽然红色线没有严丝合缝地落在蓝色样本点内，但是这完全是因为训练的次数不够多，有兴趣的读者可以修改超参数后做进一步的试验。

以下为最后几行的输出结果。

```
2369 49 0.0050611643902918856
```

```
2379 49 0.004949680631526745
W= [[ 10.49907256]
 [-31.06694195]
 [ 20.73039288]]
B= [[-0.07999603]]
```

可以看出,达到 0.005 的损失值,这个神经网络迭代了 2 379 个 epoch。而在二次多项式的试验中,用了 10 000 次的迭代也没有达到要求。

9.2.4 用四次多项式拟合

在三次多项式得到比较满意的结果后,读者自然会想知道用四次多项式还会给我们带来惊喜吗?

第一步依然是增加 x 的 4 次方作为特征值:

```
X = self.XTrain[:,0:1]**4
self.XTrain = np.hstack((self.XTrain, X))
```

第二步设置超参 num_input=4,然后训练,得到表 9-6 的结果。

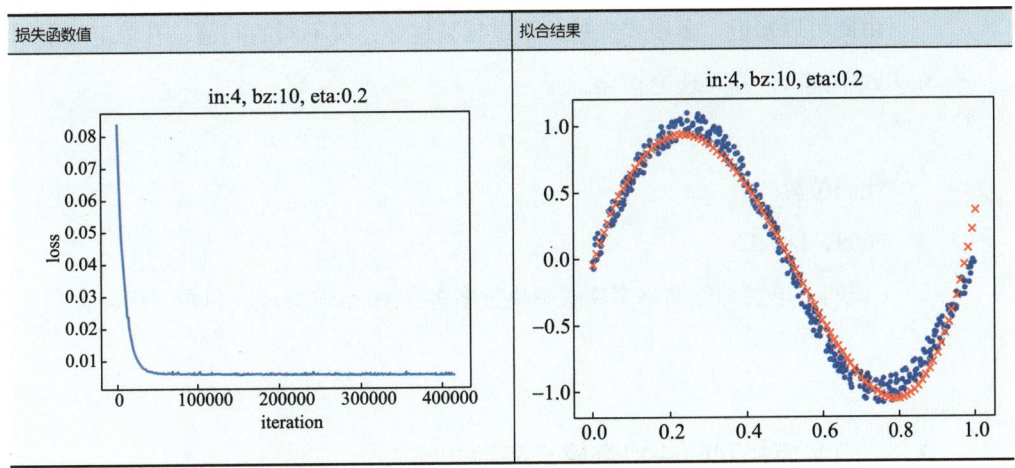

表 9-6 四次多项式训练过程与结果

损失函数值	拟合结果

最后几行的输出结果如下。

```
8279 49 0.00500000873141068
```

```
8289 49 0.0049964143635271635
W= [[  8.78717   ]
 [-20.55757649]
 [  1.28964911]
 [ 10.88610303]]
B= [[-0.04688634]]
```

9.2.5 结果比较

从表 9-7 的结果比较中可以得到以下结论。

（1）二次多项式的损失值在下降了一定程度后，一直处于平缓期，不再下降，说明网络能力到了一定的限制，直到 10 000 次迭代也没有达到目的。

（2）损失值达到 0.005 时，四项式迭代了 8 290 次，比三次多项式要多很多，说明四次多项式多出的一个特征值，不仅没有带来好处，反而是增加了网络训练的复杂度。

表 9-7　不同项数的多项式拟合结果比较

多项式次数	迭代数	损失函数值
2	10 000	0.096
3	2 380	0.005
4	8 290	0.005

由此可以知道，多项式次数并不是越高越好，对不同的问题，有特定的限制，需要在实践中摸索，并无理论指导。

代码位置

ch09，Level2

（说明：单层神经网络多项式解决方案都在 HelperClass 子目录下代码）

9.3　用多项式回归法拟合复合函数曲线

在上一节中，解决了本章首提出的问题一，学习了用多项式拟合正弦曲线，在本节中，尝试着用多项式解决问题二，拟合复杂的函数曲线。

仔细观察图 9-2 所示的"蛇形"曲线，不但有正弦式的波浪，还有线性的爬升，转折处也不是很平滑，从正弦曲线的拟合经验来看，三次多项式以下肯定无法解决，所以可以从四次多项式开始试验。

9.3.1 用四次多项式拟合

代码与正弦函数拟合方法区别不大，不赘述，本小节主要说明解决问题的思路。

超参的设置情况如下。

```
num_input = 4
num_output = 1
params = HyperParameters(num_input, num_output, eta=0.2, max_epoch=10000, batch_size=10, eps=1e-3, net_type=NetType.Fitting)
```

最开始设置 max_epoch=10 000，运行结果如表 9-8 所示。

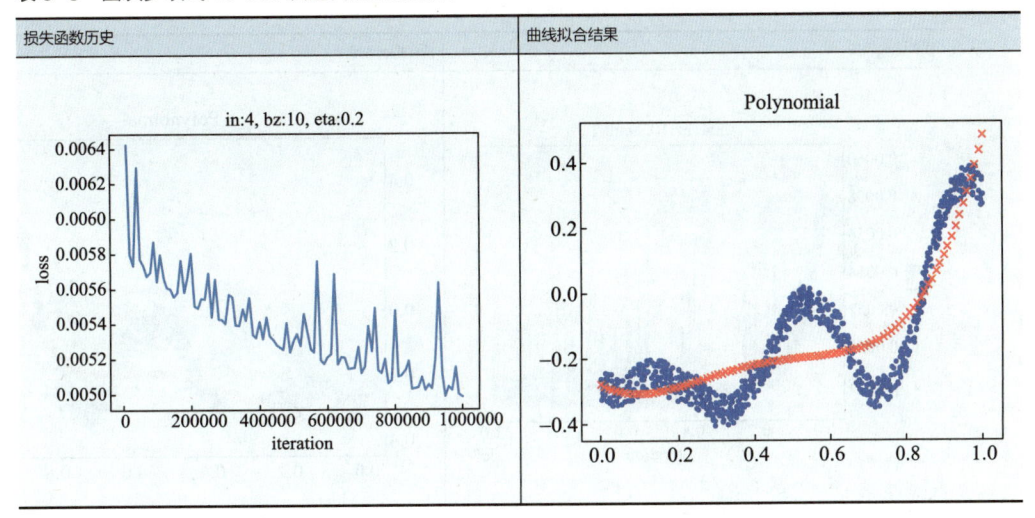

表 9-8　四次多项式 10 000 次迭代的训练结果

损失函数历史	曲线拟合结果

可以看到损失函数值还有下降的空间，拟合情况不理想。以下是输出结果。

```
9899 99 0.004994434937236122
9999 99 0.0049819495247358375
W= [[-0.70780292]
 [ 5.01194857]
 [-9.6191971 ]
```

```
[ 6.07517269]]
B= [[-0.27837814]]
```

接着，增加 max_epoch 到 100 000 再试一次。

从表 9-9 中的左图看，损失函数值到了一定程度后就不再下降了，说明网络能力有限。再看下面打印输出的具体数值，在 0.005 左右是一个极限。

```
99899 99 0.004685711600240152
99999 99 0.005299305272730845
W= [[ -2.18904889]
 [ 11.42075916]
 [-19.41933987]
 [ 10.88980241]]
B= [[-0.21280055]]
```

表 9-9　四次多项式 100 000 次迭代的训练结果

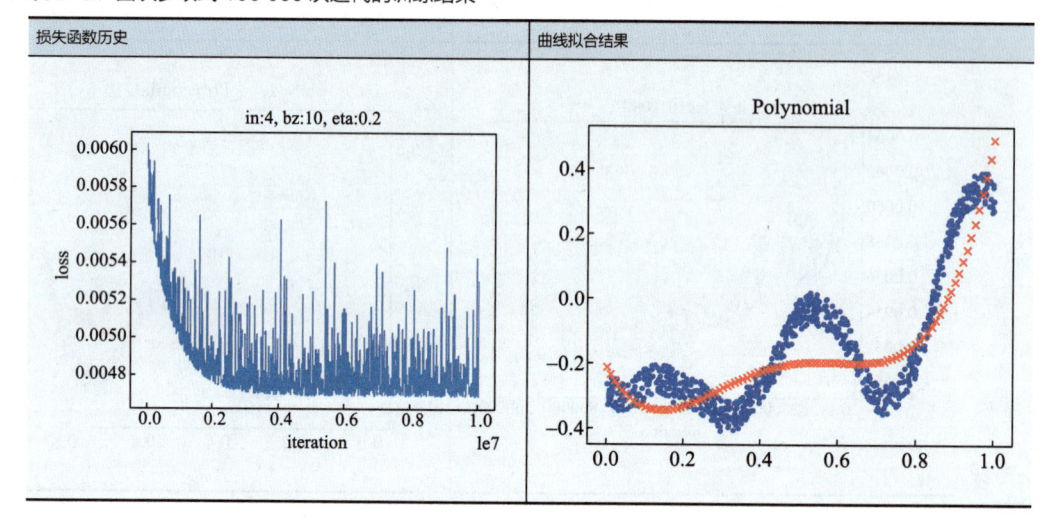

9.3.2　用六次多项式拟合

接下来跳过五次多项式，直接用六次多项式来拟合。这次不需要把 max_epoch 设置得很大，可以先试试 50 000 个 epoch。

从表 9-10 的损失函数历史图看，损失值下降得比较理想，但是实际看打印输出时，损失值最开始几轮就已经是 0.004 7 了，到了最后一轮，是 0.004 6，并不理想，说明网络能力还是不够。因此在这个级别上，不用再花时间继续试验了，应该还需要提高多项式次数。

表 9-10 六次多项式 50 000 次迭代的训练结果

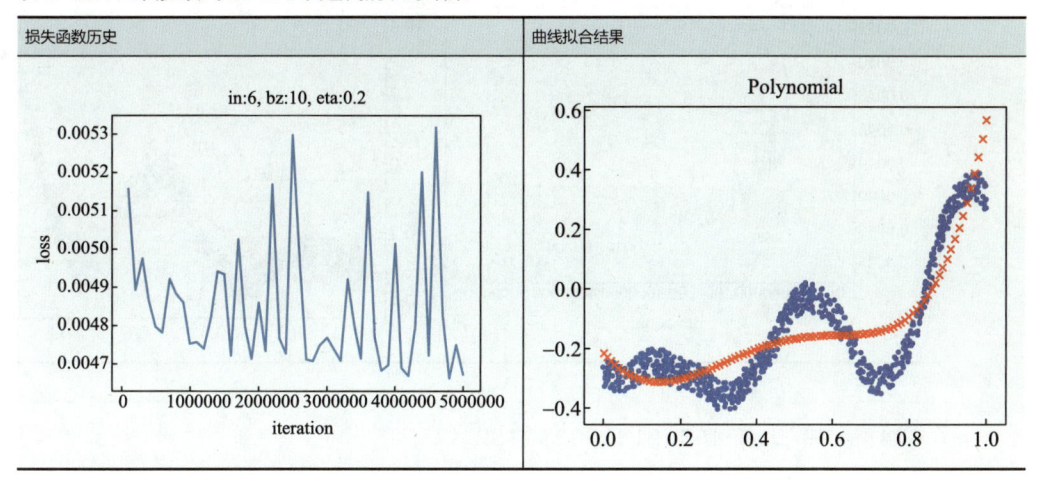

损失函数历史	曲线拟合结果
in:6, bz:10, eta:0.2 图像	Polynomial 图像

输出结果如下。

```
999 99 0.005154576065966749
1999 99 0.004889156300531125
...
48999 99 0.0047460241904710935
49999 99 0.004669517756696059
W= [[-1.46506264]
 [ 6.60491296]
 [-6.53643709]
 [-4.29857685]
 [ 7.32734744]
 [-0.85129652]]
B= [[-0.21745171]]
```

9.3.3 用八次多项式拟合

再跳过七次多项式，直接使用八次多项式。先把 max_epoch 设置为 50 000 试验一下。

表 9-11 中损失函数值下降的趋势非常可喜，似乎还没有遇到什么瓶颈，仍有下降的空间，并且拟合的效果也已经初步显现出来了。

再看下面的打印输出，损失函数值已经可以突破 0.004 的下限了。

表 9-11 八次多项式 50 000 次迭代的训练结果

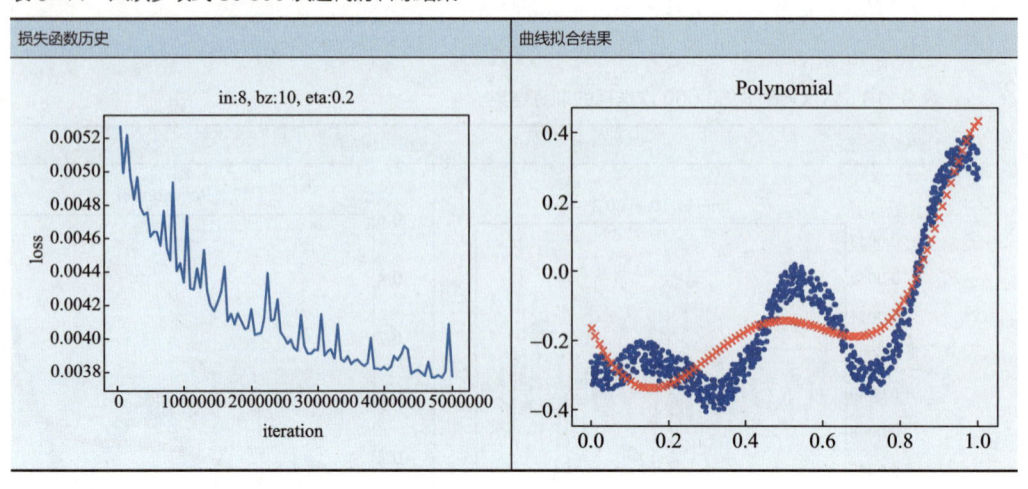

损失函数历史	曲线拟合结果
in:8, bz:10, eta:0.2 的损失曲线	Polynomial 拟合图

```
49499 99 0.004086918553033752
49999 99 0.0037740488283595657
W= [[ -2.44771419]
    [  9.47854206]
    [ -3.75300184]
    [-14.39723202]
    [ -1.10074631]
    [ 15.09613263]
    [ 13.37017924]
    [-15.64867322]]
B= [[-0.16513259]]
```

根据以上情况，可以认为 8 次多项式很有可能得到比较理想的解，所以需要增加 max_epoch 数值，让网络得到充分的训练。将 max_epoch 值设为 1 000 000。

从表 9-12 的结果来看，损失函数值还有下降的空间和可能性，已经到了 0.001 6 的水平，拟合效果也已经初步呈现出来了，所有转折的地方都可以复现，只是精度不够，相信更多的训练次数可以达到更好的效果。

分析打印出的权重值，x 的原始特征值的权重值比后面的权重值小了一到两个数量级，这与归一化后 x 的高次幂的数值很小有关系。

至此，可以得出结论，多项式回归确实可以解决复杂曲线拟合问题，但是代价有些高，要训练了 1 000 000 次，才得到初步满意的结果。

表 9-12 八次多项式 1 000 000 次迭代的训练结果

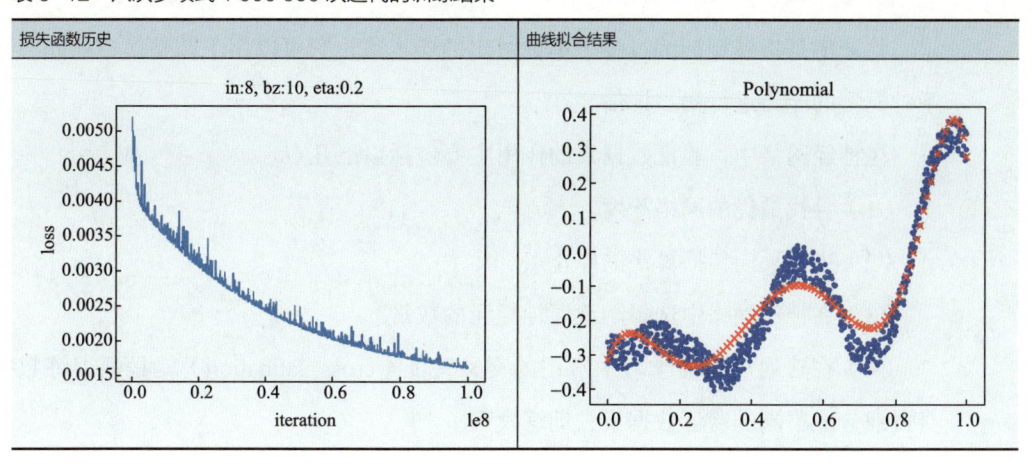

损失函数历史	曲线拟合结果

```
998999 99 0.0015935143877633367
999999 99 0.0016124984420510522
W= [[   2.75832935]
 [-30.05663986]
 [ 99.68833781]
 [-85.95142109]
 [-71.42918867]
 [ 63.88516377]
 [104.44561608]
 [-82.7452897 ]]
B= [[-0.31611388]]
```

代码位置

ch09，Level3

（注：单层神经网络多项式解决方案都在 HelperClass 子目录下代码。）

9.4 验证与测试

9.4.1 基本概念

1. 训练集（training set）

训练集是指用于模型训练的数据样本。

2. 验证集（validation set）

验证集是指模型训练过程中单独留出的样本集，它可以用于调整模型的超参数和用于对模型的能力进行初步评估。

在神经网络中，验证数据集的作用主要包括以下几点。

（1）寻找最优的网络深度。

（2）决定反向传播算法的停止点。

（3）在神经网络中选择隐藏层神经元的数量。

（4）在普通的机器学习中常用的交叉验证（cross validation）就是把训练数据集本身再细分成不同的验证数据集去训练模型。

3. 测试集（test set）

测试集是用来评估最终模型的泛化能力。但不能作为调参、选择特征等算法相关的选择的依据。

三者之间的关系如图 9-4 所示。

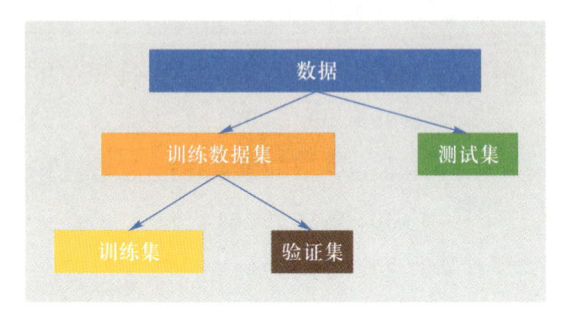

有如下形象的比喻。

- 将训练集比喻为课本，学生根据课本里的内容来掌握知识。训练集直接参与了模型调参的过程，显然不能用来反映模型真实的能力。即不能直接拿课本上的问题来考试，防止死记硬背课本的学生拥有最好的成绩，即防止过拟合。

图 9-4 训练集、验证集、测试集的关系

- 将验证集比喻为作业，通过作业可以知道不同学生学习情况、进步的速度快慢。验证集参与了人工调参（超参数）的过程，也不能用来最终评判一个模型即刷题库的学生不能算是学习好的学生。

- 将测试集比喻为考试，考题是平常都没有见过，考查学生举一反三的能力。所以要通过最终的考试（测试集）来考察一个学生（模型）真正的能力（期末考试）。考试题是学生们平时见不到的，也就是说在模型训练时看不到测试集。

9.4.2 交叉验证

1. 传统的机器学习

在传统的机器学习中，经常用交叉验证的方法，例如把数据分成 10 份，$V_1 \sim V_9$ 用来训练，V_{10} 用来验证。然后用 $V_2 \sim V_{10}$ 做训练，V_1 做验证……如此往复，可以做 10 次训练和验证，大大增加了模型的可靠性。

这样的话，验证集也可以做训练，训练集也可以做验证，当样本很少时，这个方法

很有用。

2. 神经网络和深度学习

在神经网络中,训练时到底迭代多少次停止呢?或者设置学习率为多少合适呢?或者用几个中间层,以及每个中间层用几个神经元呢?如何正则化?这些都是超参数设置,都可以用验证集来解决。

在前面的学习中,一般使用损失函数值作于阈值作为迭代终止条件,因为通过前期的训练,可以预先知道这个阈值可以满足训练精度。但对于实际应用中的问题,没有先验的阈值可以参考,如何设定终止条件?此时,可以用验证集来验证一下准确率,假设只有 90% 的准确率,可能是局部最优解。可以继续迭代,寻找全局最优解。

例如,一个 BP(back propagation)神经网络,无法确定隐藏层的神经元数目。此时可以按图 9-5 的示意图这样做。

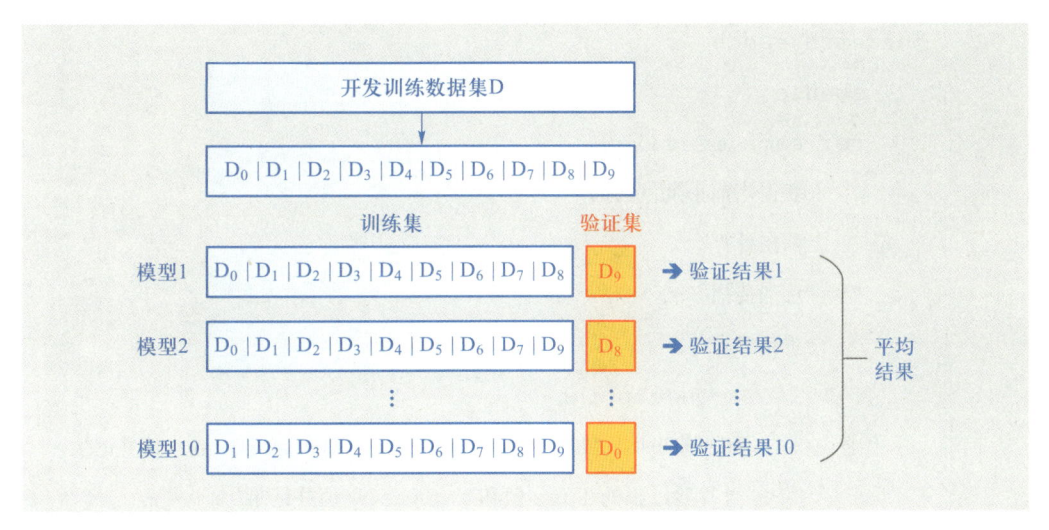

图 9-5 交叉训练的数据配置方式

具体步骤如下。

(1)随机将训练数据分成 K 等份(通常建议 $K=10$),得到 D_0,D_1,…,D_{10}。

(2)对于一个模型 M,选择 D_9 为验证集,其他为训练集,训练若干轮,用 D_9 验证,得到误差 E。再训练,再用 D_9 测试,如此 N 次。对 N 次的误差做平均,得到平均误差。

(3)换一个不同参数的模型的组合,例如神经元数量,或者网络层数,激活函数,重复第(2)步,但是这次用 D_8 去得到平均误差。

(4)重复步骤(2),一共验证 10 组组合。

(5)最后选择具有最小平均误差的模型结构,用所有的 D_0~D_9 再次训练,成为最终模型，不用再验证。

（6）用测试集测试。

9.4.3 留出法

使用交叉验证的方法虽然比较保险，但是非常耗时，尤其是在大数据量时，训练出一个模型都要很长时间，没有可能去训练出 10 个模型再去比较。

在深度学习中，有另外一种使用验证集的方法，称为留出法。亦即从训练数据中保留出验证样本集，主要用于解决过拟合情况，这部分数据不用于训练。如果训练数据的准确率持续增长，但是验证数据的准确率保持不变或者反而下降，说明神经网络亦即过拟合了，此时需要停止训练，用测试集做最终测试。

训练步骤的伪代码如下。

```
for each epoch
    shuffle
    for each iteraion
        获得当前小批量数据
        前向计算
        反向传播
        更新梯度
        if is checkpoint
            用当前小批量数据计算训练集的 loss 值和 accuracy 值并记录
            计算验证集的 loss 值和 accuracy 值并记录
            如果 loss 值不再下降，停止训练
            如果 accuracy 值满足要求，停止训练
        end if
    end for
end for
```

从本章开始，将使用新的 DataReader 类来管理训练和测试数据，与前面的 SimpleDataReader 类相比，这个类有以下几个不同之处。

（1）要求既有训练集，也有测试集。

（2）提供 GenerateValidationSet() 方法，可以从训练集中产生验证集。

以上两个条件保证了在以后的训练中，可以使用本节中所描述的留出法，来监控整

个训练过程。

关于三者的比例关系，在传统的机器学习中，三者可以是 6∶2∶2。在深度学习中，一般要求样本数据量很大，所以可以给训练集更多的数据，例如 8∶1∶1。如果有些数据集已经明确了训练集和测试集，那就不关心比例问题了，只需要从训练集中留出 10% 左右的验证集就可以了。

9.4.4 代码实现

定义 DataReader 类如下。

```python
class DataReader(object):
    def __init__(self, train_file, test_file):
        self.train_file_name = train_file
        self.test_file_name = test_file
        self.num_train = 0
        # num of training examples
        self.num_test = 0
        # num of test examples
        self.num_validation = 0
        # num of validation examples
        self.num_feature = 0
        # num of features
        self.num_category = 0
        # num of categories
        self.XTrain = None
        # training feature set
        self.YTrain = None
        # training label set
        self.XTest = None
        # test feature set
        self.YTest = None
        # test label set
        self.XTrainRaw = None
        # training feature set before normalization
```

```
            self.YTrainRaw = None
            # training label set before normalization
            self.XTestRaw = None
            # test feature set before normalization
            self.YTestRaw = None
            # test label set before normalization
            self.XVld = None
            # validation feature set
            self.YVld = None
            # validation lable set
```

命名规则如下。

（1）以"num_"开头的表示一个整数，后面跟着数据集的各种属性的名称，如训练集（num_train）、测试集（num_test）、验证集（num_validation）、特征值数量（num_feature）、分类数量（num_category）。

（2）"X"表示样本特征值数据，"Y"表示样本标签值数据。

（3）"Raw"表示没有经过归一化的原始数据。

1. 训练集和测试集

一般的数据集都有训练集和测试集，如果没有，需要从一个单一数据集中，随机抽取出一小部分作为测试集，剩下的一大部分作为训练集，一旦测试集确定后，就不要再更改。然后在训练过程中，从训练集中再抽取一小部分作为验证集。

2. 读取数据

```
    def ReadData(self):
        train_file = Path(self.train_file_name)
        if train_file.exists():
            ...


        test_file = Path(self.test_file_name)
        if test_file.exists():
            ...
```

在读入原始数据后，数据存放在 XTrainRaw、YTrainRaw、XTestRaw、YTestRaw

中。由于有些数据不需要做归一化处理，所以，在读入数据集后，令：XTrain=XTrainRaw，YTrain=YTrainRaw，XTest=XTestRaw，YTest=YTestRaw，如此一来，就可以直接使用 XTrain、YTrain、XTest、YTest 做训练和测试了，避免不做归一化时上述 4 个变量为空。

3. 特征值归一化

```
def NormalizeX(self):
    x_merge = np.vstack((self.XTrainRaw, self.XTestRaw))
    x_merge_norm = self.__NormalizeX(x_merge)
    train_count = self.XTrainRaw.shape[0]
    self.XTrain = x_merge_norm[0:train_count,:]
    self.XTest = x_merge_norm[train_count:,:]
```

如果需要归一化处理，则 XTrainRaw → XTrain、YTrainRaw → YTrain、XTestRaw → XTest、YTestRaw → YTest。注意需要把 Train、Test 同时归一化，如上面代码中，先把 XTrainRaw 和 XTestRaw 合并，一起做归一化，然后再拆开，这样可以保证二者的值域相同。假设 XTrainRaw 中的特征值只包含 1、2、3 三种值，在对其归一化时，1、2、3 会变成 0、0.5、1；而 XTestRaw 中的特征值只包含 2、3、4 三种值，在对其归一化时，2、3、4 会变成 0、0.5、1。这就造成了 0、0.5、1 这三个值的含义在不同数据集中不一样。

把二者合并后，就包含了 1、2、3、4 四种值，再做归一化，会变成 0、0.333、0.666、1，在训练和测试时，就会使用相同的归一化值。

4. 标签值归一化

根据不同的网络类型，标签值的归一化方法也不一样。

```
def NormalizeY(self, nettype, base=0):
    if nettype == NetType.Fitting:
        ...
    elif nettype == NetType.BinaryClassifier:
        ...
    elif nettype == NetType.MultipleClassifier:
        ...
```

如果是线性回归或非线性回归问题，对标签值使用普通的归一化方法，把所有的值映射到 [0,1]。

如果是二分类任务，把标签值变成 0 或者 1。base 参数是指原始数据中负类的标签值。例如，原始数据的两个类别标签值是 1、2，则 base 为 1，把 1、2 变成 0、1。

如果是多分类任务，把标签值变成 One-Hot 编码。

5. 生成验证集

```
def GenerateValidationSet(self, k = 10):
    self.num_validation = (int)(self.num_train / k)
    self.num_train = self.num_train - self.num_validation
    # validation set
    self.XVld = self.XTrain[0:self.num_validation]
    self.YVld = self.YTrain[0:self.num_validation]
    # train set
    self.XTrain = self.XTrain[self.num_validation:]
    self.YTrain = self.YTrain[self.num_validation:]
```

验证集是从归一化好的训练集中抽取出来的。上述代码假设 XTrain 已经做过归一化，并且样本是无序的。如果样本是有序的，则需要先打乱。

6. 获得批量样本

```
def GetBatchTrainSamples(self, batch_size, iteration):
    start = iteration * batch_size
    end = start + batch_size
    batch_X = self.XTrain[start:end,:]
    batch_Y = self.YTrain[start:end,:]
    return batch_X, batch_Y
```

训练时一般采样 Mini-batch 梯度下降法，所以要指定批大小 batch_size 和当前批次迭代，就可以从已经打乱过的样本中获得当前批次的数据，在一个 epoch 中根据迭代的递增调用此函数。

7. 样本打乱

```
def Shuffle(self):
```

```
seed = np.random.randint(0,100)
np.random.seed(seed)
XP = np.random.permutation(self.XTrain)
np.random.seed(seed)
YP = np.random.permutation(self.YTrain)
self.XTrain = XP
self.YTrain = YP
```

样本打乱操作只涉及训练集，在每个 epoch 开始时调用此方法。打乱时，要注意特征值 X 和标签值 Y 是分开存放的，所以要使用相同的 seed 来打乱，保证打乱顺序后的特征值和标签值还是一一对应的。

9.5 用双层神经网络实现非线性回归

9.5.1 万能近似定理

万能近似定理（universal approximation theorem），是深度学习最根本的理论依据。它证明了在给定网络具有足够多的隐藏单元的条件下，配备一个线性输出层和一个带有任何"挤压"性质的激活函数（如 Sigmoid 激活函数）的前馈神经网络，能够以任何想要的误差量近似任何从一个有限维度的空间映射到另一个有限维度空间的波莱尔可测的函数。前馈网络的导数可以无限趋近于函数的导数。

万能近似定理其实说明了理论上神经网络可以近似任何函数。但实践上不能保证学习算法一定能学习到目标函数。即使网络可以表示这个函数，学习也可能因为以下原因而失败。

（1）用于训练的优化算法可能找不到用于期望函数的参数值。

（2）训练算法可能由于过拟合而选择了错误的函数。

机器学习算法并不是普遍优越的。前馈网络提供了表示函数的万能系统，在这种意义上，给定一个函数，存在一个前馈网络能够近似该函数。但不存在万能的过程既能够验证训练集上的特殊样本，又能够选择一个函数来扩展到训练集上没有的点。

总之，单层的前馈神经网络足以表示任何函数，但是网络层可能大得不可实现，并且可能无法正确地学习和泛化。在很多情况下，使用更深的模型能够减少表示期望函数所需的单元的数量，并且可以减少泛化误差。

9.5.2 定义神经网络结构

本章的目的是要用神经网络完成图 9-1 和图 9-2 中的曲线拟合。

根据万能近似定理,定义一个 2 层的神经网络,输入层不算,1 个隐藏层,含 3 个神经元,一个输出层。图 9-6 显示了具体的神经网络结构。

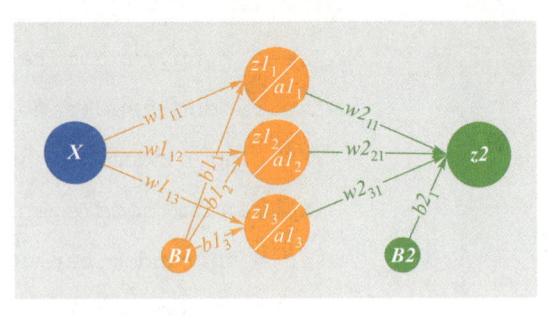

图 9-6 单入单出的双层神经网络

为什么用 3 个神经元呢?这也是笔者经过多次试验的最佳结果。因为输入层只有一个特征值,不需要在隐藏层放很多神经元,先用 3 个神经元试验一下。如果不够的话再增加,神经元数量是由超参控制的。

1. 输入层

单次输入时输入层就是一个 1×1 的矩阵,如果是成批输入,则是一个多维矩阵,但是特征值数量总为 1,因此只有一个值作为输入。

$$X = [x]$$

2. 权重矩阵 **W1** 和 **B1**

$$W1 = \begin{bmatrix} w1_{11} & w1_{12} & w1_{13} \end{bmatrix}$$

$$B1 = \begin{bmatrix} b1_1 & b1_2 & b1_3 \end{bmatrix}$$

3. 隐藏层

隐藏层使用 3 个神经元。

$$Z1 = \begin{bmatrix} z1_1 & z1_2 & z1_3 \end{bmatrix}$$

$$A1 = \begin{bmatrix} a1_1 & a1_2 & a1_3 \end{bmatrix}$$

4. 权重矩阵 **W2** 和 **B2**

W2 的尺寸是 3×1,**B2** 的尺寸是 1×1。

$$W2 = \begin{bmatrix} w2_{11} \\ w2_{21} \\ w2_{31} \end{bmatrix}$$

$$B2 = \begin{bmatrix} b2_1 \end{bmatrix}$$

5. 输出层

由于只用完成一个拟合任务,所以输出层只有 1 个神经元,尺寸为 1×1。

$$Z2 = [z2_1]$$

9.5.3 前向计算

根据图 9-6 的网络结构,我们可以得到如图 9-7 的前向计算图。

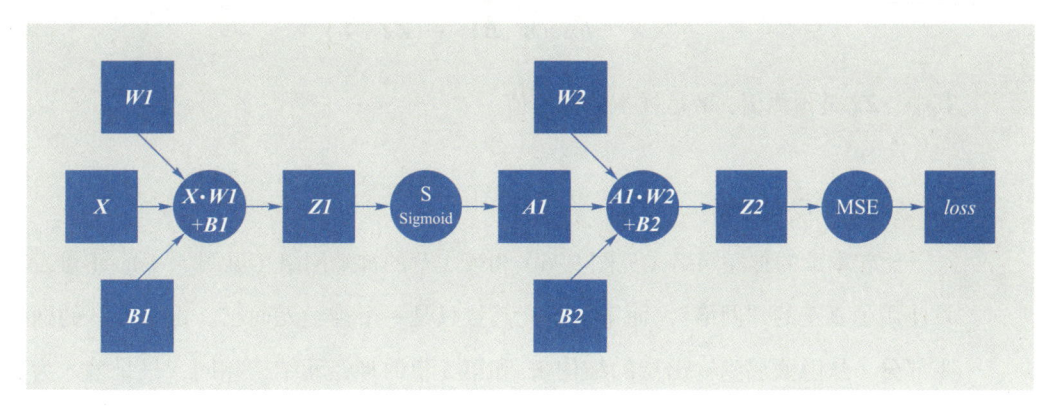

图 9-7 前向计算图

1. 隐藏层

(1) 线性计算

$$z1_1 = x \cdot w1_{11} + b1_1$$
$$z1_2 = x \cdot w1_{12} + b1_2$$
$$z1_3 = x \cdot w1_{13} + b1_3$$

用矩阵形式可表示为

$$\begin{aligned}\mathbf{Z1} &= x \cdot (w1_{11} \quad w1_{12} \quad w1_{13}) + (b1_1 \quad b1_2 \quad b1_3) \\ &= \mathbf{X} \cdot \mathbf{W1} + \mathbf{B1}\end{aligned} \quad (9.5.1)$$

(2) 激活函数

$$a1_1 = Sigmoid(z1_1)$$
$$a1_2 = Sigmoid(z1_2)$$
$$a1_3 = Sigmoid(z1_3)$$

用矩阵形式可表示为

$$\mathbf{A1} = Sigmoid(\mathbf{Z1}) \quad (9.5.2)$$

2. 输出层

由于只用完成一个拟合任务,所以输出层只有 1 个神经元。

$$\begin{aligned}\mathbf{Z2} &= a1_1 w2_{11} + a1_2 w2_{21} + a1_3 w2_{31} + b2_1 \\ &= \begin{bmatrix} a1_1 & a1_2 & a1_3 \end{bmatrix} \begin{bmatrix} w2_{11} \\ w2_{21} \\ w2_{31} \end{bmatrix} + b2_1 \\ &= \mathbf{A1} \cdot \mathbf{W2} + \mathbf{B2}\end{aligned} \quad (9.5.3)$$

3. 损失函数

均方差损失函数可表示为

$$loss(\boldsymbol{W}, \boldsymbol{B}) = \frac{1}{2}(\boldsymbol{Z2} - \boldsymbol{Y})^2 \quad (9.5.4)$$

其中，$\boldsymbol{Z2}$ 是预测值，$\boldsymbol{Y}$ 是样本的标签值。

9.5.4 反向传播

比较本章的神经网络（见图 9-6）和第 5 章的神经网络（见图 5-1），不难发现，本章使用了真正的"网络"，而第 5 章充其量只是一个神经元而已。再看本章的网络的右半部分（从隐藏层到输出层的结构），和第 5 章的神经元结构相同，只是输入为 3 个特征，而第 5 章的输入为 2 个特征。比较正向计算的公式，也可以得到相同的结论。这就意味着反向传播的公式应该也是一样的。

由于这是第一次接触双层神经网络，所以需要推导一下反向传播的各个过程。看一下计算图，然后用链式求导法则反推。

1. 求损失函数对输出层的反向误差

根据公式 9.5.4，有

$$\frac{\partial loss}{\partial \boldsymbol{Z2}} = \boldsymbol{Z2} - \boldsymbol{Y} \to \mathrm{d}\boldsymbol{Z2} \quad (9.5.5)$$

2. 求 $\boldsymbol{W2}$ 的梯度

根据公式（9.5.3）和 $\boldsymbol{W2}$ 的矩阵形状，把标量对矩阵的求导分解到矩阵中的每一元素。

$$\begin{aligned}\frac{\partial loss}{\partial \boldsymbol{W2}} &= \begin{bmatrix} \frac{\partial loss}{\partial z2} \frac{\partial z2}{\partial w2_{11}} \\ \frac{\partial loss}{\partial z2} \frac{\partial z2}{\partial w2_{21}} \\ \frac{\partial loss}{\partial z2} \frac{\partial z2}{\partial w2_{31}} \end{bmatrix} = \begin{bmatrix} \mathrm{d}\boldsymbol{Z2} \cdot a1_1 \\ \mathrm{d}\boldsymbol{Z2} \cdot a1_2 \\ \mathrm{d}\boldsymbol{Z2} \cdot a1_3 \end{bmatrix} \\ &= \begin{bmatrix} a1_1 \\ a1_2 \\ a1_3 \end{bmatrix} \cdot \mathrm{d}\boldsymbol{Z2} = \boldsymbol{A1}^\mathrm{T} \cdot \mathrm{d}\boldsymbol{Z2} \to \mathrm{d}\boldsymbol{W2} \end{aligned} \quad (9.5.6)$$

3. 求 $\boldsymbol{B2}$ 的梯度

$$\frac{\partial loss}{\partial \boldsymbol{B2}} = \mathrm{d}\boldsymbol{Z2} \to \mathrm{d}\boldsymbol{B2} \quad (9.5.7)$$

与第 5 章相比，除了把 $\boldsymbol{X}$ 换成 $\boldsymbol{A}$ 以外，其他的都一样。对于输出层来说，$\boldsymbol{A}$ 就是它的输入，也就相当于是 $\boldsymbol{X}$。

4. 求损失函数对隐藏层的反向误差

下面的内容是双层神经网络独有的内容,也是深度神经网络的基础。下面分析正向计算和反向传播的路径,见图 9-8。

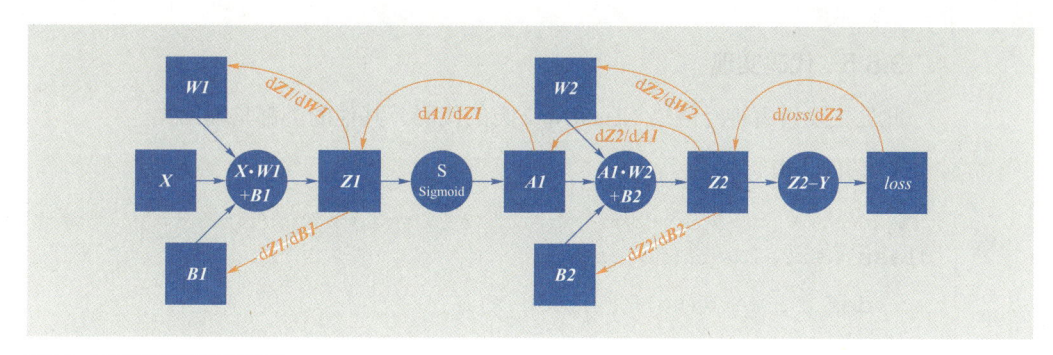

图 9-8 正向计算和反向传播路径图

在图 9-8 中,蓝色矩形表示数值或矩阵,蓝色圆形表示计算单元,蓝色的箭头表示正向计算过程,红色的箭头表示反向计算过程。

如果想计算 *W1* 和 *B1* 的反向误差,必须先得到 *Z1* 的反向误差,再向上追溯,可以看到 *Z1* → *A1* → *Z2* → *loss* 这条线,*Z1* → *A1* 是一个激活函数的运算,比较特殊,所以我们先看 *loss* → *Z* → *A1* 如何解决。

根据公式 9.5.3 和 *A1* 矩阵可得出

$$\frac{\partial loss}{\partial A1} = \left(\frac{\partial loss}{\partial Z2}\frac{\partial Z2}{\partial a1_{11}} \quad \frac{\partial loss}{\partial Z2}\frac{\partial Z2}{\partial a1_{12}} \quad \frac{\partial loss}{\partial Z2}\frac{\partial Z2}{\partial a1_{13}} \right)$$
$$= (dZ2 \cdot w2_{11} \quad dZ2 \cdot w2_{12} \quad dZ2 \cdot w2_{13})$$
$$= dZ2 \cdot (w2_{11} \quad w2_{21} \quad w2_{31})$$
$$= dZ2 \cdot \begin{bmatrix} w2_{11} \\ w2_{21} \\ w2_{31} \end{bmatrix}^{\mathrm{T}} = dZ2 \cdot W2^{\mathrm{T}}$$
（9.5.8）

现在来看激活函数的误差传播问题,由于公式 9.5.2 在计算时,并没有改变矩阵的形状,相当于做了一个矩阵内逐元素的计算,所以它的导数也应该是逐元素的计算,不改变误差矩阵的形状。根据 Sigmoid 激活函数的导数公式,有:

$$\frac{\partial A1}{\partial Z1} = Sigmoid'(A1) = A1 \odot (1 - A1) \qquad (9.5.9)$$

所以最后到达 *Z1* 的误差矩阵是:

$$\frac{\partial loss}{\partial Z1} = \frac{\partial loss}{\partial A1}\frac{\partial A1}{\partial Z1}$$
$$= dZ2 \cdot W2^{\mathrm{T}} \odot Sigmoid'(A1) \to dZ1$$
（9.5.10）

有了 d$Z1$ 后，再向前求 $W1$ 和 $B1$ 的误差。

$$d\boldsymbol{W1} = X^{\mathrm{T}} \cdot dZ1 \qquad (9.5.11)$$

$$d\boldsymbol{B1} = dZ1 \qquad (9.5.12)$$

9.5.5 代码实现

此处主要讲解神经网络 NeuralNet2 类的代码，其他的类都是辅助类。

1. 前向计算

```
class NeuralNet2(object):
    def forward(self, batch_x):
        # layer 1
        self.Z1 = np.dot(batch_x, self.wb1.W) + self.wb1.B
        self.A1 = Sigmoid().forward(self.Z1)
        # layer 2
        self.Z2 = np.dot(self.A1, self.wb2.W) + self.wb2.B
        if self.hp.net_type == NetType.BinaryClassifier:
            self.A2 = Logistic().forward(self.Z2)
        elif self.hp.net_type == NetType.MultipleClassifier:
            self.A2 = Softmax().forward(self.Z2)
        else:    # NetType.Fitting
            self.A2 = self.Z2
        #end if
        self.output = self.A2
```

在 layer 2 中考虑了多种网络类型，在此只关心 NetType.Fitting 类型。

2. 反向传播

```
class NeuralNet2(object):
    def backward(self, batch_x, batch_y, batch_a):
        # 批量下降，需要除以样本数量，否则会造成梯度爆炸
        m = batch_x.shape[0]
        # 第二层的梯度输入 公式（9.5.5）
        dZ2 = self.A2 - batch_y
        # 第二层的权重和偏移 公式（9.5.6）
```

```
            self.wb2.dW = np.dot(self.A1.T, dZ2)/m
            # 公式(9.5.7) 对于多样本计算，需要在横轴上做 sum,得到平均值
            self.wb2.dB = np.sum(dZ2, axis=0, keepdims=True)/m
            # 第一层的梯度输入  公式(9.5.8)
            d1 = np.dot(dZ2, self.wb2.W.T)
            # 第一层的dZ  公式(9.5.10)
            dZ1,_ = Sigmoid().backward(None, self.A1, d1)
            # 第一层的权重和偏移  公式(9.5.11)
            self.wb1.dW = np.dot(batch_x.T, dZ1)/m
            # 公式(9.5.12) 对于多样本计算，需要在横轴上求和，得到平均值
            self.wb1.dB = np.sum(dZ1,axis=0,keepdims=True)/m
```

反向传播部分的代码完全按照公式推导的结果实现。

3. 保存和加载权重矩阵数据

在训练结束后，或者每个 epoch 结束后，都可以选择保存训练好的权重矩阵值，避免每次使用时重复训练浪费时间。

而在初始化完毕神经网络后，可以立刻加载历史权重矩阵数据（前提是本次的神经网络设置与保存时的一致），这样可以在历史数据的基础上继续训练，不会丢失以前的进度。

```
    def SaveResult(self):
        self.wb1.SaveResultValue(self.subfolder, "wb1")
        self.wb2.SaveResultValue(self.subfolder, "wb2")

    def LoadResult(self):
        self.wb1.LoadResultValue(self.subfolder, "wb1")
        self.wb2.LoadResultValue(self.subfolder, "wb2")
```

4. 辅助类

（1）激活函数类 Activators，包括 Sigmoid，Tanh，ReLU 等激活函数的实现，以及 Logistic/Softmax 分类函数的实现。

（2）数据操作类 DataReader，读取、归一化、验证集生成、获得指定类型批量数据。

（3）超参类 HyperParameters2，各层的神经元数量、学习率、批大小、网络类型、初始化方法等。

```python
class HyperParameters2(object):
    def __init__(self, n_input, n_hidden, n_output,
                 eta=0.1, max_epoch=10000, batch_size=5, eps = 0.1,
                 net_type = NetType.Fitting,
                 init_method = InitialMethod.Xavier):
```

（4）损失函数类 LossFunction，包含三种损失函数的代码实现。

（5）神经网络类 NeuralNet2，初始化、正向、反向、更新、训练、验证、测试等一系列方法。

（6）训练记录类 TrainingTrace，记录训练过程中的损失函数值、验证精度。

（7）权重矩阵类 WeightsBias，初始化、加载数据、保存数据。

代码位置

ch09，HelperClass2

（注：双层神经网络解决方案的基本代码都在 HelperClass2 子目录下）

9.6 曲线拟合

在上一节中，已经写好了神经网络的核心模块及其辅助功能，现在先来进行一下正弦曲线的拟合，然后再试验复合函数的曲线拟合。

9.6.1 正弦曲线的拟合

1. 隐藏层只有 1 个神经元的情况

令 n_hidden=1，并指定模型名称为"sin_111"，训练过程见图 9-9。图 9-10 为拟合效果图。

从图 9-9 可以看到，损失值到 0.04 附近就很难下降了。图 9-10 中，可以看到只有中间线性部分拟合了，两端的曲线部分没有拟合。

输出最后的测试集精度值为 85.7%，不是很理想。所以隐藏层只有 1 个神经元是基本不能工作的，这只比单层神经网络的线性拟合强一些，距离目标还差很远。

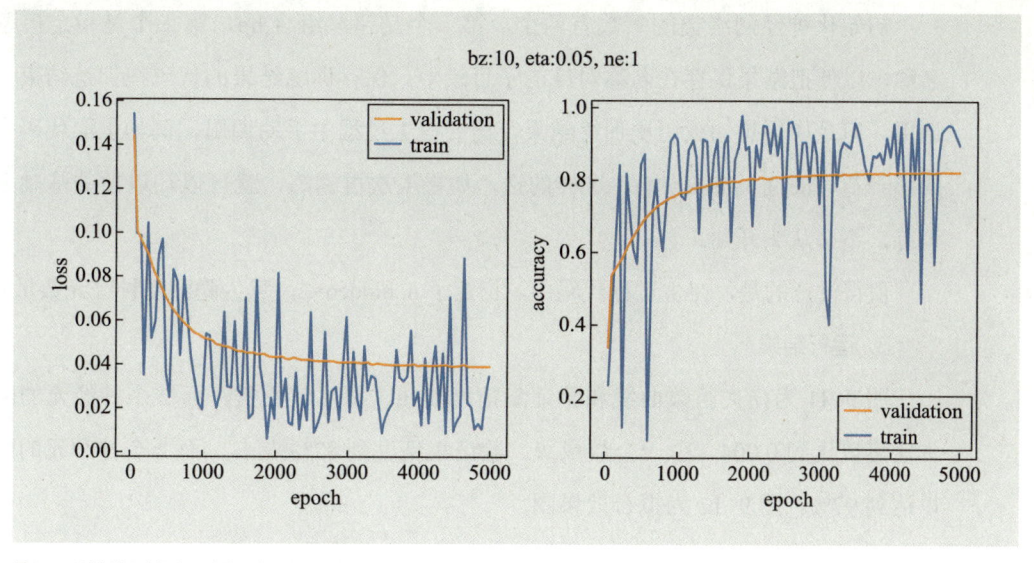

图9-9 训练过程中损失函数值和准确率的变化

```
epoch=4999, total_
iteration=224999
loss_train=0.015787,
accuracy_train=0.943360
loss_valid=0.038609,
accuracy_valid=0.821760
testing...
0.8575700023301912
```

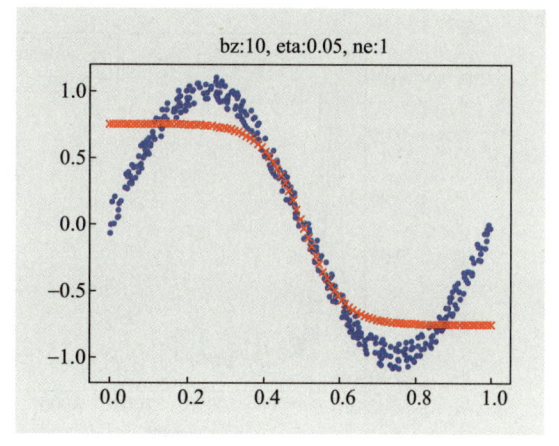

图9-10 一个神经元的拟合效果

2. 隐藏层有2个神经元的情况

```
if __name__ == '__main__':
    ...
    n_input, n_hidden, n_output = 1, 2, 1
    eta, batch_size, max_epoch = 0.05, 10, 5000
    eps = 0.001
    hp = HyperParameters2(n_input, n_hidden, n_output, eta, max_epoch, batch_size, eps, NetType.Fitting, InitialMethod.Xavier)
    net = NeuralNet2(hp, "sin_121")
    #net.LoadResult()
    net.train(dataReader, 50, True)
    ...
```

初始化神经网络类的参数有两个，第一个是超参组合 hp，第二个是指定模型专有名称，以便把结果保存在名称对应的子目录中。保存训练结果的代码在训练结束后自动调用，但是如果想加载历史训练结果，需要在主过程中手动调用，例如上面代码中注释的那一行：net.LoadResult()。这样的话，如果下次再训练，就可以在以前的基础上继续训练，不必从头开始。

值得注意的是，在主过程代码中，指定了 n_hidden=2，意为隐藏层神经元数量为 2。

3. 运行结果

图 9-11 为损失函数曲线和验证集精度曲线，都比较正常。而 2 个神经元的网络损失值可以达到 0.004，少一个数量级。验证集精度到 82% 左右，而 2 个神经元的网络可以达到 97%。图 9-12 为拟合效果图。

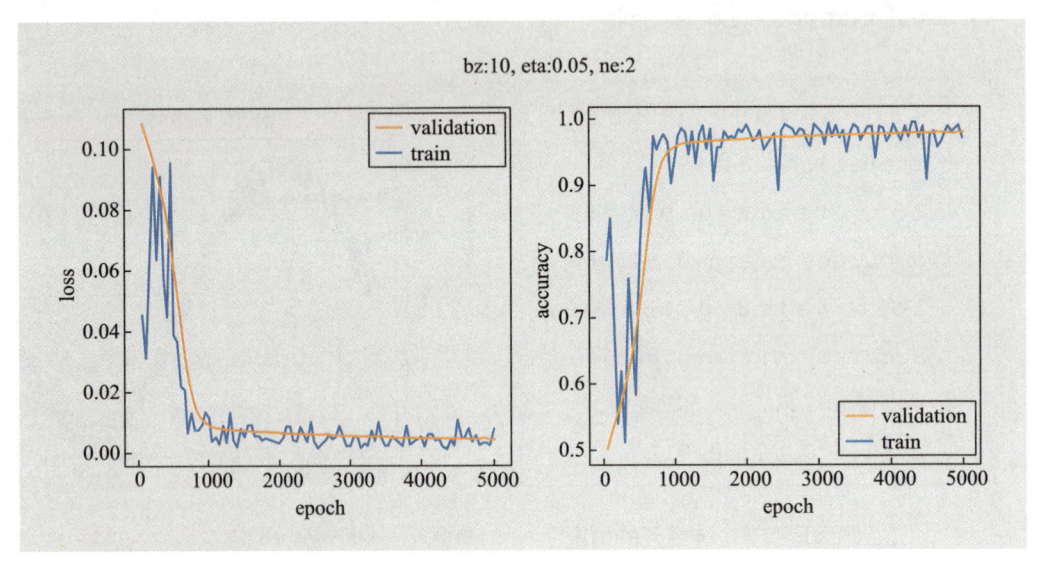

图 9-11 两个神经元的训练过程中损失函数值和准确率的变化

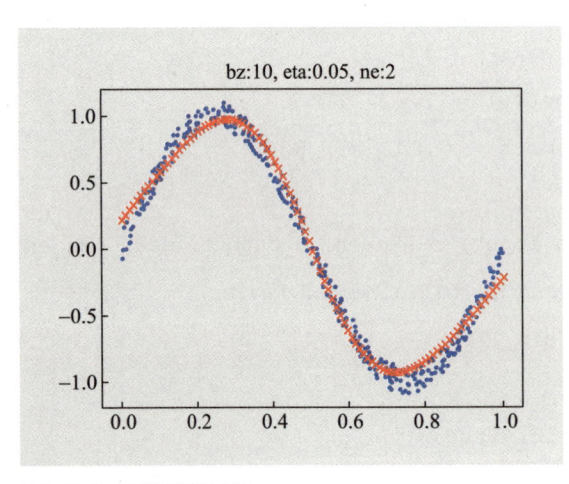

图 9-12 两个神经元的拟合效果

再看下面的输出结果，最后测试集的精度为 98.8%。如果需要精度更高的话，可以增加迭代次数。

```
epoch=4999, total_
 iteration=224999
loss_train=0.007681,
accuracy_train=0.971567
loss_valid=0.004366,
```

```
accuracy_valid=0.979845
testing...
0.9881468747638157
```

9.6.2 复合函数的拟合

基本过程与正弦曲线相似，但此例更复杂，所以首先需要耐心，增大 max_epoch 的数值，多迭代几次。其次需要精心调参，找到最佳参数组合。

1. 隐藏层只有 2 个神经元的情况

图 9-13 是 2 个神经元的拟合效果图，拟合情况很不理想，和正弦曲线只用 1 个神经元的情况类似。观察输出的损失值，有波动，在 0.003 附近徘徊且不下降，说明网络能力不够。

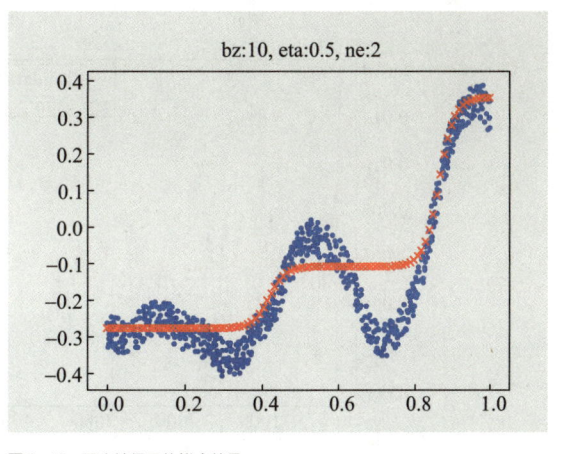

图 9-13　两个神经元的拟合效果

```
epoch=99999, total_iteration=8999999
loss_train=0.000751, accuracy_train=0.968484
loss_valid=0.003200, accuracy_valid=0.795622
testing...
0.8641114405898856
```

2. 隐藏层有 3 个神经元的情况

```
if __name__ == '__main__':
    ...
    n_input, n_hidden, n_output = 1, 3, 1
    eta, batch_size, max_epoch = 0.5, 10, 10000
    eps = 0.001
    hp = HyperParameters2(n_input, n_hidden, n_output, eta, max_epoch,
batch_size, eps, NetType.Fitting, InitialMethod.Xavier)
    net = NeuralNet2(hp, "model_131")
    ...
```

3. 运行结果

图 9-14 为损失函数曲线和验证集精度曲线,都比较正常。图 9-15 是拟合效果。

再看下面的输出结果,最后测试集的精度为 97.6%,已经比较令人满意了。如果需要精度更高的话,可以增加迭代次数。

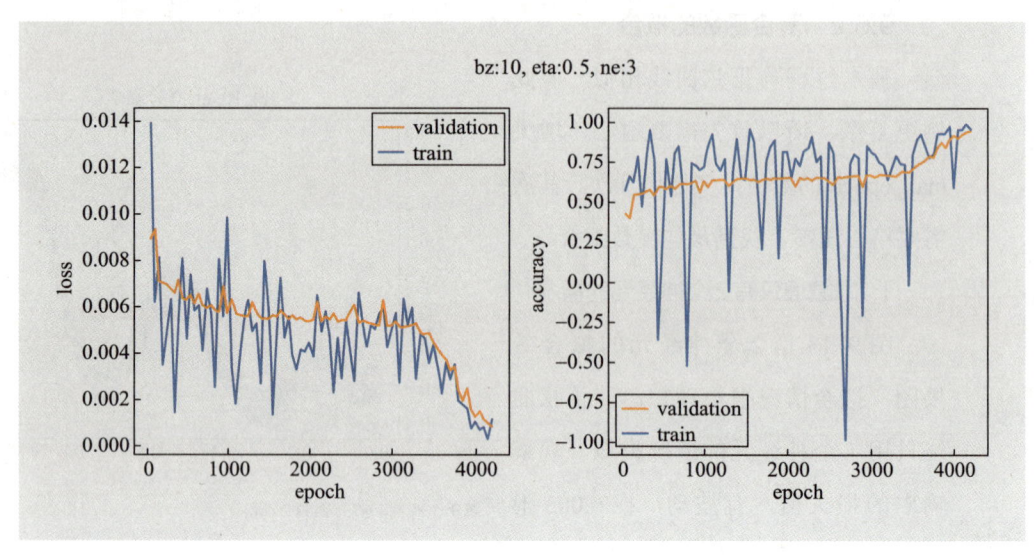

图 9-14 三个神经元的训练过程中损失函数值和准确率的变化

```
epoch=4199, total_
iteration=377999
loss_train=0.001152,
accuracy_train=0.963756
loss_valid=0.000863,
accuracy_valid=0.944908
testing...
0.9765910104463337
```

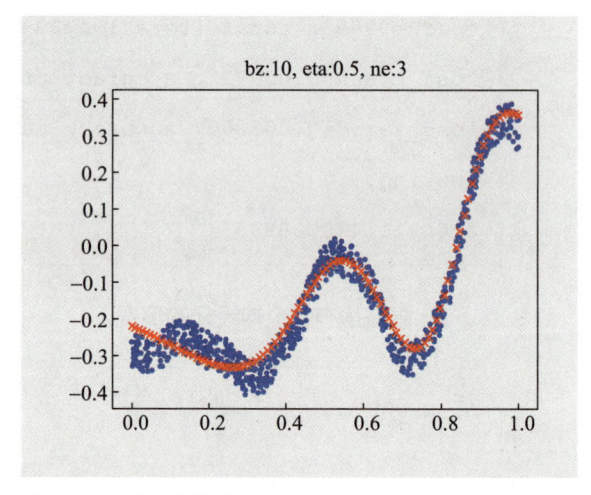

以下就是笔者找到的最佳组合。

图 9-15 三个神经元的拟合效果

- 隐藏层 3 个神经元。
- 学习率 =0.5。
- 批量 =10。

9.6.3 广义的回归/拟合

至此,用两个可视化的例子完成了曲线拟合,验证了万能近似定理。但是,神经网络不是设计专门用于曲线拟合的，这只是牛刀小试，用简单的例子讲解了神经网络的功能，但是此功能完全可以用于多变量的复杂非线性回归。

"曲线"在这里是一个广义的概念，它不仅可以代表二维平面上的数学曲线，也可以代表工程实践中的任何拟合问题，例如房价预测问题，影响房价的自变量可以达到 20 个左右，显然已经超出了线性回归的范畴，此时可以用多层神经网络来做预测。后续章节会讲解这样的例子。简言之，只要是数值拟合问题，确定不能用线性回归的话，都可以用非线性回归来尝试解决。

代码位置

ch09，Level3，Level4

思考与练习

请尝试使用更多的隐藏层神经元来训练复合函数的曲线拟合网络。

知识拓展：非线性回归的工作原理

　　　　　　超参数优化的初步认识

非线性分类 | 第五步

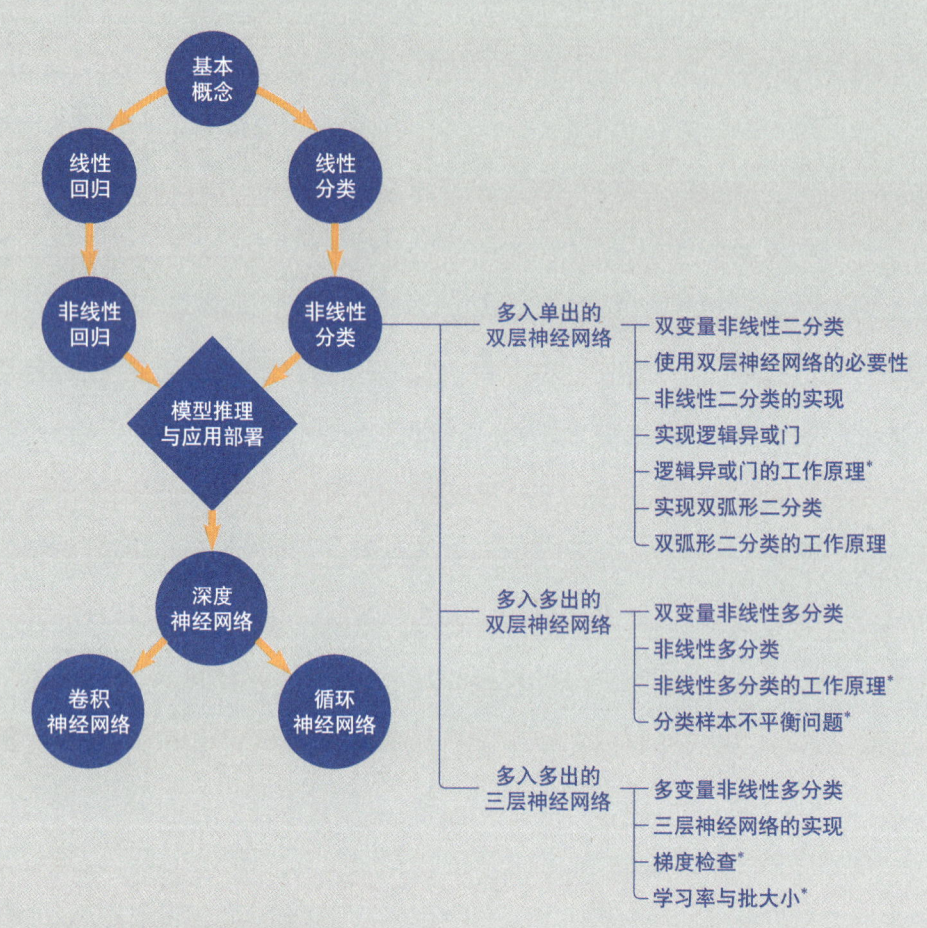

```
                    基本
                    概念
                   ╱    ╲
               线性      线性
               回归      分类
                │        │
               非线性    非线性 ──── 多入单出的 ──┬── 双变量非线性二分类
               回归      分类        双层神经网络  ├── 使用双层神经网络的必要性
                   ╲    ╱                        ├── 非线性二分类的实现
                  模型推理                        ├── 实现逻辑异或门
                  与应用部署                      ├── 逻辑异或门的工作原理*
                     │                           ├── 实现双弧形二分类
                     │                           └── 双弧形二分类的工作原理
                    深度
                    神经网络 ──────── 多入多出的 ──┬── 双变量非线性多分类
                   ╱    ╲            双层神经网络  ├── 非线性多分类
               卷积      循环                     ├── 非线性多分类的工作原理*
               神经网络  神经网络                 └── 分类样本不平衡问题*

                                     多入多出的 ──┬── 多变量非线性多分类
                                     三层神经网络  ├── 三层神经网络的实现
                                                 ├── 梯度检查*
                                                 └── 学习率与批大小*
```

注：带*号部分为知识拓展内容。

第10章 多入单出的双层神经网络——非线性二分类

10.1 双变量非线性二分类

10.1.1 提出问题一：异或问题

1969 年，在明斯基的《感知器》一书中证明了无法使用单层网络（当时称为感知器）来表示最基本的异或逻辑功能。异或问题的样本点如图 10-1 所示。两类样本点（红色叉子和蓝色圆点）交叉分布在 [0,1] 空间的四个角上，用一条直线无法分割开两类样本。神经网络是建立在感知器的基础上的，那么我们用神经网络如何解决异或问题呢？

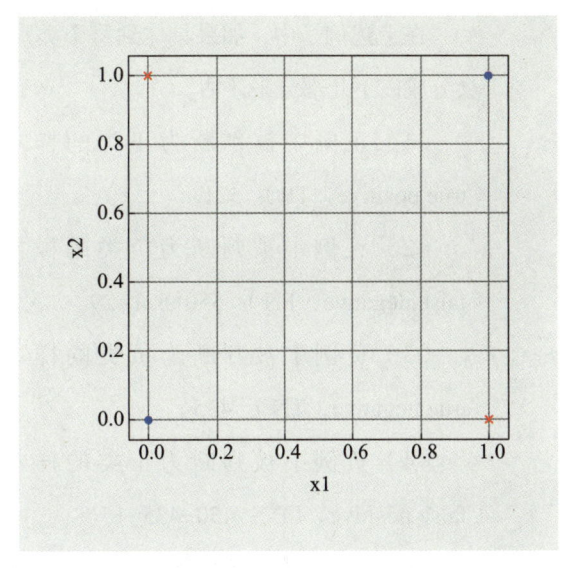

图 10-1 异或问题的样本数据

10.1.2 提出问题二：双弧形问题

如图 10-2 所示，是一个比异或问题复杂的问题。平面上有两类样本数据，都呈弧形分布。由于弧度的存在，无法使用一根直线来分开红蓝两种样本点，那么神经网络能用一条曲线来分开它们吗？

10.1.3 二分类模型的评估标准

1. 准确率（accuracy）

准确率也可以称为准确度或精

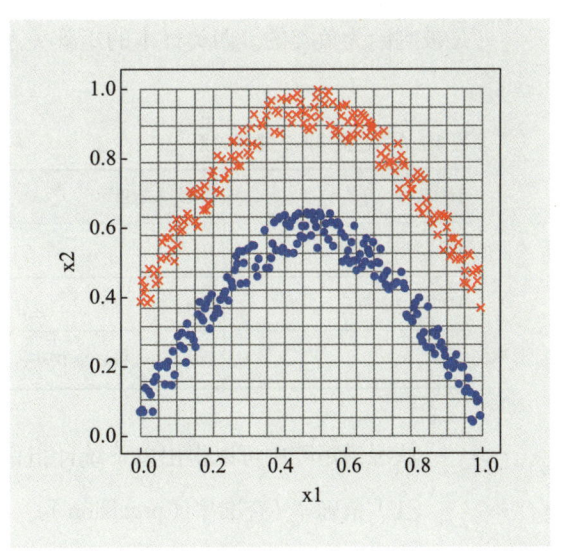

图 10-2 呈弧线分布的两类样本数据

度。对于二分类问题,假设测试集上一共 1 000 个样本,其中 550 个正例,450 个负例。测试一个模型时,得到的结果是:521 个正例样本被判断为正类,435 个负例样本被判断为负类,则正确率计算如下:

$$(521+435)/1\,000 = 0.956$$

即正确率为 95.6%。这种方式对多分类也是有效的,即各类中判别正确的样本数除以总样本数,即为准确率。但是这种计算方法丢失了很多细节,例如,是正类判断的精度高还是负类判断的精度高?因此,还需要其他评估标准。

2. 混淆矩阵

在上述例子中,如果具体到每个类别上,会分成以下几部分来评估。

(1)正例中被判断为正类的样本数(true positive,TP):521。

(2)正例中被判断为负类的样本数(false negative,FN):550−521=29。

(3)负例中被判断为负类的样本数(true negative,TN):435。

(4)负例中被判断为正类的样本数(false positive,FP):450−435=15。

可以用图 10-3 来帮助理解。在圆圈中的样本是被模型判断为正类的,圆圈之外的样本是被判断为负类的。四类样本的矩阵关系见表 10-1。

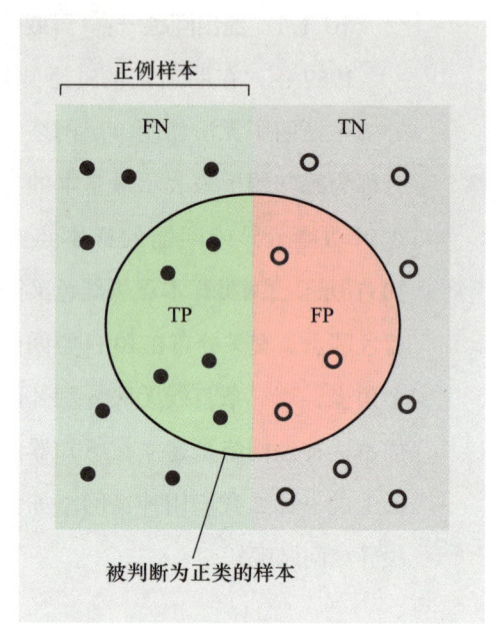

图 10-3 二分类中四种类别的示意图

表 10-1 四类样本的矩阵关系

预测值	被判断为正类	被判断为负类	总和
样本实际为正例	TP	FN	Actual Positive=TP+FN
样本实际为负例	FP	TN	Actual Negative=FP+TN
总和	Predicated Postivie=TP+FP	Predicated Negative=FN+TN	

从混淆矩阵中可以得出以下统计指标。

(1)精确率/查准率(precision)

$$Precision = \frac{TP}{TP+FP} = \frac{521}{521+15} = 0.972$$

分子为被判断为正类并且真的是正类的样本数，分母是被判断为正类的样本数，该值越大越好。

（2）召回率/查全率（recall）

$$Recall = \frac{TP}{TP+FN} = \frac{521}{521+29} = 0.947$$

分子为被判断为正类并且真的是正类的样本数，分母是真的正类的样本数，该值越大越好。

（3）真阳率（true positive rate，TPR）

$$TPR = \frac{TP}{TP+FN} = Recall = 0.947$$

（4）假阳率（false positive rate，FPR）

$$FPR = \frac{FP}{FP+TN} = \frac{15}{15+435} = 0.033$$

分子为被判断为正类的负例样本数，分母为所有负类样本数。越小越好。

（5）调和平均值

$$F1 = \frac{2 \times Precision \times Recall}{Precision + Recall}$$
$$= \frac{2 \times 0.972 \times 0.947}{0.972 + 0.947} = 0.959$$

调和平均值越大越好。

（6）ROC 曲线与 AUC 值

ROC 曲线的横坐标是 FPR，纵坐标是 TPR。在二分类器中，如果使用 Logistic 函数作为分类函数，可以设置一系列不同的阈值，例如 [0.1,0.2,0.3,…,0.9]，输入测试样本，从而得到一系列的 TP、FP、TN、FN，然后就可以绘制如图 10-4 所示的曲线。图中红色的曲线就是 ROC 曲线，曲线下的面积就是 AUC 值，其取值区间为 [0.5,1.0]，面积越大越好。

ROC 曲线越靠近左上角，该分类器的性能越好。对角线表示一个随机猜测分类器。若一个学习器的 ROC 曲线被另一个学习器的曲线完全包住，则可判断

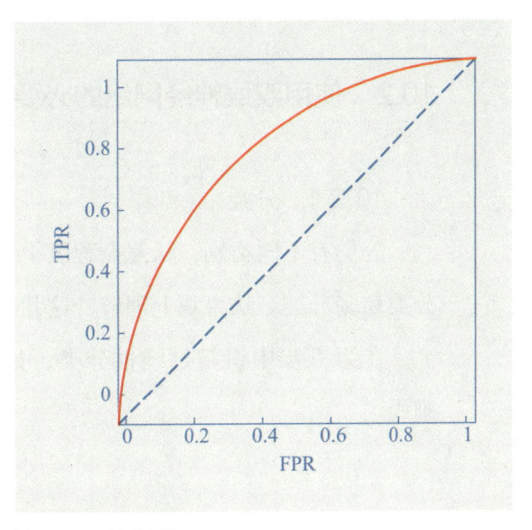

图 10-4　ROC 曲线图

后者性能优于前者。若两个学习器的 ROC 曲线没有包含关系，则可以通过判断 ROC 曲线下的面积，即 AUC 值，AUC 值较大的学习器表现更好。

当然在实际应用中，取决于阈值的采样间隔，红色曲线不会像图 10-4 中那么平滑，由于采样间隔会导致该曲线呈阶梯状。

既然已经有这么多标准，为什么还要使用 ROC 曲线和 AUC 值呢？因为 ROC 曲线有个很好的特性：当测试集中的正负样本的分布发生变换时，ROC 曲线能够保持不变。在实际的数据集中经常会出现样本类不平衡，即正负样本比例差距较大，而且测试数据中的正负样本也可能随着时间变化。

（7）Kappa 值

Kappa 值，即内部一致性系数（inter-rater coefficient of internal consistency），是作为评价判断的一致性程度的重要指标，取值在 0~1 之间。当 Kappa 值大于或等于 0.75 时，两者一致性较好；当 Kappa 值位于 [0.4，0.75）时，两者一致性一般；当 Kappa 值小于 0.4 时，两者一致性较差。

（8）平均绝对误差和均方根误差

平均绝对误差和均方根误差是用来衡量分类器预测值和实际结果的差异的，其值越小越好。

（9）相对绝对误差和相对均方根误差

相对绝对误差（relative absolute error）和相对均方根误差（root relative squared error）可以反映误差大小。有时绝对误差不能体现误差的真实大小，而相对误差通过体现误差占真值的比重来反映误差大小。

10.2 使用双层神经网络的必要性

10.2.1 分类

分类有不同类别，从复杂程度上分，有线性和非线性之分；从样本类别上分，有二分类和多分类。从直观上理解，这几个概念应该符合表 10-2 中的示例。

在第三步中讲解过线性分类，如果用于此处的话，会得到表 10-3 所示的绿色分割线。

表 10-2 各种分类的组合关系

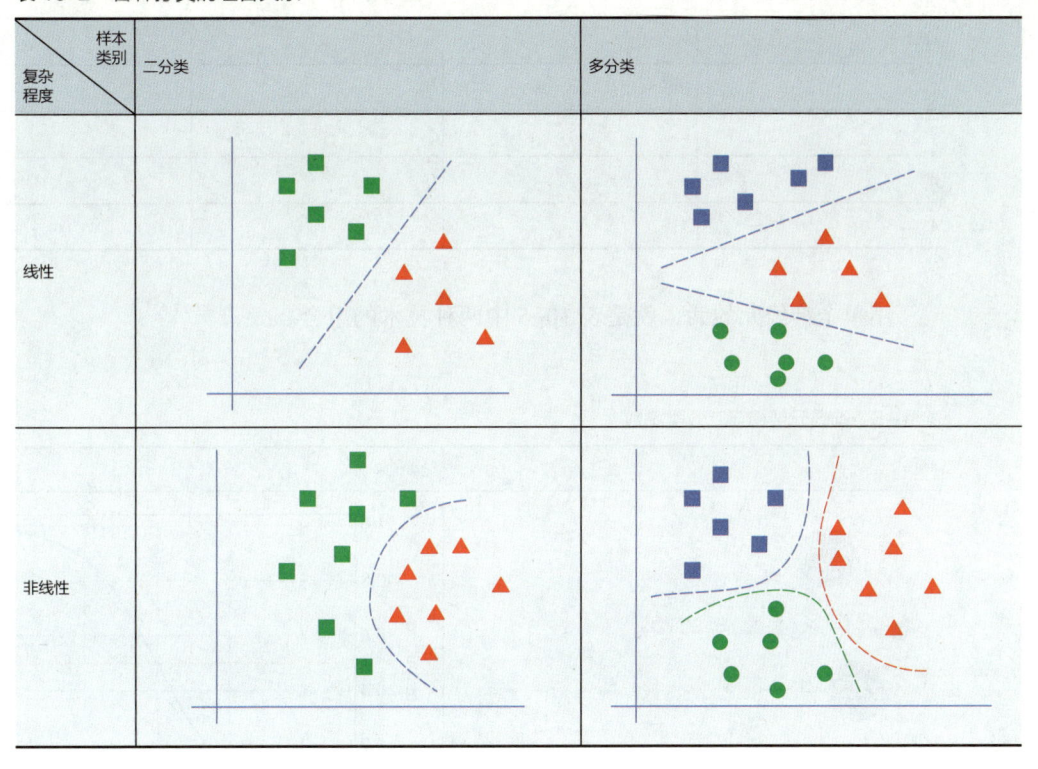

复杂程度 \ 样本类别	二分类	多分类
线性		
非线性		

表 10-3 线性分类结果

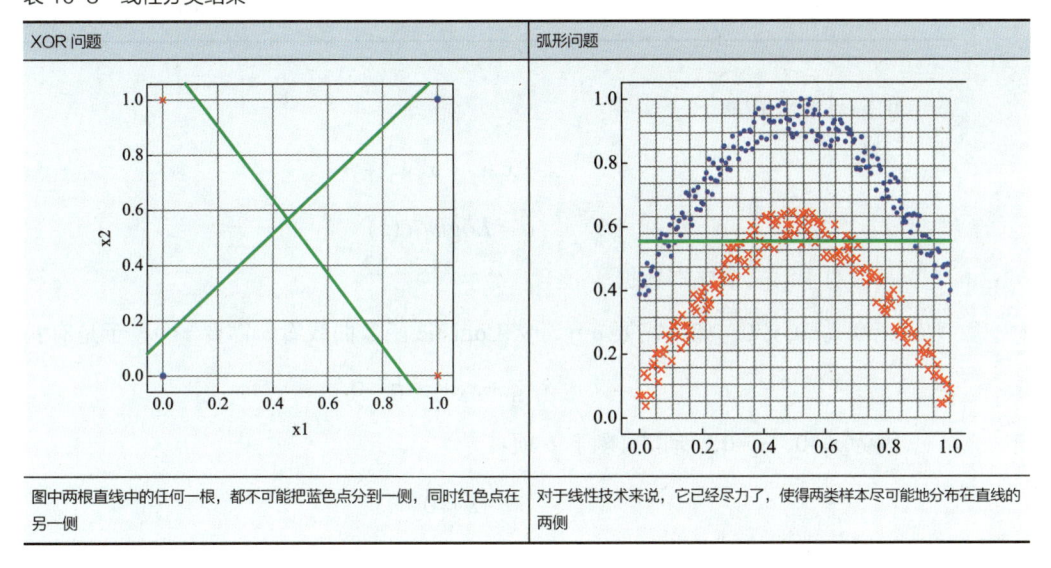

XOR 问题	弧形问题
图中两根直线中的任何一根，都不可能把蓝色点分到一侧，同时红色点在另一侧	对于线性技术来说，它已经尽力了，使得两类样本尽可能地分布在直线的两侧

10.2.2 简单证明单层神经网络解决异或问题的不可能性

用单个神经元或者单层神经网络，是否能完成异或问题的分类任务呢？举个简单的例子来证明。样本数据如表 10-4 所示。

表 10-4 样本数据

样本	x_1	x_2	y
1	0	0	0
2	0	1	1
3	1	0	1
4	1	1	0

用单个神经元的话，就是表 10-5 中两种技术的组合。

表 10-5 神经元结构与二分类函数

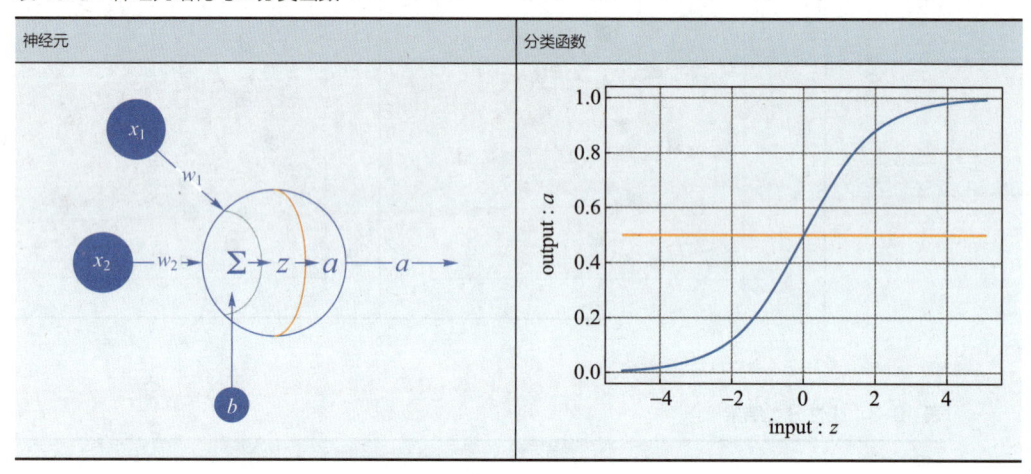

前向计算公式如下。

$$z = x_1 w_1 + x_2 w_2 + b \tag{10.2.1}$$

$$a = Logistic(z) \tag{10.2.2}$$

（1）对于第一个样本数据

$x_1=0, x_2=0, y=0$。如果需要 $a=y$，从 Logistic 函数曲线看，需要 $z<0$，于是有：

$$x_1 w_1 + x_2 w_2 + b < 0$$

因为 $x_1=0$，$x_2=0$，所以只剩下 b 项：

$$b < 0 \tag{10.2.3}$$

（2）对于第二个样本数据

$x_1=0$，$x_2=1$，$y=1$。如果需要 $a=y$，则要求 z 值大于 0，不等式为：

$$x_1 w_1 + x_2 w_2 + b = w_2 + b > 0 \tag{10.2.4}$$

（3）对于第三个样本数据

$x_1=1$，$x_2=0$，$y=1$。如果需要 $a=y$，则要求 z 值大于 0，不等式为：

$$x_1w_1 + x_2w_2 + b = w_1 + b > 0 \qquad (10.2.5)$$

（4）对于第四个样本

$x_1=1$，$x_2=1$，$y=0$。如果需要 $a=y$，则要求 z 值小于 0，不等式为：

$$x_1w_1 + x_2w_2 + b = w_1 + w_2 + b < 0 \qquad (10.2.6)$$

把公式（10.2.6）两边都加 b，并结合公式（10.2.3）有

$$(w_1+b)+(w_2+b) < b < 0 \qquad (10.2.7)$$

再看公式（10.2.4）和（10.2.5），不等式左侧括号内的两个因子都大于 0，其和必然也大于 0，不可能小于 b。因此公式（10.2.7）不成立，无论如何也不能满足所有的 4 个样本的条件，所以单个神经元做异或运算是不可能的。

10.2.3 非线性的可能性

前文中讲解过如何实现与、与非、或、或非，那么如何用已有的逻辑搭建异或门，如图 10-5 所示。

经过表 10-6 所示的组合运算后，可以看到 y 的输出与 x_1, x_2 的输入相比，就是异或逻辑了。所以，实践证明两层逻辑电路可以解决问题。另外，在第四步中学习了非线性回归，使用双层神经网络可以完成如复杂曲线的拟合等任务。本节也可以模拟这个思路，用两层神经网络搭建模型，来解决非线性分类问题。

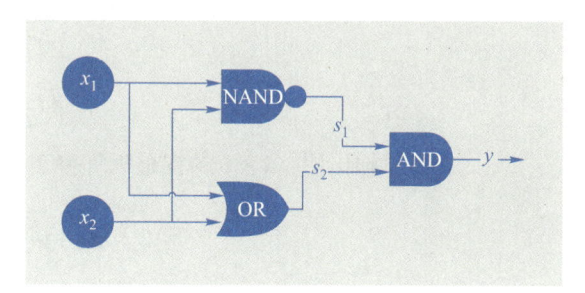

图 10-5 用基本逻辑单元搭建异或门

表 10-6 组合运算的过程

样本与计算	1	2	3	4
x_1	0	0	1	1
x_2	0	1	0	1
$s_1=x_1$ NAND x_2	1	1	1	0
$s_2=x_1$ OR x_2	0	1	1	1
$y=s_1$ AND s_2	0	1	1	0

10.3 非线性二分类的实现

10.3.1 定义神经网络结构

首先定义可以完成非线性二分类的神经网络结构图，如图 10-6 所示。

（1）输入层：两个特征值 x_1, x_2

$$X = \begin{bmatrix} x_1 & x_2 \end{bmatrix}$$

（2）隐藏层：2×2 的权重矩阵 $W1$

$$W1 = \begin{bmatrix} w1_{11} & w1_{12} \\ w1_{21} & w1_{22} \end{bmatrix}$$

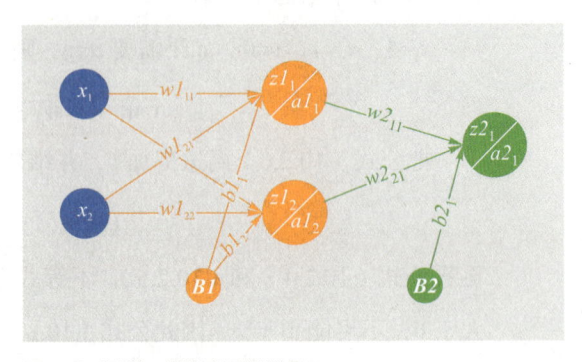

图 10-6 非线性二分类神经网络结构图

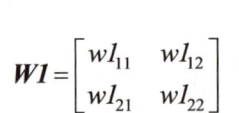

（3）隐藏层：1×2 的偏置矩阵 $B1$

$$B1 = \begin{bmatrix} b1_1 & b1_2 \end{bmatrix}$$

（4）隐藏层：两个神经元

$$Z1 = \begin{bmatrix} z1_1 & z1_2 \end{bmatrix}$$

$$A1 = \begin{bmatrix} a1_1 & a1_2 \end{bmatrix}$$

（5）输出层：2×1 的权重矩阵 $W2$

$$W2 = \begin{bmatrix} w2_{11} \\ w2_{21} \end{bmatrix}$$

（6）输出层：1×1 的偏移矩阵 $B2$

$$B2 = \begin{bmatrix} b2_1 \end{bmatrix}$$

（7）输出层：一个神经元使用 Logisitc 函数进行分类

$$Z2 = (z2_1)$$

$$A2 = (a2_1)$$

对于一般的用于二分类的双层神经网络可以表示为图 10-7。输入特征值可以有很多，隐藏层单元也可以有很多，输出单元只有一个，且后面要接 Logistic 分类函数和二分类交叉熵损失函数。

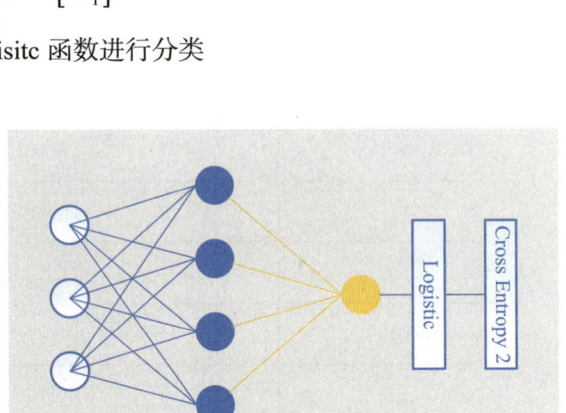

图 10-7 通用的二分类神经网络结构图

10.3.2 前向计算

根据网络结构，前向计算过程可表示为图10-8。

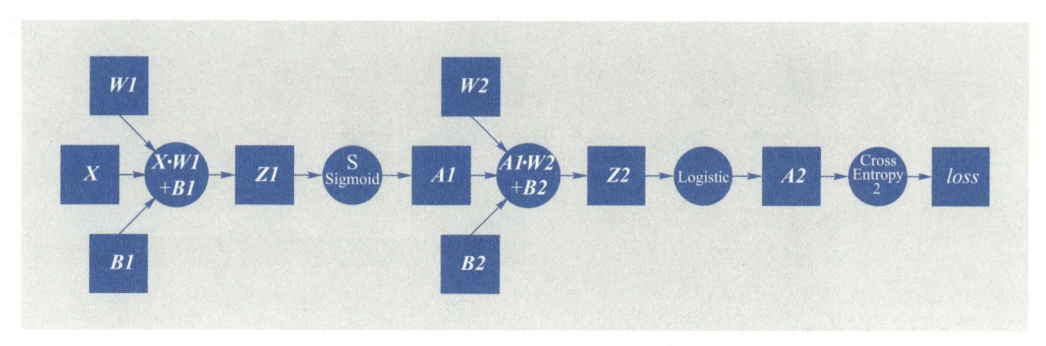

图10-8 前向计算过程

1. 第一层

（1）线性计算

$$z1_1 = x_1 w1_{11} + x_2 w1_{21} + b1_1$$
$$z1_2 = x_1 w1_{12} + x_2 w1_{22} + b1_2$$
$$\boldsymbol{Z1} = \boldsymbol{X} \cdot \boldsymbol{W1} + \boldsymbol{B1}$$

（2）激活函数

$$a1_1 = Sigmoid(z1_1)$$
$$a1_2 = Sigmoid(z1_2)$$
$$\boldsymbol{A1} = \begin{bmatrix} a1_1 & a1_2 \end{bmatrix} = Sigmoid(\boldsymbol{Z1})$$

2. 第二层

（1）线性计算

$$z2_1 = a1_1 w2_{11} + a1_2 w2_{21} + b2_1$$
$$\boldsymbol{Z2} = \boldsymbol{A1} \cdot \boldsymbol{W2} + \boldsymbol{B2}$$

（2）分类函数

$$a2_1 = Logistic(z2_1)$$
$$\boldsymbol{A2} = Logistic(\boldsymbol{Z2})$$

（3）损失函数

把异或问题归类成二分类问题，所以使用二分类交叉熵损失函数

$$loss = -Y \ln A2 + (1-Y)\ln(1-A2)t \qquad (10.3.1)$$

在二分类问题中，$\boldsymbol{Y}$、$\boldsymbol{A2}$ 都是 1×1 的矩阵。

10.3.3 反向传播

图 10–9 展示了反向传播的过程。

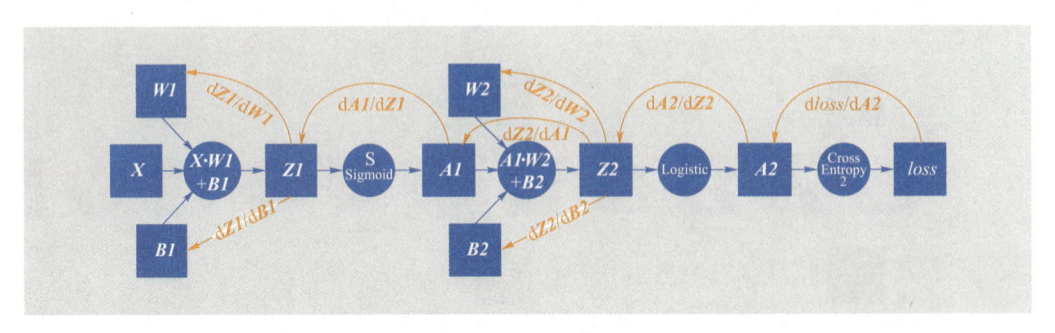

图 10–9 反向传播过程

1. 求损失函数对输出层的反向误差

对损失函数求导，可以得到损失函数对输出层的梯度值，即图 10–9 中的 **Z2** 部分。根据公式（10.3.1），求 **A2** 和 **Z2** 的导数。为方便后续求导运算，可以将 **A2**，**Z2**，**Y** 视为标量。

$$\begin{aligned}\frac{\partial loss}{\partial Z2} &= \frac{\partial loss}{\partial A2}\frac{\partial A2}{\partial Z2} \\ &= \frac{A2-Y}{A2(1-A2)} \cdot A2(1-A2) \\ &= A2-Y \rightarrow \mathrm{d}Z2 \end{aligned} \quad (10.3.2)$$

2. 求 **W2** 和 **B2** 的梯度

此时，对 **W2** 求导，可以分解为对 $w2_{11}$ 和 $w2_{21}$ 分别求导。

$$\begin{aligned}\frac{\partial loss}{\partial \boldsymbol{W2}} &= \begin{bmatrix}\frac{\partial loss}{\partial w2_{11}} \\ \frac{\partial loss}{\partial w2_{21}}\end{bmatrix} = \begin{bmatrix}\frac{\partial loss}{\partial Z2}\frac{\partial Z2}{\partial w2_{11}} \\ \frac{\partial loss}{\partial Z2}\frac{\partial Z2}{\partial w2_{21}}\end{bmatrix} \\ &= \begin{bmatrix}\mathrm{d}Z2 \cdot a1_1 \\ \mathrm{d}Z2 \cdot a1_2\end{bmatrix} = \begin{bmatrix}a1_1 \\ a1_2\end{bmatrix}\mathrm{d}Z2 \\ &= \boldsymbol{A1}^\mathrm{T} \cdot \mathrm{d}Z2 \rightarrow \mathrm{d}\boldsymbol{W2}\end{aligned} \quad (10.3.3)$$

$$\frac{\partial loss}{\partial \boldsymbol{B2}} = \mathrm{d}Z2 \rightarrow \mathrm{d}\boldsymbol{B2} \quad (10.3.4)$$

3. 求损失函数对隐藏层的反向误差

此时，对 **A1** 求导，可以分解为对 **A1** 的组成元素分别求导。

$$\begin{aligned}\frac{\partial loss}{\partial \boldsymbol{A1}} &= \begin{bmatrix}\frac{\partial loss}{\partial a1_1} & \frac{\partial loss}{\partial a1_2}\end{bmatrix} \\ &= \begin{bmatrix}\frac{\partial loss}{\partial Z2}\frac{\partial Z2}{\partial a1_1} & \frac{\partial loss}{\partial Z2}\frac{\partial Z2}{\partial a1_2}\end{bmatrix}\end{aligned}$$

$$= \begin{bmatrix} dZ2 \cdot w2_{11} & dZ2 \cdot w2_{21} \end{bmatrix}$$
$$= dZ2 \cdot \begin{bmatrix} w2_{11} & w2_{21} \end{bmatrix} \quad (10.3.5)$$
$$= dZ2 \cdot W2^{\mathrm{T}}$$

$$\frac{\partial A1}{\partial Z1} = A1 \odot (1-A1) \rightarrow dA1 \quad (10.3.6)$$

所以，最后到达 **Z1** 的误差矩阵表示为

$$\frac{\partial loss}{\partial Z1} = \frac{\partial loss}{\partial A1} \frac{\partial A1}{\partial Z1}$$
$$= dZ2 \cdot W2^{\mathrm{T}} \odot dA1 \rightarrow dZ1 \quad (10.3.7)$$

有了 d**Z1** 后，再向前求 **W1** 和 **B1** 的误差，就和第 5 章中一样了。

$$d\boldsymbol{W1} = \boldsymbol{X}^{\mathrm{T}} \cdot d\boldsymbol{Z1} \quad (10.3.8)$$
$$d\boldsymbol{B1} = d\boldsymbol{Z1} \quad (10.3.9)$$

10.4 实现逻辑异或门

10.4.1 代码实现

1. 准备数据

异或数据比较简单，只有 4 个记录，所以不用再建立数据集。这也给读者一个机会了解如何从 DataReader 类派生出一个全新的子类 XOR_DataReader。

例如在下面的代码中，覆盖了父类中的三个方法。

（1）init( ) 初始化方法：因为父类的初始化方法要求有两个参数，代表训练和测试数据文件。

（2）ReadData( ) 方法：父类方法是直接读取数据文件，此处直接在内存中生成样本数据，并且直接令训练集等于原始数据集（不需要归一化），令测试集等于训练集。

（3）GenerateValidationSet( ) 方法，由于只有 4 个样本，所以直接令验证集等于训练集。

因为 NeuralNet2 中的代码要求数据集比较全，有训练集、验证集、测试集，为了已有代码能顺利运行，把验证集、测试集都设置成与训练集一致，对于解决这个异或问题没有影响。

```
class XOR_DataReader(DataReader):
    def ReadData(self):
        self.XTrainRaw = np.array([0,0,0,1,1,0,1,1]).reshape(4,2)
```

```
            self.YTrainRaw = np.array([0, 1, 1, 0]).reshape(4, 1)
            self.XTrain = self.XTrainRaw
            self.YTrain = self.YTrainRaw
            self.num_category = 1
            self.num_train = self.XTrainRaw.shape[0]
            self.num_feature = self.XTrainRaw.shape[1]
            self.XTestRaw = self.XTrainRaw
            self.YTestRaw = self.YTrainRaw
            self.XTest = self.XTestRaw
            self.YTest = self.YTestRaw
            self.num_test = self.num_train

        def GenerateValidationSet(self, k = 10):
            self.XVld = self.XTrain
            self.YVld = self.YTrain
```

2. 测试函数

与第 6 章中的逻辑与门和或门一样，需要神经网络的运算结果达到一定的精度，也就是非常的接近 0 或 1，而不是说勉强大于 0.5 就近似为 1 了，所以精度要求是误差绝对值小于 1e−2。

```
def Test(dataReader, net):
    print("testing...")
    X, Y = dataReader.GetTestSet()
    A = net.inference(X)
    diff = np.abs(A-Y)
    result = np.where(diff < 1e-2, True, False)
    if result.sum() == dataReader.num_test:
        return True
    else:
        return False
```

3. 主过程代码

```
if __name__ == '__main__':
```

```
...
n_input = dataReader.num_feature
n_hidden = 2
n_output = 1
eta,batch_size,max_epoch = 0.1,1,10000
eps = 0.005
hp = HyperParameters2(n_input,n_hidden,n_output,eta,max_epoch,batch_size,eps,NetType.BinaryClassifier,InitialMethod.Xavier)
net = NeuralNet2(hp,"Xor_221")
net.train(dataReader,100,True)
...
```

此处的代码有如下几个需要强调的细节。

（1）n_input = dataReader.num_feature，值为 2，而且必须为 2，因为只有两个特征值。

（2）n_hidden=2，这是人为设置的隐藏层神经元数量，可以是大于 2 的任何整数。

（3）eps 精度 =0.005 是后验知识，笔者通过测试得到的停止条件，用于方便案例讲解。

（4）网络类型是 NetType.BinaryClassifier，指明是二分类网络。

（5）最后要调用 Test 函数验证精度。

10.4.2 运行结果

经过快速的迭代后，会显示训练过程如图 10-10 所示。

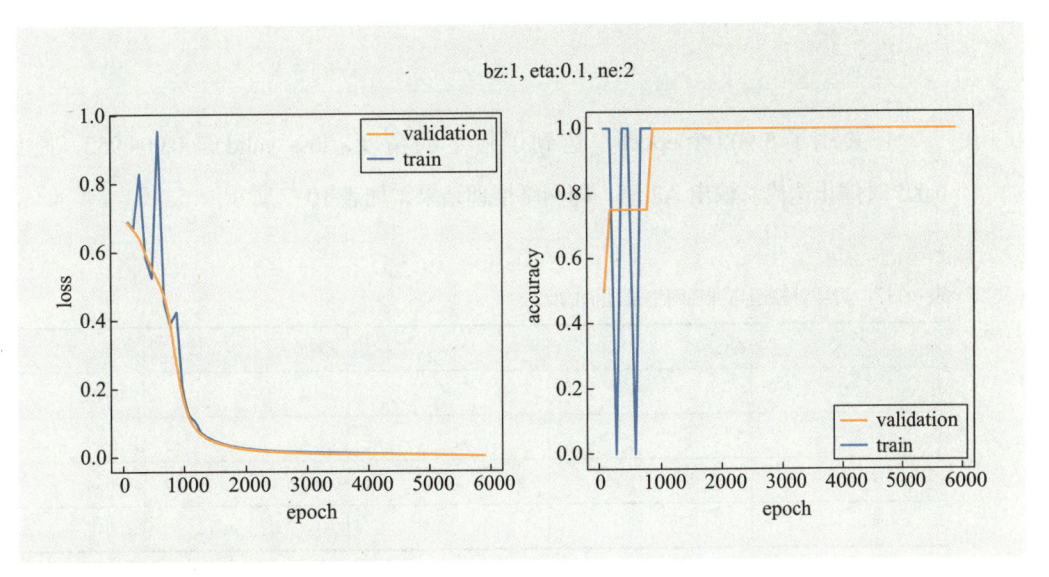

图 10-10 训练过程中的损失函数值和准确率的变化

可以看到二者的走势很理想。同时输出一些信息，最后几行结果如下。

```
epoch=5799,total_iteration=23199
loss_train=0.005553,accuracy_train=1.000000
loss_valid=0.005058,accuracy_valid=1.000000
epoch=5899,total_iteration=23599
loss_train=0.005438,accuracy_train=1.000000
loss_valid=0.004952,accuracy_valid=1.000000
W= [[-7.10166559  5.48008579]
 [-7.10286572  5.48050039]]
B= [[ 2.91305831 -8.48569781]]
W= [[-12.06031599]
 [-12.26898815]]
B= [[5.97067802]]
testing...
1.0
None
testing...
A2= [[0.00418973]
 [0.99457721]
 [0.99457729]
 [0.00474491]]
True
```

一共用了 5 900 个 epoch，达到了指定的精度，loss_valid 是 0.004 952，刚好小于 0.005 时停止迭代。输出 A2 值，即网络推理结果，如表 10-7 所示。

表 10-7　异或计算值与神经网络推理值的比较

x_1	x_2	XOR	推理值	差异
0	0	0	0.004 2	0.004 2
0	1	1	0.994 6	0.005 4
1	0	1	0.994 6	0.005 4
1	1	0	0.004 7	0.004 7

表 10-7 中的推理值与 XOR 结果非常的接近，继续训练的话还可以得到更高的精度，但是一般没这个必要了。由此可以再一次认识到，神经网络只能得到无限接近真实值的近似解。

代码位置

ch10，Level1

> **知识拓展**：逻辑异或门的工作原理

10.5 实现双弧形二分类

逻辑异或问题的成功解决，可以带给我们一定的信心。但是毕竟只有 4 个样本，还不能发挥出双层神经网络的真正能力。下面将解决问题二，该问题是复杂的二分类问题。

10.5.1 代码实现

主过程代码如下。

```
if __name__ == '__main__':
    ...
    n_input = dataReader.num_feature
    n_hidden = 2
    n_output = 1
    eta,batch_size,max_epoch = 0.1,5,10000
    eps = 0.08
    hp = HyperParameters2(n_input,n_hidden,n_output,eta,max_epoch,batch_size,eps,NetType.BinaryClassifier,InitialMethod.Xavier)
    net = NeuralNet2(hp,"Arc_221")
    net.train(dataReader,5,True)
    net.ShowTrainingTrace()
```

此处的代码有如下几个需要强调的细节。

（1）n_input = dataReader.num_feature，值为 2，而且必须为 2，因为只有两个特征值。

（2）n_hidden=2，这是人为设置的隐藏层神经元数量，可以是大于 2 的任何整数。

（3）eps = 0.08 是后验知识，笔者通过测试得到的停止条件，用于方便案例讲解。

（4）网络类型是 NetType.BinaryClassifier，指明是二分类网络。

10.5.2 运行结果

经过快速的迭代，训练完毕后，会显示损失函数值和准确率的变化，如图 10-11 所示。

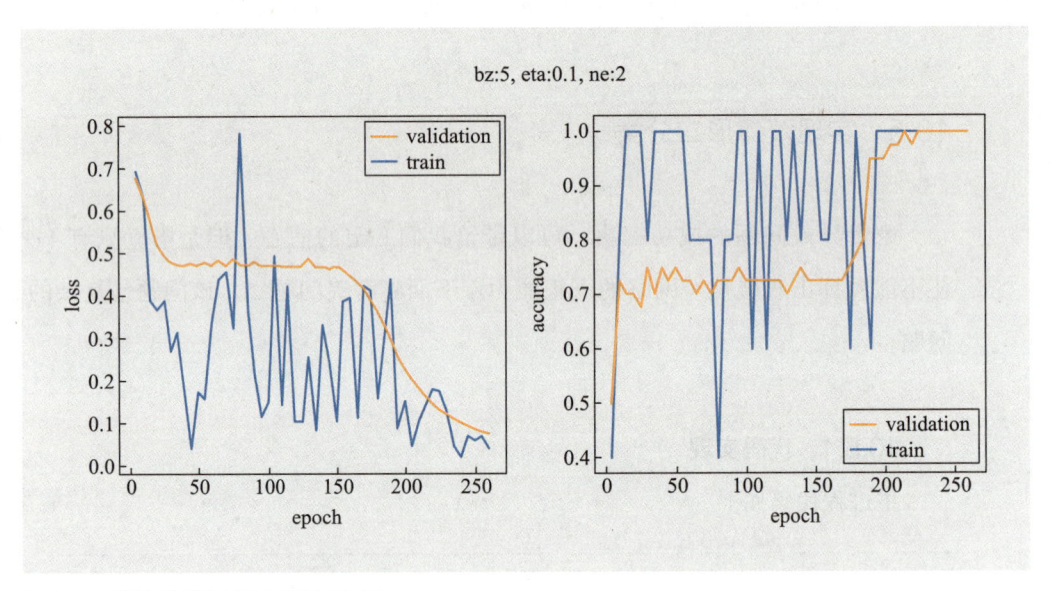

图 10-11 训练过程中的损失函数值和准确率的变化

蓝色的线条是小批量训练样本的曲线，波动相对较大，不必理会，因为批量小势必会造成波动。红色曲线是验证集的走势，可以看到二者的走势很理想，经过一小段时间的磨合后，从第 200 个 epoch 开始，两条曲线都突然找到了突破的方向，然后只用了几十个 epoch，就迅速达到指定精度。同时输出一些信息，最后几行结果如下。

```
epoch=259, total_iteration=18719
loss_train=0.092687, accuracy_train=1.000000
loss_valid=0.074073, accuracy_valid=1.000000
W= [[ 8.88189429  6.09089509]
 [-7.45706681  5.07004428]]
B= [[ 1.99109895 -7.46281087]]
```

```
W= [[-9.98653838]
 [11.04185384]]
B= [[3.92199463]]
testing...
1.0
```

一共用了 260 个 epoch，达到了指定的精度时停止迭代。看测试集的情况，准确率 1.0，即 100% 分类正确。

代码位置

ch10，Level3

10.6　双弧形二分类的工作原理

在异或问题中，如果使用三维坐标系来分析平面上任意复杂的分类问题，都可以迎刃而解：只要把不同类别的点通过三维线性变换把它们向上升起，就很容易分开不同类别的样本，但是这种解释有些牵强。所以，笔者试图在二维平面上继续研究，寻找真正的答案。于是做了下述试验，来验证神经网络到底在二维平面上做了什么空间变换。

10.6.1　两层神经网络的可视化

1. 几个辅助的函数

（1）DrawSamplePoints（x1, x2, y, title, xlabel, ylabel, show=True）

画样本点，把正例绘制成红色的 ×，把负例绘制成蓝色的点。输入的 x1 和 x2 组成横纵坐标，y 是正负例的标签值。

（2）Prepare3DData（net, count）

准备 3D 数据，把平面划分成 count*count 的网格，并形成矩阵。如果传入的数据不是 None 的话，会使用 net.inference（）做一次推理，以便得到和平面上的网格相对应的输出值。

（3）DrawGrid（Z, count）

绘制网格。这个网格不一定是正方形的，有可能会由于矩阵的平移缩放而扭曲，目的是观察神经网络对空间的变换。

（4）ShowSourceData（dataReader）

显示原始训练样本数据。

（5）ShowTransformation（net, dr, epoch）

绘制经过神经网络第一层的线性计算（即激活函数计算）后，空间变换的结果。神经网络的第二层就是在第一层的空间变换的结果之上来完成分类任务的。

（6）ShowResult2D（net, dr, epoch）

在二维平面上显示分类结果，实际上是用等高线方式显示 2.5 维的分类结果。

2. 训练函数

接收 max_epoch 作为参数，控制神经网络训练迭代的次数，用来观察中间结果。使用了如下超参。

- n_input= 输入的特征值数量，此例为 2。
- n_hidden=2，隐藏层的神经元数。
- n_output=1，输出为二分类。
- eta=0.1，学习率。
- batch_size=5，批量样本数为 5。
- eps=0.01，停止条件。
- NetType.BinaryClassifier，二分类网络。
- InitialMethod.Xavier，初始化方法为 Xavier。

每迭代 5 次做一次损失值计算，打印一次结果。最后显示中间状态图和分类结果图。读取数据后，用 20、100、200、600 个 epoch 作为训练停止条件，以便观察中间状态，笔者经过试验，事先知道了 600 次迭代一定可以达到满意的效果。而上述 epoch 的取值，是通过观察损失函数的下降曲线来确定的。

10.6.2 运行结果

运行后，首先会显示一张原始样本的位置，如图 10-2 所示，以便确定训练样本是否正确，并得到基本的样本分布概念。

随着每一个 train( ) 函数的调用，会在每一次训练结束后依次显示：第一层神经网络的线性变换结果，第一层神经网络的激活函数结果，第二层神经网络的分类结果。如表 10-8 所示。

根据表 10-8 中各列图片的变化，分析如下。

表 10-8 训练过程可视化

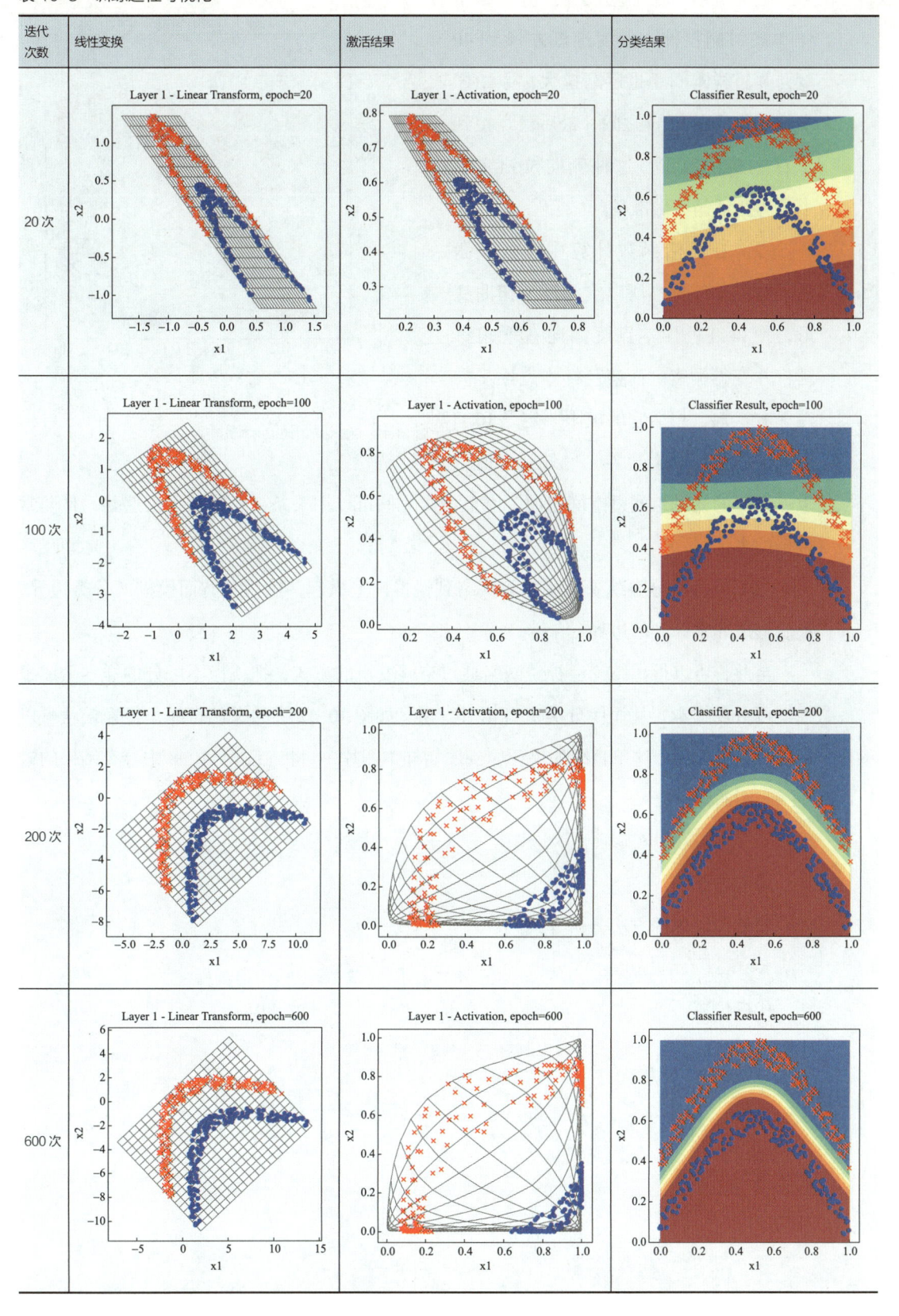

迭代次数	线性变换	激活结果	分类结果
20次	Layer 1 - Linear Transform, epoch=20	Layer 1 - Activation, epoch=20	Classifier Result, epoch=20
100次	Layer 1 - Linear Transform, epoch=100	Layer 1 - Activation, epoch=100	Classifier Result, epoch=100
200次	Layer 1 - Linear Transform, epoch=200	Layer 1 - Activation, epoch=200	Classifier Result, epoch=200
600次	Layer 1 - Linear Transform, epoch=600	Layer 1 - Activation, epoch=600	Classifier Result, epoch=600

（1）在第一层的线性变换中，原始样本被斜侧拉伸，角度渐渐左倾到 40 度，并且样本间距也逐渐拉大，原始样本归一化后在 [0,1] 之间，最后已经拉到了 [-5,15] 的范围。这种侧向拉伸实际上是为激活函数做准备。

（2）在激活函数计算中，由于激活函数的非线性，所以空间逐渐扭曲变形，使得红色样本点逐步向右下角移动，并变得稠密。而蓝色样本点逐步向左上方扩散，相信它的极限一定是 [0,1] 空间的左边界和上边界。另外一个值得重点说明的就是，通过空间扭曲，红蓝两类之间可以用一条直线分割了！这是一件非常神奇的事情。

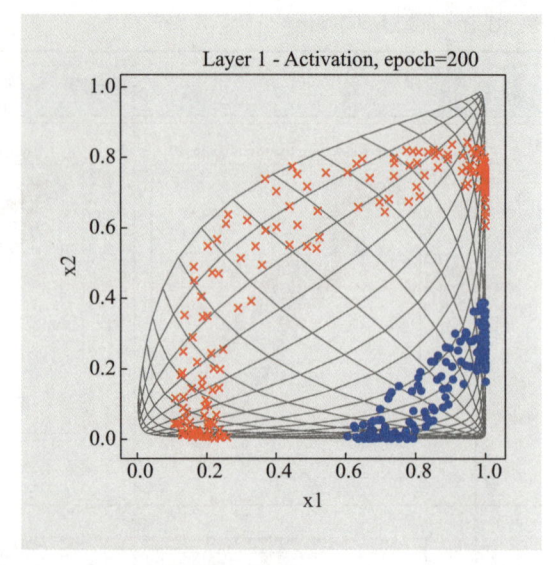

图 10-12　经过空间变换后的样本数据

（3）最后的分类结果，从毫无头绪到慢慢向上拱起，然后是宽而模糊的分类边界，最后形成非常锋利的边界。

至此，可以得出结论：神经网络通过空间变换的方式，把线性不可分的样本变成了线性可分的样本，从而使分类变得相对容易。如图 10-12 中的绿色直线，很轻松就可以完成二分类任务。这条直线如果还原到原始样本图片中，将会是表 10-8 中分类结果的最后一张图的样子。

思考与练习

请使用同样的方法分析异或问题。

代码位置

ch10，Level4

第11章 多入多出的双层神经网络——非线性多分类

11.1 双变量非线性多分类

11.1.1 提出问题：铜钱孔形分类问题

前面用异或问题和弧形样本学习了二分类，本章将讲解非线性多分类。有如表 11-1 所示的 1 000 个样本和标签。

表 11-1 多分类问题数据样本

样本	x_1	x_2	y
1	0.228 251 11	−0.345 870 97	2
2	0.209 826 06	0.433 884 47	3
…	…	…	…
1 000	0.382 301 43	−0.164 553 77	2

将这些数据进行可视化，如图 11-1 所示。

样本点组成了一个铜钱的形状，因此把这个问题叫铜钱孔形分类问题。

问题：如何用两层神经网络实现这个铜钱孔三分类问题？

三种颜色的点有规律地占据了一个单位平面内的不同区域，从图中可以明显看出，这不是线性可分问题，而单层神经网络只能做线性分类，如果想做非线性分类，需要至少两层神经网络来完成。

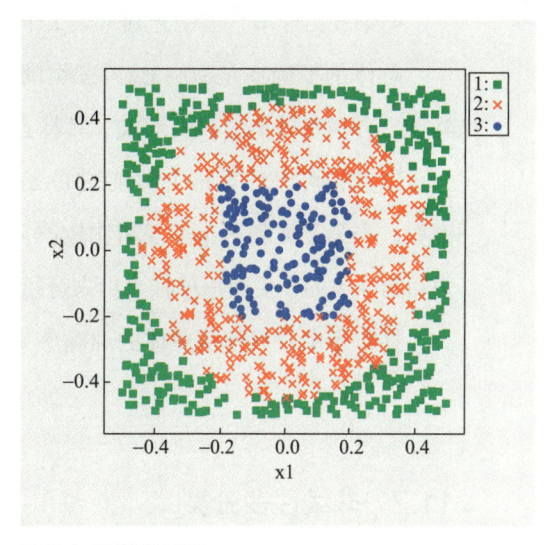

图 11-1 可视化样本数据

红绿两色是圆形边界分割，红蓝两色是个矩形边界，都是有规律的。但是，学习神经网络，要忘记"规律"这个词。对于神经网络来说，数学上的"有规律"或者"无规律"是没有意义的，对于它来说一概都是无规律，训练难度是相同的。

另外，边界也是无意义的，要用概率来理解：没有一条非 0 即 1 的分界线明确表示哪些点应该属于哪个区域，可以得到的是处于某个位置的点属于三个类别的概率有多大，然后从中取概率最大的类别作为最终判断结果。

11.1.2　多分类模型的评估标准

以三分类问题举例，假设每类有 100 个样本，一共 300 个样本，最后的分类结果如表 11-2 所示。

表 11-2　分类结果

样本所属类别	分到类 1	分到类 2	分到类 3	各类样本总数	准确率
类 1	90	4	6	100	90%
类 2	9	86	5	100	86%
类 3	1	4	95	100	95%
总数	100	94	106	300	90.33%

不难看出以下几点。

- 第 1 类样本，被错分到 2 类 4 个，错分到 3 类 6 个，正确 90 个。
- 第 2 类样本，被错分到 1 类 9 个，错分到 3 类 5 个，正确 86 个。
- 第 3 类样本，被错分到 1 类 1 个，错分到 2 类 4 个，正确 95 个。

总体的准确率是 90.33%。三类的精确率是 90%、86%、95%。表 11-2 也是混淆矩阵在二分类基础上的扩展形式，其特点是在对角线上的值越大越好。

当然也可以计算每个类别的 Precision 和 Recall，但是只在需要时才去做具体计算。例如，当第 2 类和第 3 类混淆比较严重时，为了记录模型训练的历史情况，才会把第 2 类和第 3 类的相关数据单独拿出来分析。

在本章中，只使用总体的准确率来衡量多分类器的好坏。

11.2　非线性多分类

11.2.1　定义神经网络结构

先设计出能完成非线性多分类的网络结构，如图 11-2 所示。

（1）输入层：两个特征值 x_1, x_2

$$\boldsymbol{X} = \begin{bmatrix} x_1 & x_2 \end{bmatrix}$$

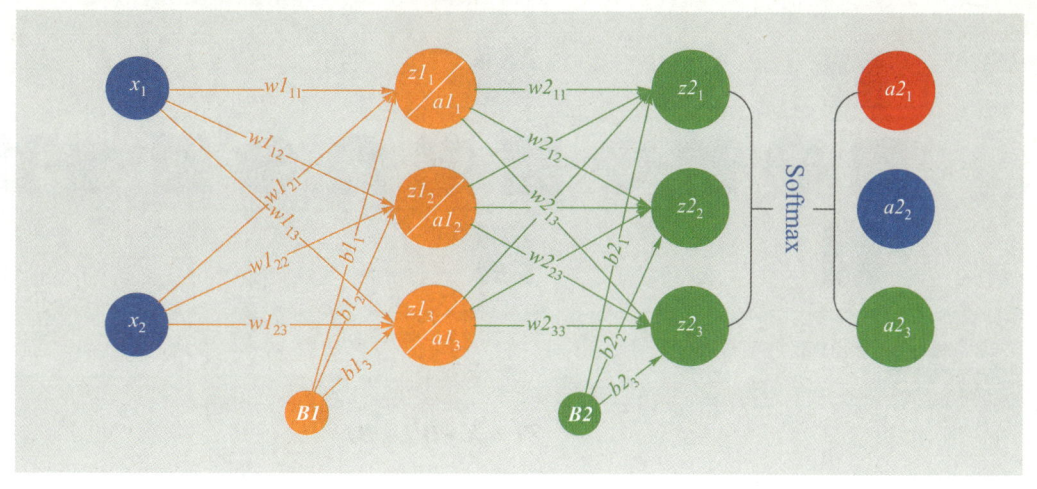

图 11-2 非线性多分类的神经网络结构图

（2）隐藏层：2×3 的权重矩阵 **W1**

$$W1 = \begin{bmatrix} w1_{11} & w1_{12} & w1_{13} \\ w1_{21} & w1_{22} & w1_{23} \end{bmatrix}$$

（3）隐藏层：1×3 的偏移矩阵 **B1**

$$B1 = \begin{bmatrix} b1_1 & b1_2 & b1_3 \end{bmatrix}$$

隐藏层是由 3 个神经元构成的。

（4）输出层：3×3 的权重矩阵 **W2**

$$W2 = \begin{bmatrix} w2_{11} & w2_{12} & w2_{13} \\ w2_{21} & w2_{22} & w2_{23} \\ w2_{31} & w2_{32} & w2_{33} \end{bmatrix}$$

（5）输出层：1×1 的偏移矩阵 **B2**

$$B2 = \begin{bmatrix} b2_1 & b2_2 & b2_3 \end{bmatrix}$$

输出层有 3 个神经元，使用 Softmax 函数进行分类。

11.2.2　前向计算

根据网络结构，可以绘制前向计算图，如图 11-3 所示。

1. 第一层

（1）线性计算

$$z1_1 = x_1 w1_{11} + x_2 w1_{21} + b1_1$$

$$z1_2 = x_1 w1_{12} + x_2 w1_{22} + b1_2$$

$$z1_3 = x_1 w1_{13} + x_2 w1_{23} + b1_3$$

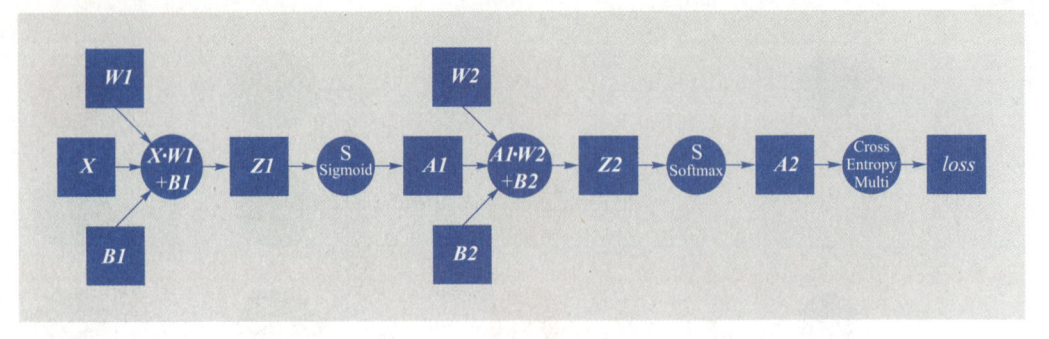

图 11-3 前向计算图

$$Z1 = X \cdot W1 + B1$$

（2）激活函数

$$a1_1 = Sigmoid(z1_1)$$
$$a1_2 = Sigmoid(z1_2)$$
$$a1_3 = Sigmoid(z1_3)$$
$$A1 = Sigmoid(Z1)$$

2. 第二层

（1）线性计算

$$z2_1 = a1_1 w2_{11} + a1_2 w2_{21} + a1_3 w2_{31} + b2_1$$
$$z2_2 = a1_1 w2_{12} + a1_2 w2_{22} + a1_3 w2_{32} + b2_2$$
$$z2_3 = a1_1 w2_{13} + a1_2 w2_{23} + a1_3 w2_{33} + b2_3$$
$$Z2 = A1 \cdot W2 + B2$$

（2）分类函数

$$a2_1 = \frac{e^{z2_1}}{e^{z2_1} + e^{z2_2} + e^{z2_3}}$$

$$a2_2 = \frac{e^{z2_2}}{e^{z2_1} + e^{z2_2} + e^{z2_3}}$$

$$a2_3 = \frac{e^{z2_3}}{e^{z2_1} + e^{z2_2} + e^{z2_3}}$$

$$A2 = Softmax(Z2)$$

3. 损失函数

使用多分类交叉熵损失函数，则有

$$loss = -(y_1 lna2_1 + y_2 lna2_2 + y_3 lna2_3)$$

$$J(\boldsymbol{W}, \boldsymbol{B}) = -\frac{1}{m}\sum_{i=1}^{m}\sum_{j=1}^{n} y_{ij}\ln(a2_{ij})$$

m 为样本数，n 为类别数。

11.2.3 反向传播

根据前向计算图，可以绘制出反向传播的路径，如图 11-4 所示。

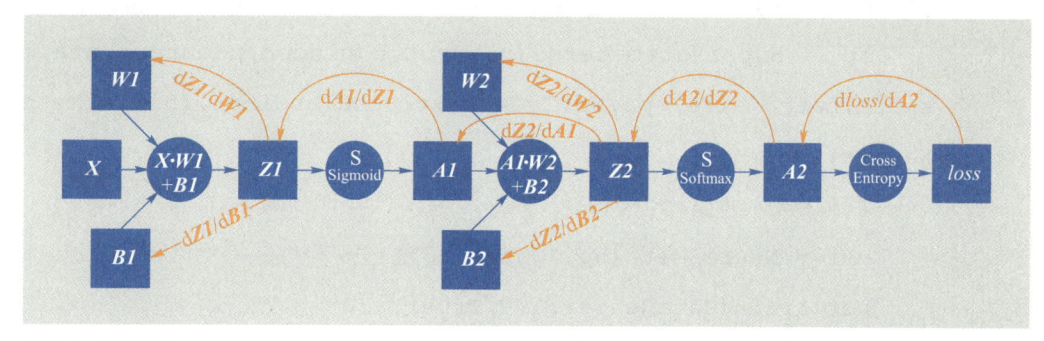

图 11-4 反向传播图

下面的计算中，为方便求导，将 $A2$, $Z2$, Y 视为标量。在 7.2 节中学习过了 Softmax 与多分类交叉熵配合时的反向传播推导过程，最后是一个很简单的减法。

$$\frac{\partial loss}{\partial Z2} = A2 - Y \to \mathrm{d}Z2$$

从 $Z2$ 开始再向前推的话，结论同 10.3 节。

$$\frac{\partial loss}{\partial \boldsymbol{W2}} = \boldsymbol{A1}^{\mathrm{T}} \cdot \mathrm{d}\boldsymbol{Z2} \to \mathrm{d}\boldsymbol{W2}$$

$$\frac{\partial loss}{\partial \boldsymbol{B2}} = \mathrm{d}\boldsymbol{Z2} \to \mathrm{d}\boldsymbol{B2}$$

$$\frac{\partial \boldsymbol{A1}}{\partial \boldsymbol{Z1}} = \boldsymbol{A1} \odot (1 - \boldsymbol{A1}) \to \mathrm{d}\boldsymbol{A1}$$

$$\frac{\partial loss}{\partial \boldsymbol{Z1}} = \mathrm{d}\boldsymbol{Z2} \cdot \boldsymbol{W2}^{\mathrm{T}} \odot \mathrm{d}\boldsymbol{A1} \to \mathrm{d}\boldsymbol{Z1}$$

$$\mathrm{d}\boldsymbol{W1} = \boldsymbol{X}^{\mathrm{T}} \cdot \mathrm{d}\boldsymbol{Z1}$$

$$\mathrm{d}\boldsymbol{B1} = \mathrm{d}\boldsymbol{Z1}$$

11.2.4 代码实现

绝大部分代码都可以通过 HelperClass2 目录中的基本类实现，主过程代码如下。

```
if __name__ == '__main__':
    ...
    n_input = dataReader.num_feature
    n_hidden = 3
    n_output = dataReader.num_category
    eta,batch_size,max_epoch = 0.1,10,5000
    eps = 0.1
    hp = HyperParameters2(n_input,n_hidden,n_output,eta,max_epoch,batch_size,eps,NetType.MultipleClassifier,InitialMethod.Xavier)
    # create net and train
    net = NeuralNet2(hp,"Bank_233")
    net.train(dataReader,100,True)
    net.ShowTrainingTrace()
    # show result
    ...
```

主代码中，主要进行了如下步骤。

（1）读取数据文件。

（2）显示原始数据样本分布图。

（3）其他数据操作：归一化、打乱顺序、建立验证集。

（4）设置超参。

（5）建立神经网络开始训练。

（6）显示训练结果。

11.2.5　运行结果

训练过程中损失函数和准确率的变化如图 11-5 所示。迭代了 5 000 次，没有达到损失函数小于 0.1 的条件。

将最终分类结果可视化，如图 11-6 所示。

因为没达到精度要求，所以分类效果一般。从分类结果图上看，外圈圆形差不多拟合了，但是内圈的方形还差很多。输出最后几行分类结果如下。

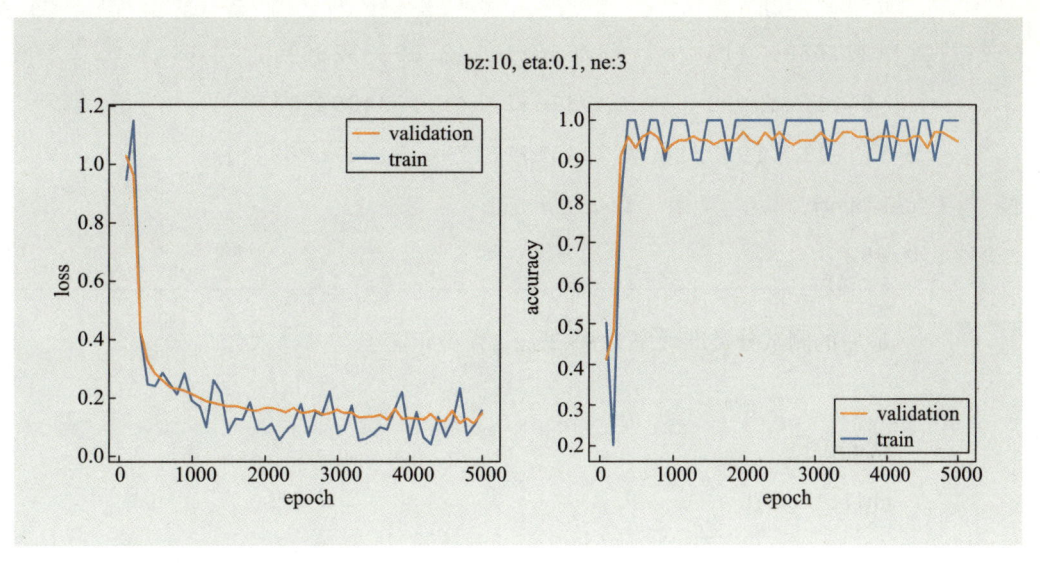

图 11-5 训练过程中的损失函数和准确率的变化

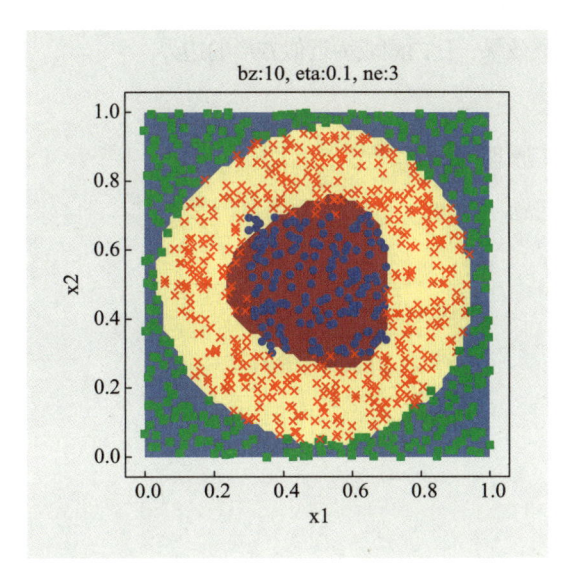

图 11-6 分类效果图

```
epoch=4999, total_iteration=449999
loss_train=0.225935, accuracy_train=0.800000
loss_valid=0.137970, accuracy_valid=0.960000
W= [[ -8.30315494   9.98115605   0.97148346]
 [-5.84460922  -4.09908698  -11.18484376]]
B= [[ 4.85763475 -5.61827538  7.94815347]]
W= [[-32.28586038  -8.60177788   41.51614172]
```

```
  [-33.68897413  -7.93266621  42.09333288]
  [ 34.16449693   7.93537692 -41.19340947]]
B= [[-11.11937314   3.45172617   7.66764697]]
testing...
0.952
```

最后的测试分类准确率为 95.2%。

代码位置

ch11，Level1

思考与练习

请尝试改进参数以得到更好的分类效果，让内圈成为近似方形的边界。

知识拓展：非线性多分类的工作原理

分类样本的不平衡问题

第12章 多入多出的三层神经网络——深度非线性多分类

12.1 多变量非线性多分类

手写识别是人工智能的重要课题之一。如图12-1所示是著名的MNIST数字手写体识别图片集的部分样例。

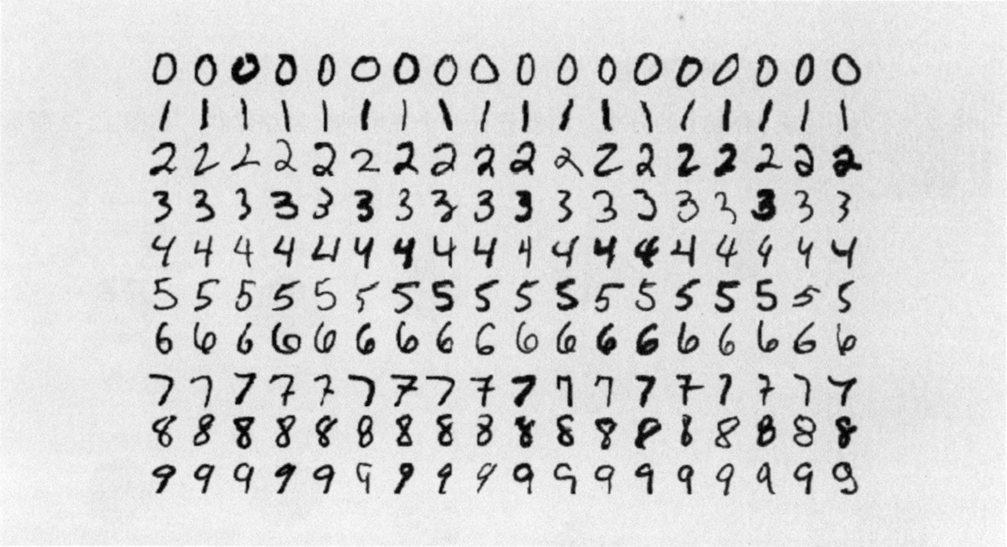

图12-1 MNIST 数据集样本示例

相比于识别26个英文字母或者3 500多个常用汉字，识别数字的问题还算是比较简单，不需要图像处理知识，也暂时不需要卷积神经网络的参与。可以尝试用一个三层神经网络解决此问题，把每个图片的像素都当作一个向量来看，而不是作为点阵。

在第5章中，讲解了数据归一化，是针对数据的特征值做相应的处理，也就是针对样本数据的列做处理。本章中，要处理的对象是图片，需要把整张图片看作一个样本，因此使用下面这段代码做图片数据归一化。

```
def __NormalizeData(self, XRawData):
    X_NEW = np.zeros(XRawData.shape)
    x_max = np.max(XRawData)
```

```
        x_min = np.min(XRawData)
        X_NEW = (XRawData - x_min)/(x_max-x_min)
        return X_NEW
```

代码位置

ch12，MnistDataReader.py

12.2 三层神经网络的实现

12.2.1 定义神经网络

为了完成 MNIST 的分类，需要设计一个三层神经网络结构，如图 12-2 所示。

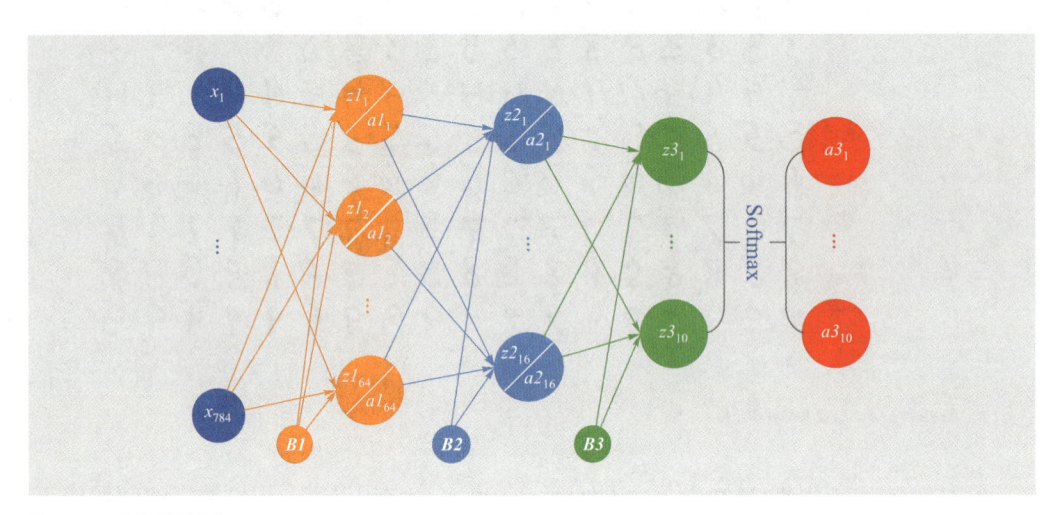

图 12-2 三层神经网络结构

1. 输入层

输入层有 28×28=784 个特征值，可表示为

$$X = \begin{bmatrix} x_1 & x_2 & ... & x_{784} \end{bmatrix}$$

2. 隐藏层 1

（1）权重矩阵 $W1$ 为 784×64 的矩阵。

$$W1 = \begin{bmatrix} w1_{1,1} & w1_{1,2} & ... & w1_{1,64} \\ ... & ... & ... \\ w1_{784,1} & w1_{784,2} & ... & w1_{784,64} \end{bmatrix}$$

（2）偏移矩阵 $B1$ 为 1×64 的矩阵。

$$B1 = \begin{bmatrix} b1_1 & b1_2 & ... & b1_{64} \end{bmatrix}$$

（3）隐藏层 1 由 64 个神经元构成。

$$Z1 = \begin{bmatrix} z1_1 & z1_2 & ... & z1_{64} \end{bmatrix}$$

$$A1 = \begin{bmatrix} a1_1 & a1_2 & ... & a1_{64} \end{bmatrix}$$

3. 隐藏层 2

（1）权重矩阵 $W2$ 为 64×16 的矩阵。

$$W2 = \begin{bmatrix} w2_{1,1} & w2_{1,2} & ... & w2_{1,16} \\ ... & ... & & ... \\ w2_{64,1} & w2_{64,2} & ... & w2_{64,16} \end{bmatrix}$$

（2）偏移矩阵 $B2$ 为 1×16 的矩阵。

$$B2 = \begin{bmatrix} b2_1 & b2_2 & ... & b2_{16} \end{bmatrix}$$

（3）隐藏层 2 由 16 个神经元构成。

$$Z2 = \begin{bmatrix} z2_1 & z2_2 & ... & z2_{16} \end{bmatrix}$$

$$A2 = \begin{bmatrix} a2_1 & a2_2 & ... & a2_{16} \end{bmatrix}$$

4. 输出层

（1）权重矩阵 $W3$ 为 16×10 的矩阵。

$$W3 = \begin{bmatrix} w3_{1,1} & w3_{1,2} & ... & w3_{1,10} \\ ... & ... & & ... \\ w3_{16,1} & w3_{16,2} & ... & w3_{16,10} \end{bmatrix}$$

（2）输出层的偏移矩阵 $B3$ 为 1×10 的矩阵。

$$B3 = \begin{bmatrix} b3_1 & b3_2 & ... & b3_{10} \end{bmatrix}$$

（3）输出层有 10 个神经元，使用 Softmax 函数进行分类。

$$Z3 = \begin{bmatrix} z3_1 & z3_2 & ... & z3_{10} \end{bmatrix}$$

$$A3 = \begin{bmatrix} a3_1 & a3_2 & ... & a3_{10} \end{bmatrix}$$

12.2.2 前向计算

1. 隐藏层 1

$$Z1 = X \cdot W1 + B1 \tag{12.2.1}$$

$$A1 = Sigmoid(Z1) \tag{12.2.2}$$

2. 隐藏层2

$$Z2 = A1 \cdot W2 + B2 \quad (12.2.3)$$

$$A2 = \text{Tanh}(Z2) \quad (12.2.4)$$

3. 输出层

$$Z3 = A2 \cdot W3 + B3 \quad (12.2.5)$$

$$A3 = Softmax(Z3) \quad (12.2.6)$$

在此约定，行为样本列为一个样本的所有特征，这里是 784 个特征，因为图片高和宽均是 28，总共 784 个点，把每一个点的值作为特征向量。

两个隐藏层，分别定义 64 个神经元和 16 个神经元。第一个隐藏层用 Sigmoid 激活函数，第二个隐藏层用 Tanh 激活函数。

输出层为 10 个神经元，再加上一个 Softmax 计算，最后有 $a_1, a_2, \cdots a_{10}$ 十个输出，分别代表 0~9 的 10 个数字。

12.2.3 反向传播

和以前的两层网络区别不大，只不过多了一层，而且用了 Tanh 激活函数，目的是想把更多的梯度值回传，因为 Tanh 函数比 Sigmoid 函数稍微好一些，例如原点对称，零点梯度值大。

1. 输出层

$$\text{d}Z3 = A3 - Y \quad (12.2.7)$$

$$\text{d}W3 = A2^{\text{T}} \cdot \text{d}Z3 \quad (12.2.8)$$

$$\text{d}B3 = \text{d}Z3 \quad (12.2.9)$$

2. 隐藏层2

$$\text{d}A2 = \text{d}Z3 \cdot W3^{\text{T}} \quad (12.2.10)$$

$$\text{d}Z2 = \text{d}A2 \odot (1 - A2 \odot A2) \quad (12.2.11)$$

$$\text{d}W2 = A1^{\text{T}} \cdot \text{d}Z2 \quad (12.2.12)$$

$$\text{d}B2 = \text{d}Z2 \quad (12.2.13)$$

3. 隐藏层1

$$\text{d}A1 = \text{d}Z2 \cdot W2^{\text{T}} \quad (12.2.14)$$

$$\text{d}Z1 = \text{d}A1 \odot A1 \odot (1 - A1) \quad (12.2.15)$$

$$\mathrm{d}\boldsymbol{W1} = \boldsymbol{X}^{\mathrm{T}} \cdot \mathrm{d}\boldsymbol{Z1} \tag{12.2.16}$$

$$\mathrm{d}\boldsymbol{B1} = \mathrm{d}\boldsymbol{Z1} \tag{12.2.17}$$

12.2.4 代码实现

在 HelperClass33.py 中，下面主要列出与两层网络不同的代码。

1. 初始化

```
class NeuralNet3(object):
    def __init__(self,hp,model_name):
        ...
        self.wb1 = WeightsBias(self.hp.num_input,self.hp.num_hidden1,self.hp.init_method,self.hp.eta)
        self.wb1.InitializeWeights(self.subfolder,False)
        self.wb2 = WeightsBias(self.hp.num_hidden1,self.hp.num_hidden2,self.hp.init_method,self.hp.eta)
        self.wb2.InitializeWeights(self.subfolder,False)
        self.wb3 = WeightsBias(self.hp.num_hidden2,self.hp.num_output,self.hp.init_method,self.hp.eta)
        self.wb3.InitializeWeights(self.subfolder,False)
```

初始化部分需要构造三组 WeightsBias 对象，请注意各组的输入输出数量，它们决定了矩阵的形状。

2. 前向计算

```
    def forward(self,batch_x):
        # 公式(12.2.1)
        self.Z1 = np.dot(batch_x,self.wb1.W) + self.wb1.B
        # 公式(12.2.2)
        self.A1 = Sigmoid().forward(self.Z1)
        # 公式(12.2.3)
        self.Z2 = np.dot(self.A1,self.wb2.W) + self.wb2.B
        # 公式(12.2.4)
        self.A2 = Tanh().forward(self.Z2)
```

```python
# 公式 (12.2.5)
self.Z3 = np.dot(self.A2,self.wb3.W) + self.wb3.B
# 公式 (12.2.6)
if self.hp.net_type == NetType.BinaryClassifier:
    self.A3 = Logistic().forward(self.Z3)
elif self.hp.net_type == NetType.MultipleClassifier:
    self.A3 = Softmax().forward(self.Z3)
else:    # NetType.Fitting
    self.A3 = self.Z3
# end if
self.output = self.A3
```

前向计算部分增加了一层,并且使用 Tanh() 作为激活函数。

3. 反向传播

```python
def backward(self,batch_x,batch_y,batch_a):
    # 批量下降,需要除以样本数量,否则会造成梯度爆炸
    m = batch_x.shape[0]

    # 第三层的梯度输入 公式 (12.2.7)
    dZ3 = self.A3 - batch_y
    # 公式 (12.2.8)
    self.wb3.dW = np.dot(self.A2.T,dZ3)/m
    # 公式 (12.2.9)
    self.wb3.dB = np.sum(dZ3,axis=0, keepdims=True)/m
    # 第二层的梯度输入 公式 (12.2.10)
    dA2 = np.dot(dZ3,self.wb3.W.T)
    # 公式 (12.2.11)
    dZ2, _ = Tanh().backward(None,self.A2,dA2)
    # 公式 (12.2.12)
    self.wb2.dW = np.dot(self.A1.T,dZ2)/m
    # 公式 (12.2.13)
    self.wb2.dB = np.sum(dZ2,axis=0,keepdims=True)/m
```

```
        # 第一层的梯度输入 公式 (12.2.14)
        dA1 = np.dot(dZ2,self.wb2.W.T)
        # 第一层的 dZ 公式 (12.2.15)
        dZ1, _ = Sigmoid().backward(None,self.A1,dA1)
        # 第一层的权重和偏移 公式 (12.2.16) 和公式 (12.2.17)
        self.wb1.dW = np.dot(batch_x.T,dZ1)/m
        self.wb1.dB = np.sum(dZ1,axis=0,keepdims=True)/m

    def update(self):
        self.wb1.Update()
        self.wb2.Update()
        self.wb3.Update()
```

反向传播也相应地增加了一层，注意要用对应的 Tanh() 的反向公式。梯度更新时也是三组权重值同时更新。

4. 主过程

```
if __name__ == '__main__':
    ...
    n_input = dataReader.num_feature
    n_hidden1 = 64
    n_hidden2 = 16
    n_output = dataReader.num_category
    eta = 0.2
    eps = 0.01
    batch_size = 128
    max_epoch = 40

    hp = HyperParameters3(n_input,n_hidden1,n_hidden2,n_output,eta,max_epoch,batch_size,eps,NetType.MultipleClassifier,InitialMethod.Xavier)
    net = NeuralNet3(hp,"MNIST_64_16")
```

```
net.train(dataReader,0.5,True)
net.ShowTrainingTrace(xline="iteration")
```

超参配置：第一隐藏层为 64 个神经元，第二隐藏层为 16 个神经元，学习率为 0.2，批大小为 128，Xavier 初始化，最大训练 40 个 epoch。

12.2.5 运行结果

损失函数和准确率的变化曲线如图 12-3 所示。部分输出结果如下。

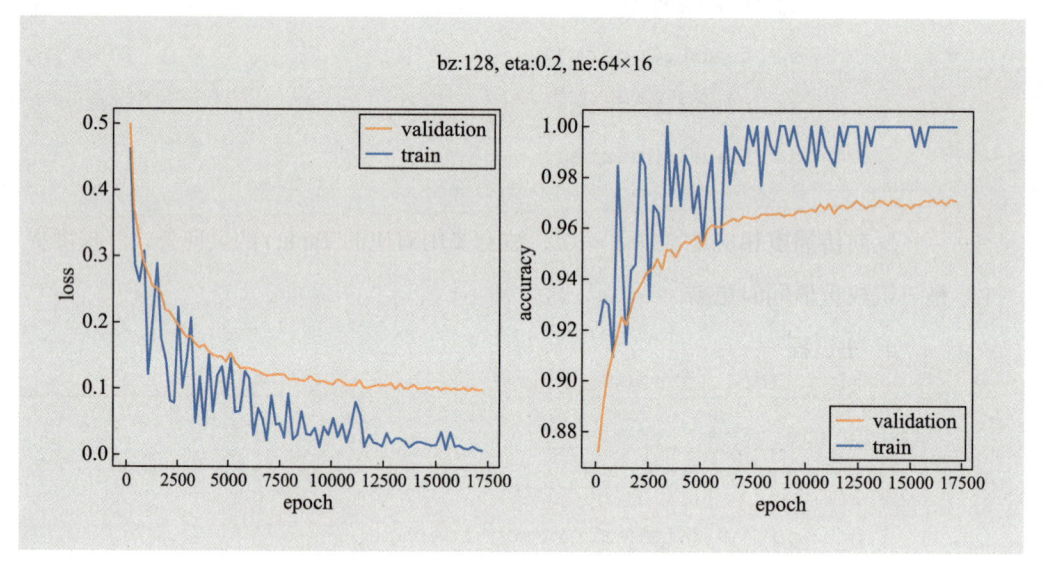

图 12-3 训练过程中损失函数和准确率的变化

```
epoch=38,total_iteration=16769
loss_train=0.012860,accuracy_train=1.000000
loss_valid=0.100281,accuracy_valid=0.969400
epoch=39,total_iteration=17199
loss_train=0.006867,accuracy_train=1.000000
loss_valid=0.098164,accuracy_valid=0.971000
time used: 25.697904109954834
testing...
0.9749
```

在测试集上得到的准确率为 97.49%，比较理想。

代码位置

ch12，Level1

思考与练习

1. 在前面章节提过，隐藏层的神经元数要大于输入的特征值数，才能很好地处理多个特征值的输入。但是在这个问题里，一共有 784 个特征值输入，但是隐藏层只使用了 64 个神经元，远远小于特征值数？这是为什么？

2. 在隐藏层 1 使用 256 个神经元会得到更好的效果吗？

知识拓展：梯度检查

　　　　　学习率与批大小

模型推理与应用部署

第六步

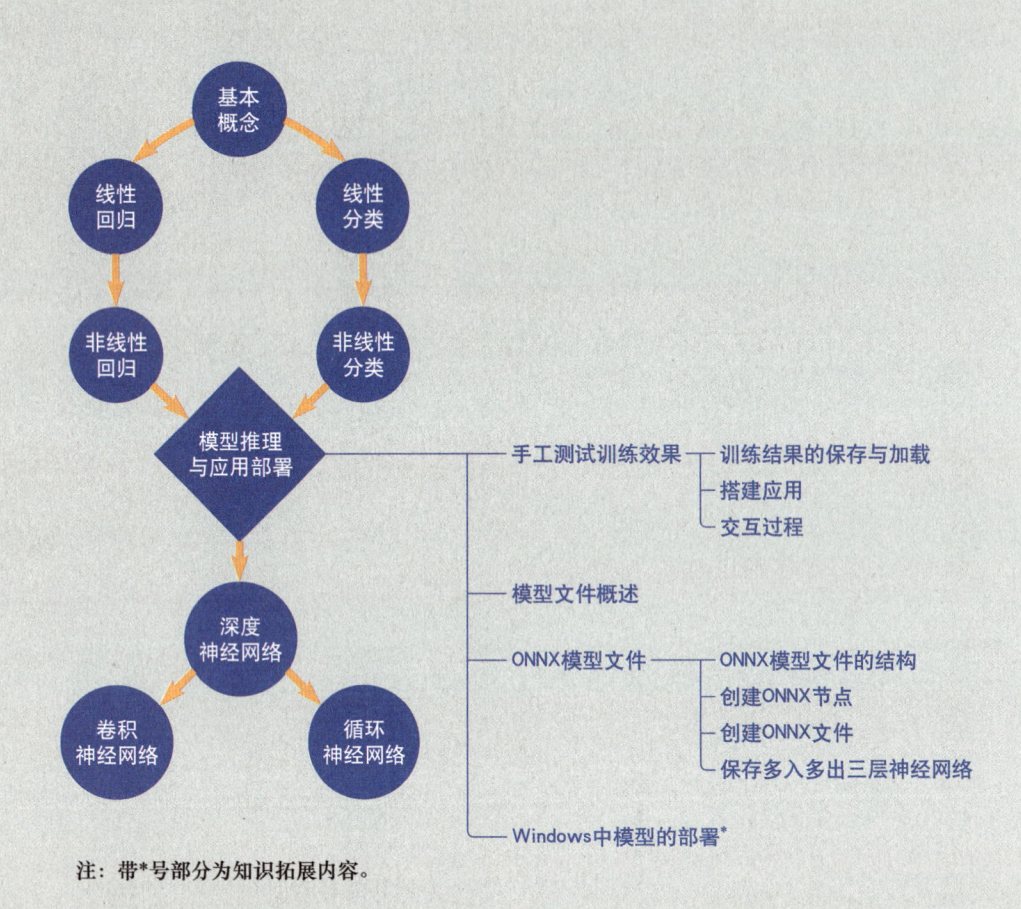

```
                    ┌──────┐
                    │ 基本 │
                    │ 概念 │
                    └──┬───┘
              ┌────────┴────────┐
              ▼                 ▼
         ┌──────┐          ┌──────┐
         │ 线性 │          │ 线性 │
         │ 回归 │          │ 分类 │
         └──┬───┘          └──┬───┘
            ▼                 ▼
         ┌──────┐          ┌──────┐
         │非线性│          │非线性│
         │ 回归 │          │ 分类 │
         └──┬───┘          └──┬───┘
            └────────┬────────┘
                    ▼
              ┌───────────┐
              │ 模型推理  │────── 手工测试训练效果 ──── 训练结果的保存与加载
              │与应用部署 │                       ├── 搭建应用
              └─────┬─────┘                       └── 交互过程
                    │
                    │           ── 模型文件概述
                    ▼
              ┌──────────┐
              │  深度    │      ── ONNX模型文件 ──── ONNX模型文件的结构
              │神经网络  │                        ├── 创建ONNX节点
              └────┬─────┘                        ├── 创建ONNX文件
         ┌────────┴────────┐                      └── 保存多入多出三层神经网络
         ▼                 ▼
      ┌──────┐          ┌──────┐   ── Windows中模型的部署*
      │ 卷积 │          │ 循环 │
      │神经网络│        │神经网络│
      └──────┘          └──────┘
```

注：带*号部分为知识拓展内容。

第13章　模型推理与应用部署

13.1　手工测试训练效果

通过对神经网络的训练，可以得到一系列能够满足需求的权重矩阵。将输入数据按一定的顺序与权重矩阵进行运算，就可以得到对应的输出。这个过程就是推理的过程。

如果没有保存这些权重矩阵，那么每次使用之前，需要重新训练，在计算资源有限的情况下这是不可取的。例如，每次打开一个网站需要等待一天，因为这个时候后台在训练一个很大的模型，需要一天的时间，然后花 10 秒钟输出我们想要的结果。这样的应用是可以接受的吗？

另一个选择就是将训练好的权重矩阵保存下来，需要使用的时候重新加载权重矩阵。花费 10 秒钟加载，再花 10 秒钟输出结果。这个应用只需要在很短的时间内即可运行结束。

13.1.1　训练结果的保存与加载

在上一章的三层神经网络实例中，训练完成之后，有一行代码如下，

```
self.SaveResult()
```

它的功能就是把训练好的网络各层的权重和偏移参数保存到文件中，以后可以在使用这个网络推理时，方便地把这些参数重新加载到网络中，而不需要重新训练。前提是训练和推理的网络结构要完全一样。

再次加载训练结果代码如下。

```
def LoadNet():
    n_input = 784
    n_hidden1 = 64
    n_hidden2 = 16
    n_output = 10
```

```
    eta = 0.2
    eps = 0.01
    batch_size = 128
    max_epoch = 40

    hp = HyperParameters3(
        n_input,n_hidden1,n_hidden2,n_output,
        eta,max_epoch,batch_size,eps,
        NetType.MultipleClassifier,
        InitialMethod.Xavier)
    net = NeuralNet3(hp,"MNIST_64_16")
    net.LoadResult()
```

其中，net.LoadResult( )完成了关键动作，其他代码都是复现训练时的网络结构。推理时，只需要调用 net.inference( ) 方法即可。

```
def Inference(img_array):
    output = net.inference(img_array)
    n = np.argmax(output)
    print("-----recognize result is: {0} -----",n)
```

13.1.2 搭建应用

这一节用 Python 搭建一个交互式界面来实现能识别手写输入的程序，从而验证 MNIST 的训练结果。需要用到 pillow 图像工具包和 matplotlib 绘图工具，可以使用如下命令安装这些工具包。

```
pip install pillow matplotlib
```

搭建交互式应用的实现步骤如下。

（1）重现神经网络结构，加载权重和偏移数据。

（2）显示界面，让用户可以用鼠标或者手指（触摸屏）写一个数字。

（3）写好一个数字后，收集数据，转换数据，并触发推理过程。

（4）得到推理结果。

（5）清除界面，做下一次测试。

加载权重数据的过程已在上文中讲解过，下一步是用 matplotlib 提供的功能显示一个绘图面板，如图 13-1 所示。

这是一个方形的空面板，坐标为 [0,1]，但实际上它的初始尺寸是 640×480，在使用之前，先把它拉成一个正方形（宽高大致近似即可），因为在训练时，训练集是 28×28 的正方形，所以要求推理用的数据也是正方形的。然后需要在这个面板上注册事件，以响应鼠标和键盘输入，代码如下。

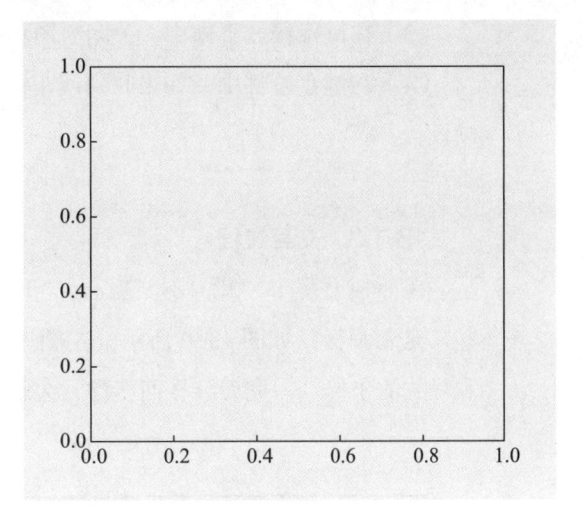

图 13-1　用 matplotlib 显示的绘图面板

```
# 加载权重和偏移数据
net = LoadNet()
# 注册事件
fig,ax = plt.subplots()
# 键盘事件
fig.canvas.mpl_connect('key_press_event',on_key_press)
# 鼠标释放
fig.canvas.mpl_connect('button_release_event',on_mouse_release)
# 鼠标按下
fig.canvas.mpl_connect('button_press_event',on_mouse_press)
# 鼠标移动
fig.canvas.mpl_connect('motion_notify_event',on_mouse_move)
# 设置固定的绘图尺寸
plt.axis([0,1,0,1])
plt.show()
```

事件响应逻辑如下。

（1）在鼠标按下事件中，启动绘图功能。

（2）在鼠标移动事件中，如果绘图功能开启，就在面板上显示鼠标轨迹。

（3）在鼠标释放事件中，关闭绘图功能。

（4）在键盘事件中，如果收到回车键，就触发推理过程；如果收到回退键，就清空画板。

13.1.3 交互过程

在面板上写个"2"，不要担心，"毛刺"并不会影响识别结果，但是注意要写大一些，充满画板，如图 13-2 所示。左侧控制台窗口中会显示一些辅助信息，如鼠标按下和释放的坐标。写完后，按回车键，会触发数据处理和推理过程。

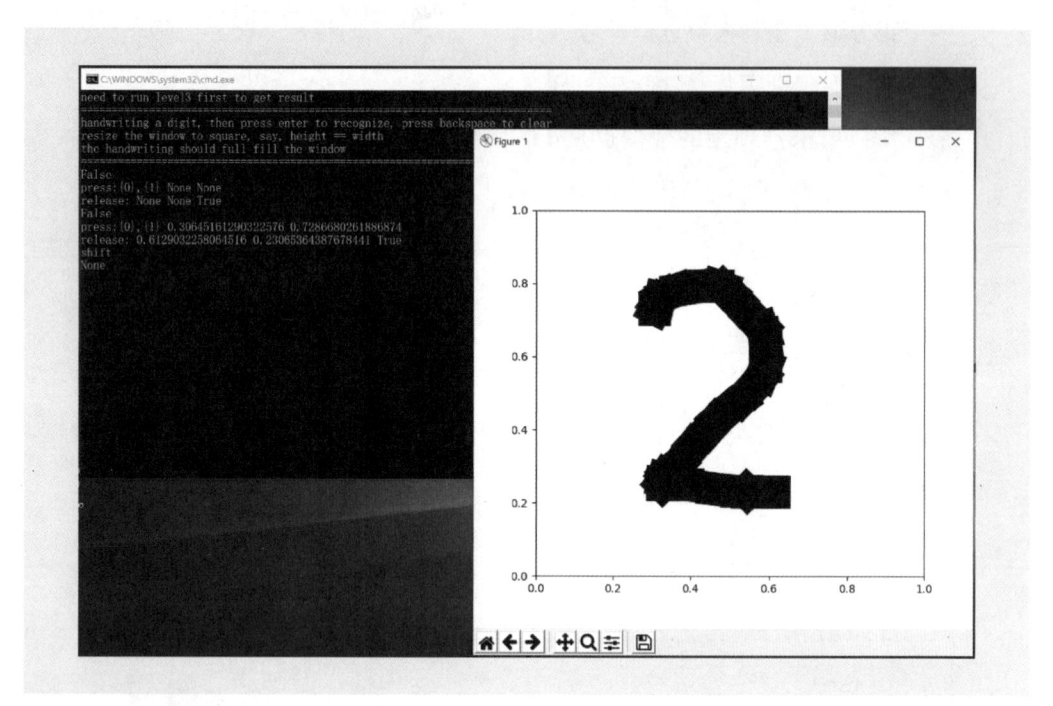

图 13-2　在面板上写数字

数据处理过程如下。

（1）应用程序会先将绘图区域保存为一个文件。

（2）将此文件读入内存，转换成灰度图。

（3）缩放尺寸到 28×28（和训练数据一致）。

（4）用 255 减去所有像素值，得到黑底色、白前景色的数据（和训练数据一致）。

（5）归一化。

（6）变成 1×784 的数组，调用前向计算方法。

（7）得到输出（output）后，使用 argmax 方法，取得最终结果，如图 13-3 所示。

可以看到，结果如下，经过 Softmax 计算后，"2" 的概率为 0.74，argmax 方法会把 0.74 在向量中的位置 2 返回。

```
[[1.30227675e-05]
 [2.37117962e-01]
 [7.40282026e-01]
 [5.33239953e-04]
 [1.10064252e-06]
 [1.42939242e-04]
 [1.00293210e-03]
 [1.07402351e-03]
 [1.98273955e-02]
 [5.35748168e-06]]

------recognize result is: {0} ----- 2
```

图 13-3 的画板中显示的图片是经过一系列数据处理后的图片（忽略它的彩色，那是 matplotlib 的装饰色），可以看到和原始图片的差别还是比较大的，尤其是经过缩小处理后，像素点的损失信息很多，这就要求在绘图时，使用足够宽的笔迹，例如在此例中，笔者使用了 30 个像素宽度的笔刷。

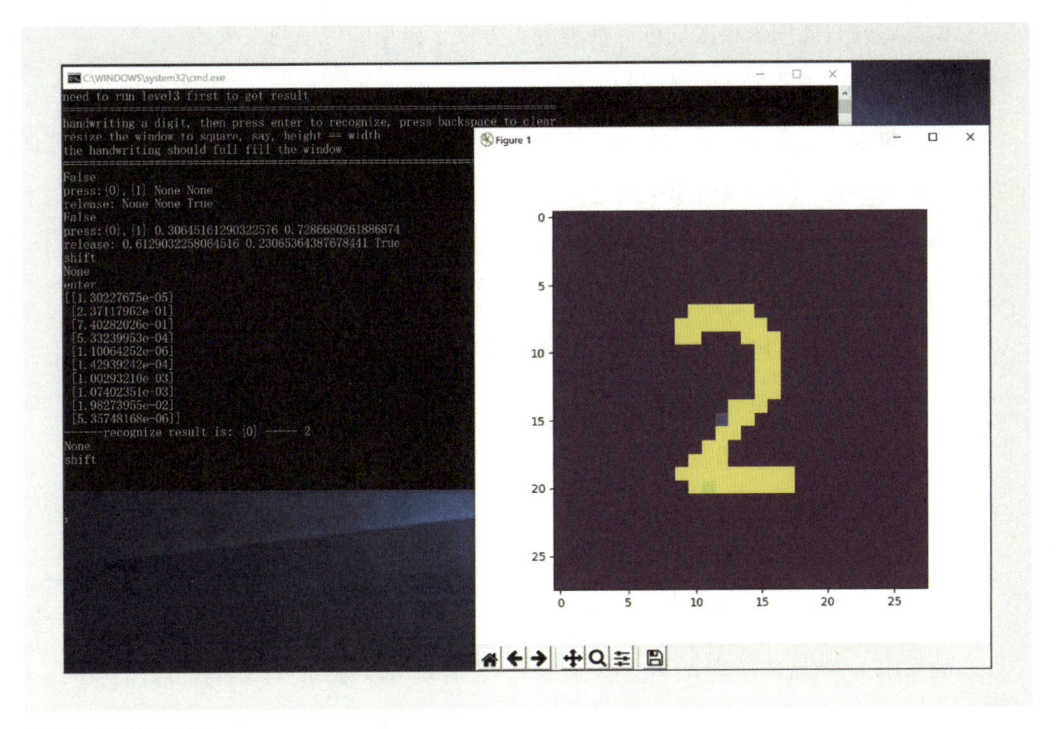

图 13-3 模型推理的结果

代码位置

ch13，Level1

13.2 模型文件概述

上一节中重复使用了保存过的权重矩阵，省去了重新训练的过程，但是不难发现还是存在其他问题。例如，加载权重矩阵之前要先搭建网络，而且要和训练时的网络结构一致。所以，网络结构最好也可以像权重矩阵一样保存下来，在需要使用的时候进行加载。实际上，几乎所有的训练平台也是这么做的，会把网络结构、权重矩阵等信息保存在文件中，即模型文件，也可简称为模型。

13.2.1 关于模型文件的常见疑问

1. 为什么需要模型文件？

如今人工智能发展得越来越快，在图像处理、自然语言处理、语音识别等领域都取得了显著的效果。而模型文件，可以想象为一个"黑盒"，输入是你需要处理的一张图像，输出是它的类别信息或是一些特征，模型文件也保存了能完成这一过程的所有重要信息，并且能用来再次训练、推理等，方便了模型的传播与发展。

2. 模型文件描述的是什么？

目前绝大部分的深度学习框架都将整个 AI 模型的计算过程抽象成数据流图（data flow graph），用户写的模型构建代码都可由框架组建出一个数据流图（也可以简单理解为神经网络的结构），而当程序开始运行时，框架的执行器会根据调度策略依次执行数据流图，完成计算。

为了方便重用 AI 模型，我们需要将它运行的数据流图、相应的运行参数（parameter）和训练出来的权重（weight）保存下来，这就是 AI 模型文件主要描述的内容。

3. AI 模型的作用是什么？

以视觉处理为例，人通过眼睛捕获光线，传递给大脑进行处理，返回图像的一些信息。AI 模型的作用就相当于大脑的处理，能根据输入的数据给予一定的判断。使用封装好的 AI 模型，设计者只需要考虑把输入的数据处理成合适的格式（类似于感光细胞的作用），然后传递给 AI 模型（大脑），之后就可以得到一个正确的输出。

4. 模型文件有哪些类型，TensorFlow 和其他框架的模型文件有什么区别？

由于每个深度学习框架都有自己的设计理念和工具链，对数据流图的定义和粒度都不一样，所以不同的 AI 模型文件都有些区别，几乎不能通用。例如，TensorFlow 的 Checkpoint Files 用 Protobuf 去保存数据流图，用 SSTable 去保存权重；Keras 用 Json 表述数据流图，用 h5py 去保存权重；PyTorch 由于是主要聚焦于动态图计算，模型文件甚至只用 pickle 保存了权重而没有完整的数据流图。

TensorFlow 在设计之初，就考虑了训练、预测、部署等多种复杂的需求，所以它的数据流图几乎涵盖了所有可能涉及的操作，例如初始化、后向求导及优化算法、设备部署（device placement）、分布式化、量化压缩等，所以只需要通过 TensorFlow 的模型文件就能够获取模型完整的运行逻辑，很容易迁移到各种平台使用。

5. 我拿到了别人的一个模型文件，我自己有一些新的数据，就能继续训练吗？如果不能，还差什么信息？

训练模型时，除了网络架构和权重，还有训练时所使用的各种超参，例如使用的优化器（optimizer）、批量大小（batch size）、学习率（learning rate）、动量（momentum）等，这些都会影响再训练的效果，需要格外注意。

例如 Caffe 的记录模型结构的文件会分为 train_val.prototxt 和 inference.prototxt。首先，train_val.prototxt 文件是网络结构及训练的配置文件，在训练时使用，而 inference.prototxt 在测试与部署时使用。因此，像网络结构部分，如：name、type、top、input_param 等，两个文件都需要用到，在两个文件中都进行了保存。而一些训练部分的参数，如：max_iter（训练集一共要经过多少次网络）、lr_policy（使用的学习率方法）等，只在训练使用的模型文件中保存。

6. ONNX 文件是什么，如何保存为 ONNX 文件？

开放式神经网络交换（open neural network exchange，ONNX）是由微软、Facebook、亚马逊等多个公司一起推出的，针对机器学习设计的开放式文件格式，可以用来存储训练好的模型。它使得不同的人工智能框架可以采用相同格式存储模型数据并交互。

目前很多机器学习框架都支持 ONNX 格式，如 PyTorch、Caffe2、CNTK、ML.NET、MXNet 等，它们都有专门的转换方法，通过遍历它们原生的数据流图，转化为 ONNX 标准的数据流图。而对于 TensorFlow 通常会使用图匹配（graph matching）的方式转化数据流图。

7. 转化得来的模型文件存在信息丢失吗？

由于模型文件仅仅描述了数据流图和权重，并不包含操作符的具体实现，所以不同框架对于"同名"的操作符理解和实现也会有所不同，最终有可能得到不完全一致的推理结果。

8. 模型文件是如何与应用程序一起工作的？

应用程序使用模型文件，本质也是要执行模型文件的数据流图。一般有两种方式实现模型文件和应用程序的协作。如果有可以独立执行模型文件的运行时，例如系统级别的 CoreML、WinML 和软件级别的 Caffe、DarkNet 等，就可以在程序中动态链接直接使用。除此以外，也可以将数据流图和执行数据流图的程序编译在一起，从而脱离运行时，由于单一模型涉及的操作有限，这样可以极大减少框架所占用的资源。

在将模型集成到应用程序中前，应该先使用模型查看工具（如 Netron 等）查看模型的接口、输入输出的格式和对应的范围，然后对程序中传入模型的输入作对应的预处理工作，否则可能无法得到预期的效果。

9. 如果本地机器有 GPU，那么在运行推理模型时，如何利用本地的资源？

首先需要安装匹配的显卡驱动、CUDA 和 GPU 版的框架，然后根据框架进行代码调整。对于 TensorFlow，能够自动做设备部署的框架，它会尽量把 GPU 支持的操作自动分配给 GPU 计算，不太需要额外的适配。对于 PyTorch、MXNet，不具有自动设备部署功能的框架，可能需要进行额外的操作，例如将模型、张量（Tensor）从 CPU 部署到 GPU 上。

10. 模型文件有单元测试来保证质量标准吗？

在机器学习领域，混淆矩阵又称为可能性表格或是错误矩阵。它是一种特定的矩阵，其每一列代表预测值，每一行代表实际的类别。它可以用来呈现算法性能的可视化效果，通常被用来显示监督学习的效果（非监督学习通常用匹配矩阵）。混淆矩阵的名字来源于它可以非常容易的表明多个类别是否有混淆，也就是一种类别是否被预测成另一类别。图 13-4 是混淆矩阵可视化效果图。

为什么需要混淆矩阵？例如，训练了一轮模型，经过测试，该模型在大部分测试样例上表现得很好，但有个别的表现不好。于是经过对不好的样例进行分析，对模型进行调整和重新训练。也许重新训练后在这些特定的例子上准确率已经很高，但是无法确认新的模型是否在原来已经预测很准确的例子上仍然表现良好。这时就引入了混淆矩阵，可以直观的可视化模型的质量。

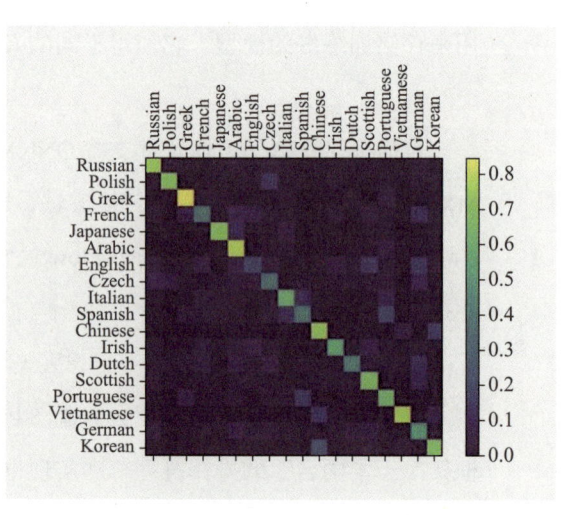

图 13-4　混淆矩阵可视化效果图

11. 如果一个模型文件已经集成到应用程序中，发布给很多用户，随后又训练出了一个新的模型，如何更新以达到持续开发和持续集成的效果？

如果应用程序是依赖额外的运行来使用模型，只需要更新模型文件即可。如果是使用的模型和 Kernel 编译在一起的方式，就需要重新编译程序。

13.2.2 查看模型文件

为了阐述方便，我们用 TensorFlow 的 Keras 封装，快速生成一个简单的模型，这个模型由一个全连接层和一个 ReLU 激活层组成，其中全连接层在 Keras 中也叫 Dense 层，代码如下。

```
from tensorflow import keras

inputs = keras.Input(shape=(784,),name='input_data')
dense_result = keras.layers.Dense(10)(inputs)
outputs = keras.layers.ReLU()(dense_result)

model = keras.Model(inputs=inputs,outputs=outputs,name='simple_model')
model.save('simple_model.h5')
```

在代码中，首先定义了尺寸为 784×1 的输入数据，可以理解为尺寸为 28×28 的单通道图片，例如 MNIST 数据集的图片。然后让输入数据经过一个 Dense 层，设置该层的输出尺寸为 10。最后经过 ReLU 激活层，得到最终的输出。代码中没有训练这个神经网络，就直接进行了保存。

接下来，可以使用开源工具 Netron 打开模型文件，查看模型文件里描述的信息。打开模型文件后，首先可以看到模型的整体网络结构，点击输入节点，还可以查看整个模型的属性及输入输出，如图 13-5 所示。

这里使用的网络非常简单，可以看到图 13-5 中一共有 4 个节点：输入节点、Dense 层、ReLU 层、输出节点，和前述代码中定义的一致。

在模型属性中可以看到该模型文件的格式是 Keras v2.2.4-tf，同时指明了对应的运行时为 tensorflow，这样使用者就可以知道运行该模型需要什么样的环境。同时还可以看到模型需要的输入为 float32[？,784]，这里的 784 是指每个输入的尺寸，？号表示该模型支持批量推理，可以一次性推理多个输入。

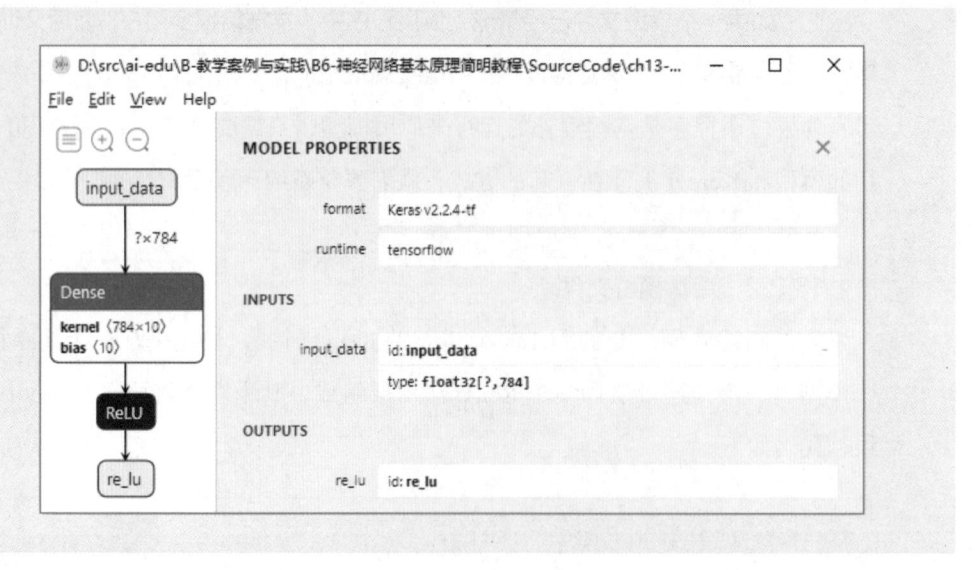

图 13-5 模型的结构及属性

点击 Dense 节点，可以查看 Dense 层的属性，如图 13-6 所示。Dense 层就是前面章节中提到的全连接层，有一点不一样的是，Keras 中的 Dense 层可以将激活函数内置

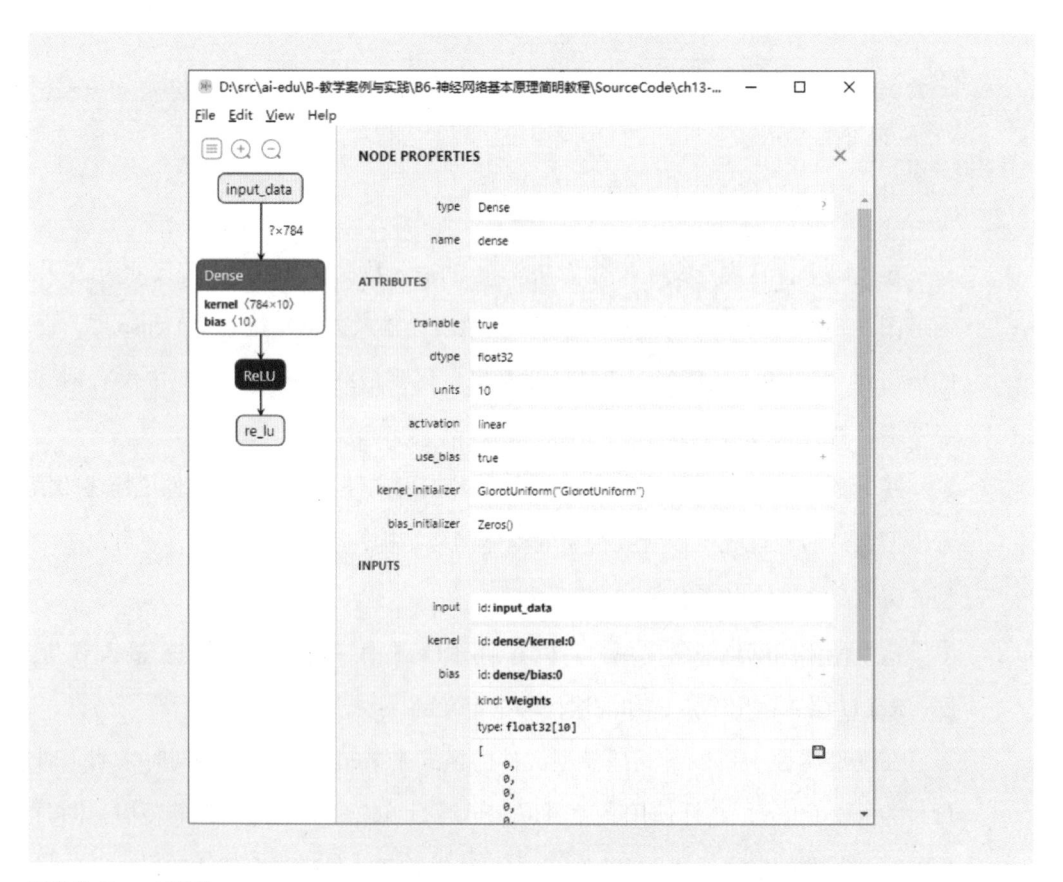

图 13-6 Dense 层的属性

在该层中，就是图 13-6 中的 activation 属性，这里为了方便，没有在 Dense 层中使用激活。属性中还可以看到该层的权重矩阵使用了 GlorotUniform 初始化，这其实是 Xavier 初始化的另一种表述，而偏置矩阵使用了零初始化，后面的章节中会对各种初始化方法做详细的介绍。另外，展开权重和偏置，还可以看到模型文件保存的具体的参数值，由于代码中只进行了初始化但是没有进行训练，所以可以看到偏置的值全部是 0。

  点击 ReLU 节点，可以查看激活层的属性，如图 13-7 所示。ReLU 中有两个比较特殊的参数，negative_slope 控制的是负区间的斜率，如果不为零，那么 ReLU 就变成了 LeakyReLU。threshold 控制的是 ReLU 在输入值超过哪个阈值时才开始激活。如果这两个值都为 0，那么它和前面章节中讲到的 ReLU 就完全一致。

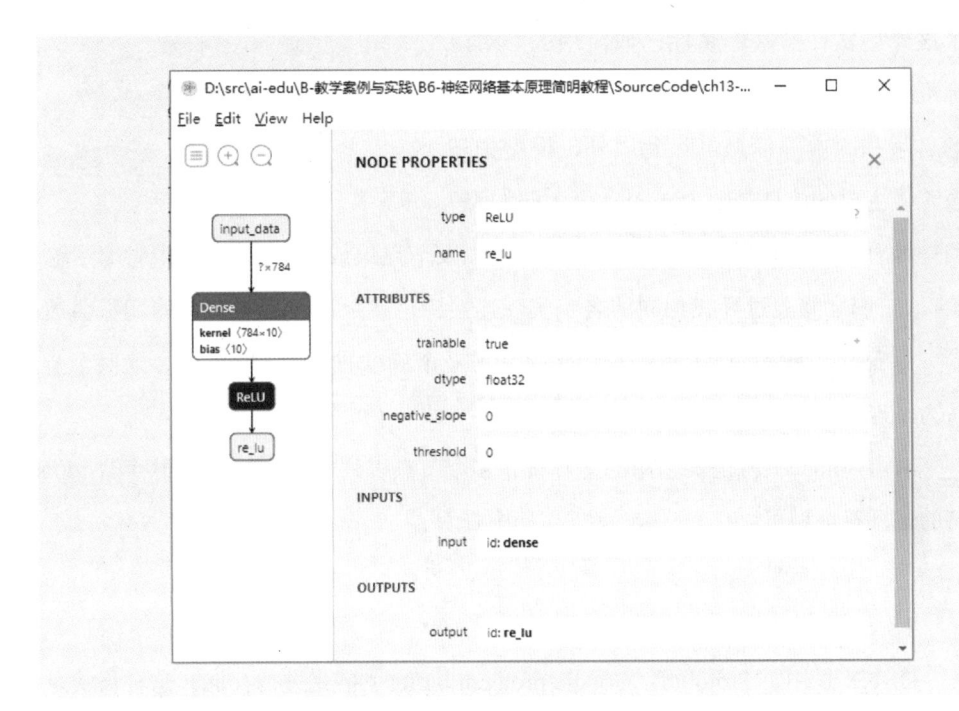

图 13-7　激活层的属性

代码位置

  ch13，Level2

13.3　ONNX模型文件

  既然 ONNX 模型文件是一种开放的模型文件标准格式，那么我们将尝试把前面实现的多入多出三层神经网络保存为 ONNX 模型文件，以方便在不同的框架中使用。

13.3.1　ONNX模型文件的结构

ONNX 是一个开放式的规范，定义了可扩展的计算图模型、标准数据类型以及内置的运算符。该文件在存储结构上可以理解为是一种层级的结构，图 13-8 描述了 ONNX 模型文件的简化结构。

最顶层结构是模型（model），模型记录了该模型文件的基本属性，如使用的 ONNX 标准的版本、使用的运算符集版本、制造商的名字和版本等信息。除此以外，模型中记录着最主要的信息是图（graph）。图可以理解

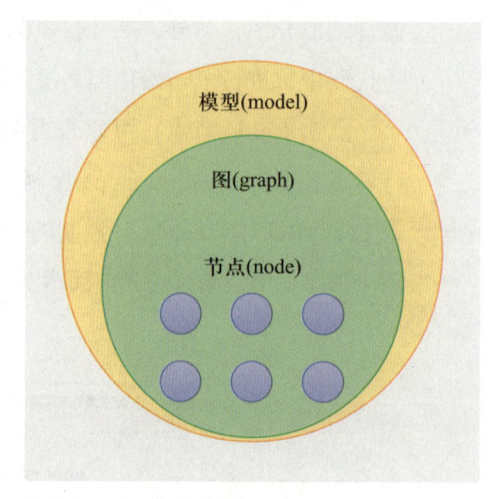

图 13-8　ONNX 模型文件的简化结构

为是计算图的一种描述，是由输入、输出以及节点组成的（图 13-8 中省略了输入与输出），它们之间通过寻找相同的名字实现连接，也就是说，相同名字的变量会被认为是同一个变量，如果一个节点的输出名字和另一个节点的输入名字相同，这两个节点会被认为是连接在一起的。

节点（node）就是要调用的运算符，多个节点以列表的形式在图中存储。ONNX 支持的运算符类型可以在 ONNX 官方文档中查看。

13.3.2　创建ONNX节点

ONNX 采用了 Protobuf（Google protocol buffer）格式进行存储，这种格式是一种轻便高效的结构化数据存储格式，可以用于结构化数据序列化，很适合做数据存储或数据交换格式。

Protobuf 在使用时需要先在 proto 文件中定义数据格式，然后构造相关的对象。Python 中的 ONNX 库已经提供了创建 ONNX 的帮助类，使用起来很方便。

下面讲解用 make_node API 创建一个全连接层节点。注意，由于 ONNX 的运算符中没有全连接运算符，所以这里用矩阵乘和矩阵加来组成一个全连接层。

首先是矩阵乘，矩阵乘是输入和权重矩阵进行运算，权重矩阵也需要定义一个节点，如下代码用训练好的权重矩阵数据创建了一个常量节点，并添加到节点列表中。其中，对应的输出为 fc_weights。

```
weights_node = helper.make_node(
    op_type = "Constant",
    inputs = [],
    outputs = ["fc_weights"],
    value = helper.make_tensor("fc_weights",TensorProto.
FLOAT,weights.shape,weights.flatten().astype(float))
    )
node_list.append(weights_node)
```

其次是创建对应的矩阵乘节点，也添加到节点列表中。其中，输入中的 fc_weights 就是权重矩阵节点的输出，当前矩阵乘节点的输出为 matmul_output。

```
matmul_node = helper.make_node(
    op_type = "MatMul",
    inputs = ["input_name","fc_weights"],
    outputs = ["matmul_output"]
    )
node_list.append(matmul_node)
```

然后创建矩阵加节点，该节点需要使用偏置矩阵，同样需要先创建偏置矩阵的节点，下面的代码用训练好的偏置矩阵数据创建了一个常量节点，并添加到节点列表中。其中，对应的输出为 **fc_bias**。

```
bias_node = helper.make_node(
    op_type = "Constant",
    inputs = [],
    outputs = ["fc_bias"],
    value=helper.make_tensor("fc_bias",TensorProto.FLOAT,
bias.shape,bias.flatten().astype(float))
    )
node_list.append(bias_node)
```

然后创建对应的矩阵加节点，也添加到节点列表中。其中，输入中的 matmul_output 是前面矩阵乘节点的输出，fc_bias 是偏置矩阵节点的输出，当前矩阵加节点的输出为 add_output。

```
matmul_node = helper.make_node(
    op_type = "Add",
    inputs = ["matmul_output","fc_bias"],
    outputs = ["add_output"]
)
node_list.append(matmul_node)
```

这样节点列表中的各节点就创建好了，并且按照输入输出的名字进行了连接，组成了全连接层。

13.3.3 创建ONNX文件

根据图 13-8 中的结构，有了节点列表后，就可以创建对应的图，最终创建出模型，以下就是使用 ONNX 帮助类创建图和模型，并保存在文件中的代码。

```
graph_proto = helper.make_graph(node_list,"test",input_list,output_list)
model_def = helper.make_model(graph_proto,producer_name="test_onnx")
onnx.save(model_def,output_path)
```

13.3.4 保存多入多出三层神经网络

前面章节中，训练了多入多出的三层神经网络来完成 MNIST 数据集的识别数字任务，现在就可以动手把训练好的网络保存为 ONNX 格式的模型文件。

这个网络中的三层分别是全连接层加 Sigmoid 函数、全连接层加 Tanh 函数、全连接层加 Softmax 函数，前面已经介绍了如何构造全连接层节点，剩下的就是激活层的构造。其实这些激活函数已经是 ONNX 内置的运算符，所以对应的节点非常容易构造，对应的代码如下。

之前训练时，训练好的权重和偏置分别存储在独立的 npz 文件中，这里可以重新读取出来，另存到 ONNX 文件中。具体的实现这里不再展示，可以到代码目录中获取

```
if node["type"] in ["ReLU","Softmax","Sigmoid","Tanh"]:
    activate_node = helper.make_node(
        node["type"],
        [node["input_name"]],
        [node["output_name"]]
    )
    node_list.append(activate_node)
```

完整代码并运行,运行之后可以得到 mnist.onnx 文件,在后面我们将用这个模型文件进行推理。

使用开源工具 Netron 打开模型文件,可以看到模型结构满足我们的预期。如图 13-9 所示。

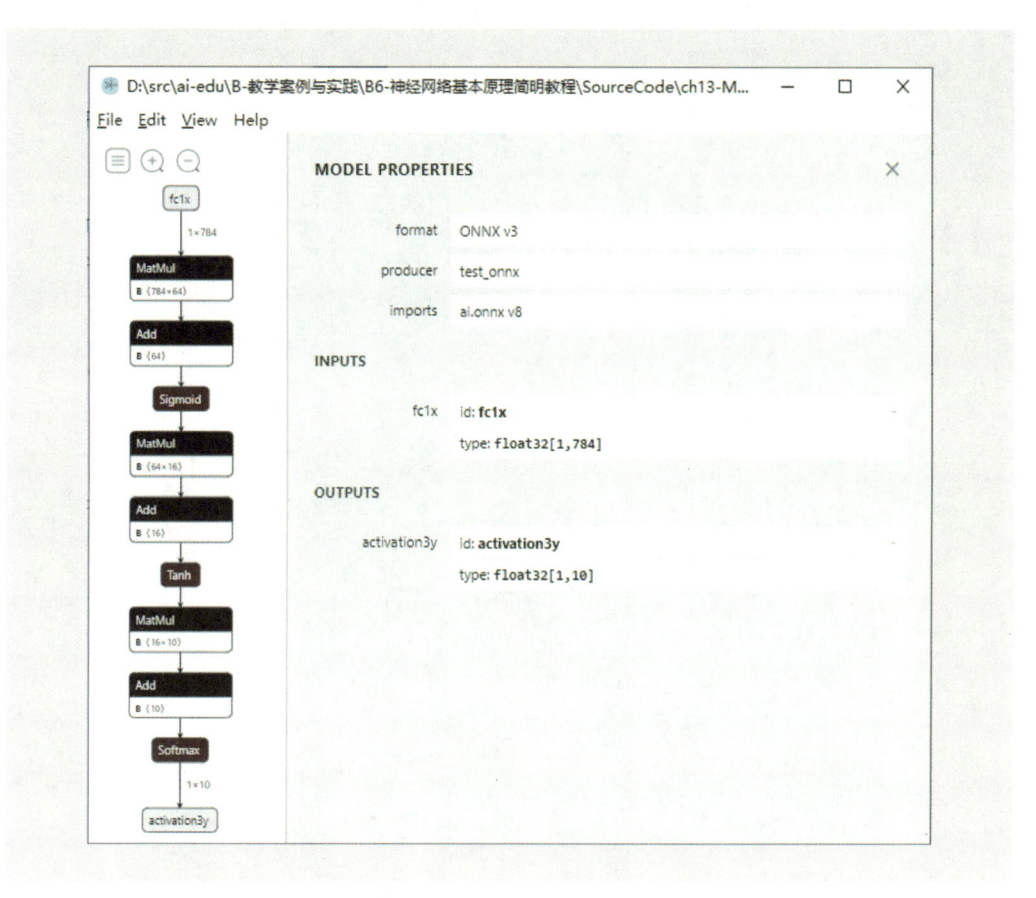

图 13-9　多入多出的三层神经网络模型文件

代码位置

ch13，Level3

知识拓展：Windows 中模型的部署

深度神经网络 第七步

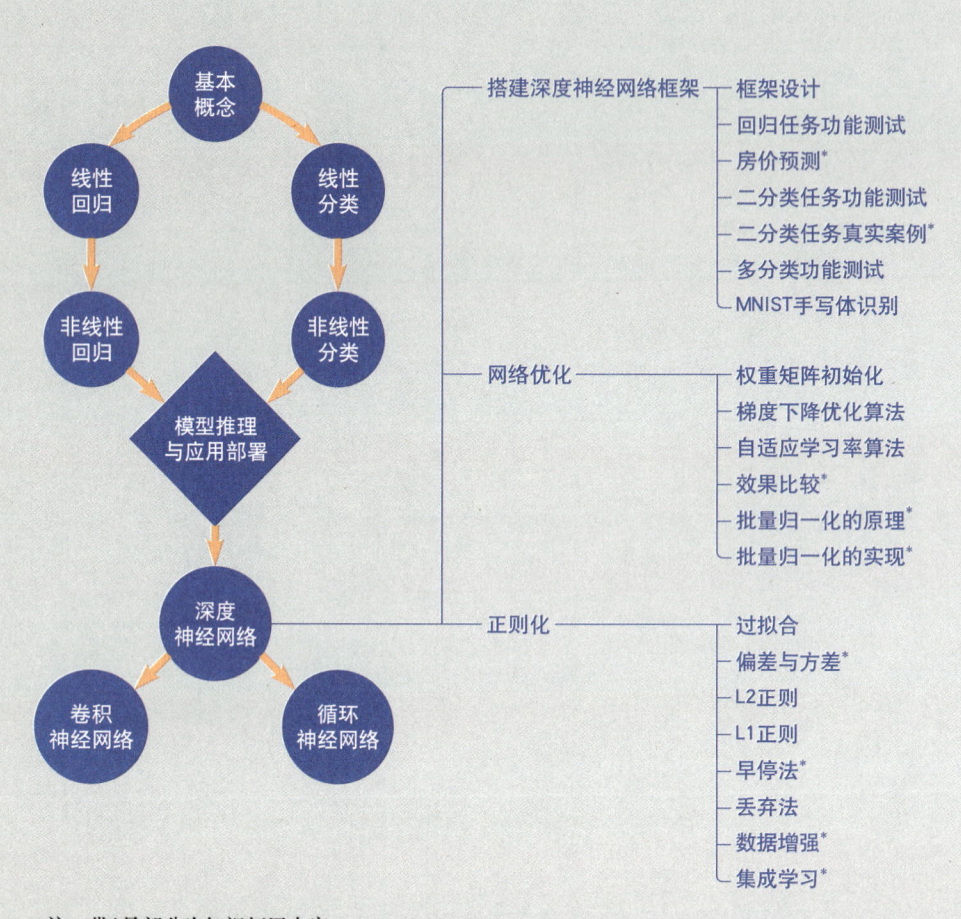

```
                                            ┌─ 搭建深度神经网络框架 ─┬─ 框架设计
                                            │                        ├─ 回归任务功能测试
         基本                                │                        ├─ 房价预测*
         概念                                │                        ├─ 二分类任务功能测试
        ↙    ↘                               │                        ├─ 二分类任务真实案例*
     线性    线性                             │                        ├─ 多分类功能测试
     回归    分类                             │                        └─ MNIST手写体识别
       ↓      ↓                              │
     非线性  非线性                            ├─ 网络优化 ─────────────┬─ 权重矩阵初始化
     回归    分类                              │                        ├─ 梯度下降优化算法
        ↘    ↙                                │                        ├─ 自适应学习率算法
        模型推理                               │                        ├─ 效果比较*
        与应用部署                             │                        ├─ 批量归一化的原理*
            ↓                                 │                        └─ 批量归一化的实现*
         深度                                 │
        神经网络 ─────────────────────────────┴─ 正则化 ───────────────┬─ 过拟合
         ↙   ↘                                                         ├─ 偏差与方差*
      卷积    循环                                                      ├─ L2正则
     神经网络 神经网络                                                   ├─ L1正则
                                                                       ├─ 早停法*
                                                                       ├─ 丢弃法
                                                                       ├─ 数据增强*
                                                                       └─ 集成学习*
```

注：带*号部分为知识拓展内容。

第14章 搭建深度神经网络框架

14.1 框架设计

14.1.1 模式分析

比较第 12 章中的三层神经网络的代码，可以看到大量的重复之处，例如下面这段前向计算代码。三层的模式完全一样，都是"矩阵运算＋激活／分类函数"的模式。

```
def forward3(X, dict_Param):
    ...
    # layer 1
    Z1 = np.dot(W1,X) + B1
    A1 = Sigmoid(Z1)
    # layer 2
    Z2 = np.dot(W2,A1) + B2
    A2 = Tanh(Z2)
    # layer 3
    Z3 = np.dot(W3,A2) + B3
    A3 = Softmax(Z3)
    ...
```

再看看反向传播的代码，每一层的模式也非常相近：计算本层的 dZ，再根据 dZ 计算 dW 和 dB。

```
def backward3(dict_Param,cache,X,Y):
    ...
    # layer 3
    dZ3= A3 - Y
    dW3 = np.dot(dZ3,A2.T)
    dB3 = np.sum(dZ3,axis=1,keepdims=True)
```

```
# layer 2
dZ2 = np.dot(W3.T,dZ3) * (1-A2*A2) # tanh
dW2 = np.dot(dZ2,A1.T)
dB2 = np.sum(dZ2,axis=1,keepdims=True)
# layer 1
dZ1 = np.dot(W2.T,dZ2) * A1 * (1-A1)    # sigmoid
dW1 = np.dot(dZ1,X.T)
dB1 = np.sum(dZ1,axis=1,keepdims=True)
```

因为三层网络比两层网络多了一层，所以会在初始化、前向计算、反向传播、更新参数四个环节有所不同，但是有规律的。再加上前面章节中，为了实现一些辅助功能，已经写了很多类。所以，现在可以动手搭建一个深度学习的迷你框架了。

14.1.2 抽象与设计

图 14-1 是迷你框架的模块化设计，下面分别对各个模块进行解释。

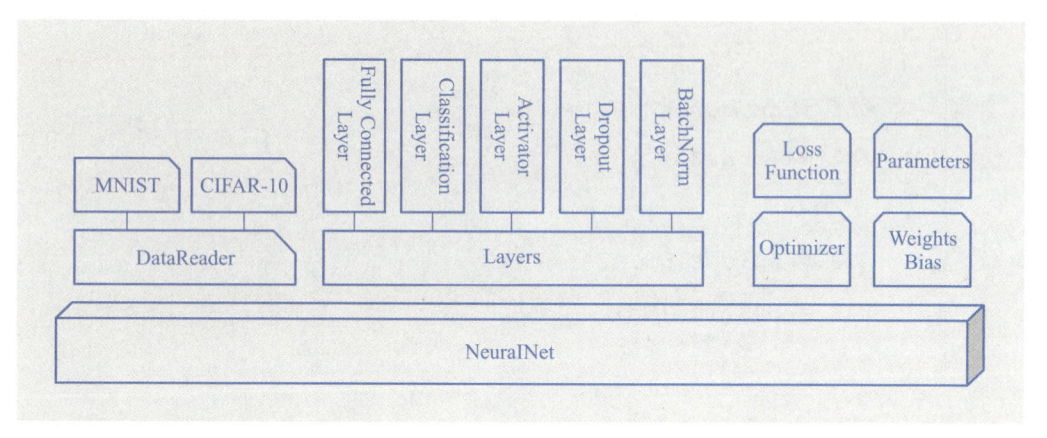

图 14-1 迷你框架的模块化设计

1. NeuralNet

首先，需要一个 NeuralNet 类来包装基本的神经网络结构和功能，具体如下。

- Layers：神经网络各层的容器，按添加顺序维护一个列表。
- Parameters：基本参数，包括普通参数和超参。
- Loss Function：提供计算损失函数值，存储历史记录并最后绘图的功能。
- LayerManagement()：添加神经网络层。
- ForwardCalculation()：调用各层的前向计算方法。

- BackPropagation()：调用各层的反向传播方法。
- PreUpdateWeights()：预更新各层的权重参数。
- UpdateWeights()：更新各层的权重参数。
- Train()：训练。
- SaveWeights()：保存各层的权重参数。
- LoadWeights()：加载各层的权重参数。

2. Layer

Layer 是一个抽象类，还需要增加的实际类主要包括如下几种。

- Fully Connected Layer。
- Classification Layer。
- Activator Layer。
- Dropout Layer。
- Batch Norm Layer。
- Convolution Layer。
- Max Pool Layer。

每个 Layer 都包括以下基本方法：ForwardCalculation() 是指调用本层的前向计算方法；BackPropagation() 是指调用本层的反向传播方法；PreUpdateWeights() 是指预更新本层的权重参数；UpdateWeights() 是指更新本层的权重参数；SaveWeights() 是指保存本层的权重参数；LoadWeights() 是指加载本层的权重参数。

3. Activator Layer

激活函数主要包括如下几种。

- Identity：直传函数，即没有激活处理。
- Sigmoid 函数。
- Tanh 函数。
- ReLU 函数。

4. Classification Layer

分类函数主要包括如下几种。

- Sigmoid 二分类。
- Softmax 多分类。

5. Parameters

神经网络运行所需的基本参数有如下几种。

- 学习率。

- 最大 epoch。
- batch size。
- 损失函数的定义。
- 初始化方法。
- 优化器类型。
- 停止条件。
- 正则类型和条件。

6. Loss Function

损失函数及帮助方法有如下几种。

- 均方差函数。
- 交叉熵函数二分类。
- 交叉熵函数多分类。
- 记录损失函数。
- 显示损失函数历史记录。
- 获得最小函数值时的权重参数。

7. Optimizer

常用的优化器有如下几种。

- SGD。
- Momentum。
- Nag。
- AdaGrad。
- AdaDelta。
- RMSProp。
- Adam。

8. Weights Bias

权重矩阵，仅供全连接层使用。

- 初始化

（1）Zero, Normal, MSRA (HE), Xavier。

（2）保存初始化值。

（3）加载初始化值。

- Pre_Update：预更新。
- Update：更新。

- Save：保存训练结果值。
- Load：加载训练结果值。

9. Data Reader

样本数据读取器主要包括以下几种。

- ReadData：从文件中读取数据。
- NormalizeX：归一化样本值。
- NormalizeY：归一化标签值。
- GetBatchSamples：获得批数据。
- ToOneHot：标签值变成 OneHot 编码用于多分类。
- ToZeroOne：标签值变成 0/1 编码用于二分类。
- Shuffle：打乱样本顺序。

从中派生出以下两个数据读取器。

- MnistImageDataReader：读取 MNIST 数据。
- CifarImageReader：读取 Cifar10 数据。

14.2 回归任务功能测试

在第 9 章中，用一个两层的神经网络，验证了万能近似定理。本小节用迷你框架来搭建该神经网络。

14.2.1 搭建模型

这个模型很简单，一个双层的神经网络，第一层后面接一个 Sigmoid 激活函数，第二层直接输出拟合数据，如图 14-2 所示。

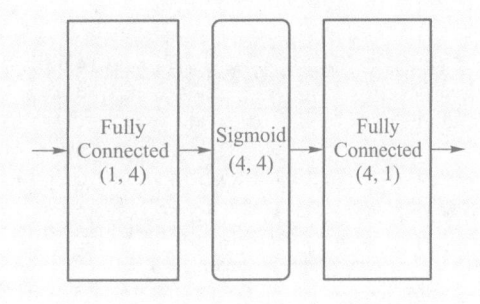

图 14-2 完成拟合任务的抽象模型

1. 代码

```
def model():
    dataReader = LoadData()
    num_input = 1
    num_hidden1 = 4
```

```
    num_output = 1

    max_epoch = 10000
    batch_size = 10
    learning_rate = 0.5

    params = HyperParameters_4_0(
        learning_rate,max_epoch,batch_size,
        net_type=NetType.Fitting,
        init_method=InitialMethod.Xavier,
        stopper=Stopper(StopCondition.StopLoss,0.001))

    net = NeuralNet_4_0(params,"Level1_CurveFittingNet")
    fc1 = FcLayer_1_0(num_input,num_hidden1,params)
    net.add_layer(fc1,"fc1")
    sigmoid1 = ActivationLayer(Sigmoid())
    net.add_layer(sigmoid1,"sigmoid1")
    fc2 = FcLayer_1_0(num_hidden1,num_output,params)
    net.add_layer(fc2,"fc2")

    net.train(dataReader,checkpoint=100,need_test=True)

    net.ShowLossHistory()
    ShowResult(net,dataReader)
```

2. 超参数说明

（1）输入层只有 1 个神经元。

（2）隐藏层有 4 个神经元，对于此问题来说是足够的。

（3）输出层也只有 1 个神经元，因为是拟合任务。

（4）学习率为 0.5。

（5）最大 epoch 为 10 000。

（6）批量样本数为 10。

（7）使用拟合网络类型。

（8）使用 Xavier 初始化。

（9）绝对损失停止阈值为 0.001。

14.2.2 训练结果

如图 14-3 所示，损失函数值在一段平缓期过后，开始陡降，这种现象在神经网络的训练中是常见的，最有可能的是当时处于一个梯度变化的平缓地带，算法在艰难地寻找下坡路，然后忽然就找到了。这种情况存在一个弊端：我们会经常遇到缓坡，到底要不要还继续训练？是不是再坚持一会儿就能找到出路呢？抑或是模型能力不够，永远找不到出路呢？这个问题没有准确答案，只能靠试验和经验了。

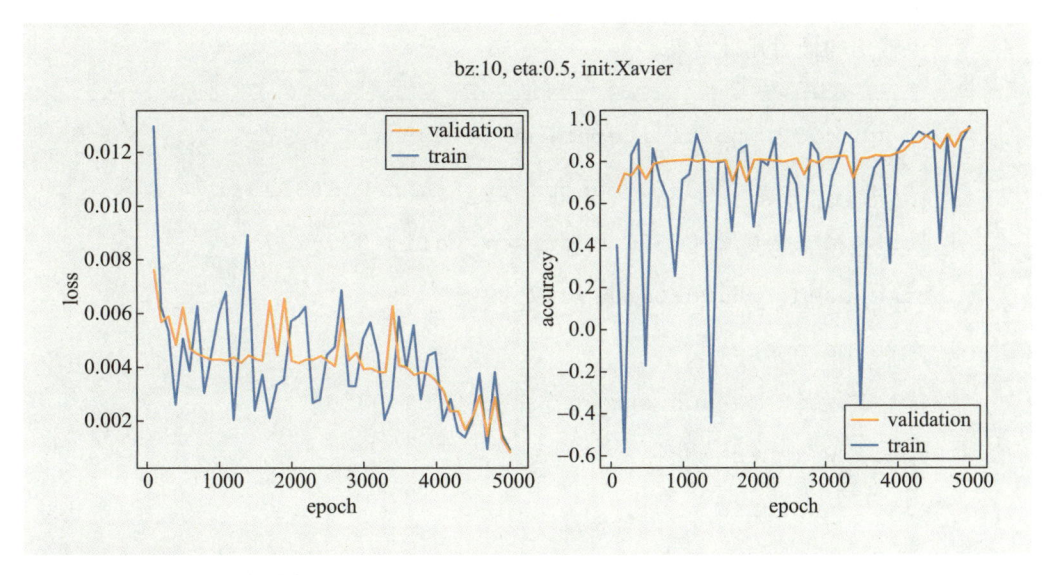

图 14-3 训练过程中损失函数值和准确率的变化

图 14-4 左侧子图是拟合结果，绿色点是测试集数据，红色点是神经网路的推理结果，可以看到除了最左侧开始的部分，其他部分都拟合得不错。注意，这里不讨论过拟合、欠拟合的问题，本小节的目的就是更好地拟合一条曲线。

生成图 14-4 右侧的子图的代码如下。以测试集的真实值为横坐标，以真实值和预测值的差为纵坐标。最理想的情况是所有点都在 y=0 处排成一条横线。从图上看，不难发现，真实值和预测值二者的差异较小。

```
y_test_real = net.inference(dr.XTest)
axes.scatter(y_test_real, y_test_real-dr.YTestRaw, marker='o')
```

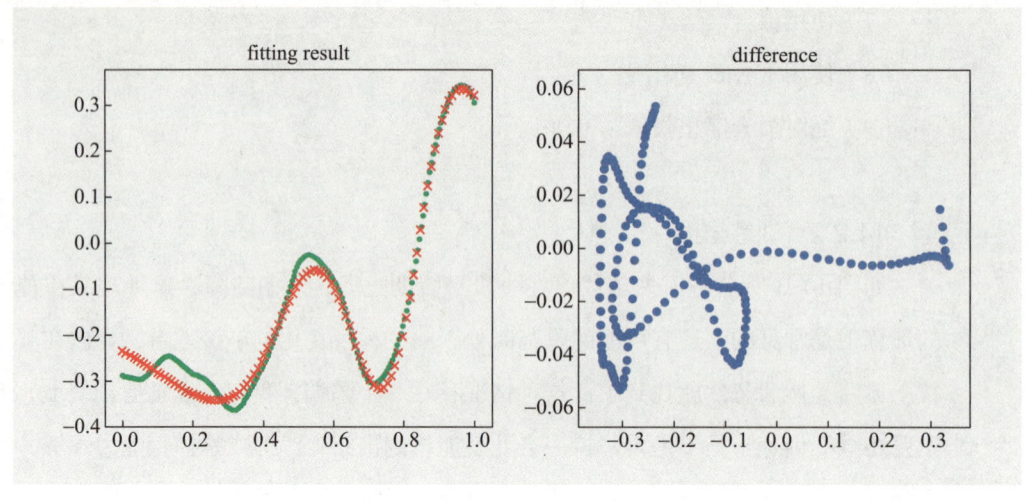

图 14-4 拟合结果

输出的最后几行结果。

```
epoch=4999, total_iteration=449999
loss_train=0.000920, accuracy_train=0.968329
loss_valid=0.000839, accuracy_valid=0.962375
time used: 28.002626419067383
save parameters
total weights abs sum= 45.27530164993504
total weights = 8
little weights = 0
zero weights = 0
testing...
0.9817814550687021
0.9817814550687021
```

由于设置了 eps=0.001,所以当 epoch 为 4 999 时便达到了要求,训练停止。最后用测试集得到的准确率为 98.18%,已经非常不错了。如果训练更多轮,可以得到更好的结果。

代码位置

ch14,Level1

> 知识拓展：回归任务——房价预测

14.3 二分类任务功能测试

14.3.1 搭建模型

同样是一个双层神经网络，但是最后一层要接一个 Logistic 二分类函数来完成二分类任务，如图 14-5 所示。

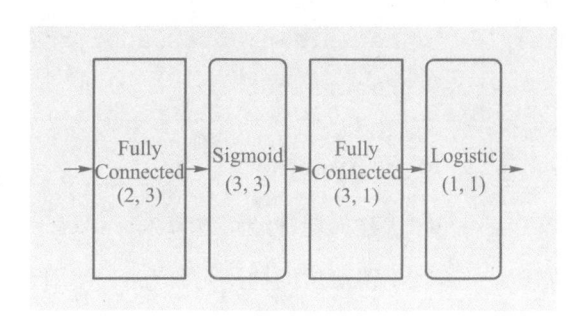

图 14-5 完成非线性二分类教学案例的抽象模型

1. 代码

```
def model(dataReader):
    num_input = 2
    num_hidden = 3
    num_output = 1

    max_epoch = 1000
    batch_size = 5
    learning_rate = 0.1

    params = HyperParameters_4_0(
        learning_rate,max_epoch,batch_size,
        net_type=NetType.BinaryClassifier,
        init_method=InitialMethod.Xavier,
        stopper=Stopper(StopCondition.StopLoss,0.02))
    net = NeuralNet_4_0(params,"Arc")
    fc1 = FcLayer_1_0(num_input,num_hidden,params)
    net.add_layer(fc1,"fc1")
    sigmoid1 = ActivationLayer(Sigmoid())
    net.add_layer(sigmoid1,"sigmoid1")

    fc2 = FcLayer_1_0(num_hidden,num_output,params)
```

```
net.add_layer(fc2,"fc2")
logistic = ClassificationLayer(Logistic())
net.add_layer(logistic,"logistic")

net.train(dataReader,checkpoint=10,need_test=True)
return net
```

2. 超参数说明

（1）输入层神经元数为 2。

（2）隐藏层的神经元数为 3，使用 Sigmoid 激活函数。

（3）由于是二分类任务，所以输出层只有一个神经元，用 Logistic 做二分类函数。

（4）最多训练 1 000 轮。

（5）批大小为 5。

（6）学习率为 0.1。

（7）绝对误差停止阈值为 0.02。

14.3.2 运行结果

训练过程中损失函数值和准确率变化如图 14-6 所示。部分输出结果如下。

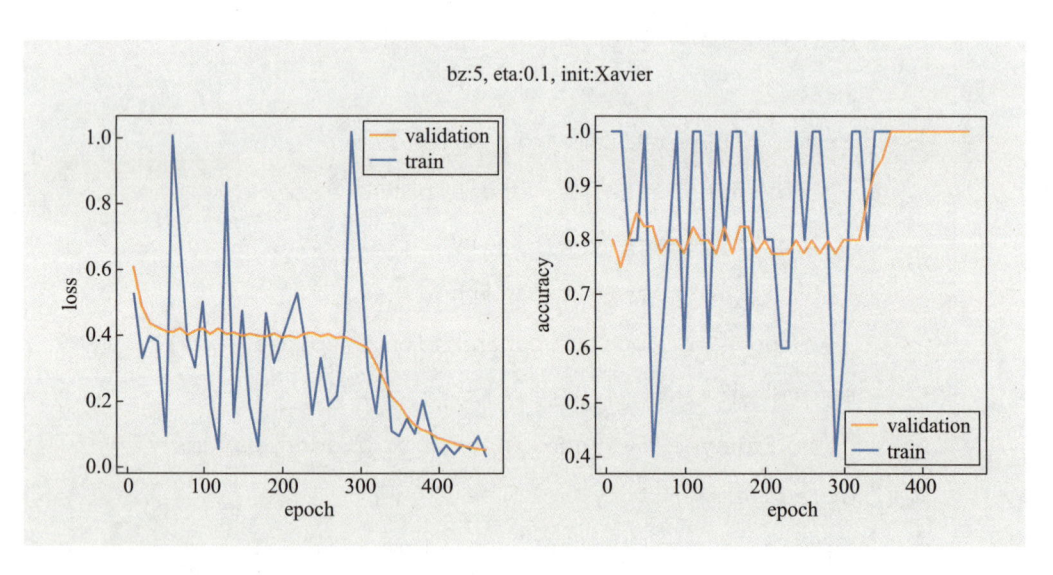

图 14-6 训练过程中损失函数值和准确率的变化

```
epoch=419,total_iteration=30239
```

```
loss_train=0.010094,accuracy_train=1.000000
loss_valid=0.019141,accuracy_valid=1.000000
time used: 2.149379253387451
testing...
1.0
```

最后的测试结果是 1.0，表示 100% 正确，这初步说明迷你框架在这个基本案例的处理上工作得很好。分类效果如图 14-7 所示。

代码位置

ch14，Level3

知识拓展：二分类任务真实案例

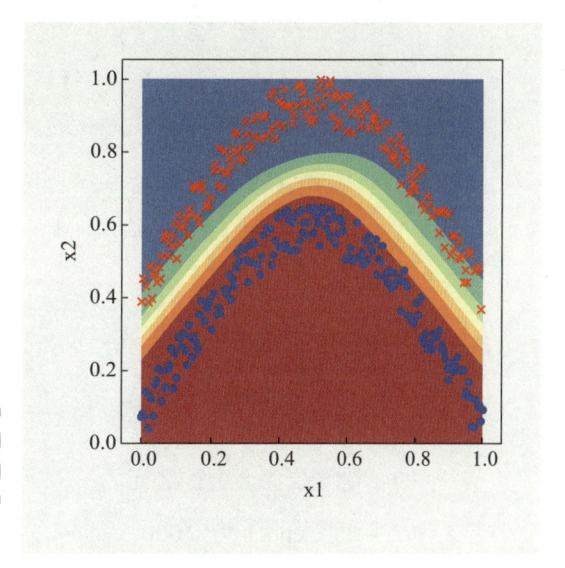

图 14-7　分类效果

14.4　多分类功能测试

在第 11 章中，讲解了如何使用神经网络处理多分类问题。在本节中将用迷你框架重现 11 章中的教学案例，然后使用一个真实的案例验证多分类的用法。

14.4.1　搭建模型一

1. 模型

使用 Sigmoid 作为激活函数的两层网络，如图 14-8 所示。

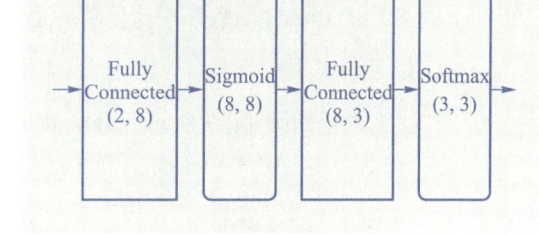

图 14-8　完成非线性多分类教学案例的抽象模型

2. 代码

```
def model_sigmoid(num_input,num_hidden,num_output,hp):
    net = NeuralNet_4_0(hp,"chinabank_sigmoid")
```

```
fc1 = FcLayer_1_0(num_input,num_hidden,hp)
net.add_layer(fc1,"fc1")
s1 = ActivationLayer(Sigmoid())
net.add_layer(s1,"Sigmoid1")
fc2 = FcLayer_1_0(num_hidden,num_output,hp)
net.add_layer(fc2,"fc2")
softmax1 = ClassificationLayer(Softmax())
net.add_layer(softmax1,"softmax1")
net.train(dataReader,checkpoint=50,need_test=True)
net.ShowLossHistory()
ShowResult(net,hp.toString())
ShowData(dataReader)
```

3. 超参数说明

（1）隐藏层为 8 个神经元。

（2）最大 epoch 为 5 000。

（3）批大小为 10。

（4）学习率为 0.1。

（5）绝对误差停止阈值为 0.08。

（6）多分类网络类型。

（7）初始化方法为 Xavier。

（8）net.train() 函数是一个阻塞函数，只有当训练完毕后才返回。

4. 运行结果

训练过程如图 14-9 所示，分类效果如图 14-10 所示。

14.4.2 搭建模型二

1. 模型

使用 ReLU 作为激活函数的三层网络，如图 14-11 所示。

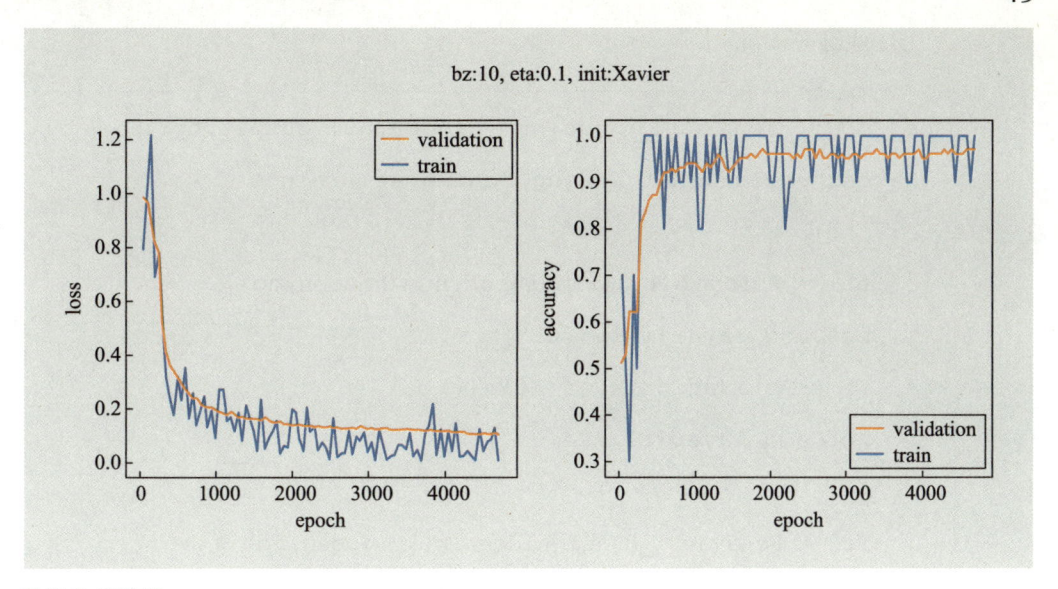

图 14-9 训练过程

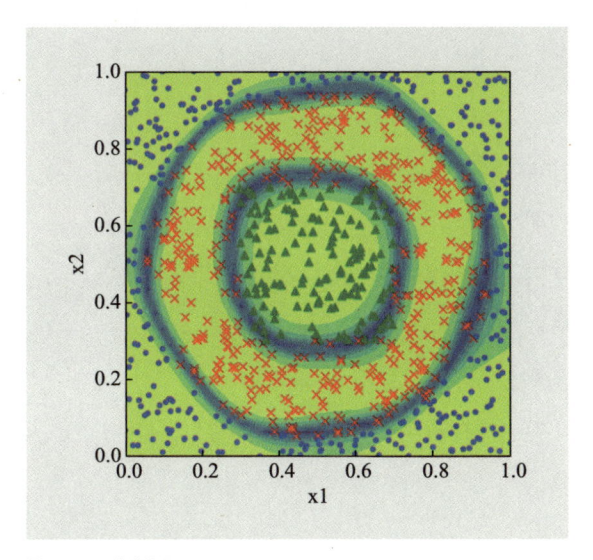

图 14-10 分类效果

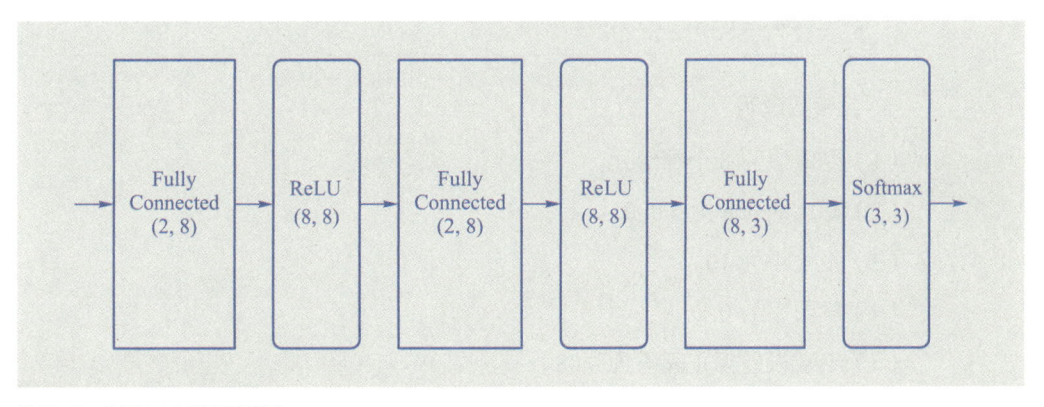

图 14-11 使用 ReLU 函数抽象模型

2. 代码

```
def model_relu(num_input,num_hidden,num_output,hp):
    net = NeuralNet_4_0(hp,"chinabank_relu")

    fc1 = FcLayer_1_0(num_input,num_hidden,hp)
    net.add_layer(fc1,"fc1")
    r1 = ActivationLayer(Relu())
    net.add_layer(r1,"Relu1")

    fc2 = FcLayer_1_0(num_hidden,num_hidden,hp)
    net.add_layer(fc2,"fc2")
    r2 = ActivationLayer(Relu())
    net.add_layer(r2,"Relu2")

    fc3 = FcLayer_1_0(num_hidden,num_output,hp)
    net.add_layer(fc3,"fc3")
    softmax = ClassificationLayer(Softmax())
    net.add_layer(softmax,"softmax")

    net.train(dataReader,checkpoint=50,need_test=True)
    net.ShowLossHistory()

    ShowResult(net,hp.toString())
    ShowData(dataReader)
```

3. 超参数说明

（1）隐藏层为 8 个神经元。

（2）最大 epoch 为 5 000。

（3）批大小为 10。

（4）学习率为 0.1。

（5）绝对误差停止阈值为 0.08。

（6）多分类网络类型。

（7）初始化方法为 MSRA。

4. 运行结果

训练过程如图 14-12 所示，分类效果如图 14-13 所示。

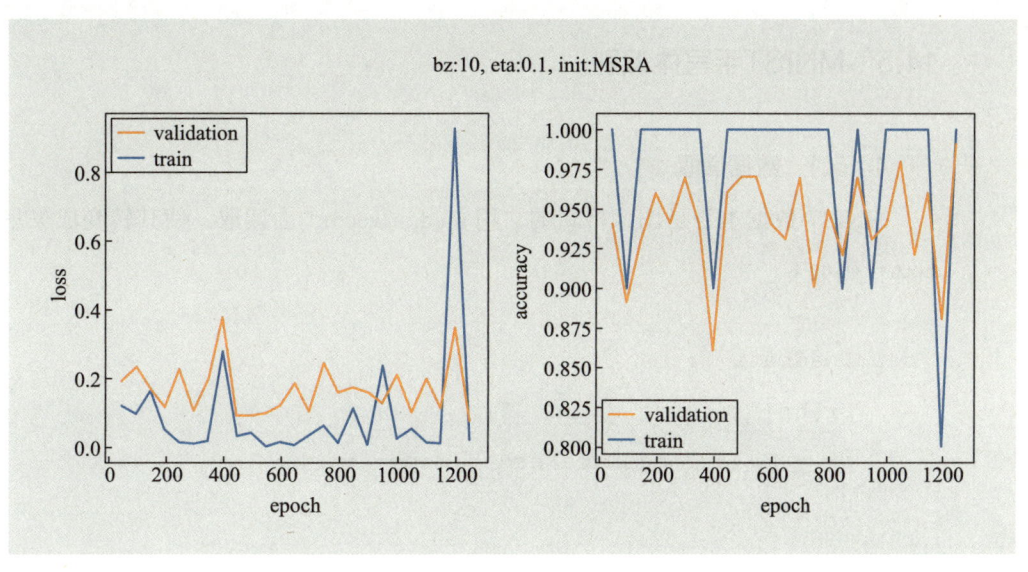

图 14-12　训练过程

14.4.3　效果比较

比较使用不同的激活函数的分类效果，如图 14-10 和图 14-13 所示。可以看到图 14-10 中的边界要比图 14-13 中的平滑许多，这也就是 ReLU 和 Sigmoid 的区别，ReLU 是用分段线性拟合曲线，Sigmoid 有真正的曲线拟合能力。但是 Sigmoid 也有缺点，使用 ReLU 函数的分类边界比较清晰，而使用 Sigmoid 函数的分类边界要平缓一些，过渡区较宽。

总之，ReLU 能直则直，对方形边界适用；Sigmoid 能弯则弯，对圆形边界适用。

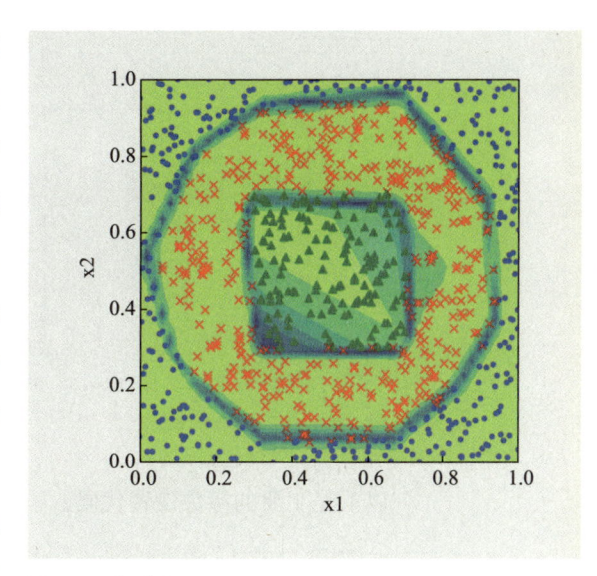

图 14-13　分类效果

代码位置

ch14，Level5

14.5 MNIST手写体识别

14.5.1 数据读取

MNIST数据本身是图像格式的，用mode="vector"去读取，使其转变成矢量格式，具体代码如下。

```
def LoadData():
    print("reading data...")
    dr = MnistImageDataReader(mode="vector")
    ...
```

14.5.2 搭建模型

该模型中一共4个隐藏层，都用ReLU激活函数连接，最后的输出层连接Softmax分类函数，如图14-14所示。

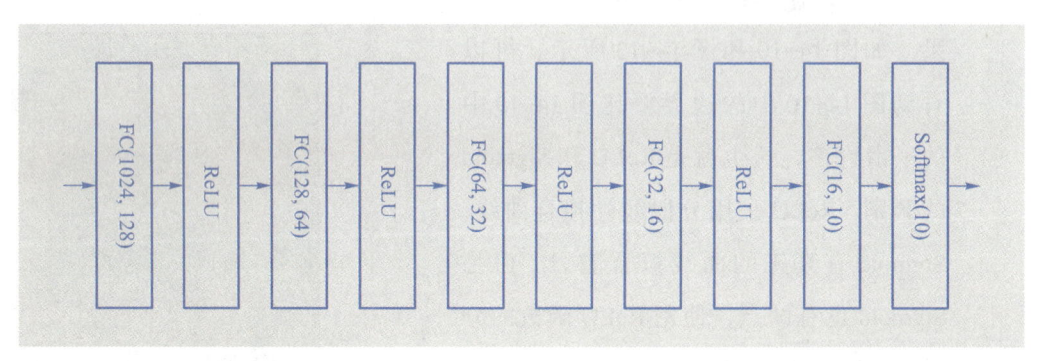

图14-14 完成MNIST分类任务的抽象模型

以下是主要的参数设置代码。

```
if __name__ == '__main__':
    dataReader = LoadData()
    num_feature = dataReader.num_feature
    num_example = dataReader.num_example
```

```python
num_input = num_feature
num_hidden1 = 128
num_hidden2 = 64
num_hidden3 = 32
num_hidden4 = 16
num_output = 10
max_epoch = 10
batch_size = 64
learning_rate = 0.1
params = HyperParameters_4_0(
    learning_rate, max_epoch, batch_size,
    net_type=NetType.MultipleClassifier,
    init_method=InitialMethod.MSRA,
    stopper=Stopper(StopCondition.StopLoss, 0.12))
net = NeuralNet_4_0(params, "MNIST")

fc1 = FcLayer_1_0(num_input, num_hidden1, params)
net.add_layer(fc1, "fc1")
r1 = ActivationLayer(Relu())
net.add_layer(r1, "r1")
...
fc5 = FcLayer_1_0(num_hidden4, num_output, params)
net.add_layer(fc5, "fc5")
softmax = ClassificationLayer(Softmax())
net.add_layer(softmax, "softmax")
net.train(dataReader, checkpoint=0.05, need_test=True)
net.ShowLossHistory(xcoord=XCoordinate.Iteration)
```

14.5.3 运行结果

此处，设计的停止条件是绝对 loss 值达到 0.12 时，所以迭代到 6 个 epoch 时，达到了 0.119 的损失值，就停止训练了。训练过程如图 14-15 所示。

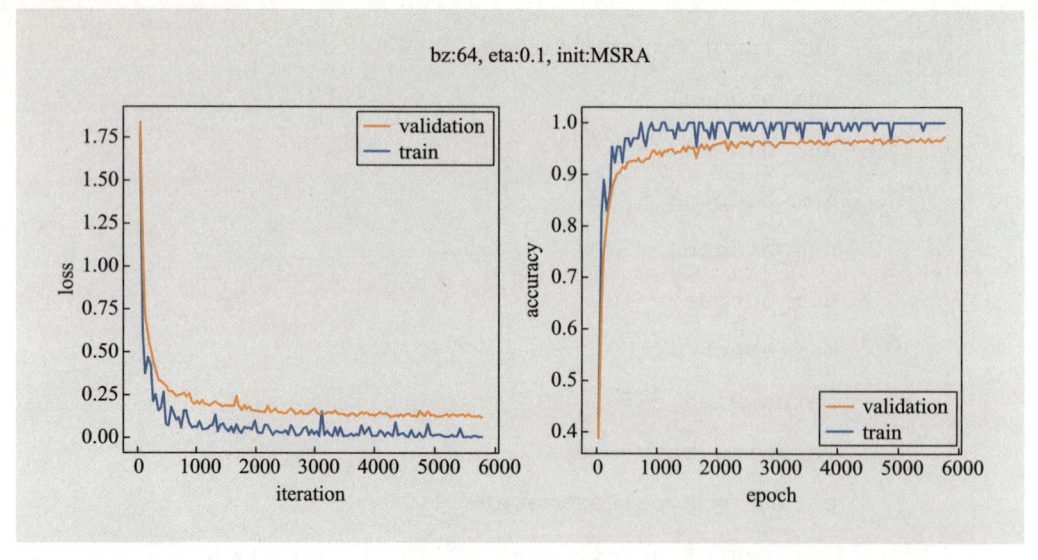

图 14-15 训练过程

下面是最后几行输出结果。可以看出，测试集的准确率为 96.97%。

```
epoch=6, total_iteration=5763
loss_train=0.005559, accuracy_train=1.000000
loss_valid=0.119701, accuracy_valid=0.971667
time used: 17.500738859176636
save parameters
testing...
0.9697
```

代码位置

ch14，Level6

第15章 网络优化

15.1 权重矩阵初始化

权重矩阵初始化是一个非常重要的环节,是训练神经网络的第一步,选择正确的初始化方法会带来事半功倍的效果。这就好比攀登喜马拉雅山,如果选择从南坡登山,会比从北坡容易很多。而初始化权重矩阵,相当于下山时选择不同的道路,在选择之前并不知道这条路的难易程度,只是知道它可以抵达山下。这种选择是随机的,即使你使用了正确的初始化算法,每次重新初始化时也会给训练结果带来很多影响。

例如第一次初始化时得到权重值为(0.128 47,0.364 53),而第二次初始化得到(0.233 34,0.243 52),经过试验,第一次初始化用了 3 000 次迭代达到精度为 96% 的模型,第二次初始化只用了 2 000 次迭代就达到了相同精度。这种情况在实践中是常见的。

15.1.1 零初始化

零初始化是指把所有层的权重矩阵值的初始值都设置为 0。

但是对于多层网络来说,绝对不能用零初始化,否则权重值不能通过学习得到合理的结果。零初始化权重矩阵的输出结果如下。

```
W1= [[-0.82452497 -0.82452497 -0.82452497]]
B1= [[-0.01143752 -0.01143752 -0.01143752]]
W2= [[-0.68583865]
     [-0.68583865]
     [-0.68583865]]
B2= [[0.68359678]]
```

可以看到 W1、B1、W2 内部 3 个值都一样,这是因为初始值都是 0,所以梯度均匀回传,导致所有权重值都同步更新,没有差别。这样的话,无论多少轮,最终的结果都是错误的。

15.1.2 随机初始化

随机初始化方法保证了激活函数的输入均值为 0，方差为 1。将 w_i 按如下公式进行初始化：

$$w_i \sim G[0,1]$$

其中的 w_i 为权重矩阵的值，G 表示高斯分布（gaussian distribution），也叫做正态分布（normal distribution），所以也可以将这种初始化方式称为标准正态初始化。

一般会根据全连接层的输入和输出数量来决定初始化的细节：

$$w_i \sim N\left(0, \frac{1}{\sqrt{n_{input}}}\right)$$

当目标问题较为简单时，网络深度不大，所以用随机初始化就可以了。但是当使用深度网络时，会遇到如图 15-1 所示的问题。图中是一个 6 层的深度网络，使用全连接层加 Sigmoid 激活函数，图中表示的是各层激活函数的直方图。可以看到各层的激活值严重向两侧 [0,1] 靠近，从 Sigmoid 函数曲线可以知道这些值的导数趋近于 0，反向传播时的梯度逐步消失。处于中间地段的值比较少，对参数学习非常不利。

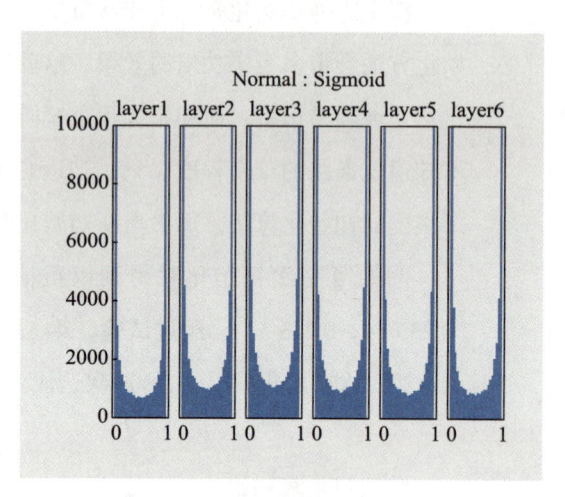

图 15-1 随机初始化在 Sigmoid 激活函数上的表现

15.1.3 Xavier 初始化方法

基于上述观察，Xavier Glorot 等人研究出了 Xavier 初始化方法。

当正向传播时，激活值的方差保持不变；反向传播时，关于状态值的梯度的方差保持不变时，可使用这种初始化方式。

$$w_i \sim U\left[-\sqrt{\frac{6}{n_{input} + n_{output}}}, \sqrt{\frac{6}{n_{input} + n_{output}}}\right]$$

假设激活函数关于 0 对称，且主要针对全连接神经网络。适用于 tanh 和 softsign 激活函数。即权重矩阵参数应该满足在该区间内的均匀分布。其中的 W 是权重矩阵（w_i 是 W 是元素），U 是 Uniform 分布，即均匀分布。

Xavier 初始化方法比随机初始化的优势在于：一般的神经网络在前向传播时神经元输出值的方差会不断增大，而使用 Xavier 等方法理论上可以保证每层神经元输入输出方差一致。两者对比如表 15-1 所示。

表 15-1 随机初始化和 Xavier 初始化的各层激活值与反向传播梯度比较

	各层的激活值	各层的反向传播梯度
随机初始化	激活值分布渐渐集中	反向传播力度逐层衰退
Xavier 初始化	激活值分布均匀	反向传播力度保持不变

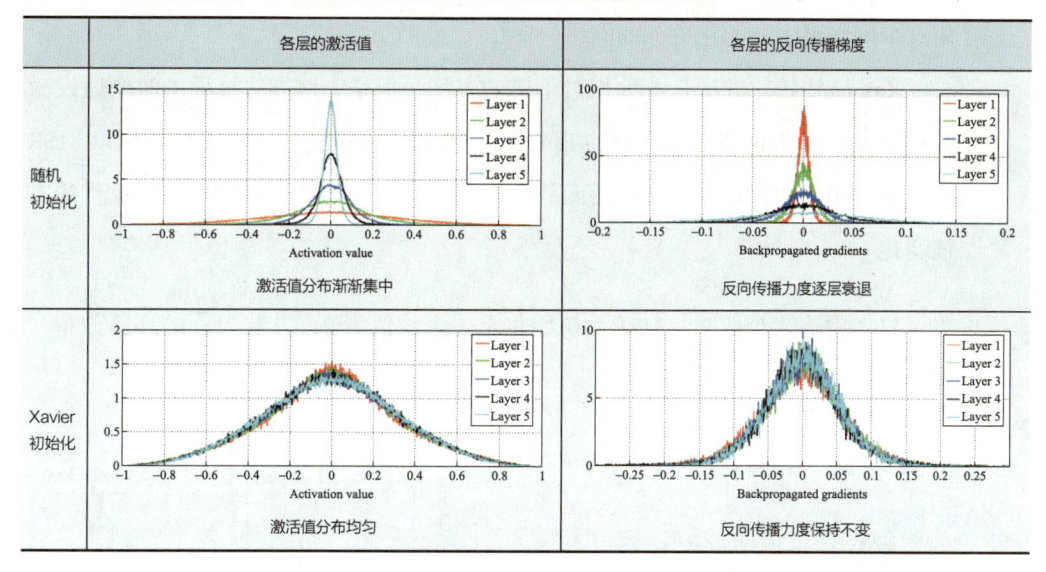

图 15-2 是 6 层神经网络中的表现情况，可以看到，后面几层的激活函数输出值的分布仍然基本符合正态分布，利于神经网络的学习。

但是，随着深度学习的发展，人们觉得 Sigmoid 的反向力度受限，又发明了 ReLU 激活函数。图 15-3 显示了 Xavier 初始化在 ReLU 激活函数上的表现。可以看到，随着层的加深，使用 ReLU 时激活值逐步向 0 偏向，同样会导致梯度消失问题。于是 He Kaiming 等人研究出了 MSRA 初始化法。

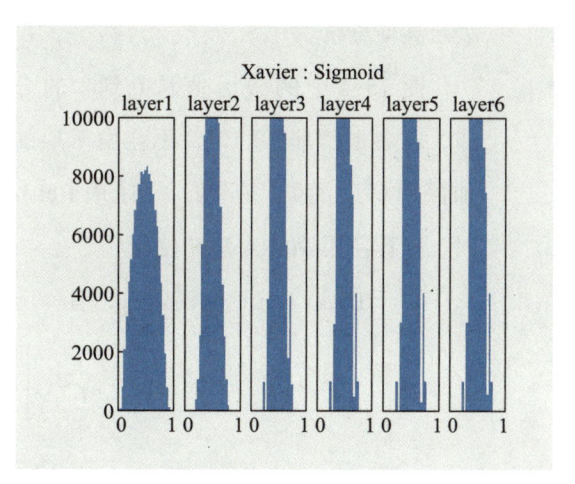

图 15-2 Xavier 初始化在 Sigmoid 激活函数上的表现

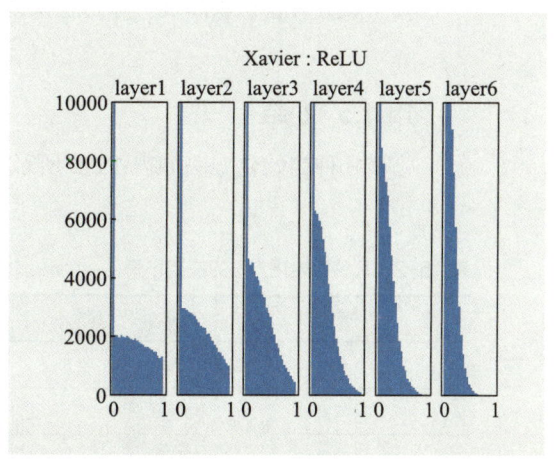

15.1.4 MSRA初始化方法

MSRA 初始化方法的使用条件是：正向传播时，状态值的方差保持不变；反向传播时，关于激活值的梯度的方差保持不变。

图 15-3 Xavier 初始化在 ReLU 激活函数上的表现

网络初始化是一件很重要的事情。但是，传统的固定方差的高斯分布初始化，在网络变深的时候使得模型很难收敛。MSRA 初始化方法首先训练了一个 8 层的网络，然后用这个网络再去初始化更深的网络。

Xavier 初始化方法是一种相对不错的方法，但是，该方法推导的时候假设激活函数是线性的，显然我们目前常用的 ReLU 和 PReLU 并不满足这一条件。所以 MSRA 初始化主要是想解决使用 ReLU 激活函数后，方差会发生变化，因此初始化权重的方法也应该变化。

只考虑输入个数时，MSRA 初始化是一个均值为 0，方差为 $\frac{2}{n}$ 的高斯分布，适合于 ReLU 激活函数。

$$w_i \sim G\left[0, \sqrt{\frac{2}{n}}\right]$$

其中 w_i 为权重矩阵 W 的各元素，G 表示高斯分布。

图 15-4 中的激活值从 0 到 1 的分布，在各层都非常均匀，不会由于层的加深而梯度消失，所以，在使用 ReLU 时，推荐使用 MSRA 法初始化。

对于 Leaky ReLU 激活函数，有

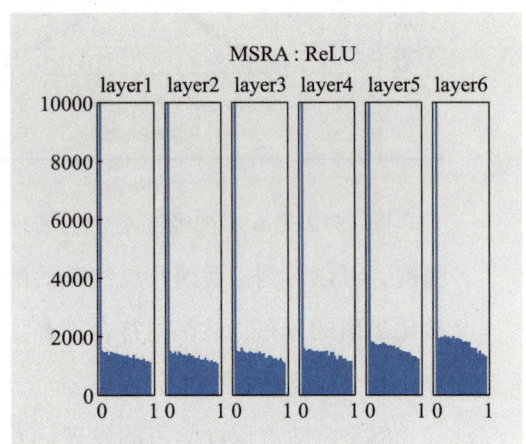

图 15-4 MSRA 初始化在 ReLU 激活函数上的表现

$$w_i \sim G\left[0, \sqrt{\frac{2}{(1+\alpha^2)\hat{n}_i}}\right]$$

$$\hat{n}_i = h_i \cdot k_i \cdot d_i$$

其中，h_i 为卷积核高度，k_i 为卷积核宽度，d_i 为卷积核个数。

15.1.5 小结

总结几种初始化方法如表 15-2 所示。

表 15-2 几种初始化方法的应用场景

ID	网络深度	初始化方法	激活函数	说明
1	单层	零初始化	无	可以
2	双层	零初始化	Sigmoid	错误，不能进行正确的反向传播
3	双层	随机初始化	Sigmoid	可以

ID	网络深度	初始化方法	激活函数	说明
4	多层	随机初始化	Sigmoid	激活值分布成凹形，不利于反向传播
5	多层	Xavier 初始化	Sigmoid	正确
6	多层	Xavier 初始化	ReLU	激活值分布偏向0，不利于反向传播
7	多层	MSRA 初始化	ReLU	正确

可以看到，由于网络深度和激活函数的变化，使得人们不断地研究新的初始化方法来适应，最终得到 1、3、5、7 这几种组合。

代码位置

ch15，Level1

思考与练习

1. 网络为多层时，不能用零初始化。但是如果权重矩阵的所有值都初始化为 0.1，是否可以呢？
2. 用第 14 章中的例子比较 Xavier 和 MSRA 初始化的训练效果。

15.2 梯度下降优化算法

15.2.1 随机梯度下降 SGD

先回忆一下随机梯度下降的基本算法，便于和后面的各种算法比较。图 15-5 中的梯度搜索轨迹为示意图。

1. 输入和参数

η 为全局学习率。

2. 算法

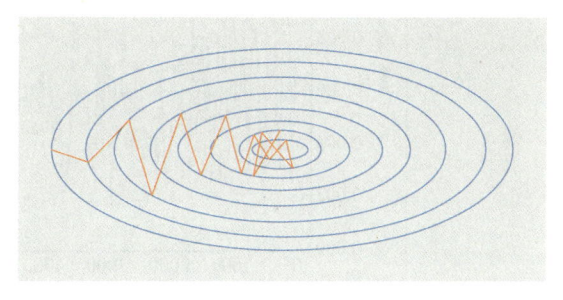

图 15-5 随机梯度下降算法的梯度搜索轨迹示意图

$$\text{计算梯度：} g_t = \nabla_\theta J(\theta_{t-1})$$
$$\text{更新参数：} \theta_t = \theta_{t-1} - \eta \cdot g_t$$

随机梯度下降算法，在当前点计算梯度，根据学习率前进到下一点。到中点附近时，由于样本误差或者学习率问题，会发生来回徘徊的现象，很可能会错过最优解。

3. 实际效果

SGD 的一个缺点就是收敛速度慢，见表 15-3，在学习率为 0.1 时，训练 10 000 个 epoch 不能收敛到预定损失值；学习率为 0.3 时，训练 5 000 个 epoch 可以收敛到预定水平。

表 15-3 学习率对 SGD 的影响

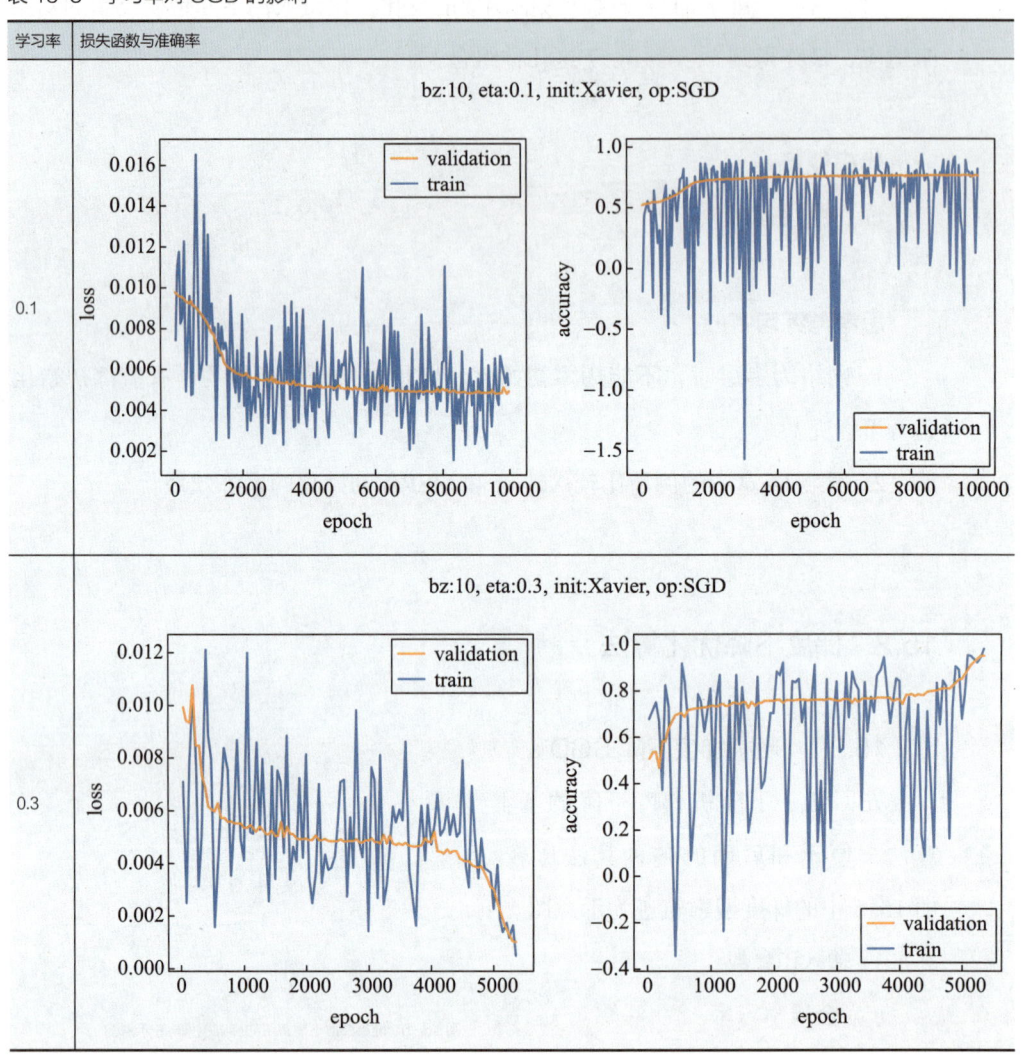

学习率	损失函数与准确率
0.1	bz:10, eta:0.1, init:Xavier, op:SGD
0.3	bz:10, eta:0.3, init:Xavier, op:SGD

15.2.2 动量算法

SGD 方法的一个缺点是其更新方向完全依赖于当前 batch 计算出的梯度，因为数据有噪声，因而十分不稳定。

动量算法（momentum）借用了物理中的动量概念，它模拟的是物体运动时的惯性，即更新的时候在一定程度上保留之前更新的方向，同时利用当前 batch 的梯度微调最终的更新方向。这样一来，可以在一定程度上增加稳定性，从而学习地更快，并且还有一定摆脱局部最优的能力。动量算法会观察历史梯度，若当前梯度的方向与历史梯度一致（表明当前样本不太可能为异常点），则会增强这个方向的梯度。若当前梯度与历史梯度方向不一致，则梯度会衰减，如图 15-6 所示。

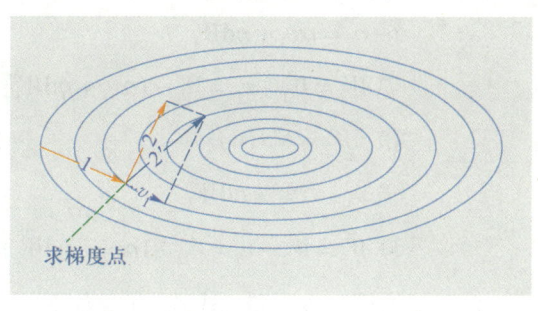

图 15-6 动量算法的前进方向

可以看出，第一次的梯度更新完毕后，会记录 v_1 的动量值。在"求梯度点"进行第二次梯度检查时，得到 2 号方向，与 v_1 的动量组合后，最终的更新为 2′ 方向。这样一来，由于有 v_1 的存在，会迫使梯度更新方向具备"惯性"，从而可以减小随机样本造成的震荡。

1. 输入和参数

- η：全局学习率。
- α：动量参数，一般取值为 0.5, 0.9, 0.99。
- v_t：当前时刻的动量，初值为 0。

2. 算法

计算梯度：$g_t = \nabla_\theta J(\theta_{t-1})$

计算速度更新：$v_t = \alpha \bullet v_{t-1} + \eta \bullet g_t$（公式 1）

更新参数：$\theta_t = \theta_{t-1} - v_t$（公式 2）

但是在其他书上也有这样的公式。

$v_t = \alpha \bullet v_{t-1} - \eta \bullet g_t$（公式 3）

$\theta_t = \theta_{t-1} + v_t$（公式 4）

这两组公式相差甚远。下面推导一下迭代过程。

根据算法公式 1 和公式 2，推导如下。

① $v_0 = 0$

② $dW_0 = \nabla J(w)$

③ $v_1 = \alpha v_0 + \eta \bullet dW_0 = \eta \bullet dW_0$

④ $W_1 = W_0 - v_1 = W_0 - \eta \cdot dW_0$

⑤ $dW_1 = \nabla J(w)$

⑥ $v_2 = \alpha v_1 + \eta dW_1$

⑦ $W_2 = W_1 - v_2 = W_1 - (\alpha v_1 + \eta dW_1) = W_1 - \alpha \cdot \eta \cdot dW_0 - \eta \cdot dW_1$

⑧ $dW_2 = \nabla J(w)$

⑨ $v_3 = \alpha v_2 + \eta dW_2$

⑩ $W_3 = W_2 - v_3 = W_2 - (\alpha v_2 + \eta dW_2) = W_2 - \alpha^2 \eta dW_0 - \alpha \eta dW_1 - \eta dW_2$

根据公式 3 和公式 4，推导如下。

① $v_0 = 0$

② $dW_0 = \nabla J(w)$

③ $v_1 = \alpha v_0 - \eta \cdot dW_0 = -\eta \cdot dW_0$

④ $W_1 = W_0 + v_1 = W_0 - \eta \cdot dW_0$

⑤ $dW_1 = \nabla J(w)$

⑥ $v_2 = \alpha v_1 - \eta dW_1$

⑦ $W_2 = W_1 + v_2 = W_1 + (\alpha v_1 - \eta dW_1) = W_1 - \alpha \cdot \eta \cdot dW_0 - \eta \cdot dW_1$

⑧ $dW_2 = \nabla J(w)$

⑨ $v_3 = \alpha v_2 - \eta dW_2$

⑩ $W_3 = W_2 - v_3 = W_2 - (\alpha v_2 + \eta dW_2) = W_2 - \alpha^2 \eta dW_0 - \alpha \eta dW_1 - \eta dW_2$

通过上述推导迭代，我们得到两个结论：

（1）可以看到两种方式的第 10 步结果是相同的。

（2）与普通 SGD 的算法 $W_3=W_2-\eta dW_2$ 相比，动量法不但每次要减去当前梯度，还要减去历史梯度 W_0、W_1 乘以一个不断减弱的因子 α，因为 α 小于 1，所以 α^2 比 α 小，α^3 比 α^2 小。这种方式的学名叫做指数加权平均。

3. 实际效果

从表 15-4 的比较可以看到，使用同等的超参数设置，普通梯度下降算法经过 epoch=10 000 次没有到达预定 0.001 的损失值；动量算法经过 2 000 个 epoch 迭代结束。

在损失函数历史数据图中，中间有一大段比较平坦的区域，梯度值很小，或者是随机梯度下降算法找不到合适的方向前进，只能慢慢搜索。而下侧的动量法，利用惯性，判断当前梯度与上次梯度的关系，如果方向相同，则会加速前进；如果不同，则会减速，并趋向平衡。所以很快地就达到了停止条件。

表 15-4 SGD 和动量法的比较

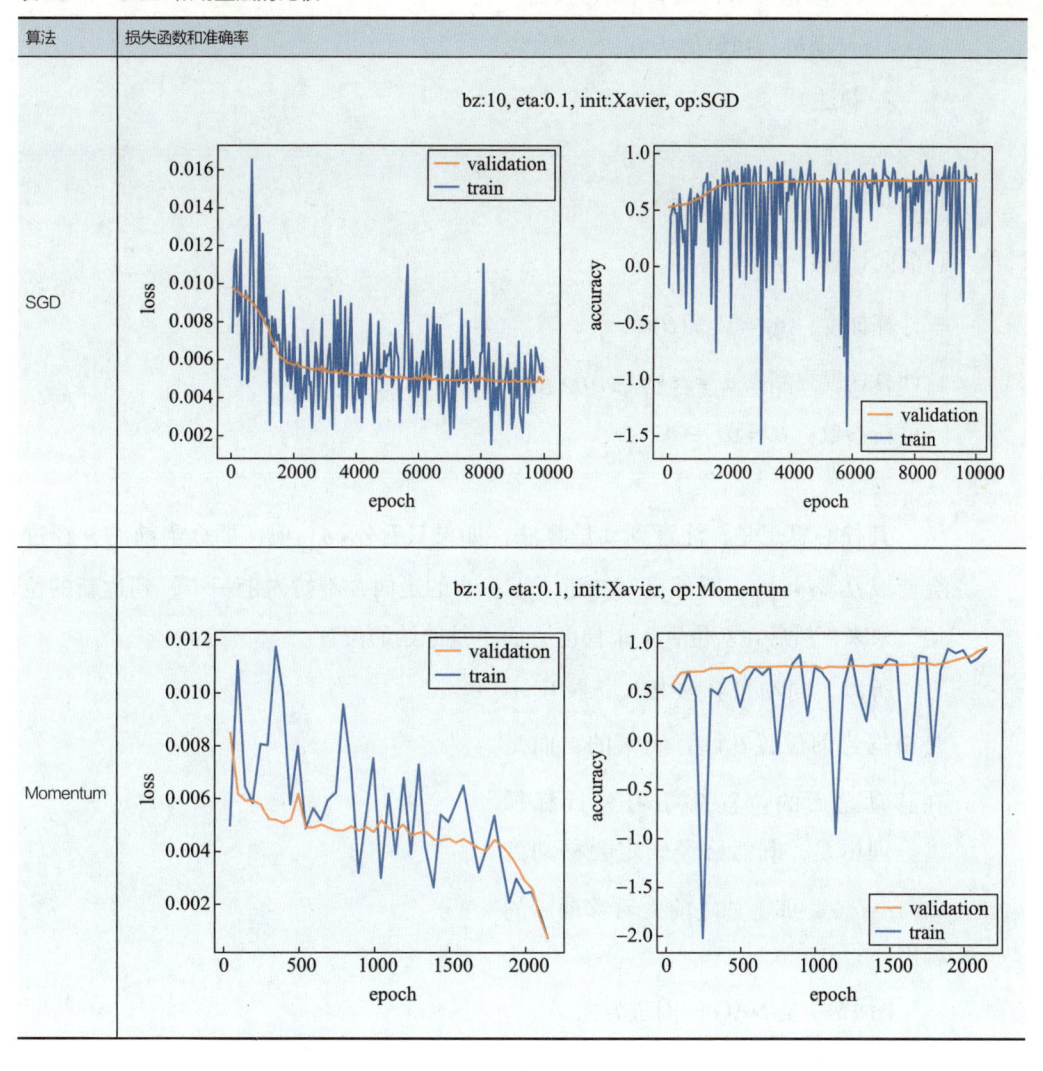

算法	损失函数和准确率
SGD	bz:10, eta:0.1, init:Xavier, op:SGD
Momentum	bz:10, eta:0.1, init:Xavier, op:Momentum

当我们将一个小球从山上滚下来时，没有阻力的话，它的动量会越来越大，但是如果遇到了阻力，速度就会变小。加入的这一项，可以使得梯度方向不变的维度上速度变快，梯度方向有所改变的维度上的更新速度变慢，这样就可以加快收敛并减小震荡。

15.2.3 梯度加速算法

在小球向下滚动的过程中，如何让小球提前知道在哪些地方坡面会上升，这样在遇到上升坡面之前，小球就开始减速。这方法就是梯度加速算法（Nesterov accelerated gradient，NAG），其在凸优化中有较强的理论保证收敛。并且，在实践中 Nesterov 动量算法也比单纯的动量算法的效果好。

1. 输入和参数

- η：全局学习率。

- α：动量参数，缺省取值为 0.9。
- v：动量，初始值为 0。

2. 算法

临时更新：$\hat{\theta} = \theta_{t-1} - \alpha \cdot v_{t-1}$

前向计算：$f(\hat{\theta})$

计算梯度：$g_t = \nabla_{\hat{\theta}} J(\hat{\theta})$

计算速度更新：$v_t = \alpha \cdot v_{t-1} + \eta \cdot g_t$

更新参数：$\theta_t = \theta_{t-1} - v_t$

其核心思想是：注意到动量算法，如果只看 $\alpha \cdot v_{t-1}$ 项，那么当前的 θ 经过该算法会变成 $\theta - \alpha \cdot v_{t-1}$。既然已经知道了下一步的走向，不妨先走一步，到达新的位置"展望"未来，然后在新位置上求梯度，而不是原始的位置。

所以，同动量算法相比，梯度不是根据当前位置 θ 计算出来的，而是在移动之后的位置 $\theta - \alpha \cdot v_{t-1}$ 计算梯度。理由是，既然已经确定会移动到 $\theta - \alpha \cdot v_{t-1}$，那不如之前去看移动后的梯度。

图 15-7 是 NAG 的前进方向。

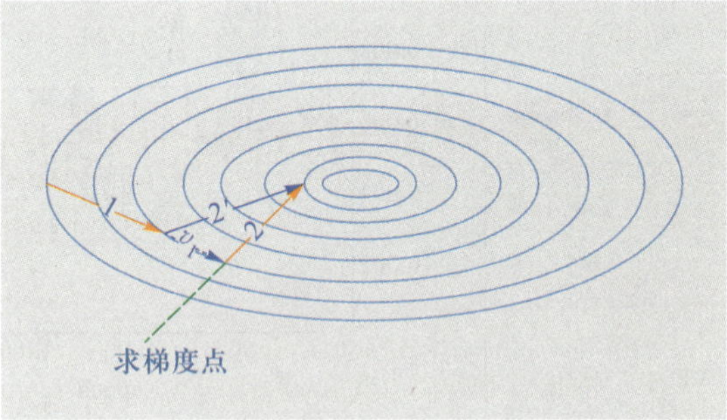

图 15-7 梯度加速算法的前进方向

这个改进的目的就是为了提前看到前方的梯度。如果前方的梯度和当前梯度目标一致，那我直接大步迈过去；如果前方梯度同当前梯度不一致，那我就小心点更新。

3. 实际效果

表 15-5 显示，使用动量算法经过 2 000 个 epoch 迭代结束，NAG 算法是加速的动量法，因此只用 1 400 个 epoch 迭代结束。

NAG 可以使 RNN 在很多任务上有更好的表现。

代码位置

ch15，Level2

表 15-5 动量法和 NAG 法的比较

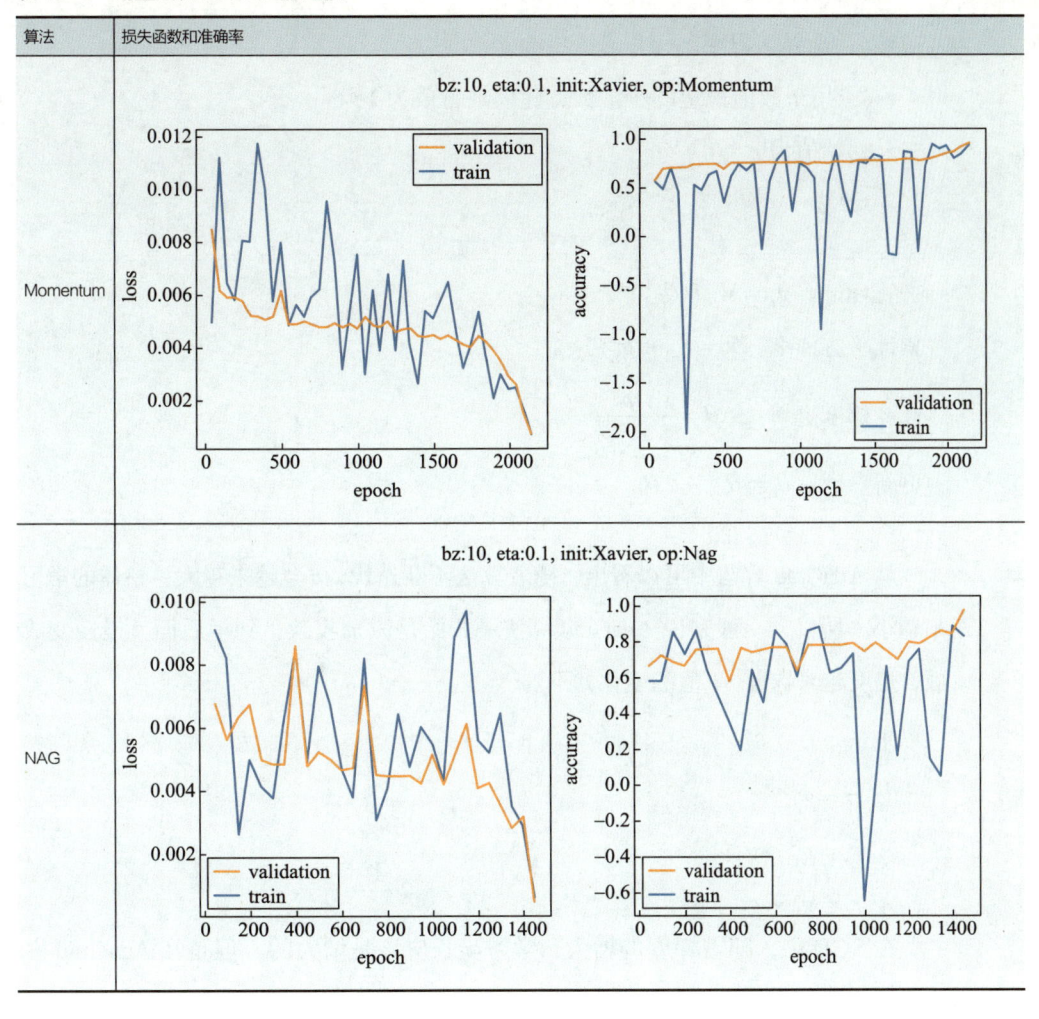

算法	损失函数和准确率
Momentum	bz:10, eta:0.1, init:Xavier, op:Momentum
NAG	bz:10, eta:0.1, init:Xavier, op:Nag

15.3 自适应学习率算法

15.3.1 AdaGrad

AdaGrad（Adaptive subgradient method）是一个基于梯度的优化算法，它的主要功能是：它对不同的参数调整学习率，具体而言，对低频出现的参数进行大的更新，对高频出现的参数进行小的更新。因此，该算法很适合处理稀疏数据。

在这之前，我们对于所有的参数使用相同的学习率进行更新。但 AdaGrad 则不然，对不同的训练迭代次数 t，AdaGrad 对每个参数都有一个不同的学习率。这里开方、除法和乘法的运算都是按元素运算的。这些按元素运算使得目标函数自变量中每个元素都分别拥有自己的学习率。

1. 输入和参数

- η：全局学习率。
- ε：用于数值稳定的小常数，建议缺省值为 1e-6。
- 初始值为 $r = 0$。

2. 算法

计算梯度：$g_t = \nabla_\theta J(\theta_{t-1})$

累计平方梯度：$r_t = r_{t-1} + g_t \odot g_t$

计算梯度更新：$\Delta\theta = \dfrac{\eta}{\varepsilon + \sqrt{r_t}} \odot g_t$

更新参数：$\theta_t = \theta_{t-1} - \Delta\theta$

从 AdaGrad 算法中可以看出，随着算法不断迭代，r 会越来越大，整体的学习率会越来越小。所以，一般来说 AdaGrad 算法一开始是激励收敛，到了后面就慢慢变成惩罚收敛，速度越来越慢。r 值的变化如下。

① $r_0 = 0$

② $r_1 = g_1^2$

③ $r_2 = g_1^2 + g_2^2$

④ $r_3 = g_1^2 + g_2^2 + g_3^2$

在 SGD 中，随着梯度的增大，学习步长应该是增大的。但是在 AdaGrad 中，随着梯度 g 的增大，r 也在逐渐增大，且在梯度更新时 r 在分母上，也就是整个学习率是减少的，这是为什么呢？

这是因为随着更新次数的增大，希望学习率越来越慢。在学习率的最初阶段，距离损失函数最优解还很远，随着更新次数的增加，越来越接近最优解，所以学习率也随之变慢。但是当某个参数梯度较小时，累积和也会小，那么更新速度就大。

对于训练深度神经网络模型而言，从训练开始时积累梯度平方会导致有效学习率过早和过量的减小。AdaGrad 在某些深度学习模型上效果不错，但不是全部。

3. 实际效果

表 15-6 表明，设定不同的初始学习率时的效果。学习率分别为 0.3、0.5、0.7，可以看到学习率为 0.7 时，收敛得最快，只用 1 750 个 epoch；学习率为 0.5 时用了 3 000 个 epoch；学习率为 0.3 时用了 8 000 个 epoch。所以，对于 AdaGrad 来说，可以在开始时把学习率的值设置大一些，因为它会衰减得很快。

表 15-6 AdaGrad 算法的学习率设置

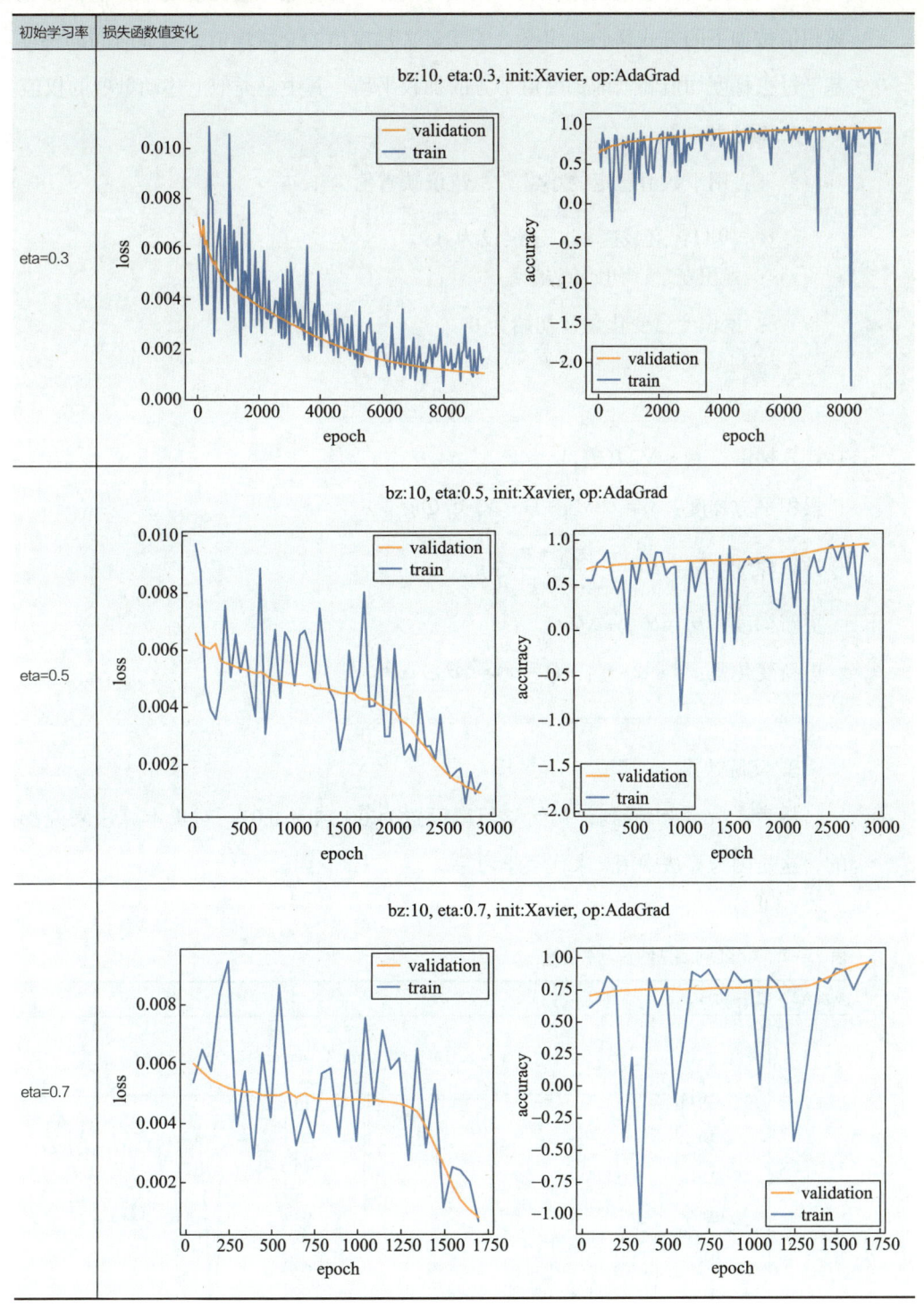

初始学习率	损失函数值变化
eta=0.3	bz:10, eta:0.3, init:Xavier, op:AdaGrad
eta=0.5	bz:10, eta:0.5, init:Xavier, op:AdaGrad
eta=0.7	bz:10, eta:0.7, init:Xavier, op:AdaGrad

15.3.2 AdaDelta

AdaDelta 法（adaptive learning rate method）是 AdaGrad 法的一个延伸，它旨在解决学习率不断单调下降的问题。相比计算之前所有梯度值的平方和，AdaDelta 法仅计算在一个时间区间内梯度值的累积和。但该方法并不会存储之前梯度的平方值，而是将梯度累积值按如下的方式递归地定义：关于过去梯度值的衰减均值，当前时间的梯度均值是基于过去梯度均值和当前梯度值平方的加权平均，其中是类似上述动量项的权值。

1. 输入和参数

- ε：用于数值稳定的小常数，建议缺省值为 1e-5。
- $\alpha \in [0,1)$：衰减速率，建议设为 0.9。
- s：累积变量，初始值 0。
- r：累积变量变化量，初始为 0。

2. 算法

计算梯度：$g_t = \nabla_\theta J(\theta_{t-1})$

累积平方梯度：$s_t = \alpha \cdot s_{t-1} + (1-\alpha) \cdot g_t \odot g_t$

计算梯度更新：$\Delta\theta = \sqrt{\dfrac{r_{t-1} + \varepsilon}{s_t + \varepsilon}} \odot g_t$

更新梯度：$\theta_t = \theta_{t-1} - \Delta\theta$

更新变化量：$r = \alpha \cdot r_{t-1} + (1-\alpha) \cdot \Delta\theta \odot \Delta\theta$

3. 实际效果

从表 15-7 可以看到，初始学习率设置为 0.1 或者 0.01，对于本算法来说都是一样的，这是因为算法中用 r 来代替学习率。

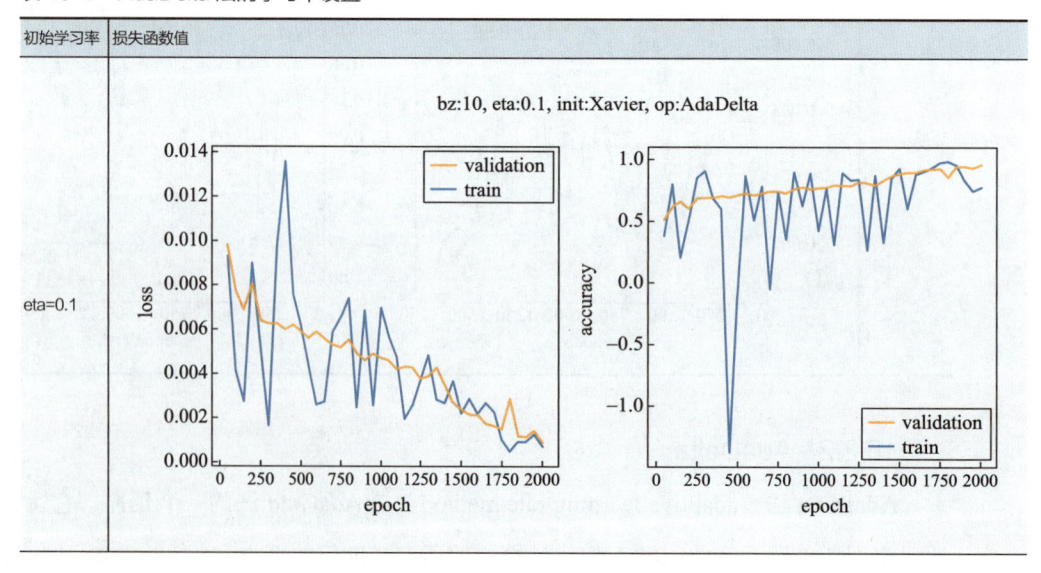

表 15-7 AdaDelta 法的学习率设置

初始学习率	损失函数值
eta=0.1	bz:10, eta:0.1, init:Xavier, op:AdaDelta

续表

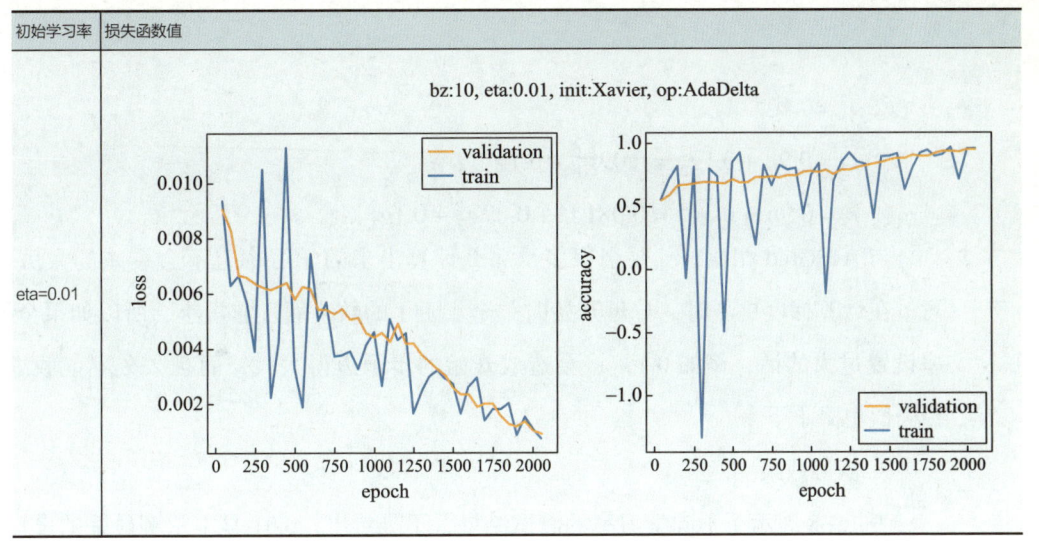

初始学习率	损失函数值
eta=0.01	bz:10, eta:0.01, init:Xavier, op:AdaDelta

15.3.3 均方根反向传播 RMSProp

均方根反向传播（root mean square propagation，RMSProp）是由 Geoff Hinton 在他 Coursera 课程中提出的一种适应性学习率方法，至今仍未被公开发表。RMSProp 法要解决 AdaGrad 的学习率缩减问题。

1. 输入和参数

- η：全局学习率，建议设置为 0.001。
- ε：用于数值稳定的小常数，建议缺省值为 1e-8。
- α：衰减速率，建议缺省值为 0.9。
- r：累积变量矩阵，与 θ 尺寸相同，初始化为 0。

2. 算法

计算梯度：$g_t = \nabla_\theta J(\theta_{t-1})$

累计平方梯度：$r = \alpha \cdot r + (1-\alpha)(g_t \odot g_t)$

计算梯度更新：$\Delta\theta = \dfrac{\eta}{\sqrt{r+\varepsilon}} \odot g_t$

更新参数：$\theta_t = \theta_{t-1} - \Delta\theta$

RMSprop 也将学习率除以了一个指数衰减的衰减均值。为了进一步优化损失函数在更新中存在摆动幅度过大的问题，并且进一步加快函数的收敛速度，RMSProp 算法对权重和偏置的梯度使用了微分平方加权平均数，这种做法有利于消除了摆动幅度大的方向，用来修正摆动幅度，使得各个维度的摆动幅度都较小。另一方面也使得网络函数收敛更快。

其中，r 值的变化如下：

① $r_0 = 0$

② $r_1 = 0.1g_1^2$

③ $r_2 = 0.9r_1 + 0.1g_2^2 = 0.09g_1^2 + 0.1g_2^2$

④ $r_3 = 0.9r_2 + 0.1g_3^2 = 0.081g_1^2 + 0.09g_2^2 + 0.1g_3^2$

与 AdaGrad 相比，r_3 要小很多，那么计算出来的学习率也不会衰减的太厉害。注意，在计算梯度更新时，分母开始时是个小于 1 的数，而且非常小，所以如果全局学习率设置过大的话，例如 0.1，将会造成开始的步子迈得太大，而且久久不能收缩步伐，损失值也降不下来。

3. 实际效果

表 15-8 展示了不同学习率的测试结果，不难看出，0.01 是本示例最好的设置。

表 15-8 RMSProp 的学习率设置

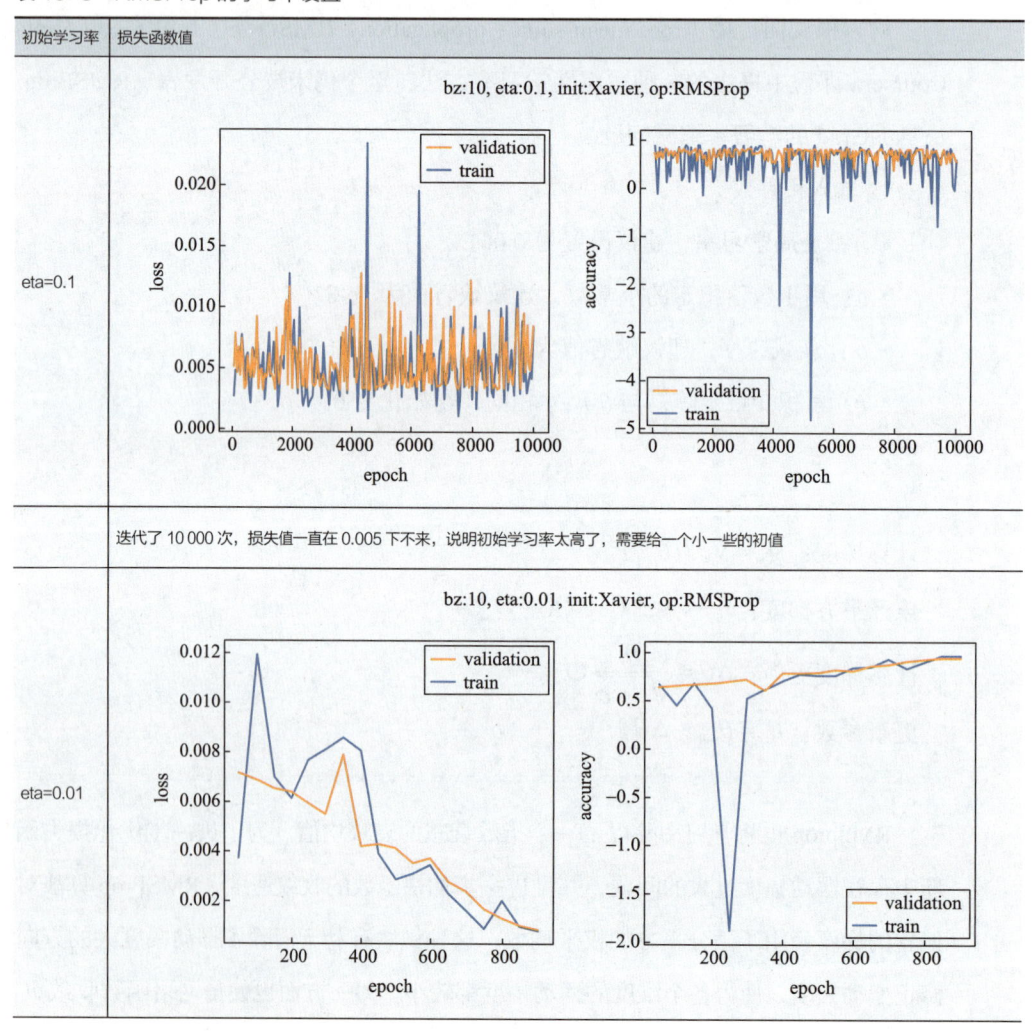

初始学习率	损失函数值
eta=0.1	bz:10, eta:0.1, init:Xavier, op:RMSProp
	迭代了 10 000 次，损失值一直在 0.005 下不来，说明初始学习率太高了，需要给一个小一些的初值
eta=0.01	bz:10, eta:0.01, init:Xavier, op:RMSProp

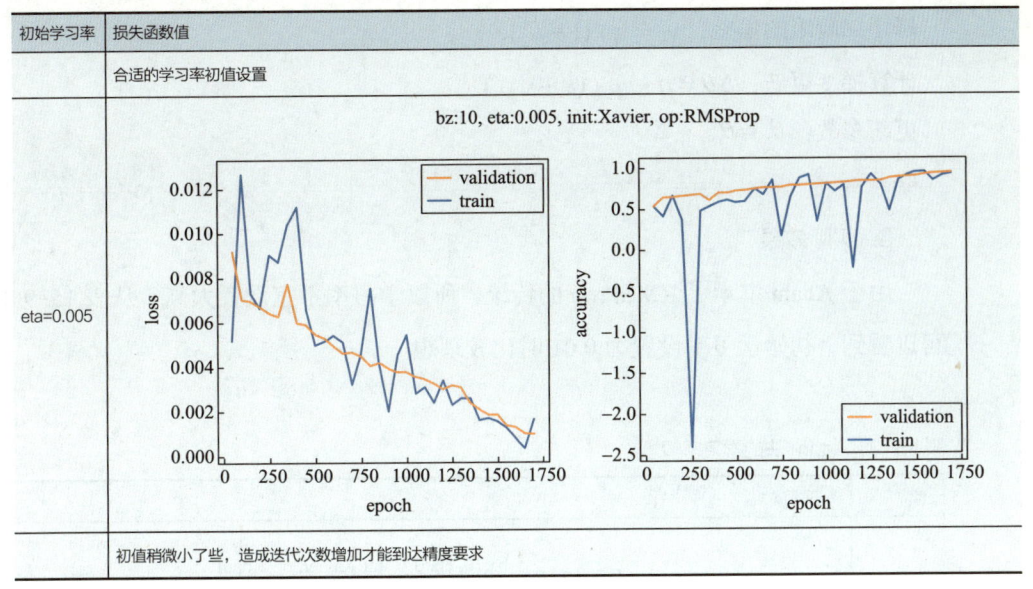

初始学习率	损失函数值
	合适的学习率初值设置
eta=0.005	bz:10, eta:0.005, init:Xavier, op:RMSProp
	初值稍微小了些，造成迭代次数增加才能到达精度要求

15.3.4 Adam – Adaptive Moment Estimation

计算每个参数的自适应学习率，相当于 RMSProp + Momentum 的效果，Adam 算法在 RMSProp 算法基础上对小批量随机梯度也做了指数加权移动平均。和 AdaGrad 算法、RMSProp 算法以及 AdaDelta 算法一样，目标函数自变量中每个元素都分别拥有自己的学习率。

1. 输入和参数

- t：当前迭代次数。
- η：全局学习率，建议缺省值为 0.001。
- ε：用于数值稳定的小常数，建议缺省值为 1e-8。
- β_1, β_2：矩估计的指数衰减速率，取值范围为 $[0,1)$，建议缺省值分别为 0.9 和 0.999。

2. 算法

计算梯度：$g_t = \nabla_\theta J(\theta_{t-1})$

计数器加一：$t = t+1$

更新有偏一阶矩估计：$m_t = \beta_1 \cdot m_{t-1} + (1-\beta_1) \cdot g_t$

更新有偏二阶矩估计：$v_t = \beta_2 \cdot v_{t-1} + (1-\beta_2)(g_t \odot g_t)$

修正一阶矩的偏差：$\widehat{m_t} = m_t / (1-\beta_1^t)$

修正二阶矩的偏差：$\hat{v}_t = v_t / (1-\beta_2^t)$

计算梯度更新：$\Delta\theta = \eta \cdot \hat{m}_t / (\varepsilon + \sqrt{\hat{v}_t})$

更新参数：$\theta_t = \theta_{t-1} - \Delta\theta$

3. 实际效果

由于 Adam 继承了 RMSProp 的传统，所以学习率不宜设置太高，从表 15-9 的比较可以看到，初始学习率设置为 0.01 时比较理想。

表 15-9 Adam 法的学习率设置

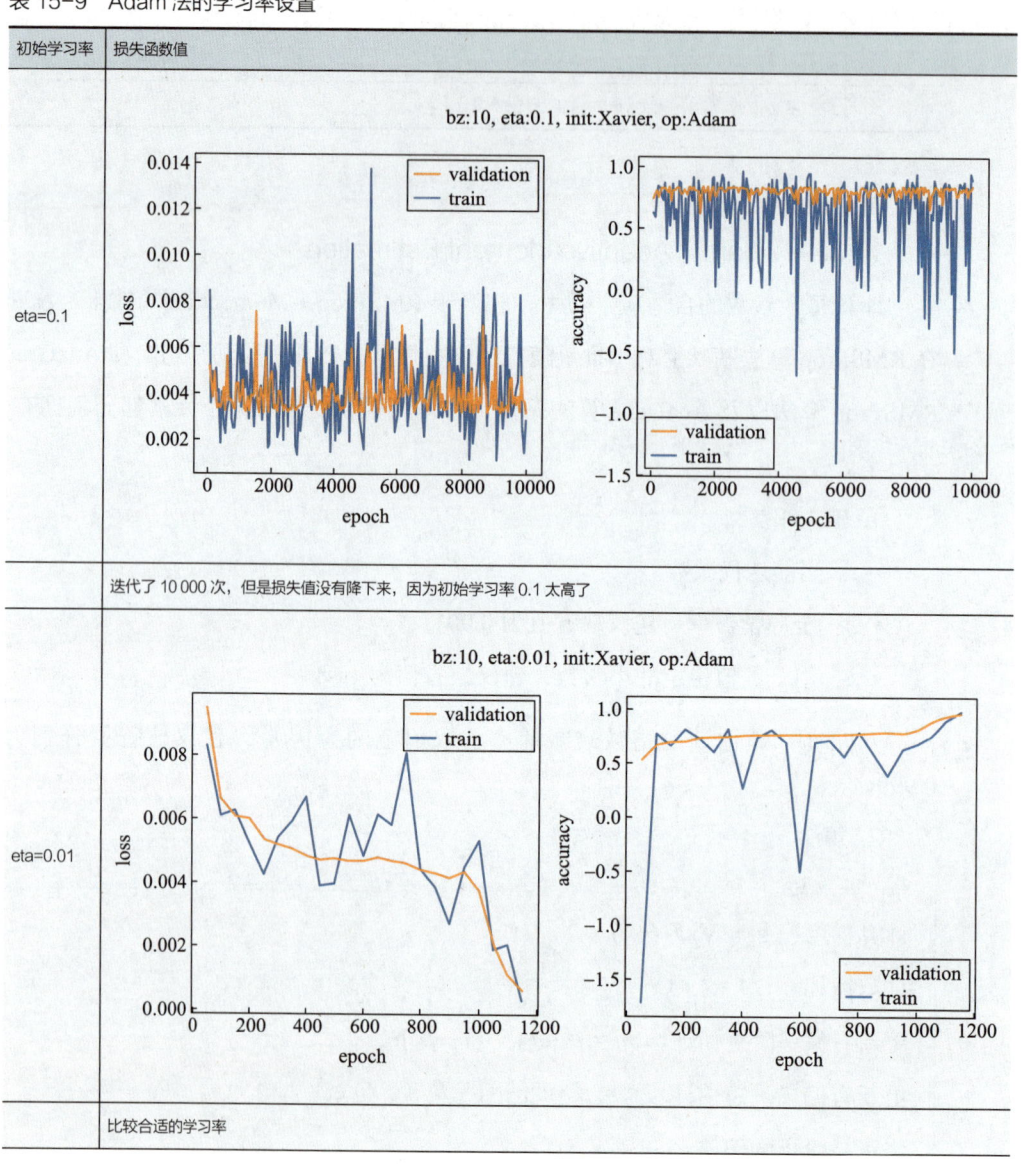

初始学习率	损失函数值
eta=0.1	bz:10, eta:0.1, init:Xavier, op:Adam 迭代了 10 000 次，但是损失值没有降下来，因为初始学习率 0.1 太高了
eta=0.01	bz:10, eta:0.01, init:Xavier, op:Adam 比较合适的学习率

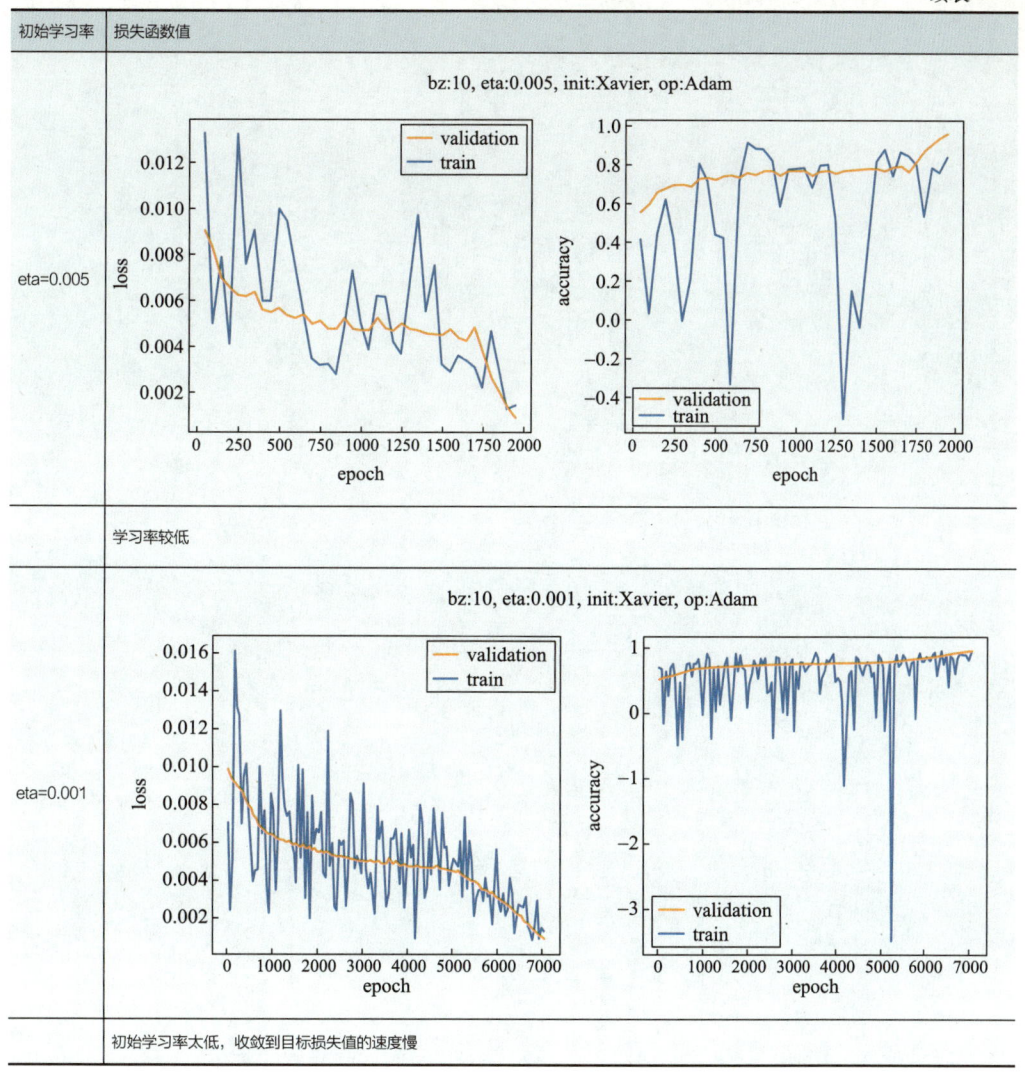

初始学习率	损失函数值
eta=0.005	bz:10, eta:0.005, init:Xavier, op:Adam
学习率较低	
eta=0.001	bz:10, eta:0.001, init:Xavier, op:Adam
初始学习率太低，收敛到目标损失值的速度慢	

代码位置

ch15，Level3

知识拓展：算法在等高线图上的效果比较

批量归一化的原理

批量归一化的实现

第16章 正则化

16.1 过拟合

16.1.1 拟合程度比较

正则化（regularization）主要用于防止过拟合。在深度神经网络中，我们遇到的另外一个挑战，就是网络的泛化问题。所谓泛化，就是要使模型在测试集上的表现要和训练集上一样好。例如，一个模型在训练集上经过千锤百炼，准确率能到达 99%，但在测试集上准确率还不到 90%。这说明模型过度拟合了训练数据，而不能反映真实的情况。解决过度拟合的手段和过程即为泛化。

神经网络的两大功能，即回归和分类。这两类任务，都会出现欠拟合和过拟合现象，如图 16-1 和图 16-2 所示。

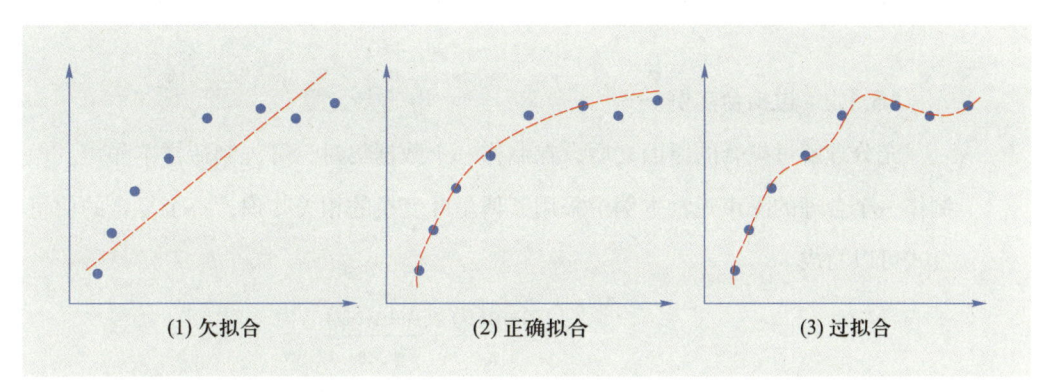

图 16-1 回归任务中的欠拟合、正确拟合、过拟合

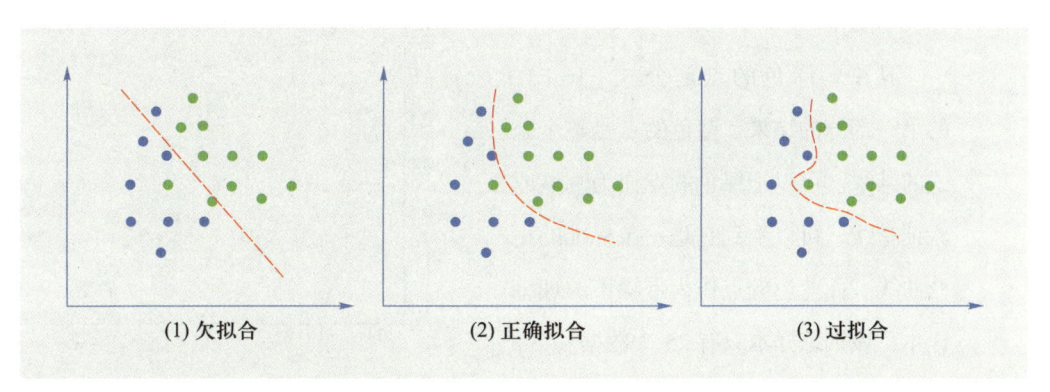

图 16-2 分类任务中的欠拟合、正确拟合、过拟合

其中，分类任务中的三种情况，依次为分类欠妥、正确分类、分类过度。由于分类可以看作是对分类边界的拟合，所以也可称为欠拟合、正确拟合、过拟合。

图 16-2（3）中，对于"深入敌后"的那颗绿色点样本，正确的做法是把它当作噪声看待，而不要让它对网络产生影响。而对于欠拟合情况，如果简单的（线性）模型不能很好地完成任务，可以考虑使用复杂的（非线性或深度）模型，即加深网络的宽度和深度，提高神经网络的能力。但是如果网络过于宽和深，就会出现过拟合的情况。出现过拟合的原因总结如下。

（1）训练集的数量和模型的复杂度不匹配，样本数量级小于模型的参数。

（2）训练集和测试集的特征分布不一致。

（3）样本噪声大，使得神经网络学习到了噪声，正常样本的行为被抑制。

（4）迭代次数过多，过分拟合了训练数据，包括噪声部分和一些非重要特征。

既然模型过于复杂，那为什么不选择简化模型，而是要用复杂度不匹配的模型呢？有如下两个原因。

（1）因为有的模型已经非常成熟了，如 VGG16，可以不调参直接用于的数据训练，此时如果数据数量不够多，但是又想使用现有模型，就需要给模型加正则项了。

（2）使用相对复杂的模型，可以比较快速地使网络收敛，以节省时间。

16.1.2 过拟合实例一

充分理解过拟合的原因之后，在制作一个数据集时，可先制造样本噪声。但是如何制作一个合理的噪声呢？本例中采用了傅里叶变换的相关知识，一个复合的傅里叶变换公式可以写成

$$y = \frac{4\sin(\theta)}{\pi} + \frac{4\sin(5\theta)}{5\pi} \qquad (16.1.1)$$

这个公式在 [0,2π] 的函数如图 16-3 所示。

其中，绿色的点是公式（16.1.1）的第一部分的结果，蓝色的点是整个公式的结果。可以把绿色的点作为测试或验证基线，可以看到它是一条标准的正弦曲线。而蓝色的点作为带噪声的训练样本，该训练样本只有 25 个数据。

然后我们使用前文中的迷你框架

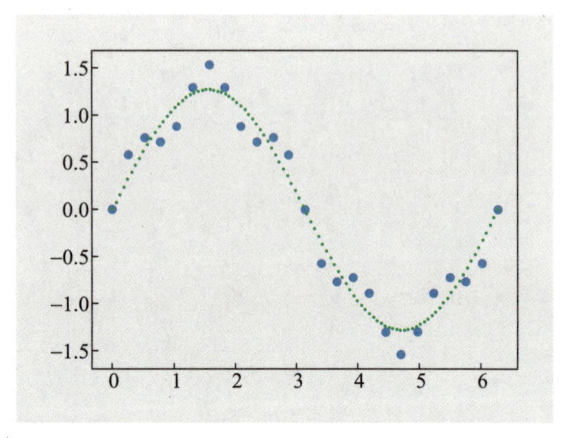

图 16-3 公式（16.1.1）的函数图

（mini-framework），可以很方便地搭建起如图 16-4 所示的模型。

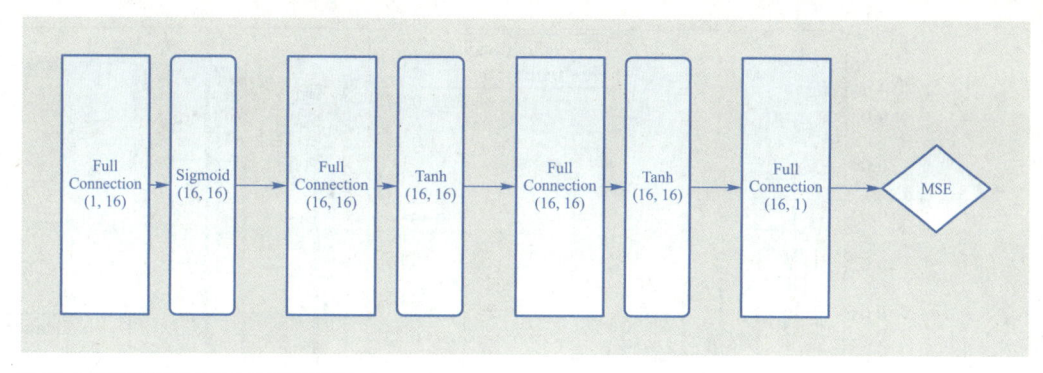

图 16-4 用于拟合公式（16.1.1）的模型结构

这个模型的复杂度要比训练样本的数量级大很多，所以可以重现过拟合的现象，当然还需要设置好合适的参数，代码片段如下。

```
def SetParameters():
    num_hidden = 16
    max_epoch = 20000
    batch_size = 5
    learning_rate = 0.1
    eps = 1e-6

    hp = HyperParameters41(
        learning_rate,max_epoch,batch_size,eps,
        net_type=NetType.Fitting,
        init_method=InitialMethod.Xavier,
        optimizer_name=OptimizerName.SGD)

    return hp,num_hidden
```

故意把最大 epoch 次数设置得比较大，以充分展示过拟合效果。训练结束后，首先看损失函数值和准确率的变化曲线，如图 16-5 所示。

可以看到，训练集上的损失函数值很快降低到极点，准确率很快升高到极点，而验证集上的表现正好相反。说明网络对训练集很适应，但是越来越不适应验证集数据，出现了严重的过拟合。验证集的准确率为 0.960 5。

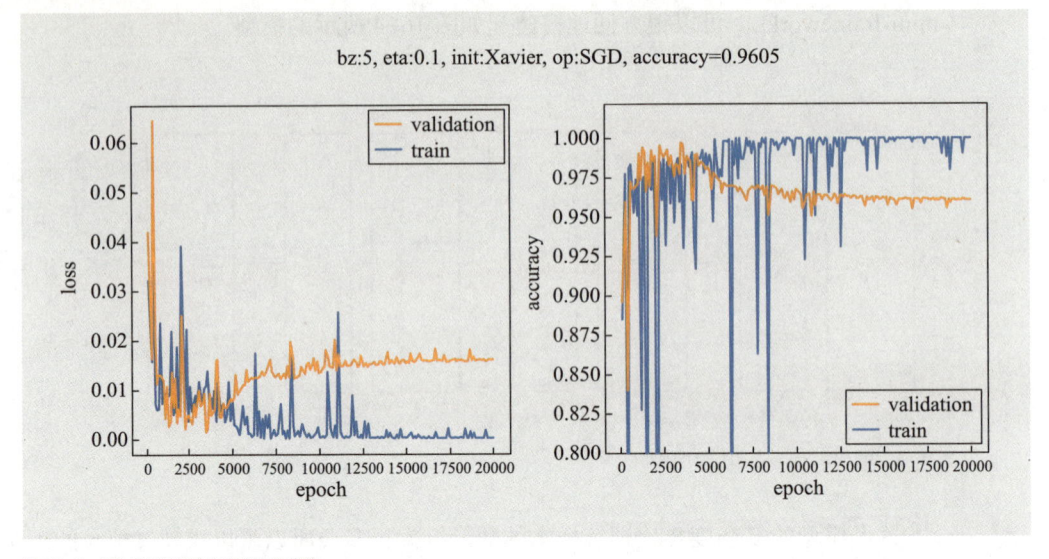

图 16-5　损失函数值和准确率的变化曲线

拟合情况如图 16-6 所示。红色拟合曲线完美地拟合了每一个样本点，也就是说模型学习到了样本的误差。绿色点所组成的曲线，才是我们真正想要的拟合结果。

16.1.3　过拟合实例二

本例中使用 MNIST 数据集，模拟出过拟合（分类）的情况。从前文中的过拟合出现的四点原因分析，对于

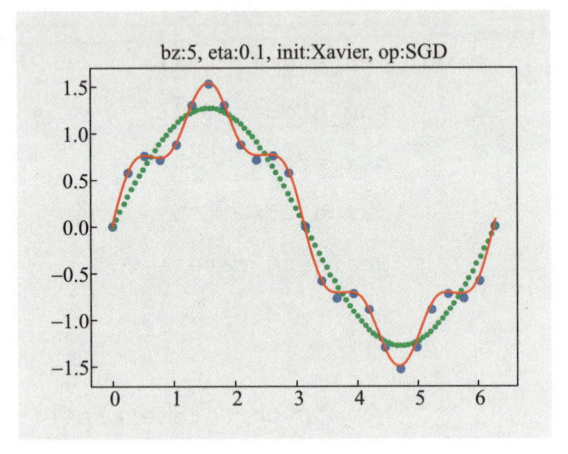

图 16-6　模型的拟合情况

MNIST 数据集来说原因（2）和（3）并不成立，MNIST 数据集有 60 000 个样本，足以保证它的特征分布的一致性，少数样本的噪声也会被大多数正常的数据淹没。但是如果只选用其中的很少一部分的样本，则特征分布就可能会有偏差，而且独立样本的噪声会变得突出一些。

至于原因（1）和（4），可利用第 14 章中的已有知识和代码，搭建一个复杂网络，而且迭代次数完全可以由代码来控制。

首先，只使用 1 000 个样本来做训练，如下面的代码所示，调用一个 ReadLessData(1000) 函数，并且用 GenerateDevSet(k=10) 函数把 1 000 个样本分成 900 和 100 两部分，分别作为训练集和验证集。具体的深度网络模型结构如图 16-7 所示。

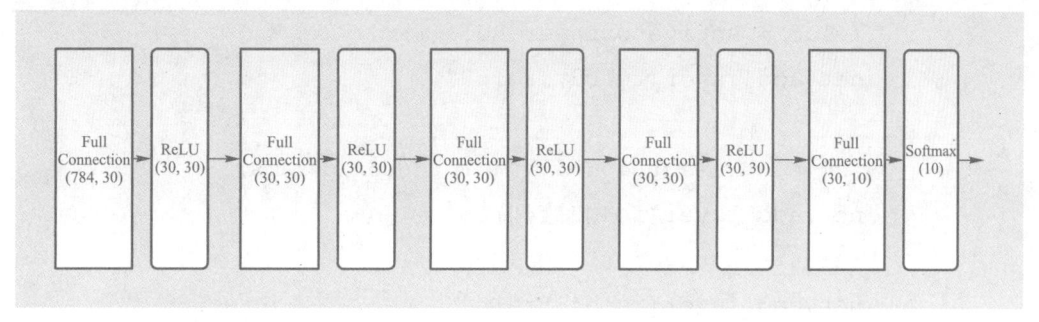

图 16-7　实例二的深度网络模型结构

```
def LoadData():
    mdr = MnistImageDataReader(train_image_file,train_label_file,test_image_file,test_label_file,"vector")
    mdr.ReadLessData(1000)
    mdr.Normalize()
    mdr.GenerateDevSet(k=10)
    return mdr
```

这个网络有 5 个全连接层，前 4 个全连接层后接 ReLU 激活函数层，最后 1 个全连接层接 Softmax 分类函数做 10 分类。在第 14 章就已经搭建好了深度神经网络的迷你框架，可以简单地搭建此例中的网络，具体代码如下。

```
def Net(dateReader,num_input,num_hidden,num_output,params):
    net = NeuralNet(params)

    fc1 = FcLayer(num_input,num_hidden,params)
    net.add_layer(fc1,"fc1")
    relu1 = ActivatorLayer(Relu())
    net.add_layer(relu1,"relu1")

    fc2 = FcLayer(num_hidden,num_hidden,params)
    net.add_layer(fc2,"fc2")
    relu2 = ActivatorLayer(Relu())
    net.add_layer(relu2,"relu2")

    fc3 = FcLayer(num_hidden,num_hidden,params)
    net.add_layer(fc3,"fc3")
```

```python
    relu3 = ActivatorLayer(Relu())
    net.add_layer(relu3,"relu3")

    fc4 = FcLayer(num_hidden,num_hidden,params)
    net.add_layer(fc4,"fc4")
    relu4 = ActivatorLayer(Relu())
    net.add_layer(relu4,"relu4")

    fc5 = FcLayer(num_hidden,num_output,params)
    net.add_layer(fc5,"fc5")
    softmax = ActivatorLayer(Softmax())
    net.add_layer(softmax,"softmax")
    net.train(dataReader,checkpoint=1)

    net.ShowLossHistory()
```

net.train(dataReader,checkpoint=1) 函数的参数 checkpoint 是指每隔 1 个 epoch 记录一次训练过程中的损失值和准确率。该参数可以设置成大于 1 的数字，例如，10 意味着每 10 个 epoch 检查一次。也可以设置为小于 1 的正数，如 0.5，假设在一个 epoch 中要迭代 100 次，则每迭代 50 次检查一次。

在主函数中，需设置一些超参数，然后调用刚才建立的网络进行训练，具体代码如下。

```python
if __name__ == '__main__':

    dataReader = LoadData()
    num_feature = dataReader.num_feature
    num_example = dataReader.num_example
    num_input = num_feature
    num_hidden = 30
    num_output = 10
    max_epoch = 200
    batch_size = 100
    learning_rate = 0.1
    eps = 1e-5
```

```
    params = CParameters(
      learning_rate,max_epoch,batch_size,eps,
      LossFunctionName.CrossEntropy3,
      InitialMethod.Xavier,
      OptimizerName.SGD)

    Net(dataReader,num_input,num_hidden,num_hidden,num_
hidden,num_hidden,num_output,params)
```

在超参数设置中，有如下几点说明。

（1）每个隐藏层包含 30 个神经元（4 个隐藏层在 Net 函数里指定）。

（2）最多训练 200 个 epoch。

（3）批大小为 100 个样本。

（4）学习率为 0.1。

（5）多分类交叉熵损失函数为 CrossEntropy3。

（6）使用 Xavier 权重初始化方法。

（7）使用随机梯度下降算法。

最终可以得到如图 16-8 所示的训练曲线。在训练集上（蓝色曲线），很快就达到了损失函数值趋近于 0，准确率 100% 的程度。而在验证集上（红色曲线），损失函数值却越来越大，准确率也在下降。这就造成了一个典型的过拟合网络，即所谓 U 型曲线，无论是损失函数值还是准确率，都呈现出了这种分化的特征。输出部分结果如下。

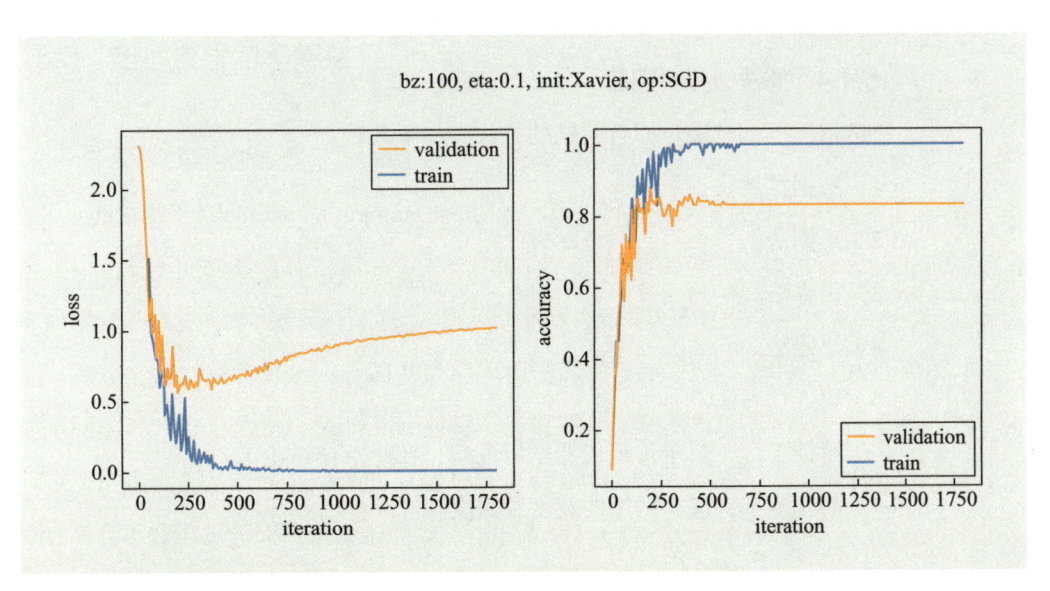

图 16-8　实例二的训练曲线

```
epoch=199,total_iteration=1799
loss_train=0.0015,accuracy_train=1.000000
loss_valid=0.9956,accuracy_valid=0.860000
time used: 5.082462787628174
total weights abs sum= 1722.470655813152
total weights = 26520
little weights = 2815
zero weights = 27
testing...
rate=8423 / 10000 = 0.8423
```

对上述结果有如下几点说明。

（1）epoch = 199 时（从 0 开始计数，实际是第 200 个 epoch），训练集的损失值为 0.001 5，准确率为 100%。测试集的损失值 0.995 6，准确率为 86%。过拟合很严重。

（2）total weights abs sum = 1 722.470 7，实际上是把所有全连接层的权重值先取绝对值，再求和。

（3）total weights = 26 520，一共 26 520 个权重值，偏移值不算在内。

（4）little weights = 2 815，一共 2 815 个权重值小于 0.01。

（5）zero weights = 27，权重值中接近于 0 的数量（小于 0.000 1）为 27。

（6）测试集的准确率为 84.23%。

在着手解决过拟合的问题之前，可以先学习关于偏差与方差的知识，以便得到一些理论上的指导。

16.1.4 解决过拟合问题

通常情况下，解决过拟合问题的方法有如下几种。

（1）数据扩展法。

（2）正则法。

（3）丢弃法。

（4）早停法。

（5）集成学习法。

（6）特征工程（属于传统机器学习范畴，在此不作讨论）。

（7）简化模型，减小网络的宽度和深度。

代码位置

ch16,Level0,Level1

思考与练习

请采用简化模型的方式来试验上述两个过拟合案例。

知识拓展：偏差与方差

16.2 L2正则

16.2.1 提出问题

从过拟合的现象分析，是因为神经网络的权重矩阵参数过度地学习，即针对训练集，其损失函数值已经逼近了最小值。用熟悉的等高线图来解释，如图16-9所示。

假设只有两个参数需要学习，那么这两个参数的损失函数就构成了等高线图。由于样本数据量比较小（这是造成

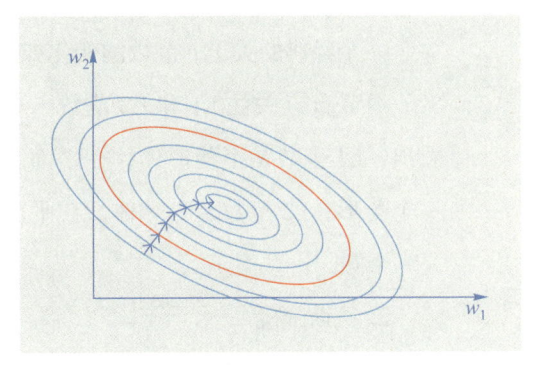

图 16-9 损失函数值的等高线图

过拟合的原因之一），所以神经网络在训练过程中沿着箭头方向不断向最优解靠近，最终达到了过拟合的状态。也就是说在这个等高线图中的最优解，实际是针对有限的样本数据的最优解，而不是针对这个特点问题的最优解。

由此会产生一个朴素的想法：如果以某个处于中间位置等高线（例如图 16-9 中红色的等高线）为目标的话，是不是就可以得到比较好的效果呢？如何科学地找到这条等高线呢？

16.2.2 基本数学知识

1. 范数

范数的基本概念如下。

$$L_p = \| \boldsymbol{X} \|_p = \left(\sum_{i=1}^{n} |x_i|^p \right)^{1/p} \tag{16.2.1}$$

范数包含向量范数和矩阵范数,此处只关心向量范数。下面通过具体的数值来理解范数。L0 范数即其非 0 元素数,假设有一个向量 $\boldsymbol{X}=[1,-2,0,-4]$,则 $L_0=3$。L1 范数为所有元素的绝对值求和,有

$$L_1 = \sum_{i=0}^{3} |x_i| = 1+2+0+4 = 7$$

L2 范数为所有元素的平方和开方,有

$$L_2 = \sqrt[2]{\sum_{i=0}^{3} |x_i|^2} = \sqrt[2]{21} = 4.5826$$

所有元素中,最大值的绝对值为

$$L_\infty = 4$$

注意,公式(16.2.1)中的 p 可以是小数,令 $p=0.5$,则有

$$L_{0.5} = 19.4853$$

一个经典的关于 p 范数的变化如图 16-10 所示。

本章重点关注 L1 和 L2 范数。不难看出,L1 范数是个菱形体,在平面上是一个菱形;L2 范数是个球体,在平面上是一个圆。

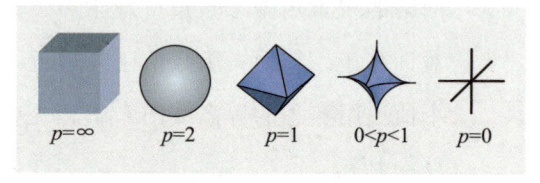

图 16-10 p 范数的变化图

2. 高斯分布

高斯分布的表达式如下。

$$f(x) = \frac{1}{\sigma\sqrt{2\pi}} \exp\frac{-(x-\mu)^2}{2\sigma^2} \tag{16.2.2}$$

16.2.3 L2 正则化

假设 $\boldsymbol{W}$ 的各元素服从高斯分布,即:$w_j \sim N(0,\tau^2)$。$\boldsymbol{Y}$ 的各元素服从高斯分布,即:$y_i \sim N(\boldsymbol{W}^T x_i, \sigma^2)$。则贝叶斯最大后验估计可表示为

$$\arg\max_{\boldsymbol{W}} L(\boldsymbol{W}) = \ln \prod_i^n \frac{1}{\sigma\sqrt{2\pi}} \exp\left[-\left(\frac{y_i - \boldsymbol{W}^T x_i}{\sigma}\right)^2 / 2\right] \cdot$$

$$\prod_j^m \frac{1}{\tau\sqrt{2\pi}} \exp\left[-\left(\frac{w_j}{\tau}\right)^2 / 2\right]$$

$$= -\frac{1}{2\sigma^2} \sum_i^n (y_i - \boldsymbol{W}^T x_i)^2 - \frac{1}{2\tau^2} \sum_j^m w_j^2 - n\ln\sigma\sqrt{2\pi} - m\ln\tau\sqrt{2\pi}$$

$$\tag{16.2.3}$$

因为 σ、b、n、m 等都是系数，所以损失函数 $J(W)$ 的最小值可以简化为：

$$\arg\min_W J(W) = \sum_i^n (y_i - W^T x_i)^2 + \lambda \sum_j^m w_j^2 \qquad (16.2.4)$$

公式（16.2.4）相当于线性回归的均方差损失函数再加上一个正则项（也称为惩罚项），共同构成损失函数。如果想求这个函数的最小值，则需要两者协调，并不是说分别求其最小值就能实现整体最小，因为它们具有共同的 W 项，当 W 的值比较大时，第一项比较小，第二项比较大，或者正好相反。所以它们是矛盾组合体。

为了便于理解，用 W 包含两个参数 w_1，w_2 来举例。对于公式（16.2.4）的第一项，用损失函数的等高线图来解释。对于第二项，形式应该是一个圆形，因为圆的方程是 $r^2 = x^2 + y^2$。所以，结合两者，我们可以得到图 16-11。

黄色的圆形，就是正则项所处的区域。这个区域的大小，是由参数 λ 所控制的，该值越大，黄色圆形区域越小，

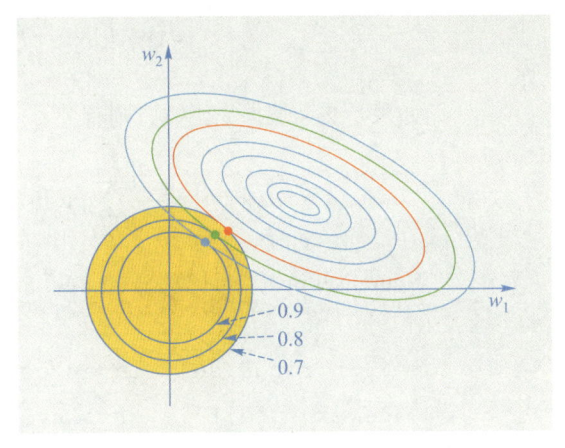

图 16-11　L2 正则区与损失函数等高线示意图

对 W 的惩罚力度越大（距离椭圆中心越远）。例如图 16-11 中分别标出了该值为 0.7、0.8、0.9 的情况。当 λ 为 0.7 时，L2 正则区为图中所示最大的黄色区域，此区域与损失函数等高线图的交点有多个，例如图中的红、绿、蓝三个点，但由于红点距离椭圆中心最近，所以最后求得的权重值应该在红点的位置坐标上。

在回归里，把具有 L2 项的回归叫"岭回归"（ridge regression），也叫"权值衰减"（weight decay）。权值衰减可以使得目标函数变为凸函数，梯度下降法能收敛到全局最优解。

L2 范数是对向量各元素的平方和求平方根。要想使 L2 范数的规则项最小，可以让 W 的每个元素都很小，都接近于 0，因为一般认为参数值小的模型比较简单，能适应不同的数据集，也在一定程度上避免了过拟合现象。可以设想一下对于线性回归方程，若参数很大，那么只要数据偏移一点点，就会对结果造成很大的影响；但如果参数足够小，数据偏移得多一点对结果影响较小，即抗扰动能力强。

上面的 L2 正则化没有约束偏置项。当然，通过修改正则化过程来正则化偏置会很容易，但根据经验，这样做往往不能较明显地改变结果，所以是否正则化偏置项仅仅是一个习惯问题。

值得注意的是，较大的偏置项对神经元的敏感度影响不如大权重，所以不用担心较大的偏置会使网络学习到训练数据中的噪声。同时，允许大的偏置使得网络在性能上更为灵活，特别是较大的偏置使得神经元更容易饱和，这通常是我们期望的。由于这些原因，通常不对偏置做正则化。

16.2.4　损失函数的变化

如果是均方差损失函数，则有

$$J(w_j,b)=\frac{1}{2m}\sum_{i=1}^{m}(z_i-y_i)^2+\frac{\lambda}{2m}\sum_{j=1}^{n}w_j^2 \quad (16.2.5)$$

如果是交叉熵损失函数，则有

$$J(w_j,b)=-\frac{1}{m}\sum_{i=1}^{m}[y_i\ln a_i+(1-y_i)\ln(1-a_i)]+\frac{\lambda}{2m}\sum_{j=1}^{n}w_j^2 \quad (16.2.6)$$

NeuralNet.py 中，计算公式（16.2.5）或公式（16.2.6）的第二项的代码片段如下。

```
for i in range(self.layer_count-1,-1,-1):
    layer = self.layer_list[i]
    if isinstance(layer,FcLayer):
        if regularName == RegularMethod.L2:
            regular_cost += np.sum(np.square(layer.weights.W))

return regular_cost * self.params.lambd
```

实现公式（16.2.5）和（16.2.6）的代码如下。

```
loss_train = self.lossFunc.CheckLoss(train_y,self.output)
loss_train += regular_cost / train_y.shape[0]
```

16.2.5　反向传播的变化

由于正则项是在损失函数中，在正向计算中并不涉及，所以正向计算公式不用变。但是在反向传播过程中，需要重新推导一下公式。

假设有一个两层的回归神经网络，其前向计算如下。

$$Z1 = W1 \cdot X + B1 \quad (16.2.7)$$

$$A1 = Sigmoid(Z1) \quad (16.2.8)$$

$$Z2 = W2 \cdot A1 + B2 \quad (16.2.9)$$

$$J(w,b) = \frac{1}{2m}\left[\sum_{i=1}^{m}(z_i - y_i)^2 + \lambda\sum_{j=1}^{n}w_j^2\right] \quad (16.2.10)$$

利用公式（16.2.10）求 $Z2$ 的误差矩阵。

$$dZ2 = \frac{dJ}{dZ2} = Z2 - Y$$

利用公式（16.2.10）求 $W2$ 的误差矩阵，因为有正则项存在，所以需要附加一项。

$$\frac{dJ}{dW2} = \frac{dJ}{dZ2}\frac{dZ2}{dW2} + \frac{dJ}{dW2}$$
$$= (Z2 - Y)\cdot A1^{\mathrm{T}} + \lambda \odot W2 \quad (16.2.11)$$

偏置矩阵不受正则项的影响，则有

$$dW2 = dZ2 \quad (16.2.12)$$

再继续反向传播到第一层网络：

$$dZ1 = W2^{\mathrm{T}} \times dZ2 \odot A1 \odot (1 - A1) \quad (16.2.13)$$

$$dW1 = dZ1 \cdot X^{\mathrm{T}} + \lambda \odot W1 \quad (16.2.14)$$

$$dB1 = dZ1 \quad (16.2.15)$$

从上面的公式中可以看到，在反向传播过程中，正则项唯一能影响到的就是求权重矩阵的梯度时，要增加 $\lambda \odot W$，所以，可以对 Full Connection Layer.py 中的反向传播函数进行如下修改。

```
def backward(self,delta_in,idx):
    dZ = delta_in
    m = self.x.shape[1]
    if self.regular == RegularMethod.L2:
        self.weights.dW = (np.dot(dZ,self.x.T) + self.lambd * self.weights.W) / m
    else:
        self.weights.dW = np.dot(dZ,self.x.T) / m
    # end if
    self.weights.dB = np.sum(dZ,axis=1,keepdims=True) / m
    delta_out = np.dot(self.weights.W.T,dZ)
    if len(self.input_shape) > 2:
```

```
            return delta_out.reshape(self.input_shape)
        else:
            return delta_out
```

当 self.regular == RegularMethod.L2 时,通过一个特殊分支来完成正则项的惩罚机制。

16.2.6 运行结果

主程序的代码如下。

```
from Level0_OverFitNet import *

if __name__ == '__main__':
    dr = LoadData()
    hp,num_hidden = SetParameters()
    hp.regular_name = RegularMethod.L2
    hp.regular_value = 0.01
    net = Model(dr,1,num_hidden,1,hp)
    ShowResult(net,dr,hp.toString())
```

运行后,对训练过程中的损失函数值和准确率进行可视化,并将拟合后的曲线与训练数据做比较,如图 16-12 和图 16-13 所示。

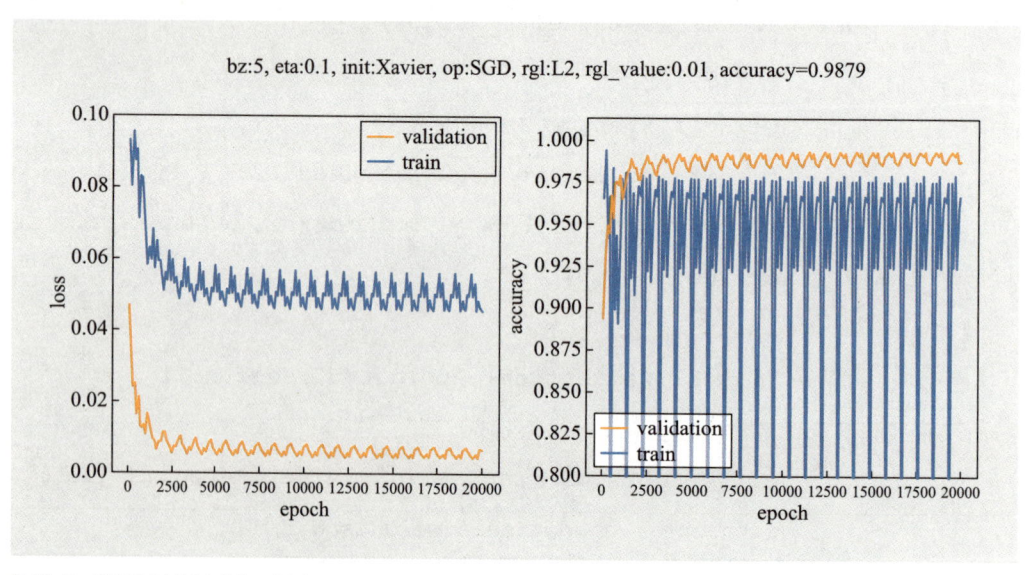

图 16-12 训练过程中损失函数值和准确率的变化曲线

代码位置

ch16，Level2

思考与练习

1. 观察代码输出的最后一部分，关于 Norm1 和 Norm2 的结果，仔细体会 L2 的作用。

2. 尝试改变代码中 λ 的数值，看看最后的拟合结果及准确率有何变化。

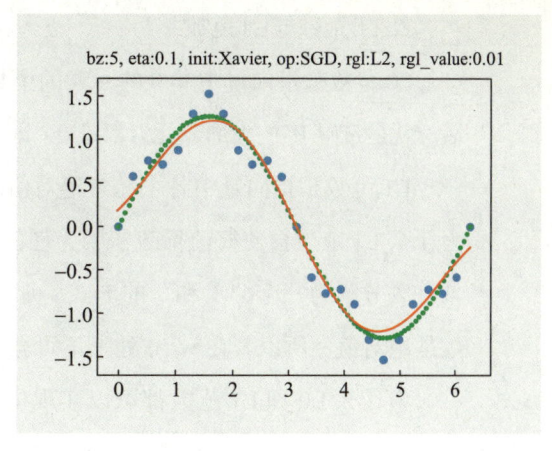

图 16-13 拟合后的曲线与训练数据的对比图

16.3 L1正则

16.3.1 提出问题

在 L2 正则中，我们想办法让权重值都变得比较小，这样就不会对特征敏感。但是也会"杀敌一千，自损八百"，连有用的特征也一起被忽视掉了。那么换个思路，能不能让神经网络自动选取有用特征，忽视无用特征呢？也就是让有用特征的权重比较大，让无用特征的权重比较小，甚至为 0。

依然以图 16-9 为例，则有

$$z = x_1 \cdot w_1 + x_2 \cdot w_2 + b$$

假设 x_1 是无用特征，如果让 w_1 变得很小或者是 0，就会得到比较满意的模型。这种想法在只有两个特征值时不明显，甚至不正确，但是当特征值有很多时，例如 MNIST 数据中的 784 个特征，肯定有些是非常重要的特征，有些是没用的特征。

16.3.2 基本数学知识

1. 拉普拉斯分布

$$f(x) = \frac{1}{2b} \exp\left(-\frac{|x-\mu|}{b}\right)$$

$$= \begin{cases} \frac{1}{2b} \exp\left(\frac{x-\mu}{b}\right), & x < \mu \\ \frac{1}{2b} \exp\left(\frac{\mu-x}{b}\right), & x > \mu \end{cases}$$

2. L0 范数与 L1 范数

L0 范数是指向量中非 0 的元素的个数。如果用 L0 范数来规则化一个参数矩阵 W 的话，就是希望 W 的大部分元素都是 0，即让 W 是稀疏的。

L1 范数是指向量中各个元素绝对值之和，也叫稀疏规则算子（lasso regularization）。为什么 L1 范数会使权值稀疏？因为任何的规则化算子，如果在 $w_i=0$ 的地方不可微，并且可以分解为一个"求和"的形式，那么这个规则化算子就可以实现稀疏。W 的 L1 范数是绝对值，所以其在 $w_i=0$ 处是不可微。

为什么 L0 和 L1 范数都可以实现稀疏，但常用的为 L1 范数？一是因为 L0 范数很难优化求解，二是 L1 范数是 L0 范数的最优凸近似，而且它比 L0 范数要容易优化求解。所以大家才把目光转于 L1 范数。

综上，L1 范数和 L0 范数可以实现稀疏，L1 因具有比 L0 更好的优化求解特性而被广泛应用。

16.3.3 L1 正则化

假设 W 的各元素服从拉普拉斯分布，即 $w_j \sim Laplace(0,b)$，Y 的各元素服从高斯分布，即 $y_i \sim N(W^T x_i, \sigma^2)$。贝叶斯最大后验估计可表示为

$$\arg\max_W L(W)$$

$$= \ln \prod_i^n \frac{1}{\sigma\sqrt{2\pi}} \exp\left[-\frac{1}{2}\left(\frac{y_i - W^T x_i}{\sigma}\right)^2\right] \cdot \prod_j^m \frac{1}{2b} \exp\left(-\frac{|w_j|}{b}\right)$$

$$= -\frac{1}{2\sigma^2} \sum_i^n (y_i - W^T x_i)^2 - \frac{1}{2b} \sum_j^m |w_j| - n\ln\sigma\sqrt{2\pi} - m\ln b\sqrt{2\pi} \quad (16.3.1)$$

因为 σ、b、n、π、m 等都是常数，所以损失函数 $J(W)$ 的最小值可以简化为：

$$\arg\min_W J(W) = \sum_i^n \left(y_i - W^T x_i\right)^2 + \lambda \sum_j^m |w_j| \quad (16.3.2)$$

仍以两个参数为例，公式（16.3.2）的后半部分的正则形式为：

$$L_1 = |w_1| + |w_2| \quad (16.3.3)$$

因为 w_1、w_2 有可能是正数或者负数，我们令 $x=|w_1|$、$y=|w_2|$、$c=L_1$，则公式（16.3.3）可以拆成以下 4 个公式的组合。

$$y = -x + c \ (\text{当} w_1 > 0, w_2 > 0 \text{时})$$
$$y = x + c \ (\text{当} w_1 < 0, w_2 > 0 \text{时})$$
$$y = x - c \ (\text{当} w_1 > 0, w_2 < 0 \text{时})$$
$$y = -x - c \ (\text{当} w_1 < 0, w_2 < 0 \text{时})$$

所以上述 4 个公式（4 条直线）会组成一个二维平面上的一个菱形。如图 16-14 中三个菱形，是因为惩罚因子的数值不同而形成的，越大的话，菱形面积越小，惩罚越厉害。

以最大的菱形区域为例，它与损失函数等高线有多个交点，都可以作为此问题的解，但是其中红色顶点是损失函数值最小的，因此它是最优解。

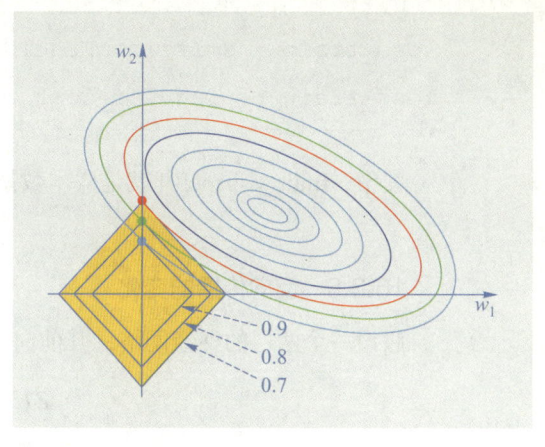

图 16-14　L1 正则区与损失函数等高线示意图

图 16-14 中菱形的红色顶点的含义具有特殊性，即 $W=[w_2,0]$，即 w_1 的值为 0。扩充到三维空间，菱形的 6 个顶点，上下的两个顶点是 z 值不为 0，x、y 值为 0；左右的两个顶点是 x 值不为 0，y、z 值为 0；前后的两个顶点是 y 值不为 0，x、z 值为 0。也就是说，如果 x、y、z 是三个权重值的话，那么顶点上只有一个权重值不为 0，其他两个都是 0。

高维空间中，其顶点就是只有少数的参数有非零值，其他参数都为 0。这就是所谓的稀疏解。可以这样理解，这个菱形像个刺猬，用它去触碰一个气球，一定是刺尖先扎到气球。同理，上图中的三个菱形，都是顶点先接触等高线。

16.3.4　损失函数的变化

假设以前使用的损失函数为 J_0，则新的损失函数变成：

$$J = J_0 + \frac{\lambda}{m}\sum_{i}^{m}|w_i|$$

代码片段如下。

```
regular_cost = 0
for i in range(self.layer_count-1,-1,-1):
    layer = self.layer_list[i]
    if isinstance(layer,FcLayer):
        if regularName == RegularMethod.L1:
            regular_cost += np.sum(np.abs(layer.weights.W))
        elif regularName == RegularMethod.L2:
            regular_cost += np.sum(np.square(layer.weights.W))
    # end if
# end for
return regular_cost * self.params.lambd
```

```
loss_train = self.lossFunc.CheckLoss(train_y,self.output)
loss_train += regular_cost / train_y.shape[0]
```

其中，train_y.shape[0] 就是样本数量。

16.3.5 反向传播的变化

假设一个两层的神经网络，其前向过程是：

$$Z1 = W1 \cdot X + B1$$
$$A1 = Sigmoid(Z1)$$
$$Z2 = W2 \cdot A1 + B2$$
$$J(w,b) = J_0 + \lambda(|W1|+|W2|)$$

则反向过程为：

$$dW2 = \frac{dJ}{dW2} = \frac{dJ}{dZ2}\frac{dZ2}{dW2} + \frac{dJ}{dW2}$$
$$= dZ2 \cdot A1^T + \lambda \odot sign(W2)$$
$$dW1 = dZ1 \cdot X^T + \lambda \odot sign(W1)$$

从上面的公式中可以看到，正则项在方向传播过程中，唯一影响的就是求 W 的梯度时，要增加一个 $\lambda \odot sign(W)$，sign 是符号函数，返回该值的符号，即 1 或 -1。所以，可以修改 FullConnectionLayer.py 中的反向传播函数如下。

```
def backward(self,delta_in,idx):
    dZ = delta_in
    m = self.x.shape[1]
    if self.regular == RegularMethod.L2:
        self.weights.dW = (np.dot(dZ,self.x.T) + self.lambd * self.weights.W) / m
    elif self.regular == RegularMethod.L1:
        self.weights.dW = (np.dot(dZ,self.x.T) + self.lambd * np.sign(self.weights.W)) / m
    else:
        self.weights.dW = np.dot(dZ,self.x.T)/m
    # end if
    self.weights.dB = np.sum(dZ,axis=1,keepdims=True) / m
    ...
```

符号函数的效果如下：

```
>>> a=np.array([1,-1,2,0])
>>> np.sign(a)
>>> array([ 1,-1,  1,  0])
```

上述代码中，当 w 为正数时，符号为正，值为 1，相当于直接乘以 w 的值；当 w 为负数时，符号为负，值为 -1，相当于乘以 (-w) 的值。最后的效果就是乘以 w 的绝对值。

16.3.6 运行结果

在主过程中，设置 L1 正则方法，系数为 0.005。修改超参代码如下。

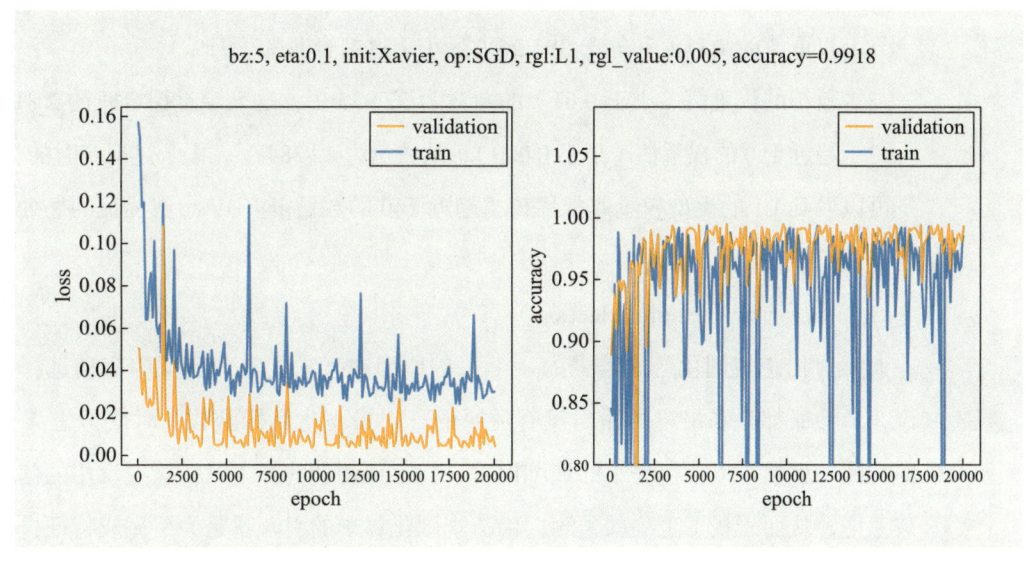

图 16-15 训练过程中损失函数值和准确率的变化曲线

从图 16-15 上看，无论是损失函数值还是准确率，在训练集上都没有表现得那么夸张了，不会极高（到 100%）或者极低（到 0.001）。这说明过拟合的情况得到了抑制，而且准确率提高到了 99.18%。还可以画出拟合后的曲线与训练数据的分布做对比，如图 16-16 所示。

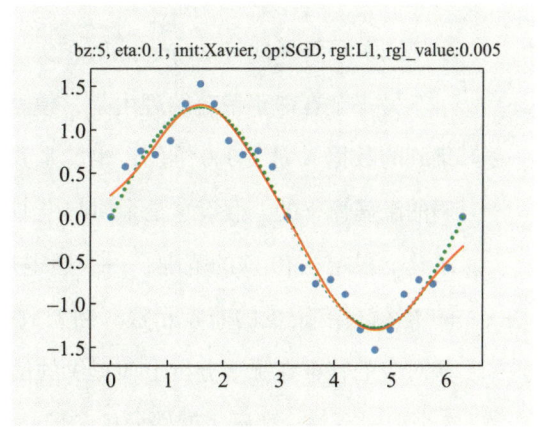

图 16-16 拟合后的曲线与训练数据的分布图

```python
from Level0_OverFitNet import *

if __name__ == '__main__':
    dr = LoadData()
    hp,num_hidden = SetParameters()
    hp.regular_name = RegularMethod.L1
    hp.regular_value = 0.005
    net = Model(dr,1,num_hidden,1,hp)
    ShowResult(net,dr,hp.toString())
```

从输出结果看，分析如下。

（1）权重值的绝对值和等于 391.26，远小于过拟合时的 1 719。

（2）较小的权重值（小于 0.01）的数量为 22 935 个，远大于过拟合时的 2 810 个。

（3）趋近于 0 的权重值（小于 0.000 1）的数量为 12 384 个，大于过拟合时的 25 个。

可以看到 L1 的模型权重非常稀疏（趋近于 0 的数量很多）。参数稀疏的好处主要包括以下两点。

（1）特征选择（feature selection）

大家对稀疏规则化趋之若鹜的一个关键原因在于它能实现特征的自动选择。一般来说，X 特征都是和最终的输出没有关系的，在最小化目标函数的时候考虑 X 这些额外的特征，虽然可以获得更小的训练误差，但在预测新的样本时，这些没用的信息反而会被考虑，从而干扰了正确的预测。稀疏规则化算子的引入就是为了完成特征自动选择的光荣使命，它会通过不断学习去掉没有信息的特征，也就是把这些特征对应的权重置为 0。

（2）可解释性 (interpretability)

另一个青睐于稀疏的理由是，模型更容易解释。例如患某种病的概率是 y，然后收集到的数据 X 是 1 000 维的，也就是我们需要寻找这 1 000 种因素到底是怎么影响这种病的患病概率的。假设这是个回归模型：$y=w_1 \cdot x_1+w_2 \cdot x_2+\cdots+w_{1\,000} \cdot x_{1\,000}+b$（当然了，为了让 y 限定在 [0,1] 的范围，一般还得加个 Logistic 函数）。通过学习，如果最后学习到的 W 就只有很少的非零元素，例如只有 5 个非零的元素，那么我们就有理由相信，这些对应的特征在患病分析上面提供的信息是决策性的。也就是说，患不患这种病只和这 5 个因素有关，那医生就好分析多了。但如果 1 000 个元素都非 0，医生面对这 1 000 种因素，无法采取针对性治疗。

16.3.7　L1正则化和L2正则化的比较

表 16-1 展示了 L1 和 L2 两种正则方法的比较。

表 16-1　L1 正则化和 L2 正则化的比较

比较项	无正则项	L2 正则化	L1 正则化
代价函数	$J(w,b)$	$J(w,b)+\lambda\|w\|_2^2$	$J(w,b)+\lambda\|w\|_1$
梯度计算	dw	$dw+\lambda \cdot w/m$	$dw+\lambda \cdot sign(w)/m$
准确率	0.961	0.982	0.987
总参数数量	544	544	544
小值参数数量 (<1e-2)	7	204	524
极小值参数数量 (<1e-5)	0	196	492
第 1 层参数 Norm1	8.66	6.84	4.09
第 2 层参数 Norm1	104.26	34.44	6.38
第 3 层参数 Norm1	97.74	18.96	6.73
第 4 层参数 Norm1	9.03	4.22	4.41
第 1 层参数 Norm2	2.31	1.71	1.71
第 2 层参数 Norm2	6.81	2.15	2.23
第 3 层参数 Norm2	5.51	2.45	2.81
第 4 层参数 Norm2	2.78	2.13	2.59

1. 第一范数值的比较

通过比较各层的权重值的第一范数值 Norm1，可以看到 L1 正则化的值最小，因为 L1 正则化的效果就是让权重参数矩阵稀疏化，以形成特征选择。用通俗的话讲就是权重值矩阵中很多为项 0 或者接近 0，这把有用的特征提出来，无用特征的影响非常小甚至为 0。

这一点从参数值小于 0.000 1 的数量中也可以看出来，一共才有 544 个参数，L1 达到了 492 个，90% 的参数都是很小的数。

L2 正则化的 Norm1 的值，比无正则项时也小很多，说明参数值普遍减小了。

2. 第二范数值的比较

通过比较各层的第二范数值 Norm2，可以看到 L2 正则化的值最小，也就是说 L2 正则化的结果，是使得权重矩阵中的值普遍减小，拉向坐标原点。权重值变小，就会对特征不敏感，大部分特征都能起作用时。

这一点从参数值小于 0.01 的数量中也可以看出来，有 204 个参数都小于 0.01，与没有正则项时的 7 个形成了鲜明对比。

为什么 L2 和 L1 的 Norm2 值相差无几呢？原因是虽然 L1 的权重矩阵值为 0 的居多，但是针对有些特征的权重值比较大，形成了"一枝独秀"的效果，所以 Norm2 的值并不会很小。而 L2 的权重矩阵值普遍较小，小于 0.000 1 的个数比 L1 少很多，属于"百花齐放"的效果。

代码位置

ch16，Level3

思考与练习

1. 观察代码的打印输出的最后一部分，关于 Norm1 和 Norm2 的结果，仔细体会 L1 的作用。

2. 尝试改变代码中 λ 的数值，看看最后的拟合结果及准确率有何变化。

> **知识拓展**：早停法（early stopping）

16.4 丢弃法

16.4.1 基本原理

2012 年，Alex、Hinton 在名为 *ImageNet Classification with Deep Convolutional Neural Networks* 中用到了丢弃法（dropout），用于防止过拟合。

假设一个神经网络最后输出三分类结果，其结构如图 16-17 所示。

丢弃法可以作为训练深度神经网络的一种正则方法供选择。在每个训练批次中，通过忽略一部分的神经元（让其隐藏层节点值为 0），可以明显地减少过拟合现象。这种方式可以减少隐藏层节点间的相互作用，高层的神经元需要低层的神经

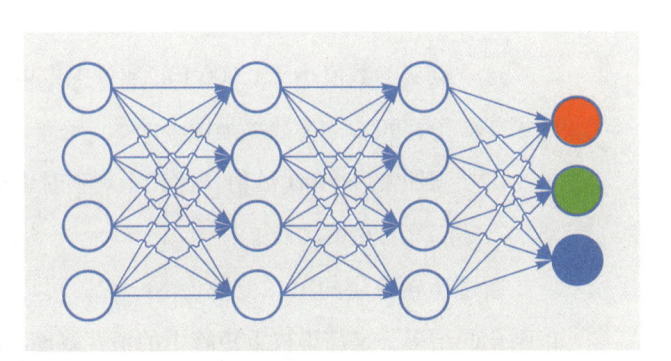

图 16-17 输出三分类的神经网络结构图

元的输出才能发挥作用，如果高层神经元过分依赖某个低层神经元，就会有过拟合发生。在一次正向 / 反向的过程中，通过随机丢弃一些神经元，迫使高层神经元和其他的一些低

层神经元协同工作，可以有效地防止神经元因为接收到过多的同类型参数而陷入过拟合的状态，来提高泛化程度。

丢弃后的结果如图 16-18 所示。其中有叉子的神经元在本次迭代训练中被暂时的封闭了，在下一次迭代训练中，再随机地封闭一些神经元，同一个神经元也许被连续封闭两次，也许一次都没有被封闭，完全随机。封闭多少个神经元是由一个超参来控制的，叫做丢弃率。

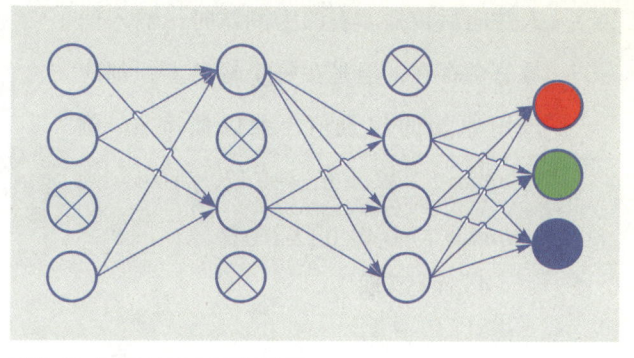

图 16-18 使用丢弃法的神经网络结构图

16.4.2 算法与实现

1. 前向计算

正常的隐藏层计算公式是：

$$Z = W \cdot X + B \quad (16.4.1)$$

加入随机丢弃步骤后，变成了：

$$r \sim Bernoulli(p) \quad (16.4.2)$$
$$Y = r \cdot X \quad (16.4.3)$$
$$Z = Y \cdot W + B \quad (16.4.4)$$

公式（16.4.2）是得到一个分布概率为 p 的伯努利分布，伯努利分布在这里可以简单地理解为 0、1 分布，p=0.5 时，会生产与 X 相同数量的 0、1，从公式（16.4.3）可以看出，1 的位置保留原 X 的值，0 的位置相乘后为 0，则得到 Y。

2. 反向传播

在反向传播时，和 ReLU 函数的反向差不多，需要记住正向计算时得到的 mask 值，反向传播的误差矩阵直接乘以这个 mask 值就可以了。

3. 训练和测试阶段的不同

在训练阶段，需要使用正向计算的逻辑。在测试时，不能随机丢弃一些神经元，否则会造成测试结果不稳定，例如某个样本的第一次测试，得到了结果 A；第二次测试，得到结果 B。由于丢弃的神经元的不同，A 和 B 肯定不相同，就会造成无法解释的情况。

但是如何模拟那些在训练时丢弃的神经元呢？我们仍然可以利用训练时的丢弃概率，如图 16-19 所示。左图为训练时，输入的信号会以概率 p 存在，如果 p=0.6，则会有 40% 的概率被丢弃，此神经元被封闭；有 60% 的概率存在，此神经元可以接收到输入并向后传播。右图为测试时，输入信号总会存在，但是在每个输出上，都应该用原始的权重值，乘以概率 p。例如 input=1，权重值 w=0.12，p=0.4，则 output = $1 \times 0.4 \times 0.12$=0.048。

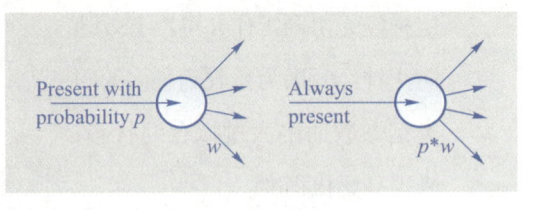

图 16-19　利用训练时的丢弃概率模拟丢弃的神经元

4. 代码实现

```python
class DropoutLayer(CLayer):
    def __init__(self,input_size,ratio=0.5):
        self.dropout_ratio = ratio
        self.mask = None
        self.input_size = input_size
        self.output_size = input_size

    def forward(self,input,train=True):
        assert(input.ndim == 2)
        if train:
            self.mask = np.random.rand(*input.shape) > self.dropout_ratio
            self.z = input * self.mask
        else:
            self.z = input * (1.0 - self.dropout_ratio)

        return self.z

    def backward(self,delta_in,idx):
        delta_out = self.mask * delta_in
        return delta_out
```

其中，ratio 是丢弃率，如果 ratio=0.4，则原理解释中的 p=1-0.4=0.6。另外，DropoutLayer 是作为一个层出现的，而不是寄生在全连接层内部。写好丢弃层后，在原来的模型的基础上，搭建一个带丢弃层的新模型，如图 16-20 所示。

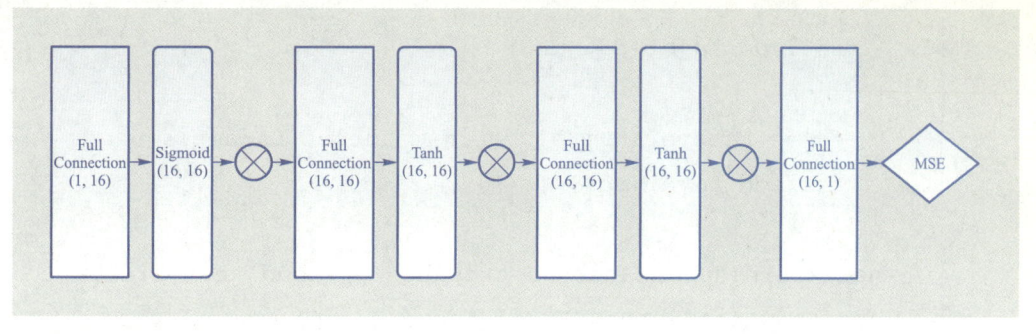

图 16-20 带丢弃层的模型结构图

与前面的过拟合的网络相比，只是在每个层之间增加一个 drouput 层。代码如下。

```
def Model_Dropout(dataReader,num_input,num_hidden,num_output,params):
    net = NeuralNet41(params,"overfitting")
    
    fc1 = FcLayer(num_input,num_hidden,params)
    net.add_layer(fc1,"fc1")
    s1 = ActivatorLayer(Sigmoid())
    net.add_layer(s1,"s1")
    
    d1 = DropoutLayer(num_hidden,0.1)
    net.add_layer(d1,"d1")
    
    fc2 = FcLayer(num_hidden,num_hidden,params)
    net.add_layer(fc2,"fc2")
    t2 = ActivatorLayer(Tanh())
    net.add_layer(t2,"t2")
    #d2 = DropoutLayer(num_hidden,0.2)
    #net.add_layer(d2,"d2")
    fc3 = FcLayer(num_hidden,num_hidden,params)
    net.add_layer(fc3,"fc3")
    t3 = ActivatorLayer(Tanh())
    net.add_layer(t3,"t3")
    
    d3 = DropoutLayer(num_hidden,0.2)
```

```
    net.add_layer(d3,"d3")

    fc4 = FcLayer(num_hidden,num_output,params)
    net.add_layer(fc4,"fc4")

    net.train(dataReader,checkpoint=100,need_test=True)
    net.ShowLossHistory(XCoordinate.Epoch)

    return net
```

运行程序，最后可以得到这样的损失函数图和验证结果，如图 16-21 所示。可以提高精确率到 98.17%。拟合效果如图 16-22 所示。

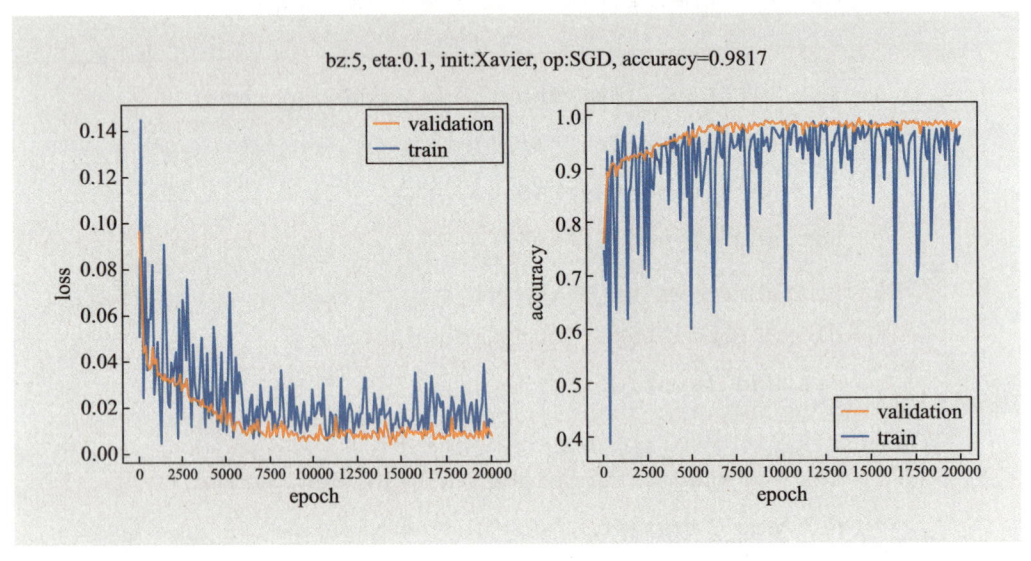

图 16-21 训练过程中损失函数值和准确率的变化曲线

16.4.3 更好地理解丢弃法

1. 对丢弃法的直观理解

（1）由于每次用输入网络的样本进行权值更新时，隐含节点都是以一定概率随机出现，因此不能保证每 2 个隐含节点每次都同时出现，这样权值的更新不再依赖于有固定关系隐含节点的共同作用，阻止了某些特征仅仅在其他特定特征下才有效果的情况。

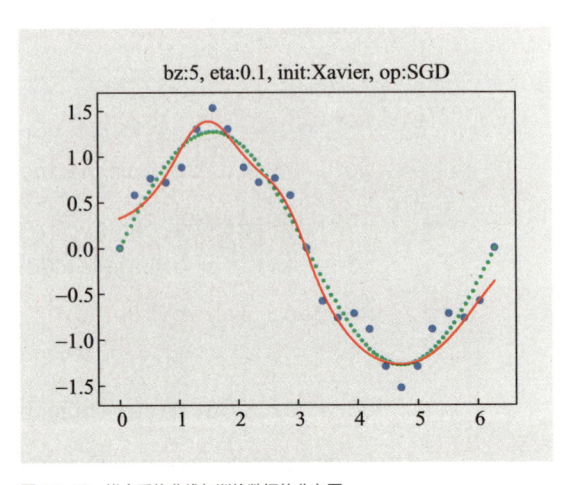

图 16-22 拟合后的曲线与训练数据的分布图

（2）可以将丢弃法看作是模型平均的一种。对于每次输入到网络中的样本（可能是一个样本，也可能是一个 batch 的样本），其对应的网络结构都是不同的，但所有的这些不同的网络结构又同时共享隐含节点的权值。这样不同的样本就对应不同的模型，是 Bagging 方法的一种极端情况。

（3）丢弃法类似于性别在生物进化中的角色，物种为了使适应不断变化的环境，性别的出现有效地阻止了过拟合，即避免环境改变时物种可能面临的灭亡。由于性别是一半一半的比例，所以丢弃法中的 p 一般设置为 0.5。

2. 丢弃率的选择

经过交叉验证，隐含节点丢弃率等于 0.5 的时候效果最好，原因是 0.5 的时候丢弃法随机生成的网络结构最多。

丢弃法也可以被用作一种添加噪声的方法，直接对输入进行操作。输入层设为很小的丢弃率，使得输入变化不会太大。

3. 训练过程

对参数 w 的训练进行球形限制 (max-normalization)，有利于丢弃法的训练。球形半径是一个需要调整的参数。可以使用验证集进行参数调优。

使用预训练方法也可以帮助丢弃法训练参数。在使用丢弃法时，要将所有参数都乘以 $1/p$。

代码位置

ch16，Level5

思考与练习

1. 分别调整 3 个丢弃层的 drop_ratio 参数，观察训练结果的变化。

2. 尝试改变 NeuralNet41.py 中的 inference 函数中的 output = self.__forward (X,train=False)，把 train 设置成 True，看看会得到什么结果。

知识拓展：数据增强（data augmentation）

集成学习（ensemble learning）

卷积神经网络

第八步

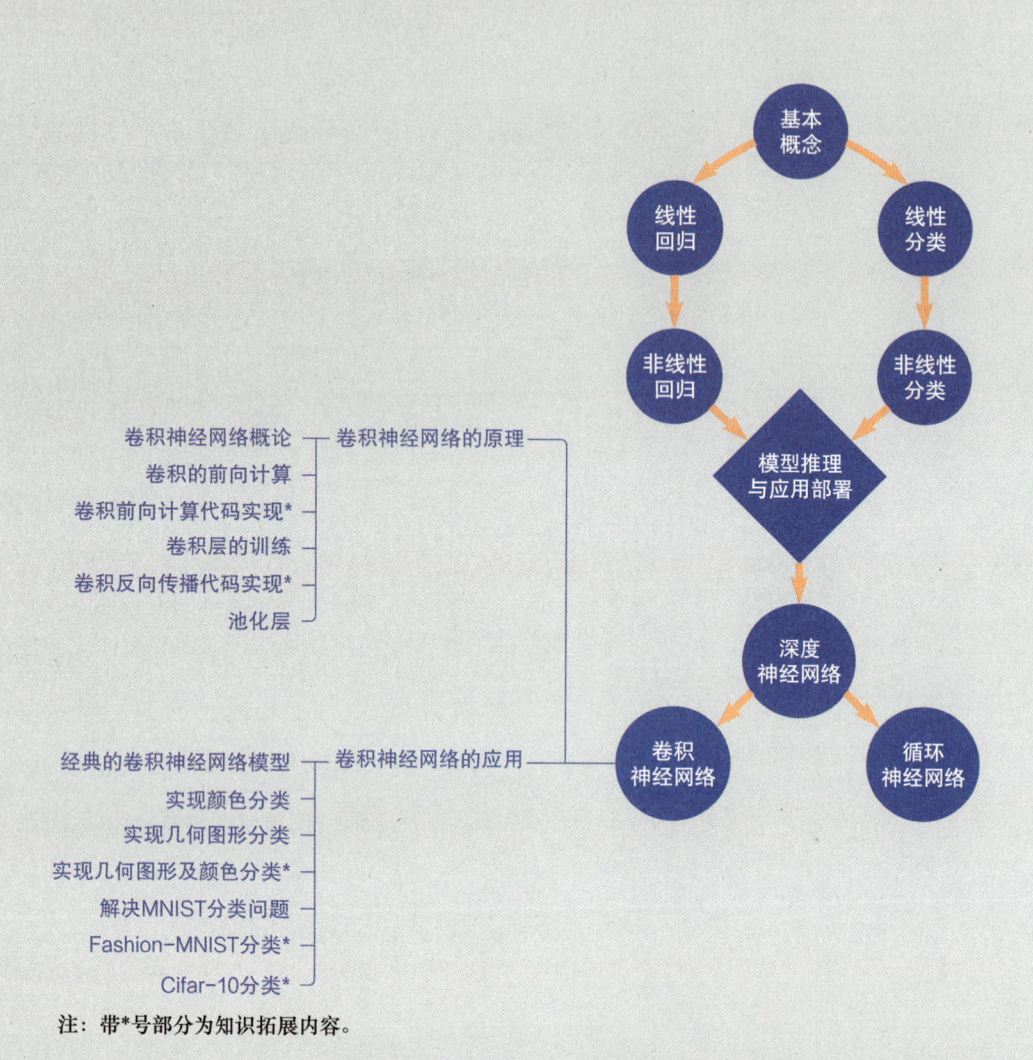

卷积神经网络概论 ── 卷积神经网络的原理
卷积的前向计算
卷积前向计算代码实现*
卷积层的训练
卷积反向传播代码实现*
池化层

经典的卷积神经网络模型 ── 卷积神经网络的应用
实现颜色分类
实现几何图形分类
实现几何图形及颜色分类*
解决MNIST分类问题
Fashion-MNIST分类*
Cifar-10分类*

注：带*号部分为知识拓展内容。

基本概念
├── 线性回归 → 非线性回归
└── 线性分类 → 非线性分类
→ 模型推理与应用部署
→ 深度神经网络
├── 卷积神经网络
└── 循环神经网络

第17章 卷积神经网络的原理

17.1 卷积神经网络概论

17.1.1 卷积神经网络的能力

卷积神经网络（convolutional neural network，CNN）是神经网络的类型之一，在图像识别领域取得了非常好的效果，例如识别人脸、物体、交通标识等，也为机器人、自动驾驶等应用提供了坚实的技术基础。如图 17-1 和图 17-2 所示，卷积神经网络展现了识别人类日常生活中的各种物体的能力。

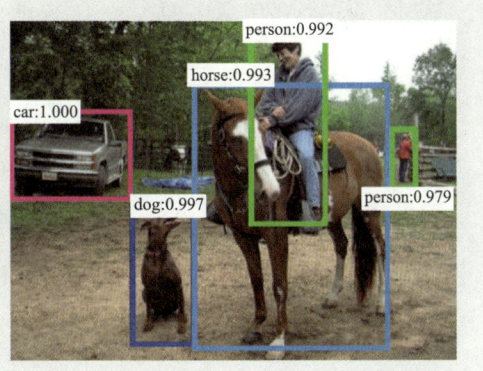

图 17-1　识别出四个人在一条船上　　　　图 17-2　识别出各类物体

卷积神经网络可以识别出图片的物体和场景，图 17-3 是两匹斑马站在泥地上，图 17-4 是一个在道路上骑车的男人旁边还有一个女人。当然，识别物体和给出简要的场景描述是两套系统配合才能完成的任务，第一个系统只负责识别，第二个系统可以根据第一个系统的输出形成摘要文字。

17.1.2 卷积神经网络的典型结构

一个典型的卷积神经网络的结构如图 17-5 所示。

对于它的层级结构分析如下。

（1）原始输入是一张图片，可以是彩色的，也可以是灰度或黑白的。这里假设是只

图 17-3　两匹斑马　　　　　　　　　　　　　图 17-4　两个骑车人

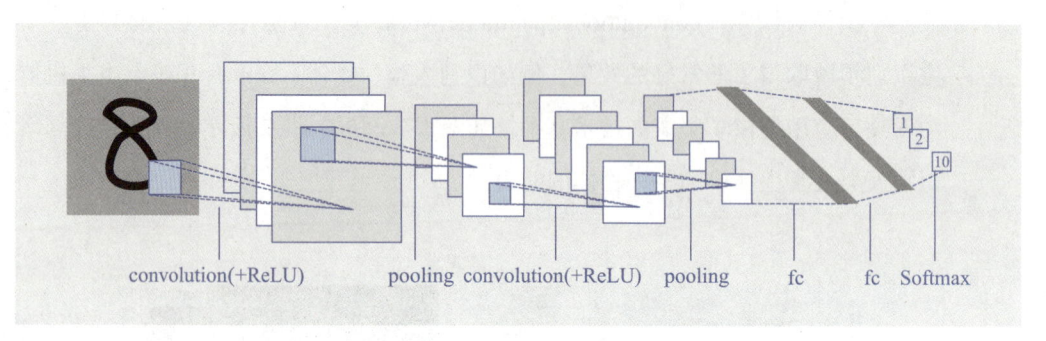

图 17-5　卷积神经网络的典型结构图

有一个通道的图片，目的是识别 0~9 的手写体数字。

（2）第一层是卷积层，使用了 4 个卷积核，得到了 4 张特征图；激活函数层没有单独画出来，紧接着的卷积操作使用了 ReLU 激活函数。

（3）第二层是池化层，使用了最大值池化（max pooling）的方式，把图片的高宽各缩小至原来的一半，但仍然是 4 个特征图。

（4）第三层是卷积层，使用了 4×6 个卷积核，其中 4 对应输入通道，6 对应输出通道，从而得到了 6 张特征图，当然也使用了 ReLU 激活函数。

（5）第四层再做一次池化，现在得到的图片尺寸只是原始尺寸的四分之一左右。

（6）第五层把第四层的 6 幅图片展平成一维，成为一个全连接层（图中标注为 fc）。

（7）第六层再接一个小一些的全连接层。

（8）最后接一个 Softmax 函数，判别出 10 个分类。

综上，在一个典型的卷积神经网络中，至少包含以下几个层：卷积层，激活函数层，池化层和全连接层。在后续的小节中将讲解卷积层和池化层的具体工作原理。

17.1.3　卷积核的作用

卷积神经网络之所以能工作，完全是卷积核的功劳。卷积核其实就是一个矩阵，例如，

```
1.1   0.23  -0.45
0.1  -2.1    1.24
0.74 -1.32   0.01
```

这是一个 3×3 的卷积核。在卷积层中，将输入数据与卷积核相乘，得到输出数据，类似于全连接层中的权重矩阵，所以，卷积核里的数值也是通过反向传播的方法学习到的。

图 17-6 中所示的内容，是使用 9 个不同的卷积核在同一张图上运算后得到的结果，而表 17-1 中按顺序列出了 9 个卷积核的数值和名称，可与图 17-6 —— 对应。

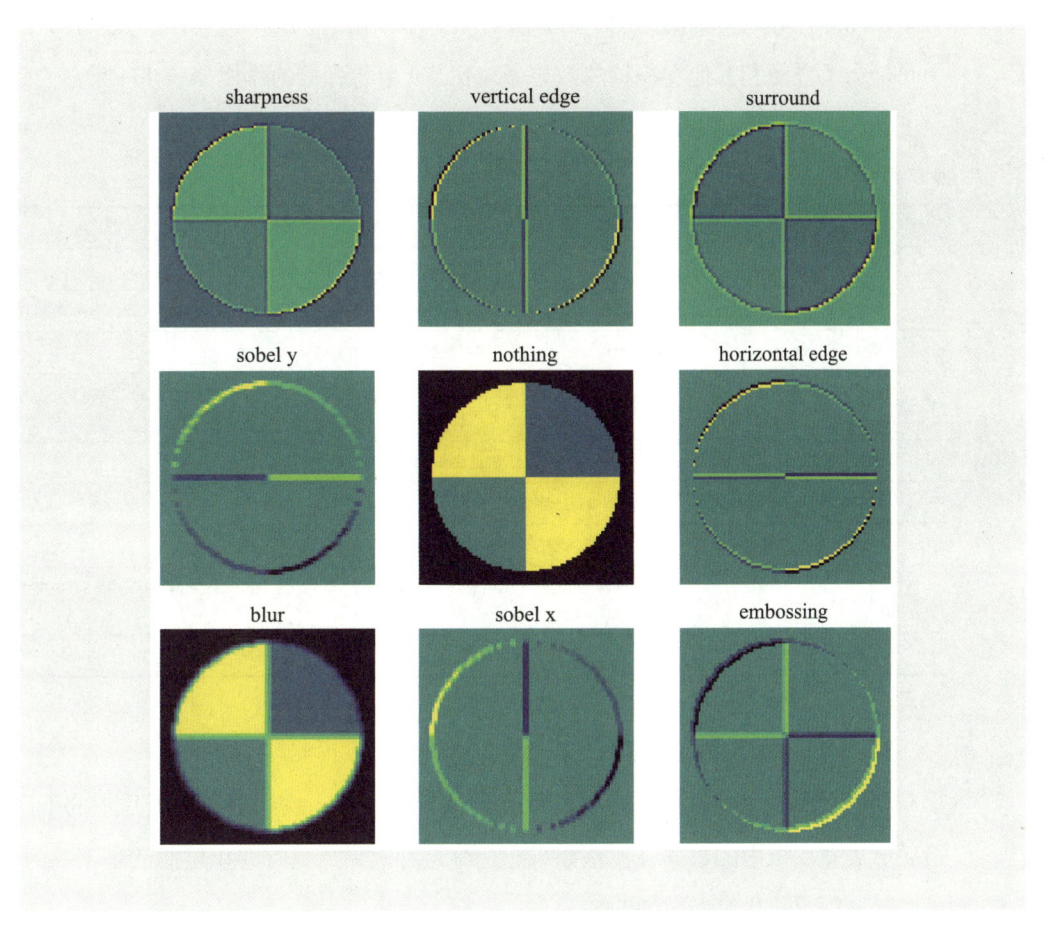

图 17-6 卷积核的作用

表 17-1 卷积核

编号	1	2	3
1	0, -1, 0 -1, 5, -1 0, -1, 0	0, 0, 0 -1, 2, -1 0, 0, 0	1, 1, 1 1, -9, 1 1, 1, 1

编号	1	2	3
	sharpness	vertical edge	surround
2	-1, -2, -1 0, 0, 0 1, 2, 1	0, 0, 0 0, 1, 0 0, 0, 0	0, -1, 0 0, 2, 0 0, -1, 0
	sobel y	nothing	horizontal edge
3	0.11, 0.11, 0.11 0.11, 0.11, 0.11 0.11, 0.11, 0.11	-1, 0, 1 -2, 0, 2 -1, 0, 1	2, 0, 0 0, -1, 0 0, 0, -1
	blur	sobel x	embossing

图 17-6 正中间的图，即第 5 个卷积核的结果，叫做"nothing"。因为这个卷积核在与原始图片计算后得到的结果，和原始图片一模一样，所以图 5 相当于原始图片，放在中间是为了方便和其他卷积核的效果做对比。9 个卷积核的作用如表 17-2。

表 17-2 各个卷积核的作用

序号	名称	说明
1	锐化（sharpness）	如果一个像素点比周围像素点亮，则此算子会令其更亮
2	检测竖边（vertical edge）	检测出十字线中的竖线，由于是左侧和右侧分别检查一次，所以得到两条颜色不一样的竖线
3	周边（surround）	把周边增强，把同色的区域变弱，形成大色块
4	sobel y	纵向亮度差分可以检测出横边，与横边检测不同的是，它可以使得两条横线具有相同的颜色，具有分割线的效果
5	nothing	中心为 1 四周为 0 的过滤器，卷积后与原图相同
6	横边检测（horizontal edge）	检测出了十字线中的横线，由于是上侧和下侧分别检查一次，所以得到两条颜色不一样的横线
7	模糊（blur）	通过把周围的点做平均值计算而"杀富济贫"，造成模糊效果
8	sobel x	横向亮度差分可以检测出竖边，与竖边检测不同的是，它可以使得两条竖线具有相同的颜色，具有分割线的效果
9	浮雕（embossing）	形成大理石浮雕般的效果

17.1.4 卷积后续的运算

卷积神经网络通过反向传播而令卷积核自我学习，找到分布在图片中的不同特征，最后形成卷积核中的数据。但是如果想达到这种效果，只有卷积层的话是不够的，还需要激活函数、池化等操作的配合。

如图 17-7 所示，依次展示了原图，卷积结果，激活结果和池化结果。有如下几点值得注意。

（1）图 17-7（1）是原始图片，用 cv2 读取出来的图片，其顺序是反向的，即第一维是高度，第二维是宽度，第三维是彩色通道数，但是其顺序为 BGR，而不是常用的 RGB。

（2）对原始图片使用了一个 3×1×3×3 的卷积核，因为原始图片为彩色图片，所以卷积核的第一个维度是3，对应三个彩色通道；由于只希望输出一张特征图，以便于说明，所以其第二维是1；我们使用了 3×3 的卷积核，用的是 sobel x 算子。所以图 17-7（2）是卷积后的结果。

（3）图 17-7（3）做了一层 ReLU 激活计算，把小于 0 的值都去掉了，只留下了一些边的特征。

（4）图 17-7（4）是图 17-7（3）的四分之一大小，虽然图片缩小了，但是特征都没有丢失，反而因为图像尺寸变小而变得密集，亮点的密度要比图 17-7（3）大而粗。

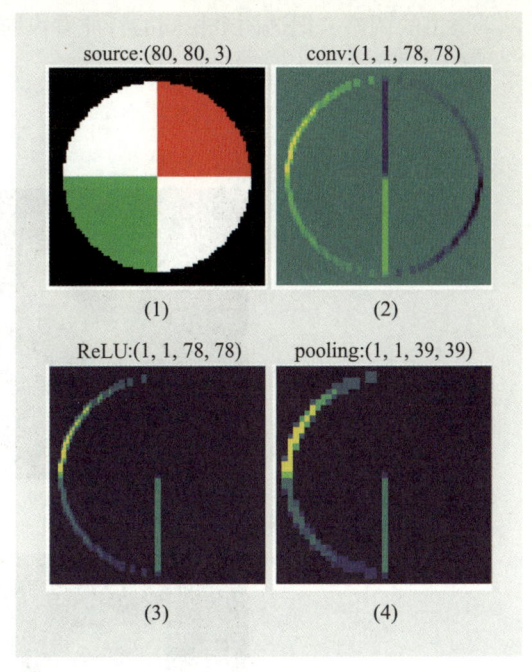

图 17-7 原图经过卷积、激活、池化操作后的结果

17.1.5 卷积神经网络的学习

从图 17-5 可以看到在卷积、池化等一系列操作的后面，要接全连接层，这里的全连接层和深度学习网络的功能一样，都是作为分类层使用。

在最后一个池化层后，把所有特征数据变成一个一维的全连接层，然后就和普通的深度全连接网络一样了，通过在最后一层的 Softmax 分类函数，以及多分类交叉熵函数，对比图片的 OneHot 编码标签，回传误差值，从全连接层传回到池化层，通过激活函数层再回传给卷积层，对卷积核的数值进行梯度更新，实现卷积核数值的自我学习。

回忆一下 MNIST 数据集，所有的样本数据都是处于 28×28 方形区域的中间地带，如图 17-8（1）所示。

如图 17-8（2）所示，"8" 的位置偏移到了右下角，使得左侧留出来一大片空白，即发生了平移。如图 17-8（3）所示，"8" 做了一些旋转或者翻转，即发生了旋转视角。如图 17-8（4）所示，"8" 缩小了很多或放大了很多，即发生了尺寸变化。

尽管发生了变化，但是对于人类的视觉系统来说都可以轻松应对，即平移不变性、旋转视角不变性、尺度不变性。那么卷积神经网络如何处理呢？

1. 平移不变性

对于原始图 17-8（1），平移后得到图 17-8（2），对于同一个卷积核来说，都会得到相同的特征，这就是卷积核的权值共享。但是特征处于不同的位置，由于距离差距较大，即使经过多层池化后，也不能处于近似的位置。此时，后续的全连接层会通过权重值的调整，把这两个相同的特征看作同一类的分类标准之一。如果是小距离的平移，通过池化层就可以处理了。

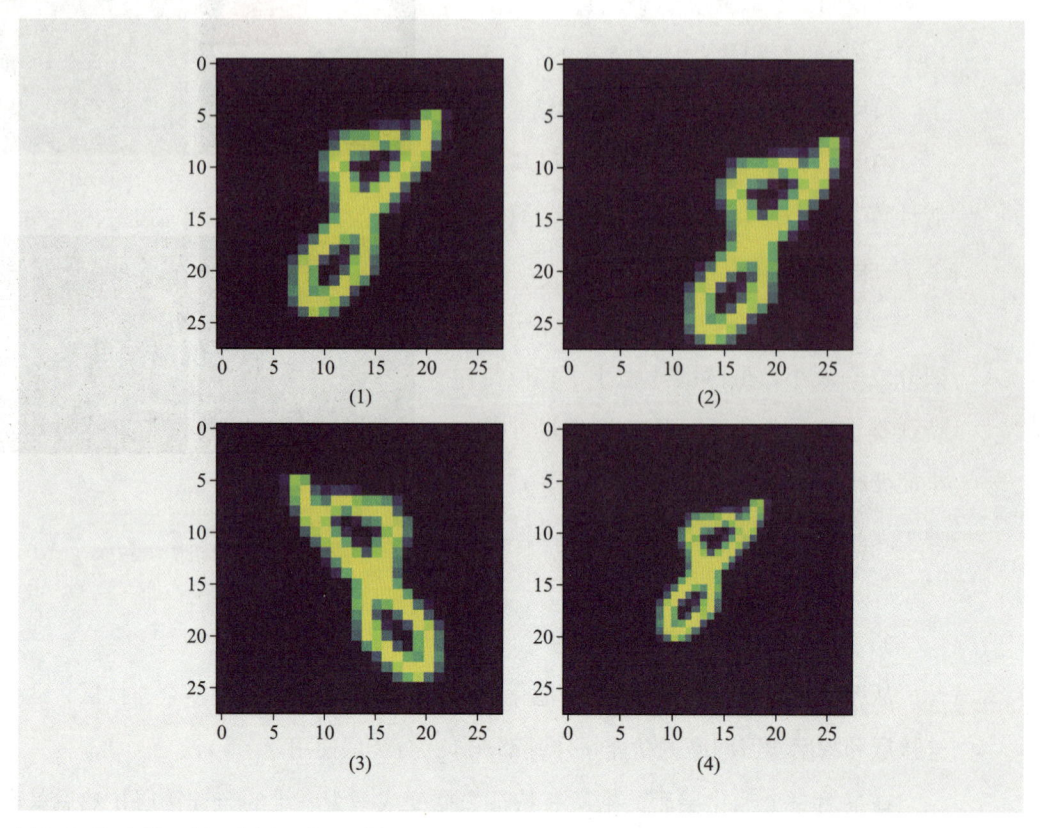

图 17-8　同一个背景下数字 8 的大小、位置、形状的不同

2. 旋转不变性

对于原始图 17-8（1），有小角度的旋转得到 17-8（3），卷积层在图 17-8（1）上得到特征 a，在图 17-8（3）上得到特征 c，可以想象 a 与 c 的位置间的距离不是很远，在经过两层池化以后，基本可以重合。所以卷积网络对于小角度旋转是可以容忍的，但是对于较大的旋转，需要使用数据增强来增加训练样本。一个极端的例子是当 6 旋转 90 度时，谁也不能确定它到底是 6 还是 9。

3. 尺度不变性

对于原始图 17-8（1）和缩小的图 17-8（4），人类可以毫不费力地辨别出它们是同一个东西。池化在这里没有任何帮助。因为神经网络对图 17-8（1）做池化的同时，也会用相同的方法对图 17-8（4）做池化，这样池化的次数一致，最终图 17-8（4）还是比图 17-8（1）小。如果有多个卷积视野，相当于从两米远的地方看图 17-8（1），从一米远的地方看图 17-8（4），那么图 17-8（1）和图 17-8（4）就可以很相近了。即用不同尺寸的卷积核同时去寻找同一张图片上的特征。

代码位置

ch17，Level0

17.2 卷积的前向计算

17.2.1 卷积的数学定义

1. 连续定义

$$h(x) = (f*g)(x) = \int_{-\infty}^{\infty} f(t)g(x-t)dt \qquad (17.2.1)$$

卷积与傅里叶变换有着密切的关系。利用这点性质，即两函数的傅里叶变换的乘积等于它们卷积后的傅里叶变换，能使傅里叶分析中许多问题的处理得到简化。

2. 离散定义

$$h(x) = (f*g)(x) = \sum_{t=-\infty}^{\infty} f(t)g(x-t) \qquad (17.2.2)$$

17.2.2 一维卷积实例

有两枚骰子 f, g，掷出后二者相加为 4 的概率如何计算？

第一种情况：$f(3)$, $g(1)$，如图 17-9 所示。

第二种情况：$f(2)$, $g(2)$，如图 17-10 所示。

第三种情况：$f(1)$, $g(3)$，如图 17-11 所示。

因此，两枚骰子点数加起来为 4 的概率为：

$$h(4) = f(3)g(1) + f(2)g(2) + f(1)g(3)$$
$$= f(3)g(4-3) + f(2)g(4-2) + f(1)g(4-1)$$

符合卷积的定义，把它写成标准的形式就是公式（17.2.2）。

$$h(4) = (f*g)(4) = \sum_{t=1}^{3} f(t)g(4-t)$$

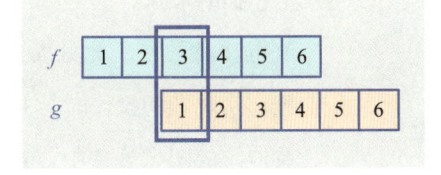

图 17-9 第一种情况

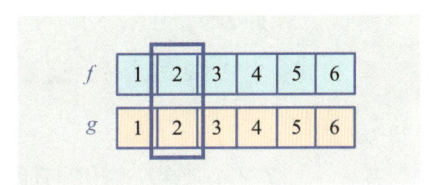

图 17-10 第二种情况

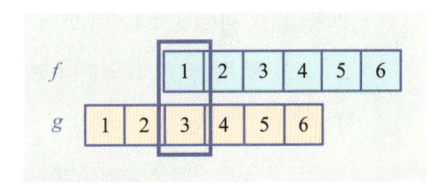

图 17-11 第三种情况

17.2.3 单入单出的二维卷积

二维卷积一般用于图像处理。在二维图片上做卷积，如果把图像用 I 表示，把卷积核用 K 表示，则目标图片的第 (i, j) 个像素的卷积值为：

$$h(i,j) = (I*K)(i,j) = \sum_m \sum_n I(m,n)K(i-m,j-n) \quad (17.2.3)$$

可以看出，这和一维情况下的公式（17.2.2）是一致的。根据卷积的可交换性，可以把公式（17.2.3）等价为：

$$h(i,j) = (I*K)(i,j) = \sum_m \sum_n I(i-m,j-n)K(m,n) \quad (17.2.4)$$

公式（17.2.4）的成立，是因为我们将卷积核进行了翻转。在神经网络中，一般会实现一个互相关函数(corresponding function)，而卷积运算几乎一样，但不反转卷积核。

$$h(i,j) = (I*K)(i,j) = \sum_m \sum_n I(i+m,j+n)K(m,n) \quad (17.2.5)$$

在图像处理中，自相关函数和互相关函数定义如下。
- 自相关函数：设原函数是 $f(t)$，则 $h = f(t)*f(-t)$，其中 * 表示卷积。
- 互相关函数：设两个函数分别是 $f(t)$ 和 $g(t)$，则 $h = f(t)*g(-t)$。

互相关函数的运算，是两个序列滑动相乘，两个序列都不翻转。卷积运算也是滑动相乘，但是其中一个序列需要先翻转，再相乘。所以，从数学意义上说，机器学习实现的是互相关函数，而不是原始含义上的卷积。但为了简化，把公式（17.2.5）也称为卷积，这就是卷积的来源。

值得注意的是，此处实现的卷积操作不是原始数学含义的卷积，而是工程上的卷积。且在实现卷积操作时，并不会反转卷积核。

在传统的图像处理中，卷积操作多用来进行滤波、锐化或者边缘检测，且卷积是利用某些设计好的参数组合（卷积核）去提取图像空域上相邻的信息。

按照公式（17.2.5），可以在 4×4 的图片上，用一个 3×3 的卷积核，通过卷积运算得到一个 2×2 的图片，运算的过程如图 17-12 所示。

17.2.4　单入多出的升维卷积

原始输入是一维的图片，但是可以用多个卷积核分别对其计算，从而得到多个特征输出。如图 17-13 所示。一张 4×4 的图片，用两个卷积核并行地处理，输出为 2 个 2×2 的图片。在训练过程中，这两个卷积核会完成不同的特征学习。

17.2.5　多入单出的降维卷积

一张彩色图片，通常具有红绿蓝三个通道。我们可以有两个选择来处理。
（1）要将图片变成灰度的，每个像素只剩下一个值，就可以用二维卷积。

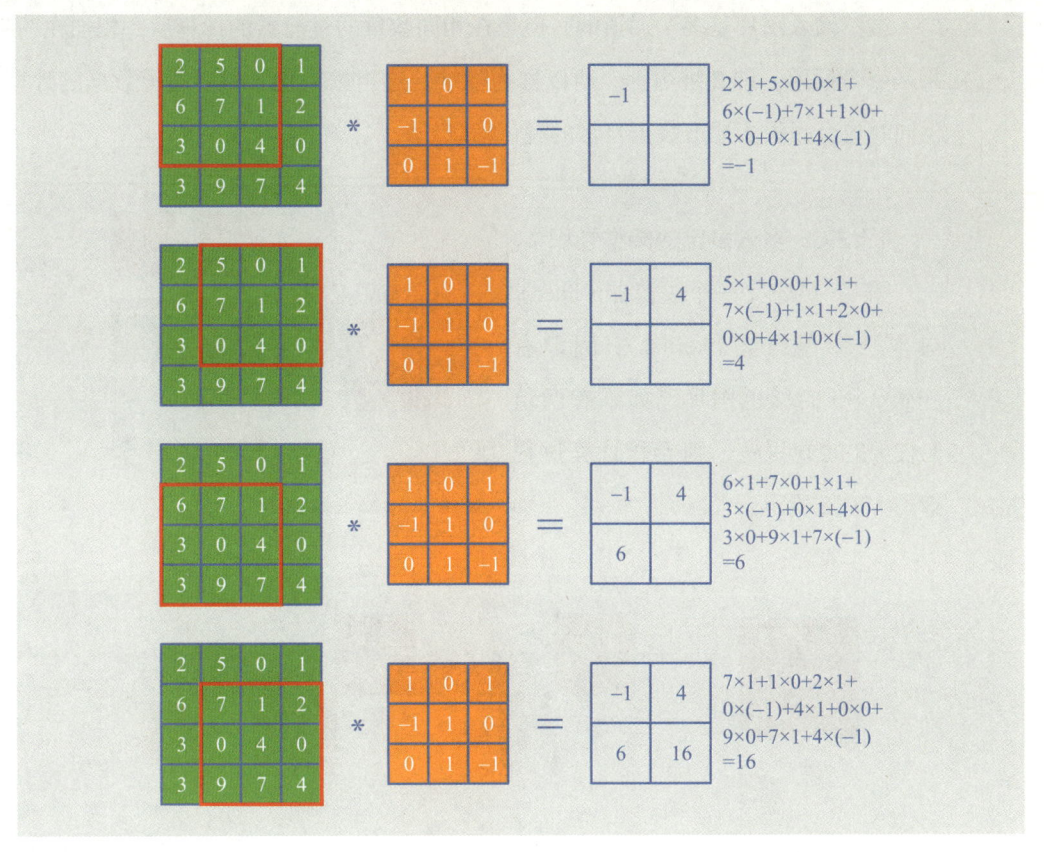

图 17-12 卷积运算的过程

（2）对于三个通道，每个通道都使用一个卷积核，分别处理红绿蓝三种颜色的信息。

显然方法（2）可以从图中学习到更多的特征，于是出现了三维卷积，即有三个卷积核分别对应三个通道，三个子核的尺寸是一样的，例如都是 2×2，这三个卷积核就是一个 3×2×2 的立体核，所以称为三维卷积，也可称为过滤器（filter）。

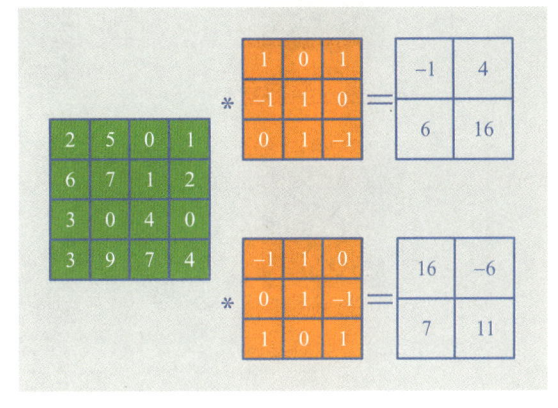

图 17-13 单入多出的升维卷积

如图 17-14 所示，每一个卷积核对应着左侧相同颜色的输入通道，三个过滤器的值并不一定相同。对三个通道各自做卷积后，得到右侧的三张特征图，再按照原始值不加权地相加在一起，得到最右侧的黑色特征图，这张图里面已经把三种颜色的特征混在一起了，所以画成了白色，表示没有单独的颜色特征了。

虽然输入图片是多个通道的，但是在相同数量的过滤器的计算后，相加在一起的结果是一个通道，即2维数据，所以称为降维。这当然简化了对多通道数据的计算难度，但同时也会损失多通道数据自带的颜色信息。

17.2.6 多入多出的降维卷积

图17-14中是一个过滤器（filter），内含三个卷积核（kernal）。假设有一张3×3的彩色图片，如果有两组3×2×2的卷积核，则卷积计算过程如图17-15所示。

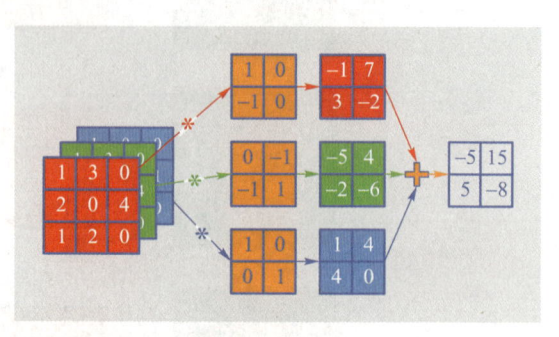

图17-14 多入单出的降维卷积

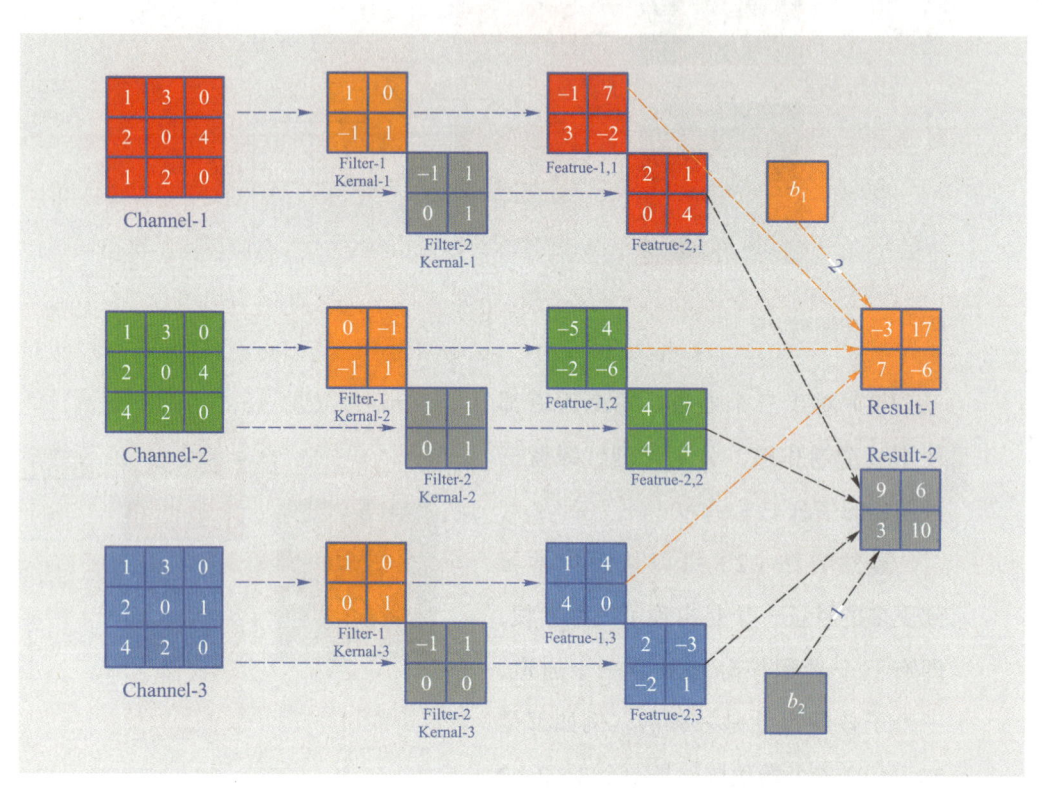

图17-15 多入多出的卷积计算过程

两个过滤器（Filter-1，Filter-2）含有三个卷积核，分别命名为Kernal-1，Kernal-2，Kernal-3，分别在红绿蓝三个通道上进行卷积操作，生成三个2×2的输出特征矩阵。然后将三个特征矩阵相加，再加上偏移值，形成最后的输出。

之所以Feature-m,n还用红绿蓝三色表示，是因为在此时，它们还保留着红绿蓝三种色彩各自的信息，一旦相加后得到结果，这种信息就丢失了。

17.2.7 卷积编程模型

图 17-15 侧重于解释数值计算过程，而图 17-16 侧重于解释有关概念之间的联系。这几个概念包括输入通道（input channel），卷积核组（weights bias），过滤器（filter），卷积核（kernal），特征矩阵（feature map）。

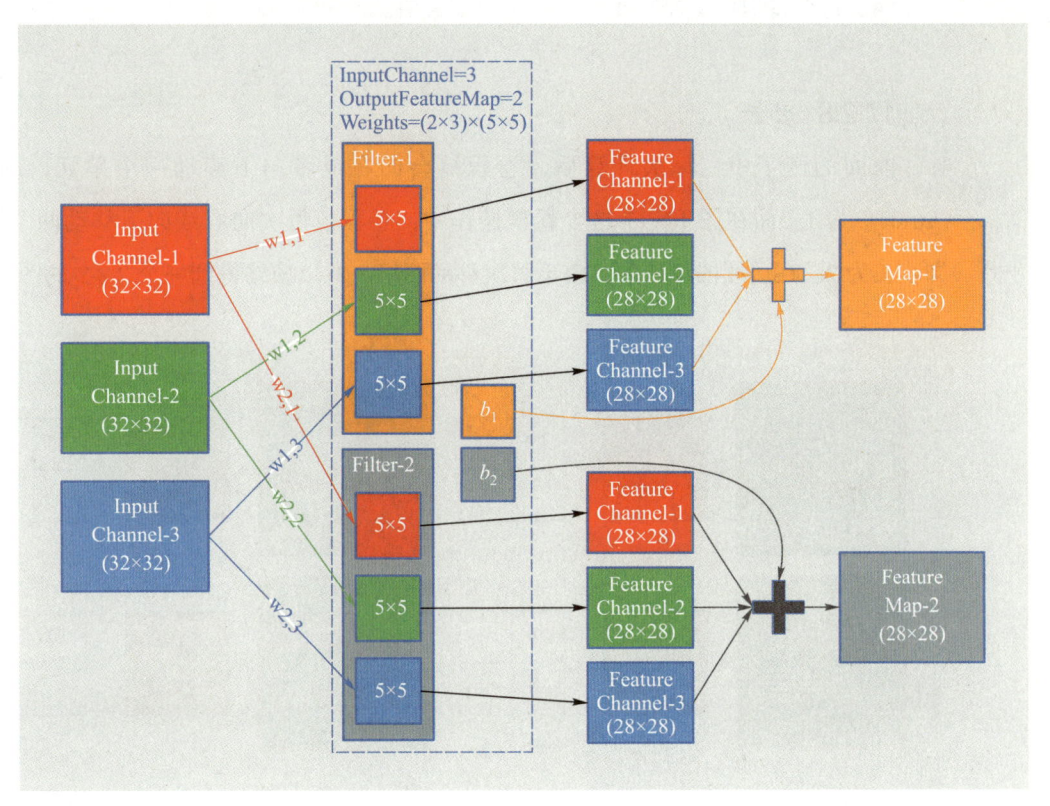

图 17-16　三通道经过两组过滤器的卷积过程

在此例中，输入是三维数据（$3\times32\times32$），经过 $2\times3\times5\times5$ 的卷积后，输出也是三维（$2\times28\times28$），维数并没有变化，只是每一维内部的尺寸有了变化，一般都是要向更小的尺寸变化，以便于简化计算。

三维卷积有以下几个特点。

（1）预先定义输出的特征矩阵的数量，而不是根据前向计算自动计算出来，此例中为 2，这样就会有两组卷积核组。

（2）对于每个输出，都有一个对应的过滤器，此例中 Feature Map-1 对应 Filter-1。

（3）每个过滤器内都有一个或多个卷积核，对应每个输入通道，此例为 3，对应输入的红绿蓝三个通道。

（4）每个过滤器只有一个偏移值，Filter-1 对应 b_1，Filter-2 对应 b_2。

（5）卷积核的大小一般是奇数，此例为 5×5。

对于图 17-16，还可以用在全连接神经网络中学到的知识来理解。

（1）每个输入通道可看成特征输入。

（2）卷积层的卷积核相当于隐藏层的神经元，上图中隐藏层有 2 个神经元。

（3）$w(m,n), m=[1,2], n=[1,3]$，相当于隐藏层的权重矩阵。

（4）每个卷积核（神经元）都有 1 个偏移值。

17.2.8　步长

前面的例子中，每次计算后，卷积核会向右或者向下移动一个单元，即步长（stride）为 1。而在图 17-17 这个卷积操作中，卷积核每次向右或向下移动两个单元，即步长为 2。在后续的步骤中，由于每次移动两格，所以最终得到一个 2×2 的图片。

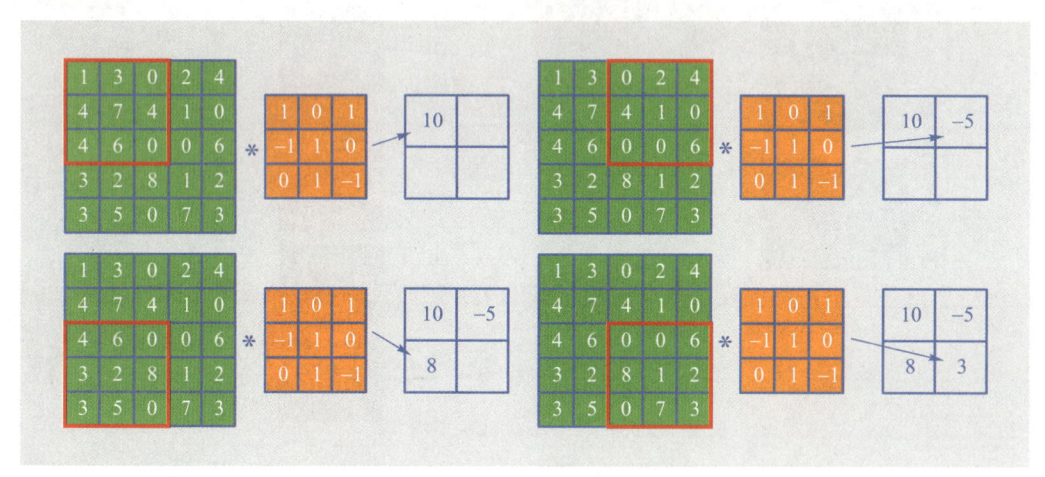

图 17-17　步长为 2 的卷积

17.2.9　填充

如果原始图为 4×4，用 3×3 的卷积核进行卷积后，目标图片变成了 2×2。如果想保持目标图片和原始图片为同样大小，该怎么办呢？一般会向原始图片周围填充一圈 0，然后再做卷积，如图 17-18 所示，即为填充（padding）。

图 17-18　带填充的卷积

17.2.10　输出结果

综上，可以得到卷积后的输出图

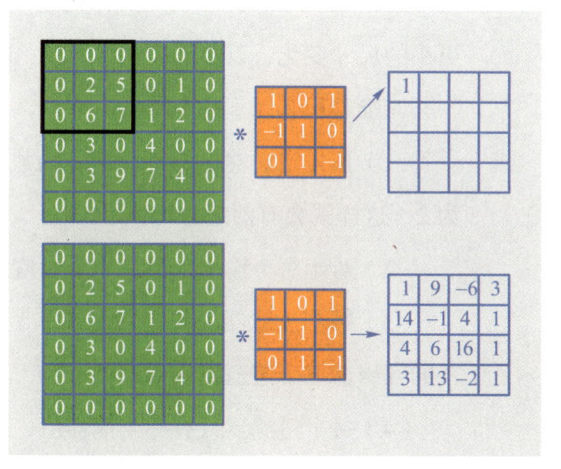

片的大小表示为

$$H_{output} = \frac{H_{input} - H_{kernal} + 2\,padding}{stride} + 1$$

$$W_{output} = \frac{W_{input} - W_{kernal} + 2\,padding}{stride} + 1$$

以图 17-17 为例，则有

$$H_{output} = \frac{5 - 3 + 2 \times 0}{2} + 1 = 2$$

以图 17-18 为例，则有

$$H_{output} = \frac{4 - 3 + 2 \times 1}{1} + 1 = 4$$

一般情况下，使用正方形的卷积核，且为奇数。如果计算出的输出图片尺寸为小数，则取整，不四舍五入。

> **知识拓展**：卷积前向计算代码实现

17.3　卷积层的训练

同全连接层一样，卷积层的训练也需要从上一层回传的误差矩阵，然后计算本层的权重矩阵的误差项以及本层需要传到下一层的误差矩阵。

在下面的描述中，假设已经得到了从上一层回传的误差矩阵，并且已经经过了激活函数的反向传导。

17.3.1　计算反向传播的梯度矩阵

正向传播的过程可表示为

$$Z = W * A + b \qquad (17.3.1)$$

其中，W 是卷积核，$*$ 表示卷积计算，A 为当前层的输入项，b 是偏移量（此处也可视为标量，未在图中画出），Z 为当前层的输出项，但尚未经过激活函数处理。正向计算示例如图 17-19 所示。

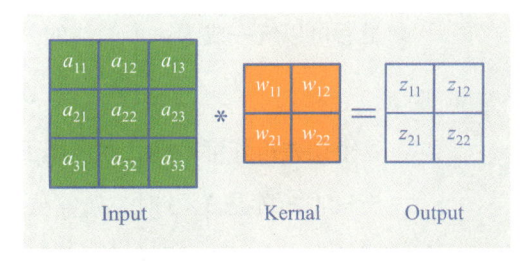

图 17-19　卷积正向运算

分解到每一项，则有

$$z_{11} = w_{11} \cdot a_{11} + w_{12} \cdot a_{12} + w_{21} \cdot a_{21} + w_{22} \cdot a_{22} + b \quad (17.3.2)$$

$$z_{12} = w_{11} \cdot a_{12} + w_{12} \cdot a_{13} + w_{21} \cdot a_{22} + w_{22} \cdot a_{23} + b \quad (17.3.3)$$

$$z_{21} = w_{11} \cdot a_{21} + w_{12} \cdot a_{22} + w_{21} \cdot a_{31} + w_{22} \cdot a_{32} + b \quad (17.3.4)$$

$$z_{22} = w_{11} \cdot a_{22} + w_{12} \cdot a_{23} + w_{21} \cdot a_{32} + w_{22} \cdot a_{33} + b \quad (17.3.5)$$

求损失函数 J 对 a_{11} 的梯度：

$$\frac{\partial J}{\partial a_{11}} = \frac{\partial J}{\partial z_{11}} \frac{\partial z_{11}}{\partial a_{11}} = \delta_{z11} \cdot w_{11} \quad (17.3.6)$$

上式中，δ_{z11} 是从网络后端回传到本层的 z_{11} 单元的梯度。

求 J 对 a_{12} 的梯度时，先看正向公式，发现 a_{12} 对 z_{11} 和 z_{12} 都有贡献，因此需要二者的偏导数相加，则有

$$\frac{\partial J}{\partial a_{12}} = \frac{\partial J}{\partial z_{11}} \frac{\partial z_{11}}{\partial a_{12}} + \frac{\partial J}{\partial z_{12}} \frac{\partial z_{12}}{\partial a_{12}} = \delta_{z11} \cdot w_{12} + \delta_{z12} \cdot w_{11} \quad (17.3.7)$$

最复杂的是求 a_{22} 的梯度，因为从正向公式看，所有的输出都有 a_{22} 的贡献，所以有

$$\frac{\partial J}{\partial a_{22}} = \frac{\partial J}{\partial z_{11}} \frac{\partial z_{11}}{\partial a_{22}} + \frac{\partial J}{\partial z_{12}} \frac{\partial z_{12}}{\partial a_{22}} + \frac{\partial J}{\partial z_{21}} \frac{\partial z_{21}}{\partial a_{22}} + \frac{\partial J}{\partial z_{22}} \frac{\partial z_{22}}{\partial a_{22}}$$

$$= \delta_{z11} \cdot w_{22} + \delta_{z12} \cdot w_{21} + \delta_{z21} \cdot w_{12} + \delta_{z22} \cdot w_{11} \quad (17.3.8)$$

同理可得所有 a 的梯度。

观察公式（17.3.8）中的 w 的顺序，是把原始的卷积核旋转了 180 度，再与传入的误差项做卷积操作，即可得到所有元素的误差项。而公式（17.3.6）和公式（17.3.7）并不完备，因为二者处于角落，这和卷积正向计算中的填充是相同的现象。因此，我们把传入的误差矩阵（delta-in）做一个填充操作，再乘以旋转 180 度的卷积核，即可求得传出的误差矩阵（delta-out），如图 17-20 所示。

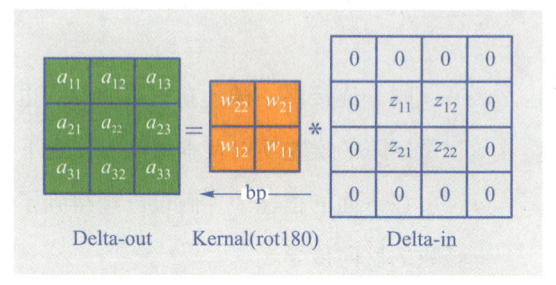

图 17-20　卷积运算中的误差反向传播

最后可以统一成为一个简洁的公式：

$$\delta_{out} = \delta_{in} * W^{rot180} \quad (17.3.9)$$

这个误差矩阵可以继续回传到下一层。

当权重矩阵是 3×3 时，δ_{in} 需要 $padding = 2$，即加 2 圈 0，才能和权重矩阵卷积后，得到正确尺寸的 δ_{out}。当权重矩阵是 5×5 时，δ_{in} 需要 $padding = 4$，即加 4 圈 0，才能和

权重矩阵卷积后，得到正确尺寸的 δ_{out}。以此类推，当权重矩阵是 $N×N$ 时，δ_{in} 需要 padding = N-1，即加 N-1 圈 0。

17.3.2 步长不为1时的梯度矩阵还原

先观察一下步长为 1 和 2 时，卷积结果的差异，如图 17-21 所示。

二者的差别就是图 17-21 中的中间结果图的灰色部分。如果反向传播时，传入的误差矩阵是步长为 2 时的 2×2 的形状，那么只需要把它补上一个十字，变成 3×3 的误差矩阵，就可以用步长为 1 的算法了。

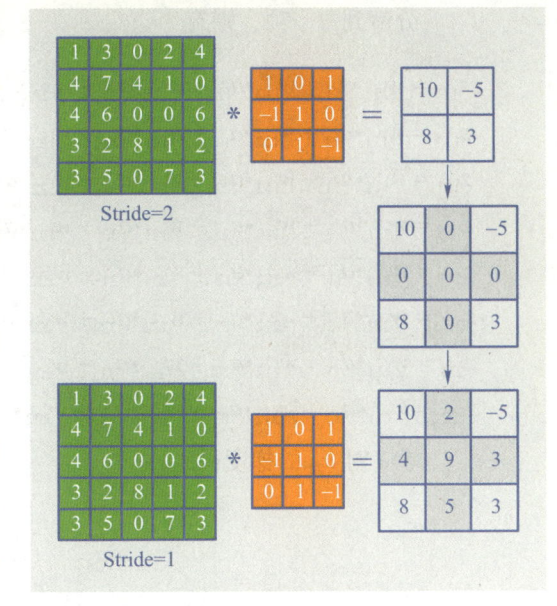

图 17-21 步长为1和步长为2的卷积结果的比较

以此类推，如果步长为 3 时，需要补一个双线的十字。所以，当知道当前的卷积层步长为 S（S>1）时，具体过程如下。

（1）得到从上层回传的误差矩阵形状，假设为 $M×N$。

（2）初始化一个 $(M·S)×(N·S)$ 的零矩阵。

（3）把传入的误差矩阵的第一行值放到零矩阵第 0 行的 $0,S,2S,3S\cdots$位置。

（4）然后把误差矩阵的第二行的值放到零矩阵第 S 行的 $0,S,2S,3S\cdots$位置。

步长为 2 时，用实例表示即为

$$\begin{bmatrix} \delta_{11} & 0 & \delta_{12} & 0 & \delta_{13} \\ 0 & 0 & 0 & 0 & 0 \\ \delta_{21} & 0 & \delta_{22} & 0 & \delta_{23} \end{bmatrix}$$

步长为 3 时，用实例表示即为

$$\begin{bmatrix} \delta_{11} & 0 & 0 & \delta_{12} & 0 & 0 & \delta_{13} \\ 0 & 0 & 0 & 0 & 0 & 0 & 0 \\ 0 & 0 & 0 & 0 & 0 & 0 & 0 \\ \delta_{21} & 0 & 0 & \delta_{22} & 0 & 0 & \delta_{23} \end{bmatrix}$$

17.3.3 有多个卷积核时的梯度计算

有多个卷积核也就意味着有多个输出通道。例如，17.2 中的升维卷积，如图 17-22。

分解到每一项，则有

$z_{111} = w_{111} \cdot a_{11} + w_{112} \cdot a_{12} + w_{121} \cdot a_{21} + w_{122} \cdot a_{22}$

$z_{112} = w_{111} \cdot a_{12} + w_{112} \cdot a_{13} + w_{121} \cdot a_{22} + w_{122} \cdot a_{23}$

$z_{121} = w_{111} \cdot a_{21} + w_{112} \cdot a_{22} + w_{121} \cdot a_{31} + w_{122} \cdot a_{32}$

$z_{122} = w_{111} \cdot a_{22} + w_{112} \cdot a_{23} + w_{121} \cdot a_{32} + w_{122} \cdot a_{33}$

$z_{211} = w_{211} \cdot a_{11} + w_{212} \cdot a_{12} + w_{221} \cdot a_{21} + w_{222} \cdot a_{22}$

$z_{212} = w_{211} \cdot a_{12} + w_{212} \cdot a_{13} + w_{221} \cdot a_{22} + w_{222} \cdot a_{23}$

$z_{221} = w_{211} \cdot a_{21} + w_{212} \cdot a_{22} + w_{221} \cdot a_{31} + w_{222} \cdot a_{32}$

$z_{222} = w_{211} \cdot a_{22} + w_{212} \cdot a_{23} + w_{221} \cdot a_{32} + w_{222} \cdot a_{33}$

图 17-22 升维卷积

求 J 对 a_{22} 的梯度：

$$\frac{\partial J}{\partial a_{22}} = \frac{\partial J}{\partial \mathbf{Z}_1}\frac{\partial \mathbf{Z}_1}{\partial a_{22}} + \frac{\partial J}{\partial \mathbf{Z}_2}\frac{\partial \mathbf{Z}_2}{\partial a_{22}}$$

$$= \frac{\partial J}{\partial z_{111}}\frac{\partial z_{111}}{\partial a_{22}} + \frac{\partial J}{\partial z_{112}}\frac{\partial z_{112}}{\partial a_{22}} + \frac{\partial J}{\partial z_{121}}\frac{\partial z_{121}}{\partial a_{22}} + \frac{\partial J}{\partial z_{122}}\frac{\partial z_{122}}{\partial a_{22}}$$

$$+ \frac{\partial J}{\partial z_{211}}\frac{\partial z_{211}}{\partial a_{22}} + \frac{\partial J}{\partial z_{212}}\frac{\partial z_{212}}{\partial a_{22}} + \frac{\partial J}{\partial z_{221}}\frac{\partial z_{221}}{\partial a_{22}} + \frac{\partial J}{\partial z_{222}}\frac{\partial z_{222}}{\partial a_{22}}$$

$$= (\delta_{z111} \cdot w_{122} + \delta_{z112} \cdot w_{121} + \delta_{z121} \cdot w_{112} + \delta_{z122} \cdot w_{111})$$

$$+ (\delta_{z211} \cdot w_{222} + \delta_{z212} \cdot w_{221} + \delta_{z221} \cdot w_{212} + \delta_{z222} \cdot w_{211})$$

$$= \boldsymbol{\delta}_{z1} * \boldsymbol{W}_1^{rot180} + \boldsymbol{\delta}_{z2} * \boldsymbol{W}_2^{rot180}$$

因此和公式（17.3.9）相似，先在 δ_{in_m} 外面进行填充，然后和对应的旋转后的卷积核相乘，再把几个结果相加，就得到了需要前传的梯度矩阵：

$$\boldsymbol{\delta}_{out} = \sum_m \boldsymbol{\delta}_{in\_m} * \boldsymbol{W}_m^{rot180} \quad （17.3.10）$$

17.3.4 有多个输入时的梯度计算

当输入层是多个图层时，每个图层必须对应一个卷积核，如图 17-23 所示。

分解到每一项，则有

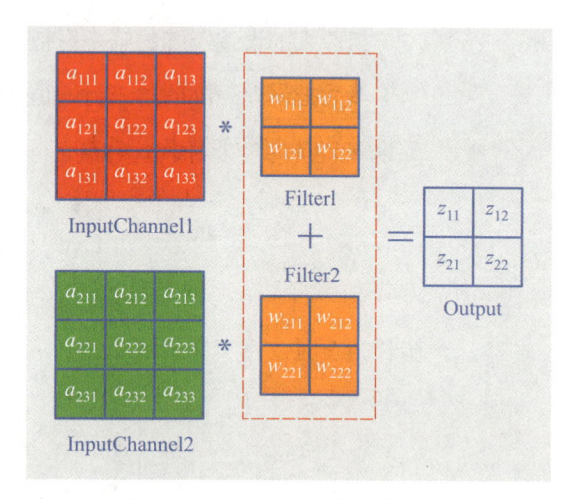

图 17-23 多个图层的卷积必须有一一对应的卷积核

$$z_{11} = w_{111} \cdot a_{111} + w_{112} \cdot a_{112} + w_{121} \cdot a_{121} + w_{122} \cdot a_{122}$$
$$+ w_{211} \cdot a_{211} + w_{212} \cdot a_{212} + w_{221} \cdot a_{221} + w_{222} \cdot a_{222} \quad （17.3.11）$$

$$z_{12} = w_{111} \cdot a_{112} + w_{112} \cdot a_{113} + w_{121} \cdot a_{122} + w_{122} \cdot a_{123}$$
$$+ w_{211} \cdot a_{212} + w_{212} \cdot a_{213} + w_{221} \cdot a_{222} + w_{222} \cdot a_{223} \quad （17.3.12）$$

$$z_{21} = w_{111} \cdot a_{121} + w_{112} \cdot a_{122} + w_{121} \cdot a_{131} + w_{122} \cdot a_{132} \qquad (17.3.13)$$
$$+ w_{211} \cdot a_{221} + w_{212} \cdot a_{222} + w_{221} \cdot a_{231} + w_{222} \cdot a_{232}$$
$$z_{22} = w_{111} \cdot a_{122} + w_{112} \cdot a_{123} + w_{121} \cdot a_{132} + w_{122} \cdot a_{133} \qquad (17.3.14)$$
$$+ w_{211} \cdot a_{222} + w_{212} \cdot a_{223} + w_{221} \cdot a_{232} + w_{222} \cdot a_{233}$$

最复杂的情况是求 J 对 a_{122} 的梯度：

$$\frac{\partial J}{\partial a_{122}} = \frac{\partial J}{\partial z_{11}}\frac{\partial z_{11}}{\partial a_{122}} + \frac{\partial J}{\partial z_{12}}\frac{\partial z_{12}}{\partial a_{122}} + \frac{\partial J}{\partial z_{21}}\frac{\partial z_{21}}{\partial a_{122}} + \frac{\partial J}{\partial z_{22}}\frac{\partial z_{22}}{\partial a_{122}}$$
$$= \delta_{z11} \cdot w_{122} + \delta_{z12} \cdot w_{121} + \delta_{z21} \cdot w_{112} + \delta_{z22} \cdot w_{111}$$

泛化以后得到

$$\delta_{out1} = \delta_{in} * W_1^{rot180} \qquad (17.3.15)$$

最复杂的情况，求 J 对 a_{222} 的梯度：

$$\frac{\partial J}{\partial a_{222}} = \frac{\partial J}{\partial z_{11}}\frac{\partial z_{11}}{\partial a_{222}} + \frac{\partial J}{\partial z_{12}}\frac{\partial z_{12}}{\partial a_{222}} + \frac{\partial J}{\partial z_{21}}\frac{\partial z_{21}}{\partial a_{222}} + \frac{\partial J}{\partial z_{22}}\frac{\partial z_{22}}{\partial a_{222}}$$
$$= \delta_{z11} \cdot w_{222} + \delta_{z12} \cdot w_{221} + \delta_{z21} \cdot w_{212} + \delta_{z22} \cdot w_{211}$$

泛化以后得到

$$\delta_{out2} = \delta_{in} * W_2^{rot180} \qquad (17.3.16)$$

17.3.5 权重（卷积核）梯度计算

卷积正向运算的过程已经很熟悉了，具体可查看图 17-19。在正向计算中，要求 J 对 w_{11} 的梯度，从正向公式可以看到，w_{11} 对所有的 z 都有贡献，所以有

$$\frac{\partial J}{\partial w_{11}} = \frac{\partial J}{\partial z_{11}}\frac{\partial z_{11}}{\partial w_{11}} + \frac{\partial J}{\partial z_{12}}\frac{\partial z_{12}}{\partial w_{11}} + \frac{\partial J}{\partial z_{21}}\frac{\partial z_{21}}{\partial w_{11}} + \frac{\partial J}{\partial z_{22}}\frac{\partial z_{22}}{\partial w_{11}} \qquad (17.3.17)$$
$$= \delta_{z11} \cdot a_{11} + \delta_{z12} \cdot a_{12} + \delta_{z21} \cdot a_{21} + \delta_{z22} \cdot a_{22}$$

对 w_{12} 也是一样的。

$$\frac{\partial J}{\partial w_{12}} = \frac{\partial J}{\partial z_{11}}\frac{\partial z_{11}}{\partial w_{12}} + \frac{\partial J}{\partial z_{12}}\frac{\partial z_{12}}{\partial w_{12}} + \frac{\partial J}{\partial z_{21}}\frac{\partial z_{21}}{\partial w_{12}} + \frac{\partial J}{\partial z_{22}}\frac{\partial z_{22}}{\partial w_{12}} \qquad (17.3.18)$$
$$= \delta_{z11} \cdot a_{12} + \delta_{z12} \cdot a_{13} + \delta_{z21} \cdot a_{22} + \delta_{z22} \cdot a_{23}$$

观察公式 17.3.17 和公式 17.3.18，其实也是一个标准的卷积操作过程，因此，可以把这个过程看成图 17-24。总结成一个公式：

$$\delta_w = A * \delta_{in} \qquad (17.3.19)$$

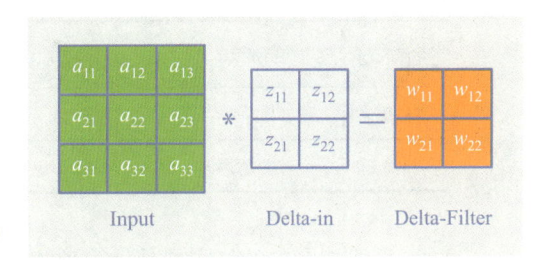

图 17-24 卷积核的梯度计算

17.3.6 偏移的梯度计算

根据前向计算公式，可以得到：

$$\frac{\partial J}{\partial b} = \frac{\partial J}{\partial z_{11}}\frac{\partial z_{11}}{\partial b} + \frac{\partial J}{\partial z_{12}}\frac{\partial z_{12}}{\partial b} + \frac{\partial J}{\partial z_{21}}\frac{\partial z_{21}}{\partial b} + \frac{\partial J}{\partial z_{22}}\frac{\partial z_{22}}{\partial b} \quad (17.3.20)$$
$$= \delta_{z11} + \delta_{z12} + \delta_{z21} + \delta_{z22}$$

所以，

$$\delta_b = \delta_{in} \quad (17.3.21)$$

每个卷积核可能会有多个子核，但是一个卷积核只有一个偏移。

17.3.7 计算卷积核梯度的实例说明

下面我们会用一个简单的例子来说明卷积核的训练过程。先制作一张样本图片，然后使用"横边检测"算子作为卷积核对该样本进行卷积，得到如图 17-25 所示的对比。左侧为原始图片（80×80 的灰度图），右侧为经过 3×3 的卷积后的结果图片（78×78 的灰度图）。

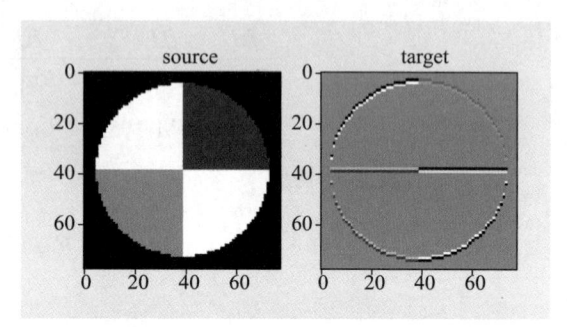

图 17-25 原图和经过横边检测算子的卷积结果

由于算子是横边检测，所以只保留了原始图片中的横边。其卷积核矩阵可表示为

$$w = \begin{bmatrix} 0 & -1 & 0 \\ 0 & 2 & 0 \\ 0 & -1 & 0 \end{bmatrix}$$

假设有一张原始图片和一张目标图片，应如何得到对应的卷积核？

在前面学习了线性拟合的解决方案，实际上，这个问题是同一种性质的，只不过把直线拟合点阵的问题，变成了图像拟合图像的问题，如表 17-3 所示。

表 17-3 直线拟合与图像拟合的比较

拟合方式	样本数据	标签数据	预测数据	公式	损失函数
直线拟合	样本点 x	标签值 y	预测直线 z	z=x·w+b	均方差
图片拟合	原始图片 x	目标图片 y	预测图片 z	z=x·w+b	均方差

直线拟合中的均方差是计算预测值与样本点之间的距离；图片拟合中的均方差，可以直接计算两张图片对应的像素点之间的差值。

为了简化问题，令 $b=0$，只求卷积核 w 的值，则前向公式为：

$$z = x * w$$

$$loss = \frac{1}{2}(z-y)^2$$

反向求解 w 的梯度公式：

$$\frac{\partial loss}{\partial w} = \frac{\partial loss}{\partial z}\frac{\partial z}{\partial w} = x * (z-y)$$

即 w 的梯度为预测图片 z 减去目标图片 y 的结果，再与原始图片 x 做卷积，其中 x 为被卷积图片，$z-y$ 为卷积核。

训练部分的代码如下。

```python
def train(x,w,b,y):
    output=create_zero_array(x,w)
    for i in range(10000):
        # forward
        jit_conv_2d(x,w,b,output)
        # loss
        t1 = (output - y)
        m = t1.shape[0]*t1.shape[1]
        LOSS = np.multiply(t1,t1)
        loss = np.sum(LOSS)/2/m
        print(i,loss)
        if loss < 1e-7:
            break
        # delta
        delta = output - y
        # backward
        dw = np.zeros(w.shape)
        jit_conv_2d(x,delta,b,dw)
        w = w - 0.5 * dw/m
    #end for
    return w
```

一共迭代 10 000 次，具体过程可描述如下。

（1）用 jit_conv_2d(x,w,b,output) 做一次前向计算。

（2）计算 loss 值以便检测停止条件，当 loss 值小于 1e-7 时停止迭代。

（3）计算 delta 值。

（4）用 jit_conv_2d(x,delta,b,dw) 做一次反向计算，得到卷积核的梯度。

（5）更新卷积核的值。

运行结果如下。

```
3458 1.0063169744079507e-07
3459 1.0031151142628902e-07
3460 9.999234418532805e-08
w_true:
 [[ 0 -1  0]
  [ 0  2  0]
  [ 0 -1  0]]
w_result:
 [[-1.86879237e-03 -9.97261724e-01 -1.01212359e-03]
  [ 2.58961697e-03  1.99494606e+00  2.74435794e-03]
  [-8.67754199e-04 -9.97404263e-01 -1.87580756e-03]]
w allclose: True
y allclose: True
```

当迭代到 3 460 次的时候，loss 值小于 1e-7，迭代停止。比较 w_true 和 w_result 的值，两者非常接近。用 numpy.allclose（）方法比较真实卷积核和训练出来的卷积核的值，结果为 True。例如 -1.86879237e-03，接近于 0；-9.97261724e-01，接近于 -1。

再比较卷积结果，当然也会非常接近，误差很小，allclose 结果为 True。用图示方法显示卷积结果比较如图 17-26。

人眼是看不出什么差异来的。由此我们可以直观地理解到卷积核的训练过程并不复杂。

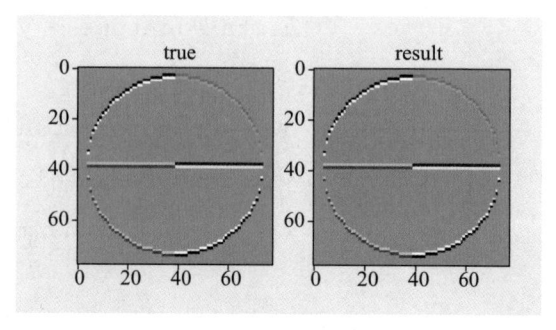

图 17-26　真实值和训练值的卷积结果区别

代码位置

ch17，Level3

> **知识拓展**：卷积反向传播代码实现

17.4 池化层

17.4.1 常用池化方法

池化（pooling）又称为下采样（downstream sampling 或 sub-sampling）。

池化方法分为两种，一种是最大值池化（max pooling），一种是平均值池化（mean/average pooling），如图 17-27 所示。最大值池化是取当前池化视野中所有元素的最大值，输出到下一层特征图中。平均值池化是取当前池化视野中所有元素的平均值，输出到下一层特征图中。

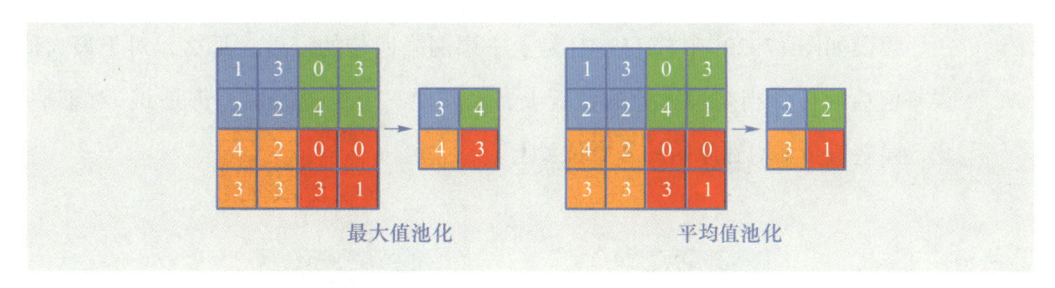

图 17-27 池化

池化的目的主要包括以下几点。

（1）扩大视野：就如同先从近处看一张图片，然后离远一些再看同一张图片，有些细节就会被忽略。

（2）降维：在保留图片局部特征的前提下，使得图片更小，更易于计算。

（3）平移不变性，轻微扰动不会影响输出：例如图 17-27 中最大值池化的 4，即使向右偏一个像素，其输出值仍为 4。

（4）维持同尺寸图片，便于后端处理：假设输入的图片不是一样大小的，就需要用池化来转换成同尺寸图片。

一般使用最大值池化。

17.4.2 其他池化方法

在上面的例子中,使用了池化尺寸为 2×2,步长为 2 的模式,这是常用的模式,即步长与池化尺寸相同。

很少使用步长值与池化尺寸不同的配置,例如图 17-28 所示是步长为 1,池化尺寸为 2×2 的情况,可以看到,右侧的结果中,有一大堆的 3 和 4,基本分不开了,所以其池化效果并不好。

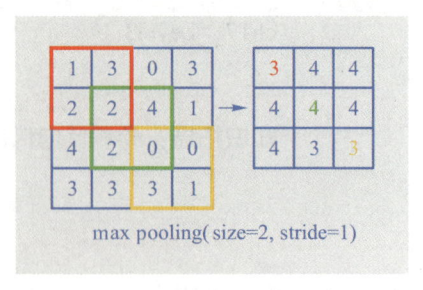

图 17-28 步长为 1,池化尺寸为 2×2 的池化

假设输入图片的形状是 $W \times H \times D$,其中 W 是图片宽度,H 是图片高度,D 是图片深度(多个图层),F 是池化的视野(正方形),S 是池化的步长,则输出图片的形状是:

$$W_2 = \frac{W_1 - F}{S} + 1, \quad H_2 = \frac{H_1 - F}{S} + 1, \quad D_2 = D_1$$

池化层不会改变图片的深度,即 D 值前后相同。

17.4.3 池化层的训练

假设如图 17-29,[[1,2],[3,4]] 是上一层网络回传的误差,那么,对于最大值池化,误差值会回传到当初最大值的位置上,而其他三个位置的误差都是 0;对于平均值池化,误差值会平均到原始的 4 个位置上。

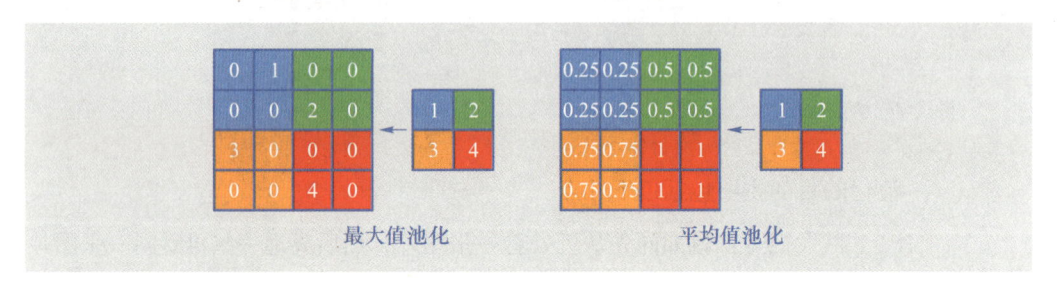

图 17-29 最大值池化与平均值池化

1. 最大值池化

严格的数学推导过程以图 17-30 为例进行。

正向公式:

$$w = max(a, b, e, f)$$

反向公式(假设输入层中最大值是 b):

$$\frac{\partial w}{\partial a} = 0, \quad \frac{\partial w}{\partial b} = 1$$

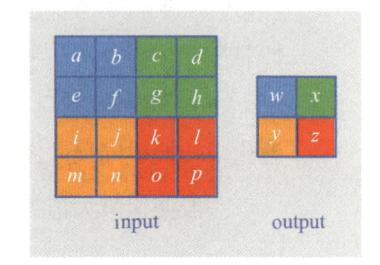

图 17-30 池化层反向传播的示例

$$\frac{\partial w}{\partial e} = 0, \frac{\partial w}{\partial f} = 0$$

因为 a,e,f 对 w 都没有贡献，所以偏导数为 0，只有 b 有贡献，偏导数为 1。

$$\delta_a = \frac{\partial J}{\partial a} = \frac{\partial J}{\partial w}\frac{\partial w}{\partial a} = 0$$

$$\delta_b = \frac{\partial J}{\partial b} = \frac{\partial J}{\partial w}\frac{\partial w}{\partial b} = \delta_w \cdot 1 = \delta_w$$

$$\delta_e = \frac{\partial J}{\partial e} = \frac{\partial J}{\partial w}\frac{\partial w}{\partial e} = 0$$

$$\delta_f = \frac{\partial J}{\partial f} = \frac{\partial J}{\partial w}\frac{\partial w}{\partial f} = 0$$

2. 平均值池化

正向公式：

$$w = \frac{1}{4}(a+b+e+f)$$

反向公式（假设输入层中的最大值是 b）：

$$\frac{\partial w}{\partial a} = \frac{1}{4}, \frac{\partial w}{\partial b} = \frac{1}{4}$$

$$\frac{\partial w}{\partial e} = \frac{1}{4}, \frac{\partial w}{\partial f} = \frac{1}{4}$$

因为 a,b,e,f 对 w 都有贡献，所以偏导数都为 1：

$$\delta_a = \frac{\partial J}{\partial a} = \frac{\partial J}{\partial w}\frac{\partial w}{\partial a} = \frac{1}{4}\delta_w$$

$$\delta_b = \frac{\partial J}{\partial b} = \frac{\partial J}{\partial w}\frac{\partial w}{\partial b} = \frac{1}{4}\delta_w$$

$$\delta_e = \frac{\partial J}{\partial e} = \frac{\partial J}{\partial w}\frac{\partial w}{\partial e} = \frac{1}{4}\delta_w$$

$$\delta_f = \frac{\partial J}{\partial f} = \frac{\partial J}{\partial w}\frac{\partial w}{\partial f} = \frac{1}{4}\delta_w$$

无论是最大值池化还是平均值池化，都没有要学习的参数，所以，在卷积神经网络的训练中，池化层需要做的只是把误差项向后传递，不需要计算任何梯度。

17.4.4 实现方法1

按照标准公式来实现池化的正向和反向代码。

```
class PoolingLayer(CLayer):
    def forward_numba(self,x,train=True):
```

```
        ...

    def backward_numba(self,delta_in,layer_idx):
        ...
```

有了前面的经验，这次直接把前向和反向函数用 numba 方式来实现，并在前面加上 @nb.jit 修饰符，代码如下。

```
@nb.jit(nopython=True)
def jit_maxpool_forward(...):
    ...
    return z


@nb.jit(nopython=True)
def jit_maxpool_backward(...):
    ...
    return delta_out
```

17.4.5 实现方法2

池化也可用类似于卷积优化的方法来计算，在图 17-31 中，假设大写字母为池子中的最大元素，并且用最大值池化的方式。

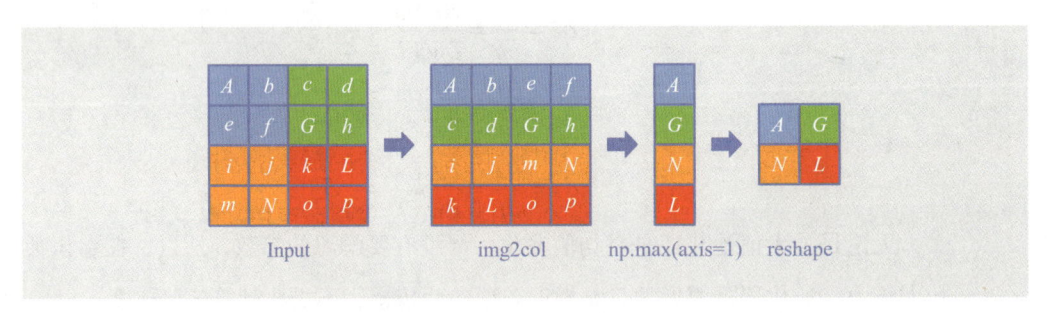

图 17-31 池化层的 img2col 实现

原始数据先做 img2col 变换，然后做一次 np.max(axis=1) 的求最大值计算，会大大提高效率，然后把结果 reshape 成正确的矩阵即可。做一次大矩阵的求最大值计算，比做 4 次小矩阵计算要快很多。

```
class PoolingLayer(CLayer):
    def forward_img2col(self,x,train=True):
        ...


    def backward_col2img(self,delta_in,layer_idx):
        ...
```

17.4.6 性能测试

对同样的一批样本,样本数为 64,分别用两种方法做 5 000 次前向和反向计算,结果如下。

```
Elapsed of numba: 17.537396907806396
Elapsed of img2col: 22.51519775390625
forward: True
backward: True
```

numba 方法用了约 17.54 秒,img2col 方法用了约 22.52 秒。并且两种方法的返回矩阵值均为 True,说明代码实现正确。

代码位置

ch17,Level5

第18章 卷积神经网络的应用

18.1 经典的卷积神经网络模型

卷积神经网络是现在深度学习领域中最有用的网络类型,在计算机视觉方向更是一枝独秀。卷积神经网络从 20 世纪 90 年代的 LeNet 开始,沉寂了 10 年,也孵化了 10 年,直到 2012 年 AlexNet 再次崛起,后续的 ZFNet、VGG、GoogLeNet、ResNet、DenseNet,网络越来越深,架构越来越复杂,解决反向传播时梯度消失的方法也越来越巧妙。下面让我们一起学习一下这些经典的网络模型。

18.1.1 LeNet

LeNet 是卷积神经网络的开创者 LeCun 在 1998 年提出的,主要用于解决手写数字识别的视觉任务。自那时起,卷积神经网络的最基本的架构就定下来了:卷积层、池化层、全连接层。其模型结构如图 18-1 所示,图中的各层可总结如下。

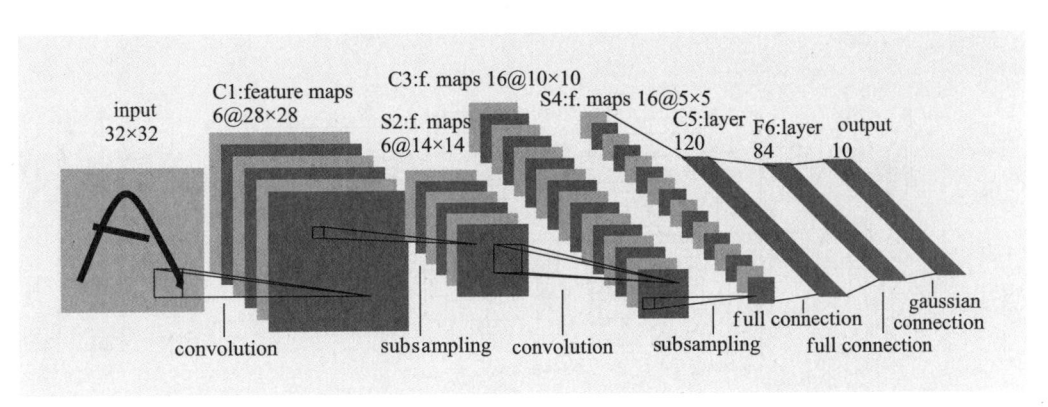

图 18-1 LeNet 模型结构图

(1)输入为单通道 32×32 的灰度图。

(2)使用 6 组 5×5 的过滤器,每个过滤器里有一个卷积核,步长为 1,得到 6 张 28×28 的特征图。

(3)使用 2×2 的池化层,步长为 2,得到 6 张 14×14 的特征图。

(4)使用 16 组 5×5 的过滤器,每个过滤器里有 6 个卷积核,对应上一层的 6 张特征图，得到 16 张 10×10 的特征图。

（5）池化层，得到 16 张 5×5 的特征图。

（6）全连接层，包含 120 个神经元。

（7）全连接层，包含 84 个神经元。

（8）全连接层，包含 10 个神经元，Softmax 函数输出。

如今，各大深度学习框架中使用的 LeNet 都是简化改进过的 LeNet-5（5 表示具有 5 个层），和原始的 LeNet 有些许不同，例如把激活函数改成了现在很常用的 ReLU。LeNet-5 跟现有的 "conv → pool → ReLU" 的思路不同，它使用的方式是 "conv1 → pool → conv2 → pool2" 再接全连接层，但卷积层后接池化层的模式依旧不变。

18.1.2　AlexNet

AlexNet 的结构在整体上类似于 LeNet，都是卷积层后接全连接层。但在细节上有很大不同，AlexNet 更为复杂。AlexNet 有 600 000 000 个参数和 65 000 个神经元，5 个卷积层，3 个全连接层，最终的输出层是 1 000 个通道的 Softmax 函数。

AlexNet 用 2 块 GPU 并行计算，大大提高了训练效率，并且在 ILSVRC 2012 竞赛中名列前茅，错误率为 15.3%，获得第二名的方法错误率是 26.2%，足以说明这个网络在当时的影响力。图 18-2 是 AlexNet 模型结构图。

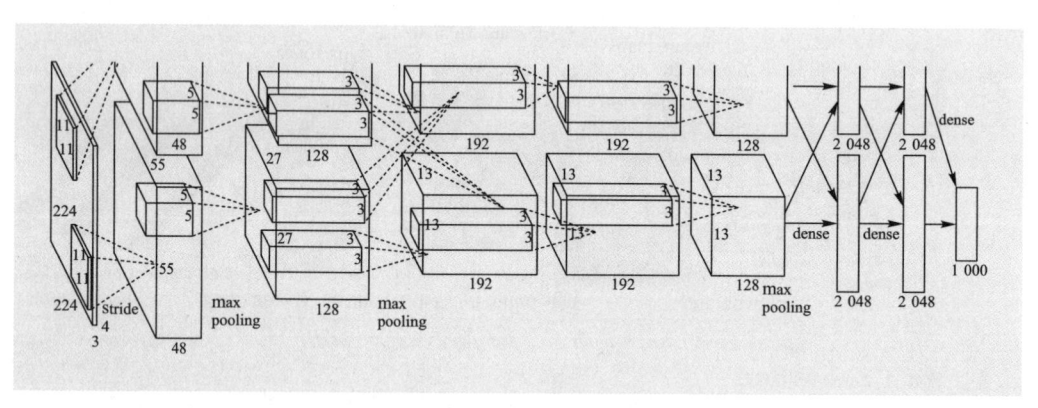

图 18-2　AlexNet 模型结构图

各层的总结如下。

（1）原始图片是 3×224×224 的三通道彩色图片，在上下两块 GPU 上分别进行训练。

（2）卷积层，96 核，11×11，步长为 4，不填充，输出为 96×55×55。

（3）LRN+池化层，3×3，步长为 2，不填充，输出为 96×27×27。其中，LRN 是

指局部响应归一化（local response normalization）。

（4）卷积层，256 核，5×5，步长为 1，填充层数为 2，输出为 256×27×27。

（5）LRN+池化层，3×3，步长为 2，输出为 256×13×13。

（6）卷积层，384 核，3×3，步长为 1，填充层数为 1，输出为 384×13×13。

（7）卷积层，384 核，3×3，步长为 1，填充层数为 1，输出为 384×13×13。

（8）卷积层，256 核，3×3，步长为 1，填充层数为 1，输出为 256×13×13。

（9）池化层，3×3，步长为 2，输出为 256×6×6。

（10）全连接层，包含 4 096 个神经元，接 dropout 和 ReLU。

（11）全连接层，包含 4 096 个神经元，接 dropout 和 ReLU。

（12）全连接层，包含 1 000 个神经元做分类。

AlexNet 有如下几个特点。

（1）网络比 LeNet 更深更宽

使用了 5 个卷积层和 3 个全连接层，一共 8 层。特征数在最宽处达到 384。

（2）数据增强

针对 256×256 的原始图片数据，做了随机裁剪，得到若干张 224×224 的图片。

（3）使用 ReLU 做激活函数

（4）在全连接层中使用 dropout

（5）使用 LRN

LRN 是想对线性输出做归一化处理，避免上下越界。但发展至今，这个技术已经很少使用了。

18.1.3 ZFNet

ZFNet 是 2013 年 ImageNet 分类任务的冠军，其网络结构与 AlexNet 相似，只是参数不同，性能较 AlexNet 提升了不少。ZFNet 将 AlexNet 第一层卷积核由 11 变成 7，步长由 4 变为 2，第 3、4、5 卷积层转变为 384、384、256。图 18-3 是 ZFNet 模型结构图。

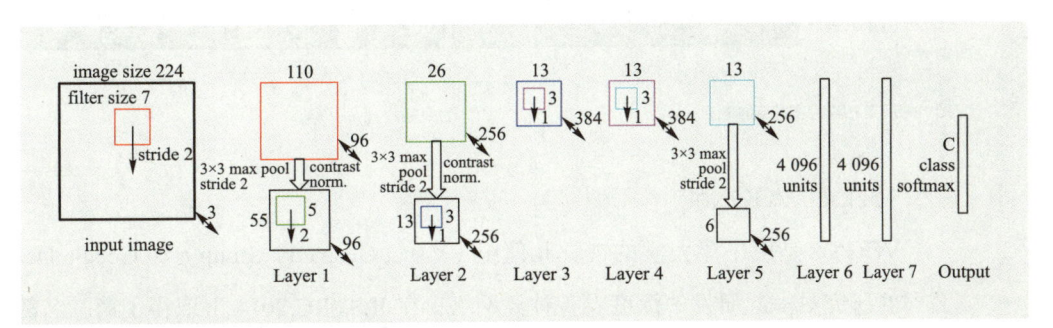

图 18-3 ZFNet 模型结构图

ZFNet首次系统地对卷积神经网络做了可视化的研究，从而找到了AlexNet的缺点并加以改正，提高了网络的能力。总的来说，通过卷积神经网络学习后，得到的特征是具有辨别性的，例如要区分人脸和狗头，那么通过卷积神经网络学习后，背景部位的激活度很低，通过可视化就可以看到提取的特征忽视了背景，而是把关键的信息给提取出来了。

如图18-4和图18-5所示，从Layer 1、Layer 2学到的特征基本上是颜色、边缘等特征。从Layer 3则开始稍微变得复杂，学到的是纹理特征，例如一些网格纹理。如图18-6所示，从Layer 4学到的则是比较有区别性的特征，例如狗头。从Layer 5学到的则是完整且具有辨别性的关键特征。

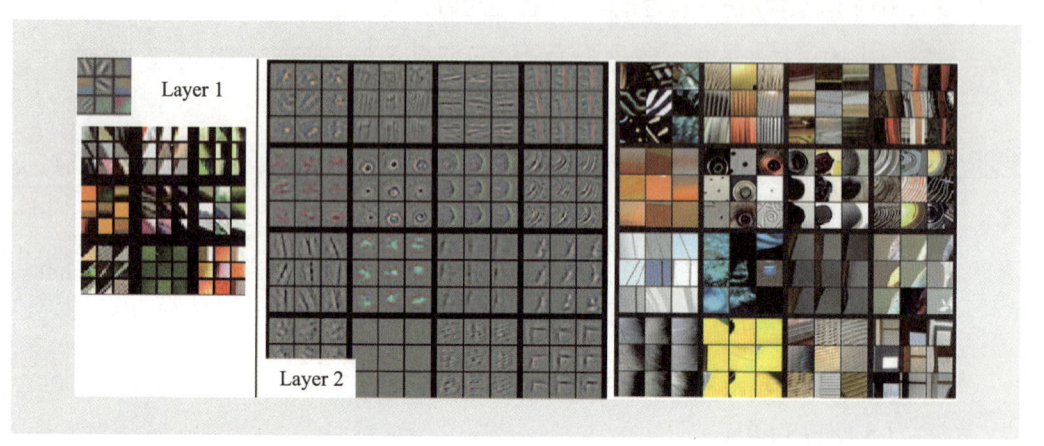

图18-4 前两层卷积核学到的特征

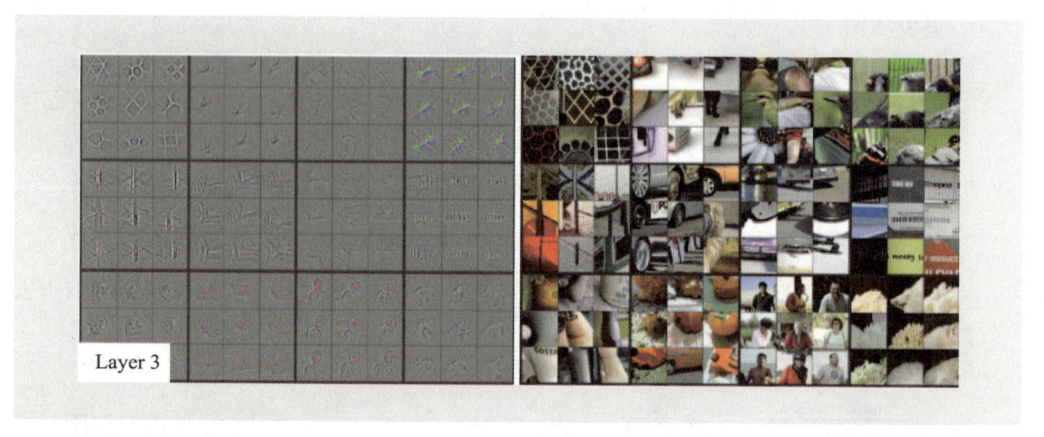

图18-5 第三层卷积核学到的特征

18.1.4　VGGNet

VGGNet是由牛津大学的视觉几何组（Visual Geometry Group）和Google DeepMind公司的研究员一起研发的深度卷积神经网络，在ILSVRC 2014上取得了第二名的成绩，

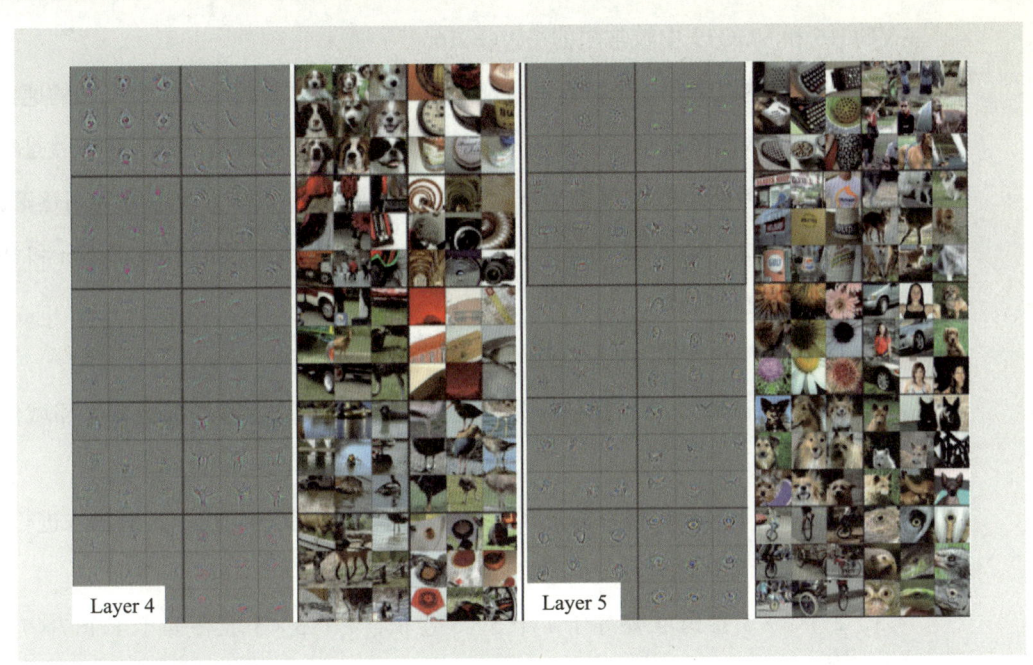

图 18-6　后两层卷积核学到的特征

将 Top-5 错误率降到 7.3%。它主要的贡献是展示出网络深度是决定算法性能的关键因素。目前使用比较多的网络结构主要有 ResNet（152～1 000 层），GoogLeNet（22 层），VGGNet（16 层或 19 层），大多数模型都是基于这几个模型改进的，采用了新的优化算法、多模型融合等。到目前为止，VGGNet 依然经常被用来提取图像特征，16 层网络的 VGGNet 的网络结构如图 18-7 所示。

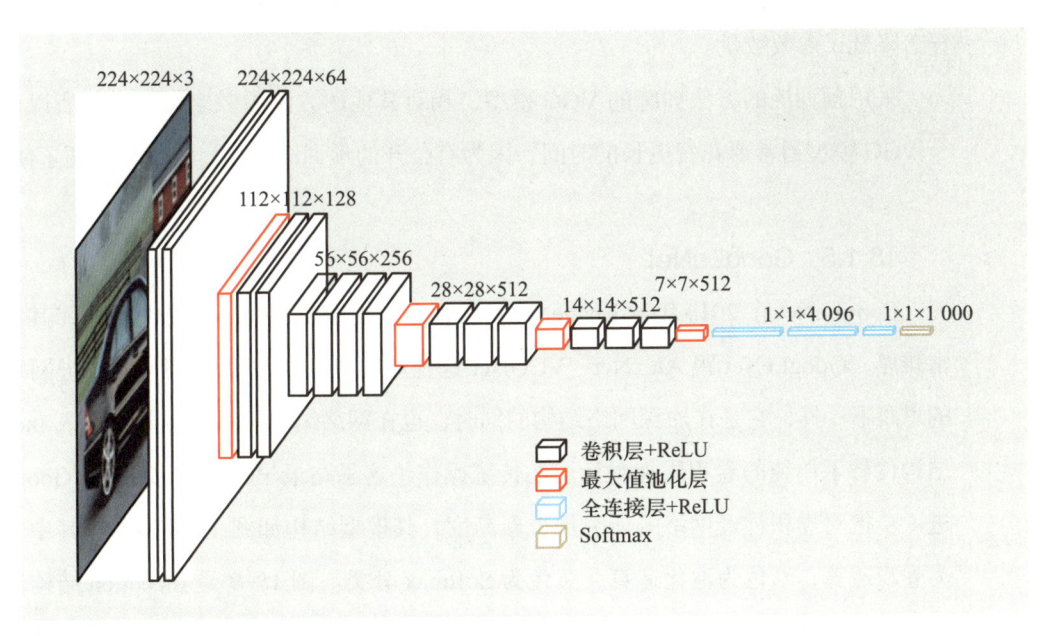

图 18-7　VGG16 模型结构图

VGG16 和 VGG19 中较常用的是 VGG16。

VGGNet 的卷积层有一个特点：特征图的空间分辨率单调递减，特征图的通道数单调递增，使得输入图像在维度上流畅地转换到分类向量。用通俗的语言讲，就是特征图尺寸单调递减，特征图数量单调递增。从图 18-7 来看，立体方块的宽和高逐渐减小，但是厚度逐渐增加。AlexNet 的通道数无此规律，VGGNet 后续的 GoogLeNet 和 ResNet 均遵循此维度变化的规律。

除此之外，VGG 的其他特点如下。

（1）选择采用 3×3 的卷积核，是因为 3×3 是最小的能够捕捉像素 8 邻域信息的尺寸。

（2）使用 1×1 的卷积核目的是在不影响输入输出维度的情况下，对输入进行形变，再通过 ReLU 进行非线性处理，提高决策函数的非线性。

（3）2 个 3×3 卷积堆叠等于 1 个 5×5 卷积，3 个 3×3 堆叠等于 1 个 7×7 卷积，感受野大小不变，而采用更多层、更小的卷积核可以引入更多非线性函数（更多的隐藏层），提高决策函数判决力，并且使参数更少。

（4）每个 VGG 网络都有 3 个全连接层，5 个池化层，1 个 Softmax 层。

（5）在全连接层中间采用 dropout 层，防止过拟合。

虽然 VGGNet 减少了卷积层参数，但实际上其参数空间比 AlexNet 大，其中绝大多数的参数都是来自第一个全连接层，会耗费更多计算资源。在随后的 NIN（Network in Network）中发现将这些全连接层替换为全局平均值池化层，对于性能影响不大，但是显著降低了参数数量。

采用预训练的方法训练的 VGG 模型，相对其他的方法参数空间很大，所以训练一个 VGG 模型通常要花费更长的时间，因为有公开的预训练模型，极大地方便了使用。

18.1.5 GoogLeNet

GoogLeNet 在 2014 年的 ImageNet 分类任务上击败了 VGGNet 夺得冠军，其实力非常雄厚，GoogLeNet 跟 AlexNet、VGGNet 这种单纯依靠加深网络结构来改进网络性能的思路不一样，它是在加深网络结构的同时，也在网络结构上做了创新，引入 Inception 结构代替了单纯的卷积层加激活层的传统操作（这思路最早由 NIN 提出）。GoogLeNet 进一步把对卷积神经网络的研究推上新高度，其模型结构如图 18-8 所示。其中，蓝色为卷积运算，红色为池化运算，黄色为 Softmax 分类。图 18-9 是 Inception 结构，该结构中的卷积步长都是 1。另外，为了保持特征响应图大小一致，都用了零填充。最后每个卷积层后面都立刻接了一个 ReLU 层。在输出前有"concatenate"层，直译为"并置"，即把 4 组不同类型但大小相同的特征响应图并排叠起来，形成新的特征响应图。Inception 结构的主要功能：①通过 3×3 的池化，以及 1×1、3×3 和 5×5 这三种不同尺度的卷积核，一共 4 种方式对输入的特征响应图做了特征提取。②降低计算量的同时，让信息通过更少的连接传递，以达到更加稀疏的特性，采用 1×1 卷积核来实现降维。

这里再详细谈谈 1×1 卷积核的作用，它究竟是如何实现降维的。具体运算如下：图 18-9（a）是 3×3 卷积核的卷积过程，图 18-9（b）是 1×1 卷积核的卷积过程。对于单通道输入，1×1 的卷积确实不能起到降维作用，但对于多通道输入，就不同了。假设有 256 个特征输入，256 个特征输出，同时假设 Inception 层只执行 3×3 的卷积。这意味着总共要进行 256×256×3×3 的卷积（589 824 次乘积累加运算）。这可能超出了计算预算，假设在 Google 服务器上运行该层需 0.5 毫秒。作为替代，我们决定减少需要进行卷积运算的特征的数量，例如减少到 64 个。在这种情况下，首先需进行 256 到 64 的 1×1 卷积，然后在所有 Inception 层的分支上进行 64 次卷积，接着再使用一个 64 到 256 的 1×1 卷积。

$$256 \times 64 \times 1 \times 1 = 16\ 384$$
$$64 \times 64 \times 3 \times 3 = 36\ 864$$
$$64 \times 256 \times 1 \times 1 = 16\ 384$$

现在的计算量大约是 70 000，相比之前的约 600 000，是原来的 1/10。

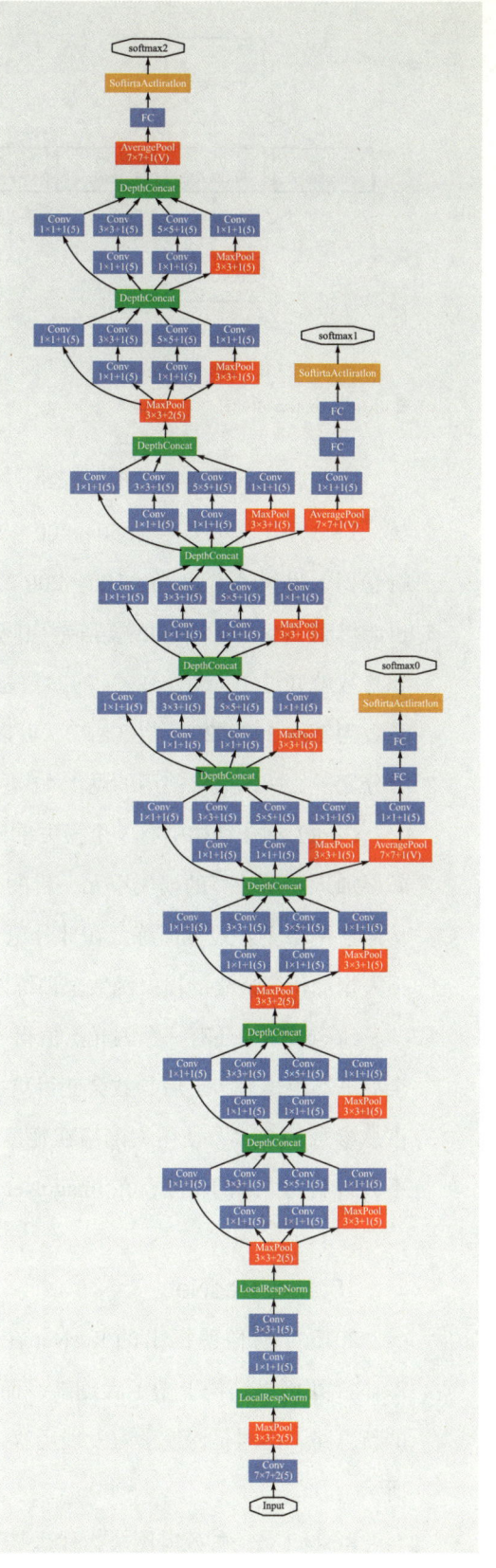

图 18-8 GoogLeNet 模型结构图

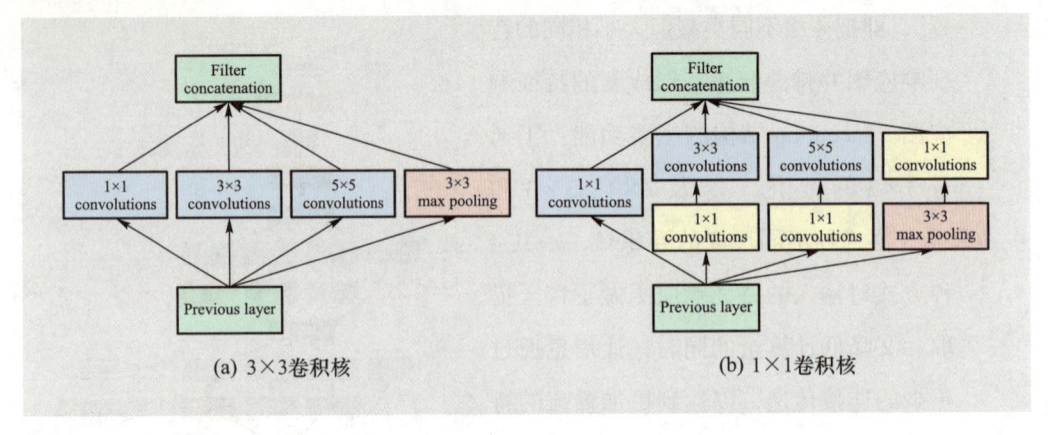

图 18-9 Inception 结构图

这就通过小卷积核实现了降维。现在再考虑一个问题：为什么一定要用 1×1 卷积核，3×3 不可以吗？考虑 50×200×200 的矩阵输入，可以使用 20 个 1×1 的卷积核进行卷积，得到输出为 20×200×200 的矩阵。有人问，如果用 20 个 3×3 的卷积核不是也能得到 20×200×200 的矩阵输出吗，为什么就使用 1×1 的卷积核？我们计算一下卷积参数就知道了，对于 1×1 的参数总数为 20×200×200×（1×1），对于 3×3 的参数总数为 20×200×200×（3×3），可以看出，使用 1×1 的参数总数仅为 3×3 的总数的九分之一，所以通常使用的是 1×1 卷积核。

GoogLeNet 结构中有 3 个损失单元，这样的网络设计是为了帮助网络的收敛。在中间层加入辅助计算的损失单元，目的是计算损失时让底层的特征也有很好地区分能力，从而让网络更好地被训练。在部分论文中，用这两个辅助损失单元乘以 0.3，和最后的损失相加作为最终的损失函数来训练网络。

GoogLeNet 还有一个闪光点值得一提，那就是将后面的全连接层全部替换为简单的全局平均值填充，最后参数会变得更少。而在 AlexNet 中最后 3 层的全连接层参数大约占总参数的 90%，使用大网络在宽度和深度方面允许 GoogLeNet 移除全连接层，但并不会影响到结果的精度，在 ImageNet 中可达到 93.3% 的精度，而且要比 VGG 快。

18.1.6 ResNet

2015 年何恺明推出的 ResNet 在 ISLVRC 和 COCO 上横扫所有选手，获得冠军。ResNet 在网络结构上做了大创新，而不再是简单的堆积层数，ResNet 在卷积神经网络的新思路，绝对是深度学习发展历程上里程碑式的事件。ResNet 的模型结构如图 18-10 所示。

ResNet 是一种残差网络。什么是残差呢？

若将输入设为 X，将某一有参网络层设为 H，那么以 X 为输入的此层的输出将为 $H(X)$。一般的卷积神经网络如 AlexNet，VGG 等会直接通过训练学习出参数函数 H 的表达，从而直接学习，即 $X \to H(X)$。而残差学习则是致力于使用多个有参网络层来学习输入、输出之间的残差即 $H(X)-X$，即学习 $X \to (H(X)-X)+X$。其中 X 这一部分为直接的恒等映射（identity mapping），而 $H(X)-X$ 则为有参网络层要学习的输入输出间的残差。

图 18-11 为残差学习这一思想的基本表示。

图 18-12 展示了两种形态的残差模块，左图是常规残差模块，由两个 3×3 卷积核组成，但是随着网络进一步加深，这种残差结构在实践中并不是十分有效。针对这个问题，右图的"瓶

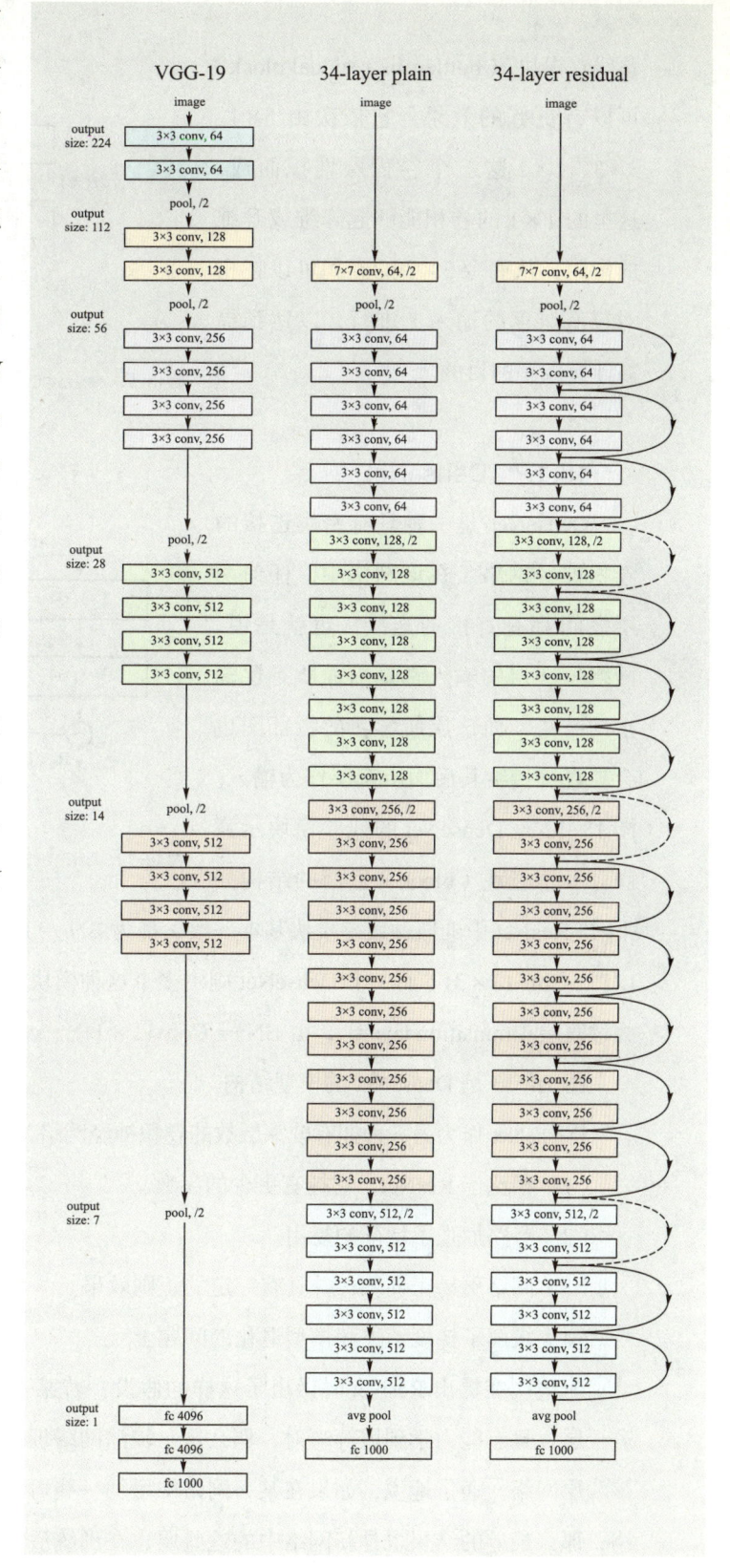

图 18-10 ResNet 模型结构图

颈残差模块"（bottleneck residual block）可以有更好的效果，它依次由 1×1、3×3、1×1 这三个卷积层堆积而成，这里的 1×1 的卷积能够起降维或升维的作用，从而令 3×3 的卷积可以在相对较低维度的输入上进行，以达到提高计算效率的目的。

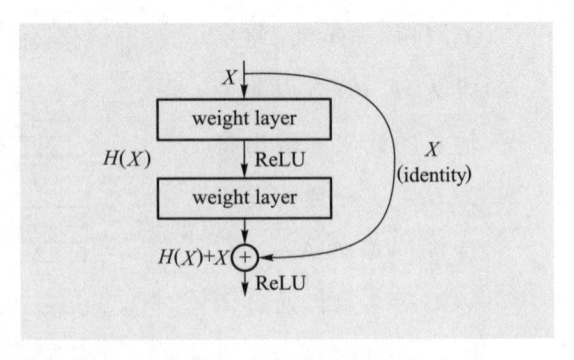

图 18-11　残差结构示意图

18.1.7　DenseNet

DenseNet 是一种具有密集连接的卷积神经网络。在该网络中，任何两层之间都有直接的连接，也就是说，网络每一层的输入都是前面所有层输出的并集，而该层所学习的特征图也会被直接传给其后面所有层作为输入。图 18-12 是 DenseNet 的残差模块示意图，一个模块（block）里面的结构如

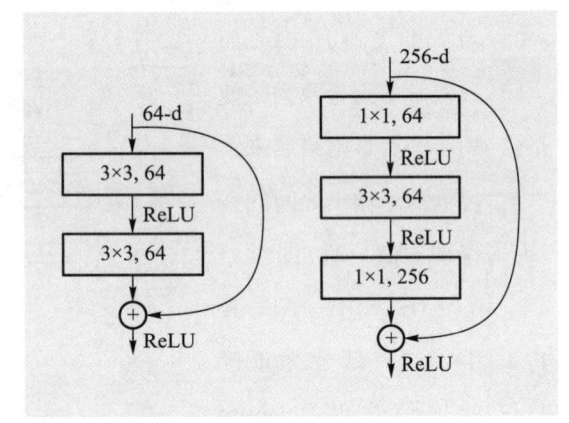

图 18-12　两种形态的残差模块

下（与 ResNet 中的瓶颈残差模块基本一致），都为 BN → ReLU → Conv(1×1) → BN → ReLU → Conv(3×3)，而一个 DenseNet 则由多个这种模块组成。每个残差模块的中间层称为过渡层（transition layers），由 BN → Conv(1×1) → averagePooling(2×2) 组成。

图 18-13 是 DenseNet 的模型结构。

DenseNet 作为另一种拥有较深层数的卷积神经网络，具有如下优点。

（1）相比于 ResNet，它拥有更少的参数。

（2）旁路加强了特征的复用。

（3）网络更易于训练，并具有一定的正则效果。

（4）缓解了梯度消失和模型退化的问题。

何恺明在提出 ResNet 时做出了这样的假设：若某一较深的网络比另一较浅网络多若干层，且有能力学到恒等映射，那么这一较深网络训练得到的模型性能一定不会弱于该浅层网络。通俗地说，如果在某一网络中增加一些可以学到恒等映射的层组成新的网络，那么最差的结果也是新网络中的这些层，在训练后成为恒等映射，而不会影响原网

络的性能。同样 DenseNet 在提出时也做过假设，与其多次学习冗余的特征，特征复用是一种更好的特征提取方式。

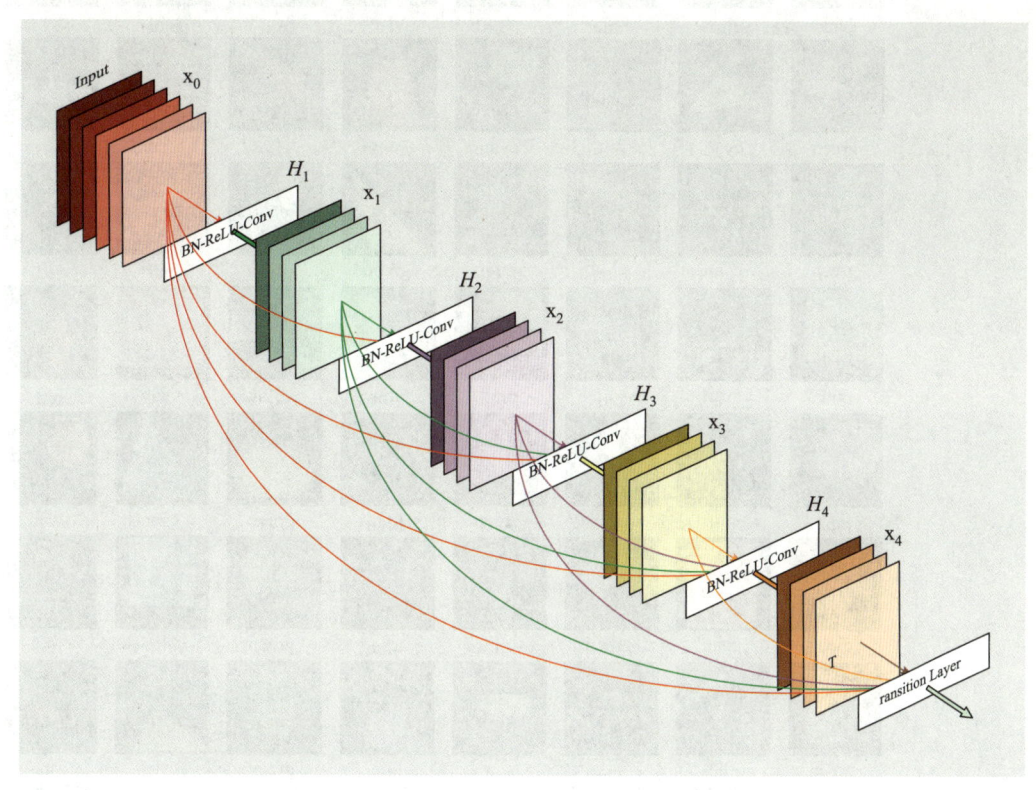

图 18-13 DenseNet 模型结构

18.2 实现颜色分类

18.2.1 提出问题

大家知道卷积神经网络可以在图像分类上发挥作用，而一般的图像都是彩色的，也就是说卷积神经网络应该是可以判别颜色的。这一节中我们来测试一下颜色分类问题。不管几何图形，只针对颜色进行分类。样本数据如图 18-14 所示。

在样本数据中，一共有 6 种颜色，分别是红色（red）、绿色（green）、蓝色（blue）、青色（蓝+绿）（cyan）、黄色（红+绿）（yellow），以及粉色（红+蓝）（pink）。而这 6 种颜色是分布在 5 种形状上，分别为圆形、菱形、直线、矩形和三角形。

神经网络能否排除形状的干扰，而单独把颜色区分开？

图 18-14 颜色分类样本数据

18.2.2 用前馈神经网络解决问题

1. 数据处理

由于输入图片是三通道的彩色图片,先把它转换成灰度图,代码如下。

```
class GeometryDataReader(DataReader_2_0):
    def ConvertToGray(self,data):
        (N,C,H,W) = data.shape
        new_data = np.empty((N,H*W))
        if C == 3: # color
```

```
            for i in range(N):
                new_data[i] = np.dot(
                    [0.299,0.587,0.114],
                    data[i].reshape(3,-1)).reshape(1,784)
        elif C == 1: # gray
            new_data[i] = data[i,0].reshape(1,784)
        #end if
        return new_data
```

向量 [0.299,0.587,0.114] 的作用是，把三通道的彩色图片的 RGB 值与此向量相乘，得到灰度图，三个因子相加等于 1，这样如果原来是 [255,255,255] 的话，最后的灰度图的值还是 255。如果是 [255,255,0] 的话，最后的结果是：

$$\begin{aligned} Y &= 0.299 \cdot R + 0.586 \cdot G + 0.114 \cdot B \\ &= 0.299 \cdot 255 + 0.586 \cdot 255 + 0.114 \cdot 0 \\ &= 225.675 \end{aligned} \quad (18.2.1)$$

也就是说粉色的数值本来是 (255,255,0)，变成了单一的值 225.675。六种颜色中的每一种都会有不同的值，所以即使是在灰度图中，也会保留部分颜色信息，当然会丢失一些信息。这从公式（18.2.1）中很容易看出来，假设 B=0，不同组合的 R、G 的值有可能得到相同的最终结果，因此会丢失彩色信息。在转换成灰度图后，立刻用 reshape(1,784) 把它转变成矢量，该矢量就是每个样本的 784 维的特征值。

2. 搭建模型

搭建前馈神经网络模型的代码如下。

```
def dnn_model():
    num_output = 6
    max_epoch = 100
    batch_size = 16
    learning_rate = 0.01
    params = HyperParameters_4_2(
        learning_rate,max_epoch,batch_size,
        net_type=NetType.MultipleClassifier,
        init_method=InitialMethod.MSRA,
        optimizer_name=OptimizerName.SGD)
```

```
    net = NeuralNet_4_2(params,"color_dnn")

    f1 = FcLayer_2_0(784,128,params)
    net.add_layer(f1,"f1")
    r1 = ActivationLayer(Relu())
    net.add_layer(r1,"relu1")

    f2 = FcLayer_2_0(f1.output_size,64,params)
    net.add_layer(f2,"f2")
    r2 = ActivationLayer(Relu())
    net.add_layer(r2,"relu2")

    f3 = FcLayer_2_0(f2.output_size,num_output,params)
    net.add_layer(f3,"f3")
    s3 = ClassificationLayer(Softmax())
    net.add_layer(s3,"s3")

    return net
```

这就是一个普通的 3 层网络，2 个隐藏层，神经元数量分别是 128 和 64，1 个输出层，最后接一个 6 分类 Softmax 层。

3. 运行结果

训练 100 个 epoch 后，得到如图 18-15 所示的损失函数图。从损失函数曲线可以看到，此网络已经有轻微的过拟合了，如果重复多次运行训练过程，会得到 75% 到 85% 之间的准确率，并不是非常稳定，但偏差也不会太大。这与样本的噪声有很大关系，例如一条很细的红色直线，可能会给训练带来一些不确定因素。

输出测试结果如下。

```
epoch=99,total_iteration=28199
loss_train=0.005832,accuracy_train=1.000000
loss_valid=0.593325,accuracy_valid=0.804000
```

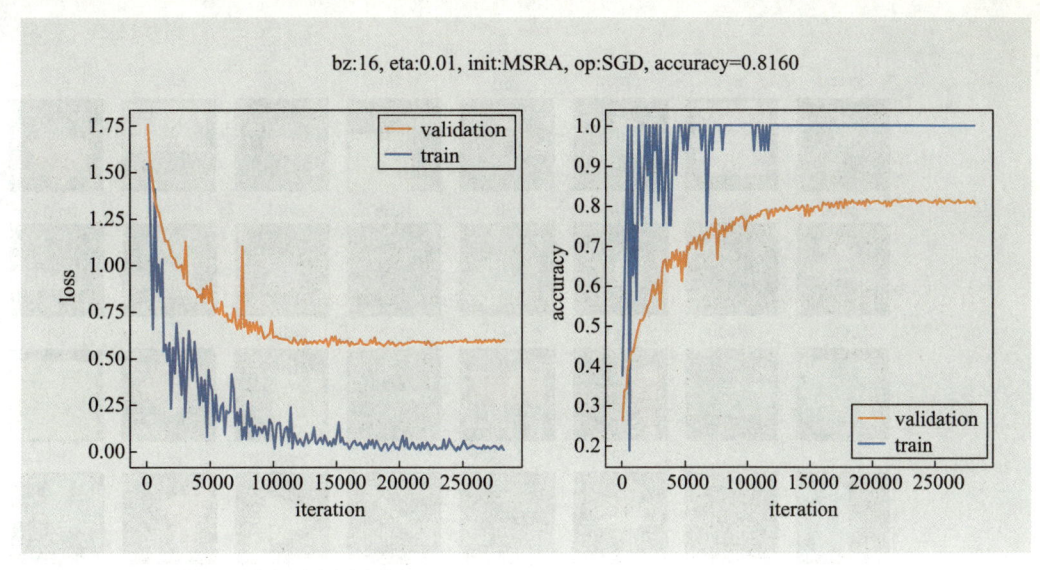

图 18-15 训练过程中的损失函数值和准确率变化曲线

```
save parameters
time used: 30.822062015533447
testing...
0.816
```

如图 18-16 所示的可视化结果，一共 64 张图，是测试集中 1 000 个样本的前 64 个样本，每张图上方的标签是预测的结果。可以看到有很多直线的颜色被识别错了，例如最后一行的第 1、3、5、6 列，颜色错误。另外有一些大色块也没有识别对，例如第 3 行最后一列和第 4 行的首尾，都是大色块识别错误。也就是说，对两类形状上的颜色判断不准：很细的线和很大的色块。原因分析如下。

（1）针对细直线，由于带颜色的像素点数量非常少，被拆成向量后，这些像素点就会在 1×784 的矢量中彼此相距很远，特征不明显，很容易被判别成噪声。

（2）针对大色块，由于带颜色的像素点数量非常多，即使被拆成向量，也会占据很大的部分，这样特征点与背景点的比例失衡，导致无法判断出到底哪个是特征点。

以上两点也是前馈神经网络在训练上不稳定，以及最后准确率不高的主要原因。

有兴趣的读者也可以保留输入样本的三个彩色通道信息，把一个样本数据变成 1×3×784=2 352 维向量进行试验，看看是否可以提高准确率。

图 18-16 可视化结果

18.2.3 用卷积神经网络解决问题

下面我们看看卷积神经网络的表现。直接使用三通道的彩色图片，不需要再做数据转换了。

1. 搭建模型

```
def cnn_model():
    num_output = 6
    max_epoch = 20
    batch_size = 16
```

```
        learning_rate = 0.1
        params = HyperParameters_4_2(
            learning_rate,max_epoch,batch_size,
            net_type=NetType.MultipleClassifier,
            init_method=InitialMethod.MSRA,
            optimizer_name=OptimizerName.SGD)

        net = NeuralNet_4_2(params,"color_conv")
        
        c1 = ConvLayer((3,28,28),(2,1,1),(1,0),params)
        net.add_layer(c1,"c1")
        r1 = ActivationLayer(Relu())
        net.add_layer(r1,"relu1")
        p1 = PoolingLayer(c1.output_shape,(2,2),2,
PoolingTypes.MAX)
        net.add_layer(p1,"p1")

        c2 = ConvLayer(p1.output_shape,(3,3,3),
(1,0),params)
        net.add_layer(c2,"c2")
        r2 = ActivationLayer(Relu())
        net.add_layer(r2,"relu2")
        p2 = PoolingLayer(c2.output_shape,(2,2),2,
PoolingTypes.MAX)
        net.add_layer(p2,"p2")

        params.learning_rate = 0.1

        f3 = FcLayer_2_0(p2.output_size,32,params)
        net.add_layer(f3,"f3")
        bn3 = BnLayer(f3.output_size)
        net.add_layer(bn3,"bn3")
```

```
        r3 = ActivationLayer(Relu())
        net.add_layer(r3,"relu3")

        f4 = FcLayer_2_0(f3.output_size,num_output,
 params)
        net.add_layer(f4,"f4")
        s4 = ClassificationLayer(Softmax())
        net.add_layer(s4,"s4")

        return net
```

表18-1展示了在这个模型中各层的参数。

表18-1 模型中各层的参数

ID	类型	参数	输入尺寸	输出尺寸
1	卷积	2×1×1,S=1	3×28×28	2×28×28
2	激活	ReLU	2×28×28	2×28×28
3	池化	2×2,S=2,Max	2×28×28	2×14×14
4	卷积	3×3×3,S=1	2×14×14	3×12×12
5	激活	ReLU	3×12×12	3×12×12
6	池化	2×2,S=2,Max	3×12×12	3×6×6
7	全连接	32	108	32
8	归一化	无	32	32
9	激活	ReLU	32	32
10	全连接	6	32	6
11	分类	Softmax	6	6

为什么第一梯队的卷积用2个卷积核，而第二梯队的卷积核用3个呢？只是经过调参试验的结果，是最小的配置。如果使用更多的卷积核当然可以完成问题，但是如果使用更少的卷积核，网络能力就不够了，不能收敛。

2. 运行结果

经过20个epoch的训练后，得到的结果如图18-17。

输出最后几行结果如下。

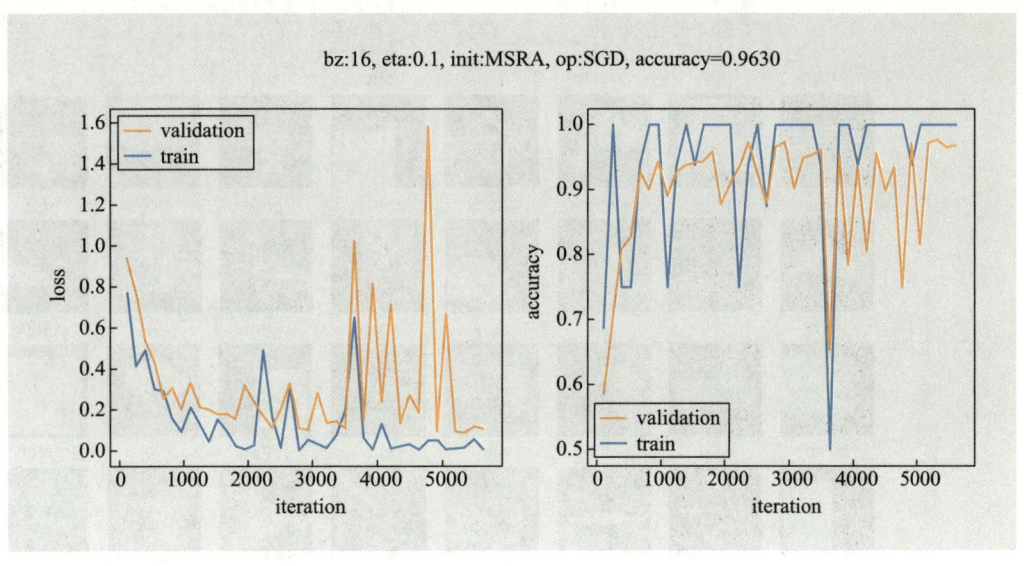

图 18-17 训练过程中的损失函数值和准确率变化曲线

```
epoch=19,total_iteration=5639
loss_train=0.005293,accuracy_train=1.000000
loss_valid=0.106723,accuracy_valid=0.968000
save parameters
time used: 17.295073986053467
testing...
0.963
```

可以看到我们在测试集上得到了 96.3% 的准确率，比前馈神经网络模型要高出很多，这也证明了卷积神经网络在图像识别上的能力。图 18-18 是测试集中前 64 个测试样本的预测结果。

在这一批的样本中，只有左下角的一个绿色直线被预测成蓝色了，其他的没发生错误。

18.2.4　1×1卷积核

在 GoogLeNet 的 Inception 结构中，有 1×1 卷积核。在本例中，为了识别颜色，也使用 1×1 卷积核来完成颜色分类的任务。下面以三通道的数据举例，其卷积核的工作原理如图 18-19 所示。

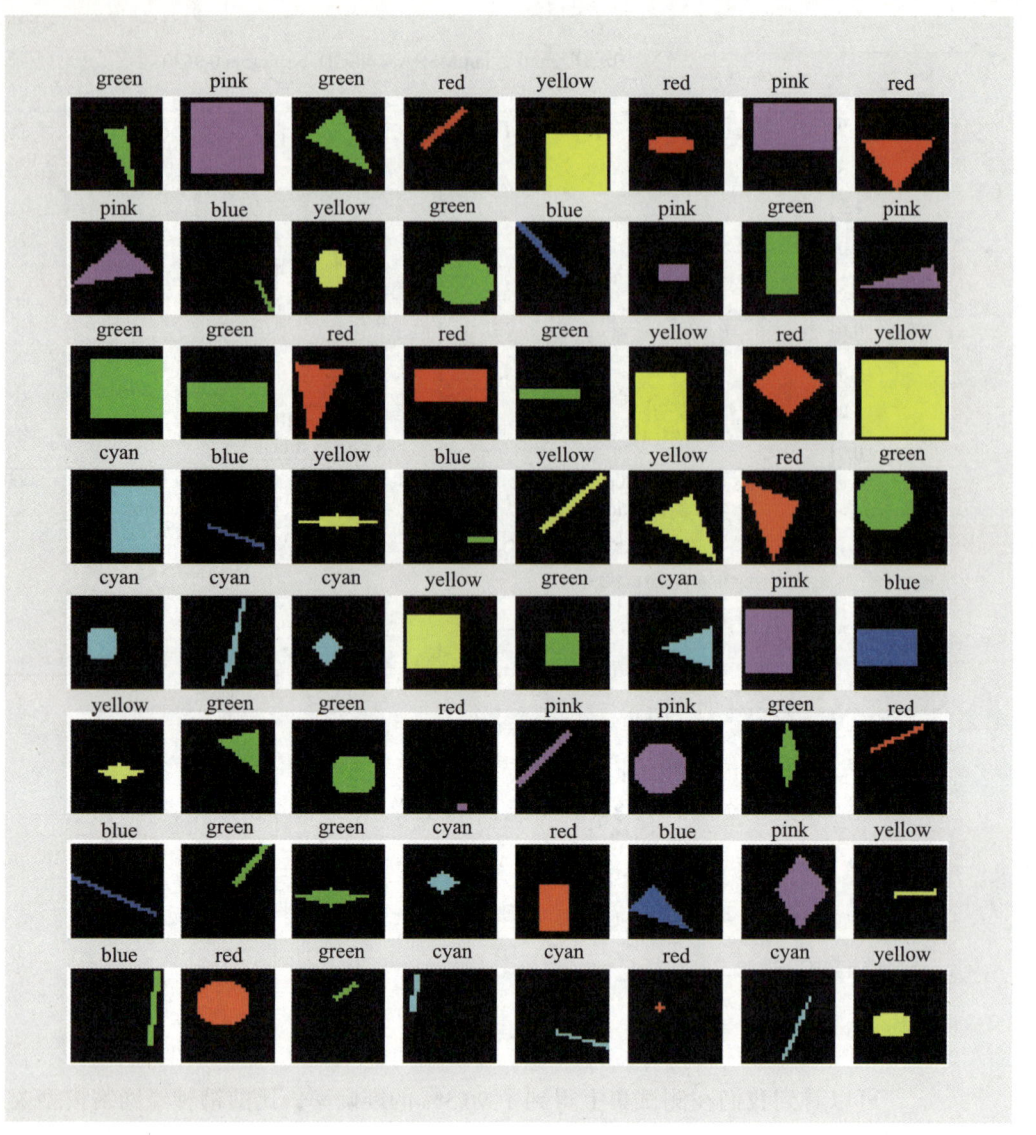

图 18-18 测试结果

假设有一个三通道的 1×1 卷积核，其值为 [1,2,–1]，则相当于把每个通道的同一位置的像素值乘以卷积核，然后把结果相加，作为输出通道的同一位置的像素值。以左上角的像素点为例：

$$1\times1+1\times2+1\times(-1)=2$$

相当于把上图拆开成 9 个样本，具体如下。

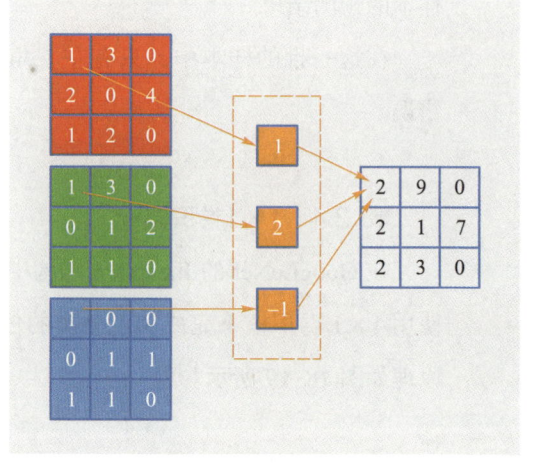

图 18-19 1×1 卷积核的工作原理

```
[1,1,1]  # 左上角点
[3,3,0]  # 中上点
[0,0,0]  # 右上角点
[2,0,0]  # 左中点
[0,1,1]  # 中点
[4,2,1]  # 右中点
[1,1,1]  # 左下角点
[2,1,1]  # 下中点
[0,0,0]  # 右下角点
```

上述值排成一个 9 行 3 列的矩阵，然后与一个 3 行 1 列的向量 [1, 2, −1]^T 相乘，得到 9 行 1 列的向量，然后再转换成 3×3 的矩阵。当然在实际过程中，这个 1×1 卷积核的数值是学习出来的，而不是人为指定的。

这样做可以达到两个目的：一是跨通道信息整合，二是降维以减少学习参数。所以 1×1 卷积核关注的是不同通道的相同位置的像素之间的相关性，而不是同一通道内的像素的相关性。在本例中，意味着它关心的彩色通道信息。通过不同的卷积核，把彩色通道信息转变成另外一种表达方式，在保留原始信息的同时，还实现了降维。

第一层卷积如果使用 3 个卷积核，输出尺寸是 3×28×28，和输入尺寸一样，达不到降维的作用。所以，一般情况下，会使用小于输入通道数的卷积核数量，例如输入通道为 3，则使用 2 个或 1 个卷积核。在图 18-19 中，如果使用 2 个卷积核，则输出两张 9×9 的特征图，这样才能达到降维的目的。如果想升维，那么使用 4 个以上的卷积核就可以了。

18.2.5 颜色分类的可视化解释

如图 18-20 所示，第一行是原始彩色图片，三通道 28×28，特意挑选出图片都是矩形的 6 种颜色。第二行是第一卷积组合梯队的第 1 个 1×1 的卷积核在原始图片上的卷积结果。由于是 1×1 的卷积核，相当于用 3 个数分别乘以三通道的颜色值所得到的和，只要最后的值不一样即可。因为对于神经网络来说，没有颜色这个概念，只有数值。从人的角度来看，6 张图的前景颜色是不同的（因为原始图的前景色是 6 种不同颜色）。第三行是第一卷积组合梯队的第 2 个 1×1 的卷积核在原始图片上的卷积结果。与 2 相似，只不过 3 个浮点数的数值不同而已，也是得到 6 张前景色不同的图。第四行是第二卷积组合梯队的三个卷积核的卷积结果图，把三个特征图当作 RGB 通道生成的彩色图。单独看三个特征图的话，人类是无法理解的，所以我们把三个通道变成假的彩色图，仍然可以做到 6 个样本不同色，但是出现了一些边框，可以认为是卷积层从颜色上抽取出的"特征"，也就是说卷积网络"看"到了我们人类不能理解的东西。第五行是第二卷积组合梯队的激活函数结果，和原始图片相差很大。

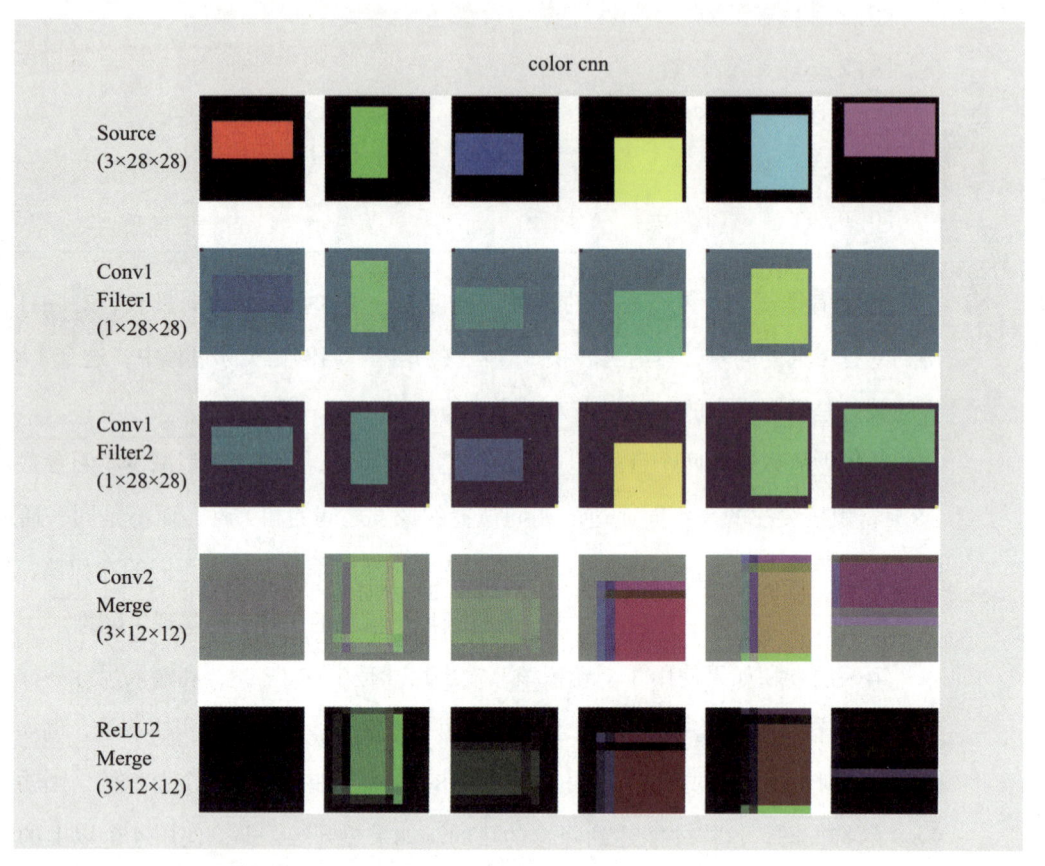

图 18-20　颜色分类问题的可视化解释

如果用人类的视觉神经系统做类比，两个 1×1 的卷积核可以理解为两只眼睛视网膜上的视觉神经细胞，把彩色信息转变成神经电信号传入大脑的过程。最后由全连接层分类，相当于大脑中的视觉知识体系。

回到神经网络的问题上，只要 ReLU 的输出结果中仍然含有"颜色"信息（用假彩色图可以证明这一点），并且针对原始图像中的不同颜色，会生成不同的假彩色图，最后的全连接网络就可以有分辨的能力。举例来说，从图 18-20 看，第一行的红色到了第五行变成了黑色，绿色变成了淡绿色等，是一一对应的关系。如果红色和绿色都变成了黑色，那么将分辨不出来。

代码位置

ch18，Level1

思考与练习

1. 从彩色图转换成灰度图会损失一些信息，有可能会导致 DNN 准确率不高。请尝试用 2 352(=784×3) 的矢量作为样本特征值，送入 DNN 进行训练。

2. 从结果上看细线和大色块对 DNN 的影响较大，请尝试去掉细线样本，看看 DNN 的准确率是否可以提高。

3. 读者可以尝试使用 4 个以上的 1×1 卷积核，看看是否能提高准确率。

4. 读者可以尝试不使用第二层卷积，看看是否能完成任务。

18.3 实现几何图形分类

18.3.1 提出问题

有一种儿童玩具，在一个平板上面有三种形状的洞：圆形、三角形、正方形，让小朋友们拿着这三种形状的积木从对应的洞中穿过平板就算成功。如果形状不对是穿不过去的，例如一个圆形的积木无法穿过一个方形的洞。这就要求儿童先学会识别几何形状，学会匹配，然后手眼脑配合才能成功。人工智能现在还是初期阶段，它能否达到 3 岁儿童的能力？先看一下图 18-21 所示的样本数据，一共有 5 种形状：圆形、菱形、直线、矩形、三角形。图中列出了一些样本，由于图片尺寸是 28×28 的灰度图，所以在放大显示后可以看到很多锯齿，读者可以忽略。需要强调的是，每种形状的尺寸和位置在每个样本上都是有差异的，它们的大小和位置都是随机的，例如圆形的圆心位置和半径都是不一样的，还有可能是个椭圆。

其实二维几何形状识别是一个经典的话题了，如果不用神经网络的话，用一些传统的算法已经实现了，有兴趣的读者可以查询相关的知识，比如 OpenCV 中就提供了一套方法。

18.3.2 用前馈神经网络解决问题

先用前面学过的全连接网络来解决这个问题，搭建一个三层的网络，代码如下。

```
def dnn_model():
```

图 18-21 样本数据

```
num_output = 5
max_epoch = 50
batch_size = 16
learning_rate = 0.1
params = HyperParameters_4_2(
    learning_rate,max_epoch,batch_size,
    net_type=NetType.MultipleClassifier,
    init_method=InitialMethod.MSRA,
    optimizer_name=OptimizerName.SGD)
net = NeuralNet_4_2(params,"pic_dnn")
```

```
    f1 = FcLayer_2_0(784,128,params)
    net.add_layer(f1,"f1")
    r1 = ActivationLayer(Relu())
    net.add_layer(r1,"relu1")

    f2 = FcLayer_2_0(f1.output_size,64,params)
    net.add_layer(f2,"f2")
    r2 = ActivationLayer(Relu())
    net.add_layer(r2,"relu2")

    f3 = FcLayer_2_0(f2.output_size,num_output,params)
    net.add_layer(f3,"f3")
    s3 = ClassificationLayer(Softmax())
    net.add_layer(s3,"s3")

    return net
```

样本数据为 28×28 的灰度图,所以要把它展开成 1×784 的向量,第一层用 128 个神经元,第二层用 64 个神经元,输出层 5 个神经元接 Softmax 分类函数。最后可以得到训练结果如图 18-22 所示。

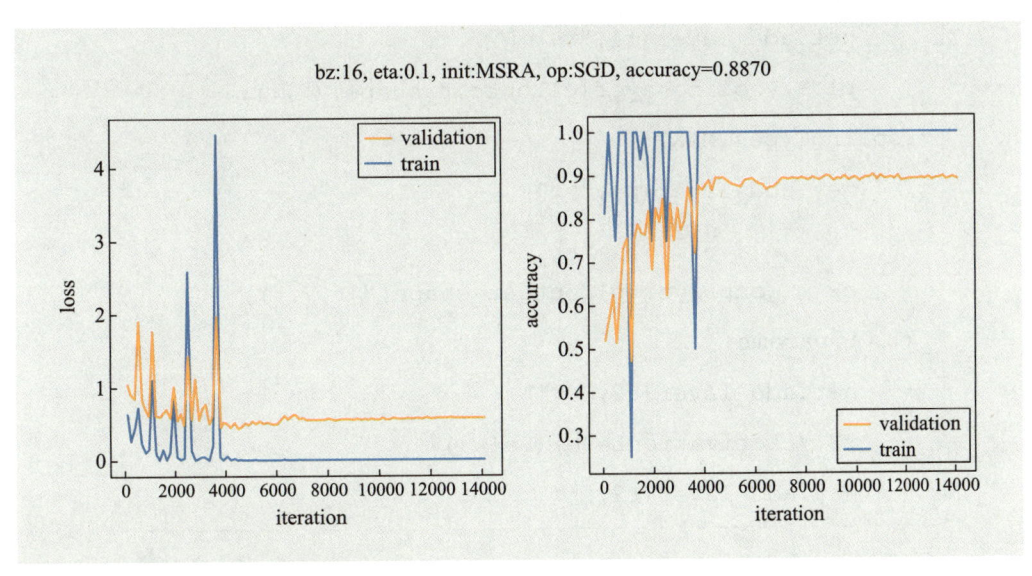

图 18-22　训练过程中损失函数值和准确率的变化

在测试集上得到的准确率是 88.7%，有兴趣的读者可以再精调一下这个前馈神经网络，看看是否可以得到更高的准确率。

18.3.3 用卷积神经网络解决问题

1. 搭建模型

```
def cnn_model():
    num_output = 5
    max_epoch = 50
    batch_size = 16
    learning_rate = 0.1
    params = HyperParameters_4_2(
        learning_rate,max_epoch,batch_size,
        net_type=NetType.MultipleClassifier,
        init_method=InitialMethod.MSRA,
        optimizer_name=OptimizerName.SGD)

    net = NeuralNet_4_2(params,"shape_cnn")

    c1 = ConvLayer((1,28,28),(8,3,3),(1,1),params)
    net.add_layer(c1,"c1")
    r1 = ActivationLayer(Relu())
    net.add_layer(r1,"relu1")
    p1 = PoolingLayer(c1.output_shape,(2,2),2,PoolingTypes.MAX)
    net.add_layer(p1,"p1")
    
    c2 = ConvLayer(p1.output_shape,(16,3,3),(1,0),params)
    net.add_layer(c2,"c2")
    r2 = ActivationLayer(Relu())
    net.add_layer(r2,"relu2")
```

```
            p2 = PoolingLayer(c2.output_shape,(2,2),2,PoolingTypes.MAX)
            net.add_layer(p2,"p2")


            params.learning_rate = 0.1


            f3 = FcLayer_2_0(p2.output_size,32,params)
            net.add_layer(f3,"f3")
            bn3 = BnLayer(f3.output_size)
            net.add_layer(bn3,"bn3")
            r3 = ActivationLayer(Relu())
            net.add_layer(r3,"relu3")


            f4 = FcLayer_2_0(f3.output_size,num_output,params)
            net.add_layer(f4,"f4")
            s4 = ClassificationLayer(Softmax())
            net.add_layer(s4,"s4")


            return net
```

表 18-2 展示了模型中各层的参数。

表 18-2 模型中各层的参数

ID	类型	参数	输入尺寸	输出尺寸
1	卷积	8×3×3,S=1,P=1	1×28×28	8×28×28
2	激活	ReLU	8×28×28	8×28×28
3	池化	2×2,S=2,Max	8×28×28	8×14×14
4	卷积	16×3×3,S=1	8×14×14	16×12×12
5	激活	ReLU	16×12×12	16×12×12
6	池化	2×2,S=2,Max	16×6×6	16×6×6
7	全连接	32	576	32
8	归一化	无	32	32
9	激活	ReLU	32	32
10	全连接	5	32	5
11	分类	Softmax	5	5

2. 运行结果

经过 50 个 epoch 的训练后,我们得到的结果如图 18-23。

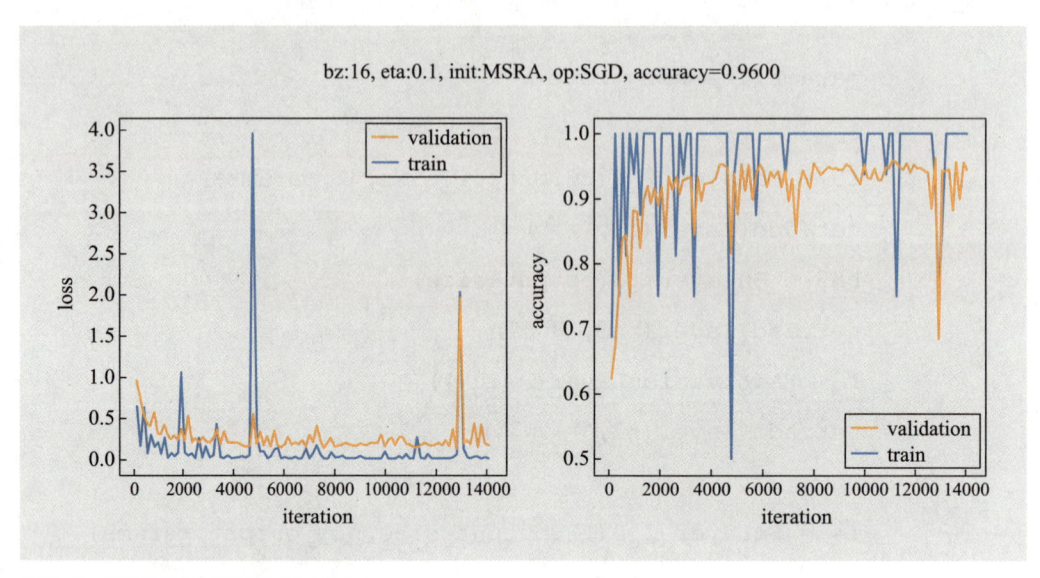

图 18-23 训练过程中损失函数值和准确率的变化

输出最后几行结果如下。

```
epoch=49,total_iteration=14099
loss_train=0.002093,accuracy_train=1.000000
loss_valid=0.163053,accuracy_valid=0.944000
time used: 259.32207012176514
testing...
0.935
load parameters
0.96
```

可以看到我们在测试集上得到了 96% 的准确率,比前馈神经网络模型要高出很多,这也证明了卷积神经网络在图像识别上的能力。

图 18-24 是部分测试集中测试样本的预测结果。绝大部分样本预测是正确的,只有最后一个样本,应该是一个很扁的三角形,被预测成了菱形。

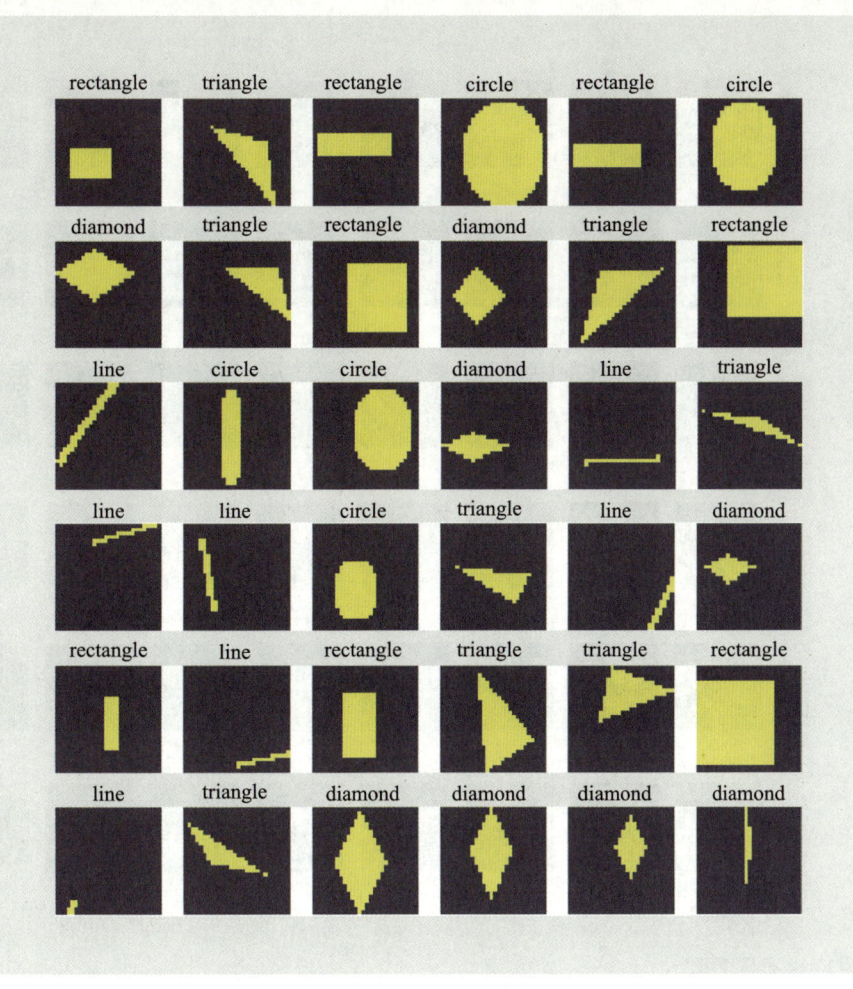

图 18-24 测试结果

18.3.4 形状分类可视化解释

参看图 18-25，表 18-3 解释了 8 个卷积核的作用。表 18-3 中，左侧为卷积核的作用，右侧为某个特征对于 5 种形状的判别力度，0 表示该特征无法找到，1 表示可以找到该特征。

（1）卷积核 1 的作用为判断是否有左侧边缘，那么第一行的数据为 [0,1,0,1,1]，表示对直线和菱形来说，没有左侧边缘特征，而对于三角形、矩形、圆形来说，有左侧边缘特征。这样的话，就可以根据这个特征把 5 种形状分为两类。

- A 类有左侧边缘特征：三角形、矩形、圆形。
- B 类无左侧边缘特征：直线、菱形。

（2）卷积核 2 是判断是否有大色块区域的，只有直线没有该特征，其他 4 种形状都有。那么看第 1 个特征的 B 类种，包括直线、菱形，则第 2 个特征就可以把直线和菱形分开了。

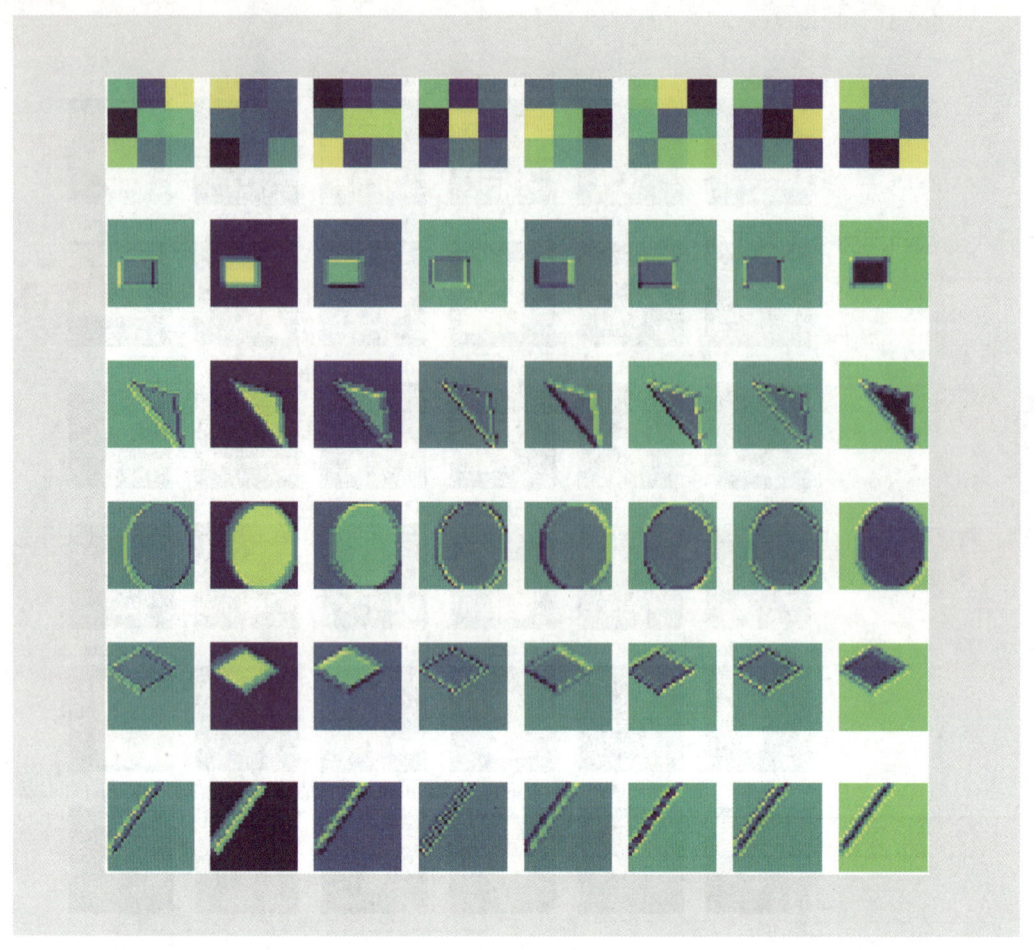

图 18-25 可视化解释

表 18-3 8 个卷积核的作用

卷积核序号	作用	直线	三角形	菱形	矩形	圆形
1	左侧边缘	0	1	0	1	1
2	大色块区域	0	1	1	1	1
3	左上侧边缘	0	1	1	0	1
4	45 度短边	1	1	1	0	1
5	右侧边缘、上横边	0	0	0	1	1
6	左上、右上、右下	0	1	1	0	1
7	左边框和右下角	0	0	0	1	1
8	左上和右下，及背景	0	0	1	0	1

（3）若只关注 A 类形状，看卷积核 3，判断是否有左上侧边缘，对于三角形、矩形、圆形的取值为 [1,0,1]，即矩形没有左上侧边缘，这样就可以把矩形从 A 类中分出来。

（4）对于三角形和圆形，卷积核 5、7、8 都可以给出不同的值，这就可以把二者分开了。

当然，神经网络可能不是按照我们分析的顺序来判定形状的，这只是其中的一种解释路径，还可以有很多其他路径的组合，但最终都能够把 5 种形状分开来。

代码位置

ch18，Level2

思考与练习

1. 本章使用了 3×3 的卷积核，如果用 5×5 的卷积核，但是在其他参数不变的情况下，其效果会不会更好？

2. 可以建立一个数据集，只包括圆形、椭圆、正方形、矩形四种形状，看看卷积神经网络是否能分辨出来。

> **知识拓展**：实现几何图形及颜色分类

18.4 解决MNIST分类问题

18.4.1 模型搭建

在 12.2 节中，用了一个三层的神经网络解决 MNIST 问题，并得到了 97.49% 的准确率。使用的模型如图 12-2 所示。

这一节中，将学习如何使用卷积网络来解决 MNIST 问题。首先搭建模型如图 18-26。

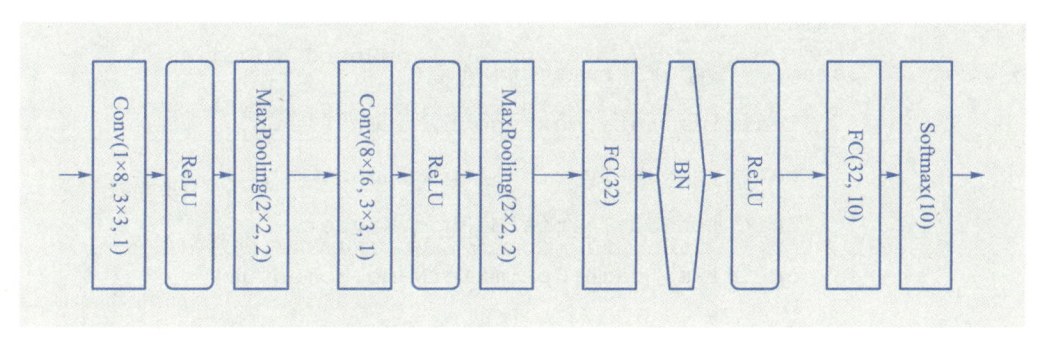

图 18-26 卷积神经网络模型解决 MNIST 问题

表 18-4 展示了模型中各层的功能和参数。

表 18-4 模型中各层的功能和参数

Layer	参数	输入	输出	参数个数
卷积层	8×5×5,s=1	1×28×28	8×24×24	200+8
激活层	2×2,s=2,max	8×24×24	8×24×24	
池化层	ReLU	8×24×24	8×12×12	
卷积层	16×5×5,s=1	8×12×12	16×8×8	400+16
激活层	ReLU	16×8×8	16×8×8	
池化层	2×2,s=2,max	16×8×8	16×4×4	
全连接层	256×32	256	32	8192+32
批归一化层	无	32	32	
激活层	ReLU	32	32	
全连接层	32×10	32	10	320+10
分类层	Softmax,10	10	10	

卷积核的大小如何选取？大部分卷积神经网络都会用 1、3、5、7 的方式递增，还要注意在做池化时，应该尽量让输入的矩阵尺寸是偶数，如果不是的话，应该在上一层卷积层加填充层，使得卷积的输出矩阵的宽和高为偶数。

18.4.2 代码实现

```python
def model():
    num_output = 10
    dataReader = LoadData(num_output)

    max_epoch = 5
    batch_size = 128
    learning_rate = 0.1
    params = HyperParameters_4_2(
        learning_rate,max_epoch,batch_size,
        net_type=NetType.MultipleClassifier,
        init_method=InitialMethod.Xavier,
        optimizer_name=OptimizerName.Momentum)

    net = NeuralNet_4_2(params,"mnist_conv_test")
```

```
    c1 = ConvLayer((1,28,28),(8,5,5),(1,0),params)
    net.add_layer(c1,"c1")
    r1 = ActivationLayer(Relu())
    net.add_layer(r1,"relu1")
    p1 = PoolingLayer(c1.output_shape,(2,2),2,
PoolingTypes.MAX)
    net.add_layer(p1,"p1")

    c2 = ConvLayer(p1.output_shape,(16,5,5),
(1,0),params)
    net.add_layer(c2,"23")
    r2 = ActivationLayer(Relu())
    net.add_layer(r2,"relu2")
    p2 = PoolingLayer(c2.output_shape,(2,2),2,
PoolingTypes.MAX)
    net.add_layer(p2,"p2")

    f3 = FcLayer_2_0(p2.output_size,32,params)
    net.add_layer(f3,"f3")
    bn3 = BnLayer(f3.output_size)
    net.add_layer(bn3,"bn3")
    r3 = ActivationLayer(Relu())
    net.add_layer(r3,"relu3")

    f4 = FcLayer_2_0(f3.output_size,10,params)
    net.add_layer(f4,"f2")
    s4 = ClassificationLayer(Softmax())
    net.add_layer(s4,"s4")

    net.train(dataReader,checkpoint=0.05,need_test=True)
    net.ShowLossHistory(XCoordinate.Iteration)
```

18.4.3 运行结果

训练 5 个 epoch 后的损失函数值和准确率的历史记录曲线如图 18-27。

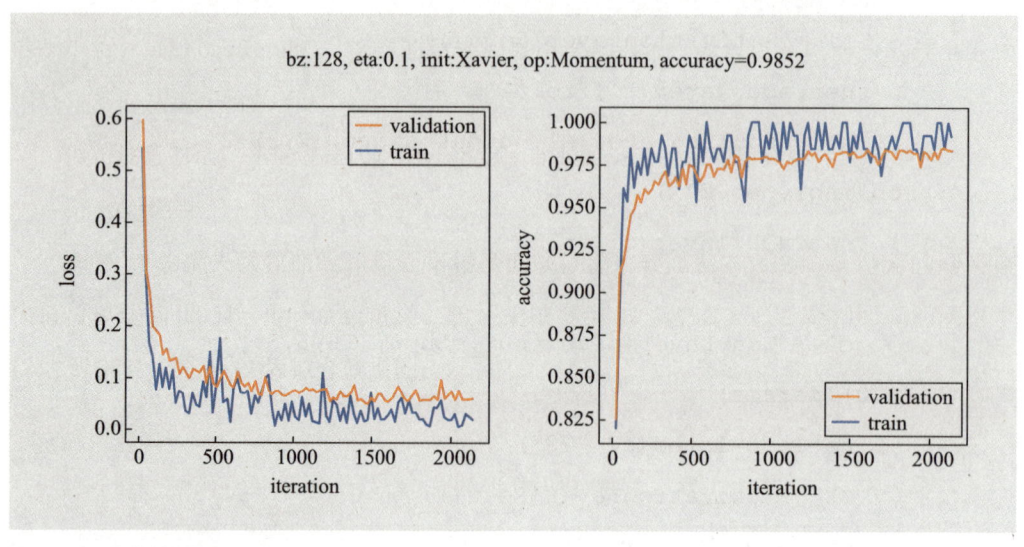

图 18-27 训练过程中损失函数值和准确率的变化

输出结果如下。

```
epoch=4,total_iteration=2133
loss_train=0.054449,accuracy_train=0.984375
loss_valid=0.060550,accuracy_valid=0.982000
save parameters
time used: 513.3446323871613
testing...
0.9865
```

最后可以得到 98.65% 的准确率，比全连接网络要高 1 个百分点。如果想进一步提高准确率，可以尝试增加卷积层的能力，例如使用更多的卷积核来提取更多的特征。

18.4.4 可视化

1. 第一组卷积可视化

图 18-28 是按行显示了第一组卷积可视化的结果，分别是卷积核数值、卷积核抽象、卷积结果、激活结果以及池化结果。

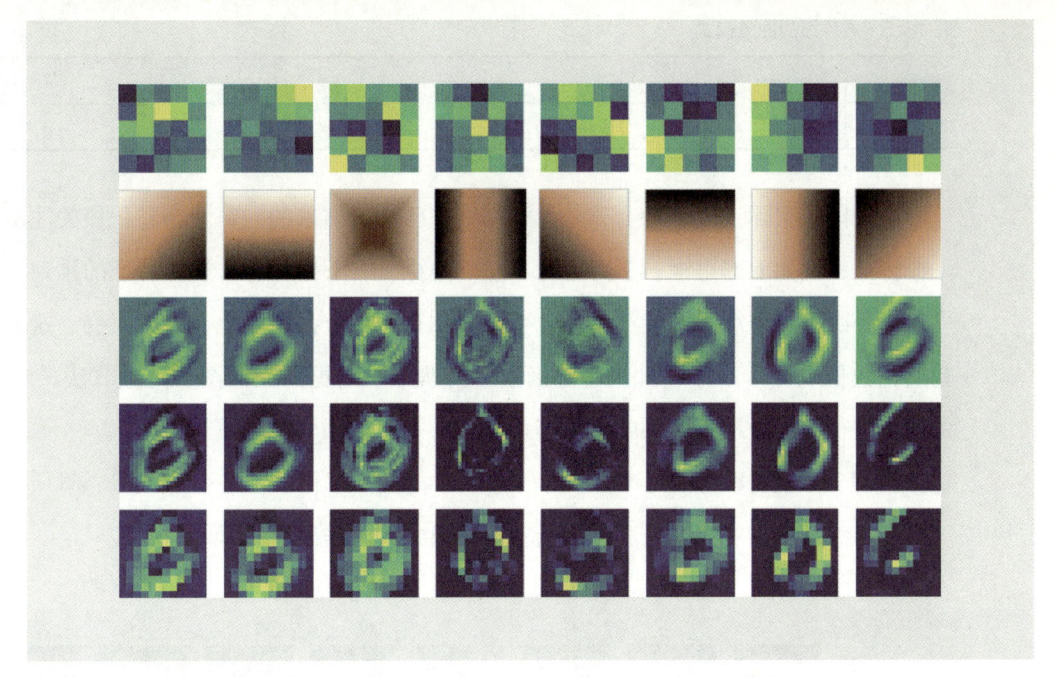

图 18-28 卷积结果可视化

卷积核是 5×5，一共 8 个卷积核，所以第一行直接展示了卷积核的数值图形化的结果，但是由于色块太大，不容易看清楚其具体的模式，那么第二行的模式是如何抽象出来的？

因为特征是未知的，所以卷积神经网络不可能学习出类似下面的两个矩阵中左侧矩阵中整齐的数值，而很可能是如同右侧的矩阵一样具有很多噪声，但是大致轮廓还是个左上到右下的三角形，只是一些局部点上有一些值的波动。

```
2  2  1  1  0            2  0  1  1  0
2  1  1  0  0            2  1  1  2  0
1  1  0 -1 -2            0  1  0 -1 -2
1  0 -1 -2 -3            1 -1  1 -4 -3
0 -1 -2 -3 -4            0 -1 -2 -3 -2
```

如何"看"出一个大概符合某个规律的模板呢？有如下几种方法。

（1）摘掉眼镜（或者眯起眼睛）看第一行的卷积核的明暗变化模式。

（2）也可以用图像处理的办法，把卷积核形成的 5×5 的点阵做一个模糊处理。

（3）结合第三行的卷积结果推想卷积核的行为。

由此可以得到表 18-5 的模式。

表 18-5 卷积核的抽象模式

卷积核序号	1	2	3	4	5	6	7	8
抽象模式	右斜	下	中心	竖中	左下	上	右	左上

这些模式实际上就是特征，是卷积网络自己学习出来的，每一个卷积核关注图像的一个特征，例如上部边缘、下部边缘、左下边缘、右下边缘等。这些特征的排列没有顺序。每一次重新训练后，特征可能会变成其他几种组合，顺序也会发生改变，这取决于初始化数值及样本顺序、批大小等因素。当然可以用更高级的图像处理算法，对 5×5 的图像进行模糊处理，再从中提取模式。

2. 第二组的卷积可视化

图 18-29 是第二组的卷积、激活、池化层的输出结果。

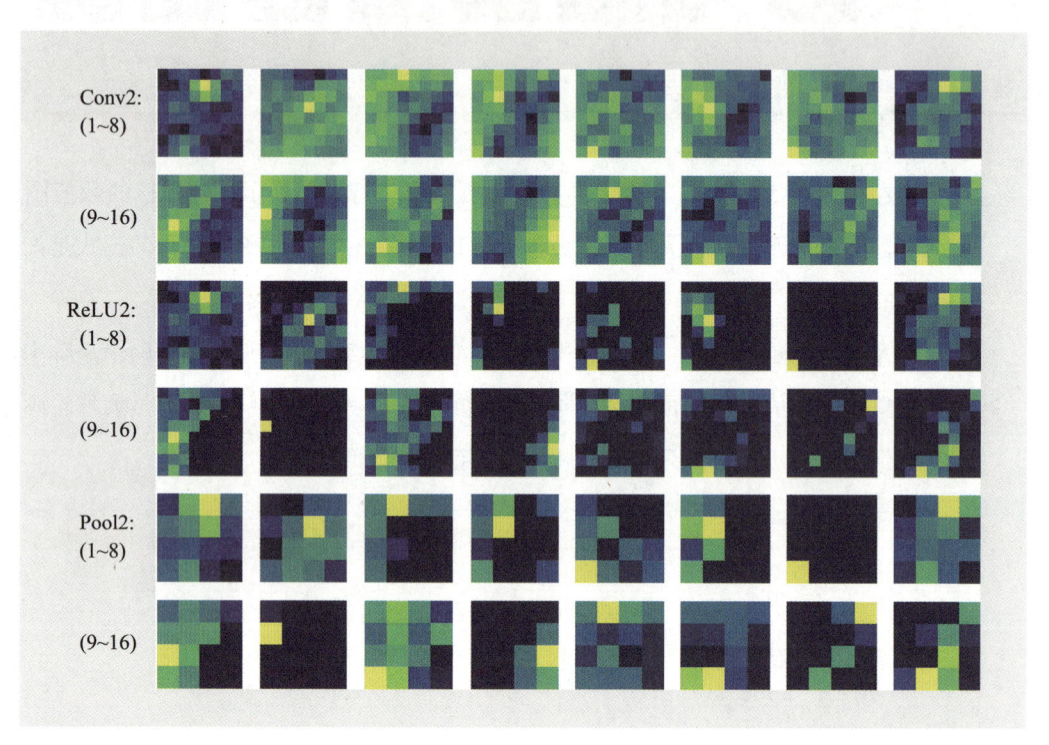

图 18-29 第二组卷积、激活、池化的可视化

- Conv2：由于是在第一层的特征图上卷积后叠加的结果，所以基本不能按照原图理解，但也能大致看出是一些轮廓抽取的作用。
- ReLU2：能看出的是如果黑色区域多的话，说明基本没有激活值，此卷积核效果就没用。

- Pool2：池化后分化明显的特征图是比较有用的特征，例如 3、6、12、15、16；信息太多或者太少的特征图，都用途不大，例如 1、7、10、11。

> 知识拓展：Fashion-MNIST 分类
> Cifar-10 分类

循环神经网络 第九步

```
                    基本
                    概念
                   /    \
               线性      线性
               回归      分类
                 |        |
               非线性    非线性
               回归      分类
                   \    /
                模型推理
                与应用部署
                    |
                深度
                神经网络
                /      \
            卷积        循环
          神经网络      神经网络
```

- 普通循环神经网络
  - 循环神经网络概论
  - 两个时间步的循环神经网络
  - 四个时间步的循环神经网络
  - 通用的循环神经网络
  - 实现空气质量预测
  - 不定长时序的循环神经网络*
  - 深度循环神经网络*
  - 双向循环神经网络*

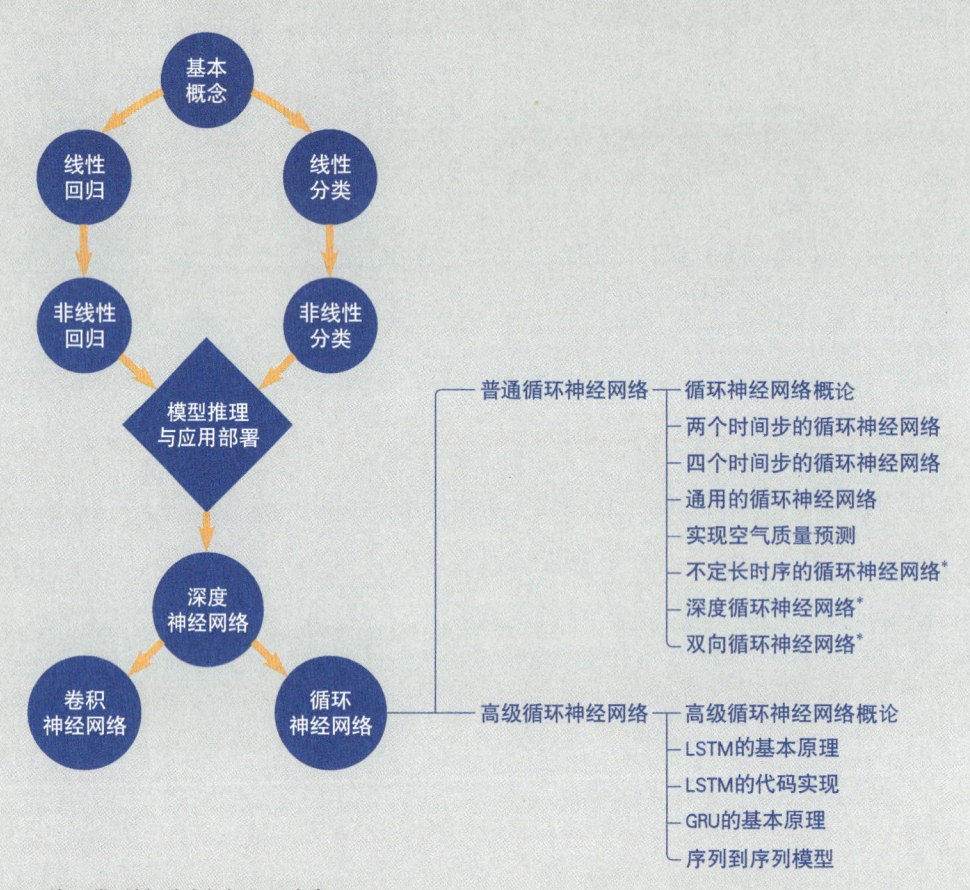

- 高级循环神经网络
  - 高级循环神经网络概论
  - LSTM的基本原理
  - LSTM的代码实现
  - GRU的基本原理
  - 序列到序列模型

注：带*号部分为知识拓展内容。

第19章 普通循环神经网络

19.1 循环神经网络概论

19.1.1 前馈神经网络的不足

通过学习前面的章节，读者可以发现所有的神经网络的输入都是一个或者一批静态的数据，例如一个人的身高、体重、年龄、性别等组成的特征值用于表示一个人当前的属性，这些属性是采样时获得的，并且会保持相对稳定，可以用这些属性通过前馈神经网络来预测一个人的健康状况。再次输入的下一个数据会是另外一个人的特征值，与前一个人丝毫不相关。

如果输入的是一张青蛙的图片，可以通过卷积神经网络来判断图片中的物体的类别。而下一张图片可能会是另外一只青蛙的图片，或者干脆变成了一张汽车的图片。

而在自然界中，还有很多随着时间而变化的数据需要处理，例如，对一个人来说，在不同的年龄会有不同的身高、体重、健康状况，只有性别是固定的。如果需要根据年龄来预测此人的健康状况，则需要每年对此人的情况进行一次采样，按时间排序后记录到数据库中。

另外一个例子是如果想从一只青蛙的跳跃动作中分析出其跳跃的高度和距离，则需要获得一段视频，然后从视频的每一帧图片中获得青蛙的当前位置和动作。

从上面的例子中可以看到，对于与时间相关的数据，到目前为止并没有一个很好的解决方案，这就是循环神经网络存在的意义。

19.1.2 循环神经网络的发展简史

循环神经网络（RNN，recurrent neural network）的历史可以简单概括如下。

- 1933 年，西班牙神经生物学家 Rafael Lorente de Nó 发现大脑皮层（cerebral cortex）的解剖结构允许刺激在神经回路中循环传递，并由此提出回荡回路假设（reverberating circuit hypothesis）。
- 1982 年，美国学者 John Hopfield 使用二元节点建立了具有结合存储（content-addressable memory）能力的神经网络，即 Hopfield 神经网络。

- 1986年，Michael I. Jordan基于Hopfield网络的结合存储概念，在分布式并行处理（distributed parallel processing）理论下建立了新的循环神经网络，即Jordan网络。
- 1990年，Jeffrey Elman提出了第一个全连接的循环神经网络，Elman网络。Jordan网络和Elman网络是最早出现的面向序列数据的循环神经网络，由于二者都是从单层前馈神经网络出发构建递归连接的，因此也被称为简单循环网络（simple recurrent network，SRN）。
- 1990年，Paul Werbos提出了循环神经网络的随时间反向传播（BP through time，BPTT），BPTT被沿用至今，是循环神经网络进行学习的主要方法。
- 1991年，Sepp Hochreiter发现了循环神经网络的长期依赖问题（long-term dependencies problem），大量优化理论得到引入并衍生出许多改进算法，包括神经历史压缩器（neural history compressor，NHC）、长短期记忆网络（long short-term memory networks，LSTM）、门控循环单元网络（gated recurrent unit networks，GRU）、回声状态网络（echo state network）、独立循环神经网络（independent RNN）等。

图19-1简单显示了从前馈神经网络到循环神经网络的演化过程。

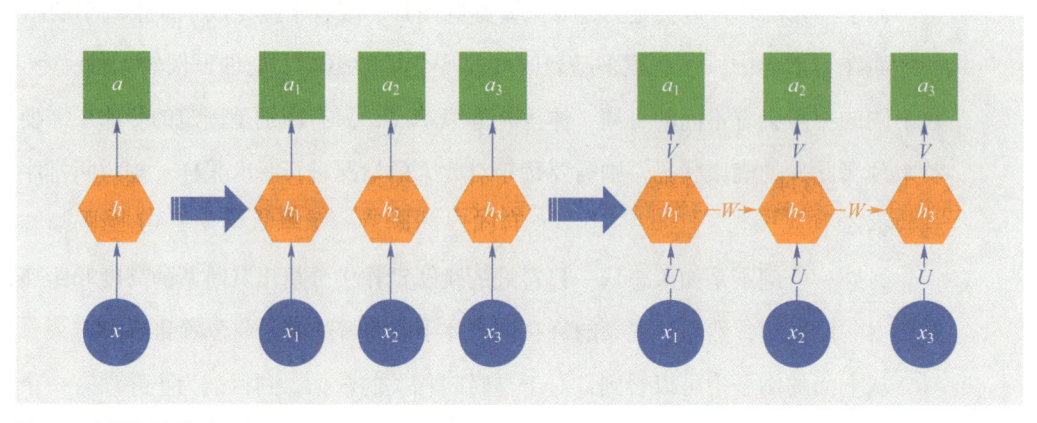

图19-1　从前馈神经网络到循环神经网络的演化

（1）最左侧的是前馈神经网络的概括图，即根据一个静态的输入数据x，经过隐藏层h的计算，最终得到结果a。这里的h是全连接神经网络或者卷积神经网络，a是回归或分类的结果。

（2）当遇到序列数据的问题后（假设时间步数为3），可以建立3个前馈神经网络来分别处理$t=1$、$t=2$、$t=3$的数据。

（3）但是两个时间步之间是有联系的，于是在隐藏层h_1、h_2、h_3之间建立了一条连接线，实际上是权重矩阵。

（4）根据序列数据的特性，可以扩充时间步的数量，在每个相邻的时间步之间都会有联系。

如果仅此而已的话，还不能称之为循环神经网络，只能说是多个前馈神经网络的堆叠而已。在循环神经网络中，以图 19-1 最右侧的图为例，只有如下 3 个参数。

- U：是 x 到隐藏层 h 的权重矩阵。
- V：是隐藏层 h 到输出 a 的权重矩阵。
- W：是相邻隐藏层之间的权重矩阵。

请注意这 3 个参数在不同的时间步是共享的，以图 19-1 最右侧的图为例，三个 U 其实是同一个矩阵，三个 V 是同一个矩阵，两个 W 是同一个矩阵。这样的话，无论有多少个时间步，都可以像折扇一样"折叠"起来，用一个"循环"来计算各个时间步的输出，这才是"循环神经网络"的真正含义。

19.1.3 循环神经网络的结构和典型用途

1. 一对多的结构

在国外，用户可以指定一个风格，或者一段旋律，让机器自动生成一段具有巴赫风格的乐曲。在中国，有藏头诗的形式，例如以"春"字开头的一句五言绝句可以是"春眠不觉晓""春草细还生"等。这两个例子都是只给出一个输入，生成多个输出的情况，如图 19-2 所示。

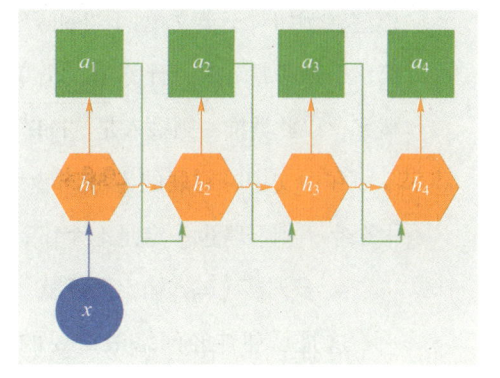

图 19-2 一对多的结构示意图

这种情况的特殊性在于，第一个时间步生成的结果要作为第二个时间步的输入，使得前后有连贯性。图 19-2 中只画出了 4 个时间步，在实际的应用中，如果是五言绝句，则有 5 个时间步；如果是音乐，则要指定小节数，例如 40 个小节，则时间步为 40。

2. 多对一的结构

在阅读一段影评后，会判断出该观众对所评价的电影的基本印象如何，例如是积极的评价还是消极的评价，反映在数值上就是给 5 颗星还是只给 1 颗星。在这个例子中，输入是一段话，可以拆成很多句或者很多词组，输出则是一个分类结果。这是多个输入单个输出的形式，如图 19-3 所示。

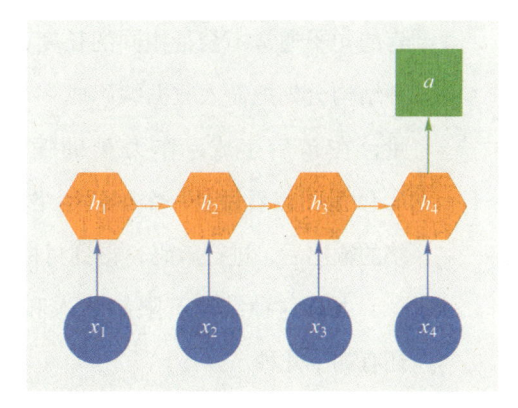

图 19-3 多对一的结构示意图

图中 x 可以看作很多连续的词组，依次输入网络中，只在最后一个时间步才有一个统一的输出。另外一种典型的应用就是视频动作识别，输入连续的视频帧（图片形式），输出是分类结果，例如"跑步""骑车"等动作。

还有一个很典型的应用就是股票价格的预测，输入是前 10 天的股票基本数据，如每天的开盘价、收盘价、交易量等，而输出是明天的股票的收盘价，这也是典型的多对一的应用。但是由于很多其他因素的干扰，股票价格预测具有很大的不确定性。

3. 多对多（输入输出等量）

这种结构要求输入数据时间步的数量和输出数据时间步的数量相同，如图 19-4 所示。

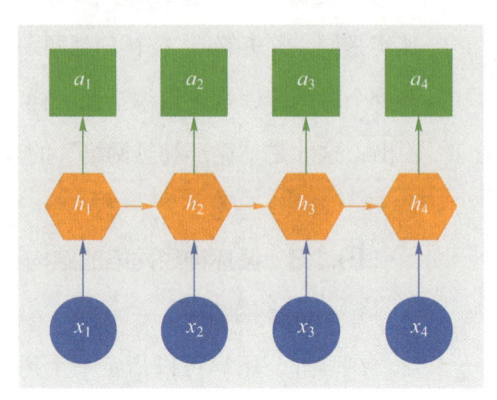

例如想分析视频中每一帧的分类，则输入 100 帧图片，输出是对应的 100 个分类结果。另外一个典型应用就是基于字符的语言模型，例如对于英文单词"hello"来说，当第一个字母是 h 时，计算第二个字母是 e 的概率，以此类推，则输入是"hell"四个字母，输出是"ello"四个字母的概率。

图 19-4 多对多的结构示意图

在中文中，对联的生成问题也是使用了这种结构，如果上联是"风吹水面层层浪"七个字，则下联也一定是七个字，如"雨打沙滩点点坑"。

4. 多对多（输入输出不等量）

这是循环神经网络最重要的一个变种，又叫做编码解码（encoder-decoder）模型，或者序列到序列（seqence to seqence）模型，如图 19-5 所示。

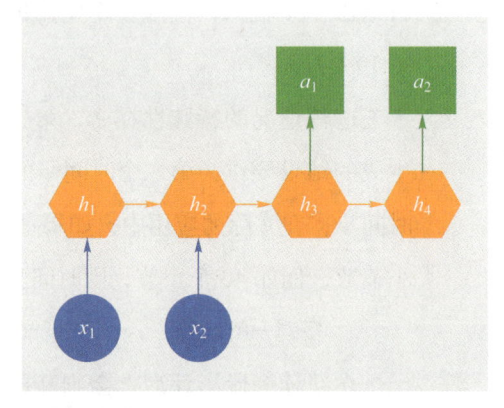

以机器翻译任务为例，源语言和目标语言的句子通常不会是相同的长度，为此，此种结构会先把输入数据编码成一个上下文向量，在 h_2 后生成，作为 h_3 的输入。此时，

图 19-5 编码解码模型

h_1 和 h_2 可以看做是一个编码网络，h_3 和 h_4 看做是一个解码网络。解码网络拿到编码网络的输出后，进行解码，得到目标语言的句子。

由于这种结构不限制输入和输出的序列长度，所以应用范围广泛，类似的应用还有如下几种。

- 文本摘要：输入是一段文本，输出是摘要，摘要的字数要比正文少很多。

- 阅读理解：输入是文章和问题，输出是问题答案，答案一般都很简短。
- 语音识别：输入是语音信号序列，输出是文字序列，输入的语音信号按时间计算长度，而输出按字数计算长度，根本不是一个量纲。

19.2　两个时间步的循环神经网络

本小节中，我们将学习具有两个时间步的前馈神经网络组成的简单循环神经网络，用于实现回归或拟合功能。

19.2.1　提出问题

我们先用一个最简单的序列问题来了解一下循环神经网络的基本运作方式。

假设有一个随机信号发射器，每秒产生一个随机信号，随机值的取值范围为（0，1）。信号发出后，碰到一面墙壁反射回来，来回的时间相加正好是 1 秒，于是接收器就收到了 1 秒之前的信号。对于接收端来说，接收到的数据序列如表 19-1。

表 19-1　每一时刻的发射信号和回波信号

时刻	t_1	t_2	t_3	t_4	t_5	t_6	…
发射随机信号 X	0.35	0.46	0.12	0.69	0.24	0.94	…
接收回波信号 Y	0	0.35	0.46	0.12	0.69	0.24	…

当接收端接收到两个连续的值，如 0.35、0.46 时，系统响应为 0.35；下一个时间点接收到了 0.12，考虑到上一个时间点的 0.46，则二者组合成 0.46、0.12 序列，此时系统响应为 0.46；以此类推，即接收到第二个数值时，总要返回相邻的第一个数值。

我们可以把发射信号看作 X，把接收信号看作是 Y，则此问题变成了给定样本 X 和标签值 Y，训练一个神经网络，令其当接收到两个序列的值时，总返回第一个值。

读者可能会产生疑问：用一个最简单不过的程序（代码如下）就可以解决，我们为什么还要大动干戈地使用神经网络呢？

```
def echo(x1,x2):
    return x2
```

因为这是一个最基本的序列问题,我们先用它投石问路,逐步地理解 RNN 的精髓所在。

如果把发射信号和回波信号绘制成图,如图 19-6 和图 19-7 所示。

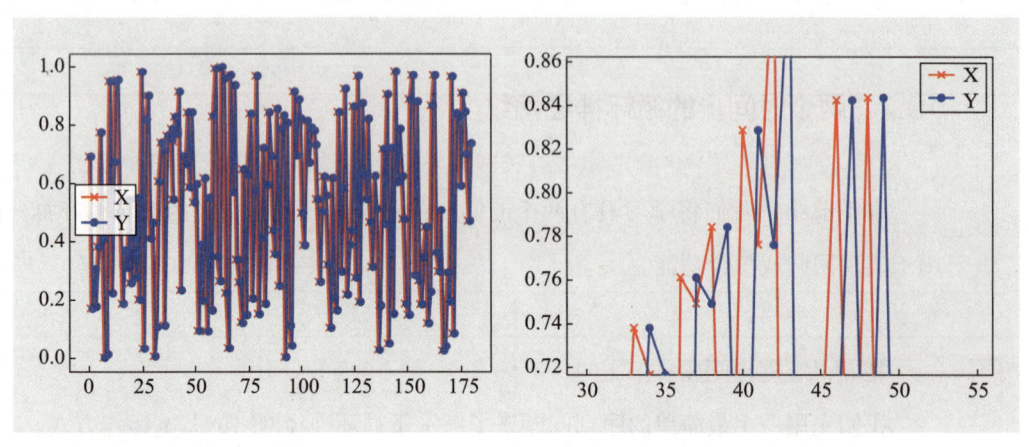

图 19-6　发射信号及回波信号序列　　　　图 19-7　发射信号及回波信号序列局部放大图

其中,红色叉子为样本数据点,蓝色圆点为标签数据点,它总是落后于样本数据一个时间步。还可以看到以上数据形成的曲线完全随机,毫无规律。

19.2.2　准备数据

与前面前馈神经网络和卷积神经网络中使用的样本数据的形状不同,在循环神经网络中的样本数据为三维。

- 第一维:样本 $x[0,:,:]$ 表示第 0 个样本。
- 第二维:时间 $x[:,1,:]$ 表示第 1 个时间点。
- 第三维:特征 $x[:,:,2]$ 表示第 2 个特征。

举例来说,$x[10,5,4]$ 表示第 10 个样本的第 5 个时间点的第 4 个特征值数据。

标签数据为两维。

- 第一维:样本。
- 第二维:标签值。

所以,在本问题中,样本数据如表 19-2 所示。

表 19-2　样本数据

样本	特征值	标签值
0	0.35	0
1	0.46	0.35

续表

样本	特征值	标签值
2	0.12	0.46
3	0.69	0.12
4	0.24	0.69
5	0.94	0.24
…	…	…

19.2.3 用前馈神经网络的知识来解决问题

1. 搭建网络

回忆一下，在验证万能近似定理时，学习了曲线拟合问题，即带有一个隐藏层和非线性激活函数的前馈神经网络，可以拟合任意曲线。但是在这个问题里，有几点不同。

（1）不是连续值，而是时间序列的离散值。

（2）完全随机的离散值，而不是满足一定的规律的值。

（3）测试数据不在样本序列里，各数据完全独立。

所以，即使使用前馈神经网络中的曲线拟合技术得到了一个拟合网络，也不能正确地预测不在样本序列里的测试集数据。但是，可以把前馈神经网络做一个变形，让它能够处理时间序列数据，如图 19-8 所示。

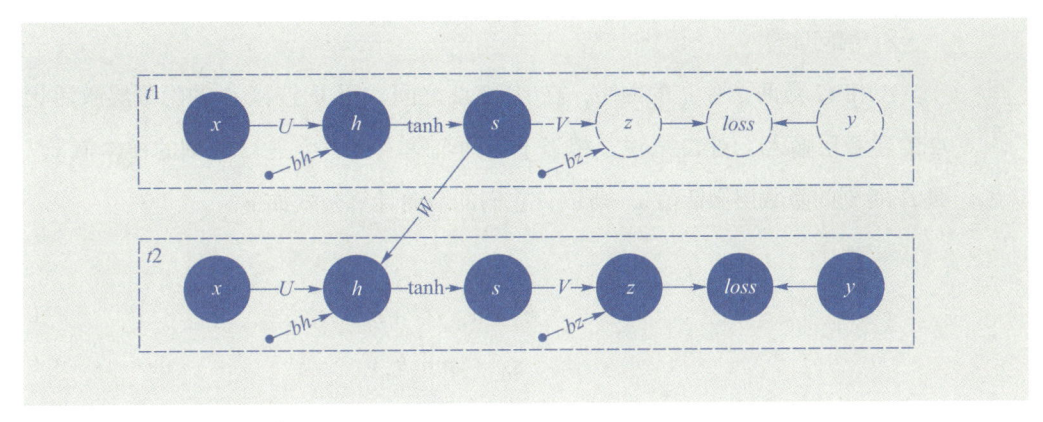

图 19-8 两个时间步的前馈神经网络

图 19-8 中含有两个简单的前馈神经网络，$t1$ 和 $t2$，每个节点上都只有一个神经元，其中，各个节点的名称和含义如表 19-3 所示。

表 19-3 图 19-8 中的各个节点的名称和含义

名称	含义	在 $t1, t2$ 上的取值
x	输入层样本	根据样本值
U	x 到 h 的权重值	相同

续表

名称	含义	在 t1, t2 上的取值
h	隐藏层	依赖于 x 的值
bh	h 的偏移值	相同
tanh	激活函数	函数形式相同
s	隐藏层激活状态	依赖于 h 的值
V	s 到 z 的权重值	相同
z	输出层	依赖于 s 的值
bz	z 的偏移值	相同
loss	损失函数	函数形式相同
y	标签值	根据标签值

由于是一个拟合值的网络，相当于线性/非线性回归，所以在输出层不使用分类函数，损失函数使用均方差函数。在这个具体的问题中，$t2$ 的标签值 y 应该和 $t1$ 的样本值 x 相同。

请读者注意，在很多关于循环神经网络的文字资料中，通常把 h 和 s 合并在一起。在这里我们把它们分开，便于后面的反向传播的推导和理解。

还有一个问题是，为什么 $t1$ 的后半部分是虚线的？因为在这个问题中，我们只对 $t2$ 的输出感兴趣，检测 $t2$ 的输出值 z 和 y 的差距是多少，而不关心 $t1$ 的输出是什么，所以不必计算 $t1$ 的 z 值和损失函数值，处于无监督状态。

2. 前向计算

$t1$ 和 $t2$ 是两个独立的网络，在 $t1$ 和 $t2$ 之间，用 W 连接 $t1$ 的隐藏层激活状态值和 $t2$ 的隐藏层输入，对 $t2$ 来说，相当于有两个输入：一个是 $t2$ 时刻的样本值 x，另一个是 $t1$ 时刻的隐藏层激活值 s。所以，它们的前向计算公式如下。

对于 $t1$：

$$h_{t1} = x_{t1} \cdot U + b_h \tag{19.2.1}$$

$$s_{t1} = \tanh(h_{t1}) \tag{19.2.2}$$

对于 $t2$：

$$h_{t2} = x_{t2} \cdot U + s_{t1} \cdot W + b_h \tag{19.2.3}$$

$$s_{t2} = \tanh(h_{t2}) \tag{19.2.4}$$

$$z_{t2} = s_{t2} \cdot V + b_z \tag{19.2.5}$$

$$J = \frac{1}{2}(z_{t2} - y_{t2})^2 \tag{19.2.6}$$

在本例中，公式（19.2.1）至公式（19.2.6）中，所有的变量均为标量，这就有利于我们对反向传播的推导，不用考虑矩阵、向量的求导运算。

本来整体的损失函数值 J 应该是两个时间步的损失函数值之和,但是第一个时间步没有输出,所以不需要计算损失函数值,因此 J 就等于第二个时间步的损失函数值。

3. 反向传播

对 t2 网络反向传播推导如下。

$$\frac{\partial J}{\partial z_{t2}} = z_{t2} - y_{t2} \to \mathrm{d}z_{t2} \quad (19.2.7)$$

$$\begin{aligned}\frac{\partial J}{\partial h_{t2}} &= \frac{\partial J}{\partial z_{t2}}\frac{\partial z_{t2}}{\partial s_{t2}}\frac{\partial s_{t2}}{\partial h_{t2}} \\ &= \mathrm{d}z_{t2} \cdot V \cdot \tanh'(s_{t2}) \\ &= \mathrm{d}z_{t2} \cdot V \cdot \left(1 - s_{t2}^2\right) \to \mathrm{d}h_{t2}\end{aligned} \quad (19.2.8)$$

$$\frac{\partial J}{\partial b_z} = \frac{\partial J}{\partial z_{t2}}\frac{\partial z_{t2}}{\partial b_z} = \mathrm{d}z_{t2} \to \mathrm{d}b_{z_{t2}} \quad (19.2.9)$$

$$\frac{\partial J}{\partial b_h} = \frac{\partial J}{\partial h_{t2}}\frac{\partial h_{t2}}{\partial b_h} = \mathrm{d}h_{t2} \to \mathrm{d}b_{h_{t2}} \quad (19.2.10)$$

$$\frac{\partial J}{\partial V} = \frac{\partial J}{\partial z_{t2}}\frac{\partial z_{t2}}{\partial V} = \mathrm{d}z_{t2} \cdot s \to \mathrm{d}V_{t1} \quad (19.2.11)$$

$$\frac{\partial J}{\partial U} = \frac{\partial J}{\partial h_{t2}}\frac{\partial h_{t2}}{\partial U} = \mathrm{d}h_{t2} \cdot x_{t2} \to \mathrm{d}U_{t1} \quad (19.2.12)$$

$$\frac{\partial J}{\partial W} = \frac{\partial J}{\partial h_{t2}}\frac{\partial h_{t2}}{\partial W} = \mathrm{d}h_{t2} \cdot s_{t1} \to \mathrm{d}W_{t2} \quad (19.2.13)$$

下面我们对 t1 网络进行反向传播推导。由于 t1 的后半部分输出是没有监督的,所以不必考虑后半部分的反向传播问题,只从 s 节点开始向后计算。同样的原因,下面公式中的 J 也从 s 节点开始。

$$\frac{\partial J}{\partial h_{t1}} = \frac{\partial J}{\partial h_{t2}}\frac{\partial h_{t2}}{\partial s_{t1}}\frac{\partial s_{t1}}{\partial h_{t1}} = \mathrm{d}h_{t2} \cdot W \cdot \left(1 - s_{t1}^2\right) \to \mathrm{d}h_{t1} \quad (19.2.14)$$

$$\frac{\partial J}{\partial b_h} = \frac{\partial J}{\partial h_{t1}}\frac{\partial h_{t1}}{\partial b_h} = \mathrm{d}h_{t1} \to \mathrm{d}b_{h_{t1}} \quad (19.2.15)$$

$$\mathrm{d}b_{z_{t1}} = 0 \quad (19.2.16)$$

$$\frac{\partial J}{\partial U} = \frac{\partial J}{\partial h_{t1}}\frac{\partial h_{t1}}{\partial U} = \mathrm{d}h_{t1} \cdot x_{t1} \to \mathrm{d}U_{t1} \quad (19.2.17)$$

$$\mathrm{d}V_{t1} = 0 \quad (19.2.18)$$

$$\mathrm{d}W_{t1} = 0 \quad (19.2.19)$$

4. 梯度更新

到目前为止,我们得到了两个时间步内部的所有参数的误差值,如何更新参数呢?

因为在循环神经网络中，U、V、W、bz、bh 都是共享的，所以不能单独更新独立时间步中的参数，而是要一起更新。

$$U = U - \eta \cdot (\mathrm{d}U_{t1} + \mathrm{d}U_{t2})$$
$$V = V - \eta \cdot (\mathrm{d}V_{t1} + \mathrm{d}V_{t2})$$
$$W = W - \eta \cdot (\mathrm{d}W_{t1} + \mathrm{d}W_{t2})$$
$$b_h = b_h - \eta \cdot (\mathrm{d}b_{h_{t1}} + \mathrm{d}b_{h_{t2}})$$
$$b_z = b_z - \eta \cdot (\mathrm{d}b_{z_{t1}} + \mathrm{d}b_{z_{t2}})$$

19.2.4 代码实现

按照图 19-8 的设计，我们实现两个前馈神经网络来模拟两个时序。

1. 时序1的网络实现

时序 1 的类名叫做 timestep_1，其前向计算过程遵循公式（19.2.1）和公式（19.2.2），其反向传播过程遵循公式（19.2.14）至公式（19.2.19）。

```python
class timestep_1(object):
    def forward(self,x,U,V,W,bh):
        ...
    def backward(self, y, dh_t2):
        ...
```

2. 时序2的网络实现

时序 2 的类名叫做 timestep_2，其前向计算过程遵循公式（19.2.3）至公式（19.2.6），其反向传播过程遵循公式（19.2.7）至公式（19.2.13）。

```python
class timestep_2(object):
    def forward(self,x,U,V,W,bh,bz,s_t1):
        ...
    def backward(self, y, s_t1):
        ...
```

3. 网络训练代码

在初始化函数中，先建立好一些基本的类，如损失函数计算、训练历史记录，再建立好两个时序的类，分别命名为 t1 和 t2。

```
class net(object):
    def __init__(self,dr):
        self.dr = dr
        self.loss_fun = LossFunction_1_1(NetType.Fitting)
        self.loss_trace = TrainingHistory_3_0()
        self.t1 = timestep_1()
        self.t2 = timestep_2()
```

在训练函数中，仍然采用 DNN/CNN 中学习过的双重循环的方法，外循环为 epoch，内循环为 iteration，每次只用一个样本做训练，分别取出它的时序 1 和时序 2 的样本值和标签值，先做前向计算，再做反向传播，然后更新参数。

```
def train(self):
    ...
```

19.2.5 运行结果

从图 19-9 的训练过程看，网络收敛情况比较理想。由于使用单样本训练，所以训练集的损失函数变化曲线和准确率变化曲线计算不准确，所以在图中没有画出，下同。

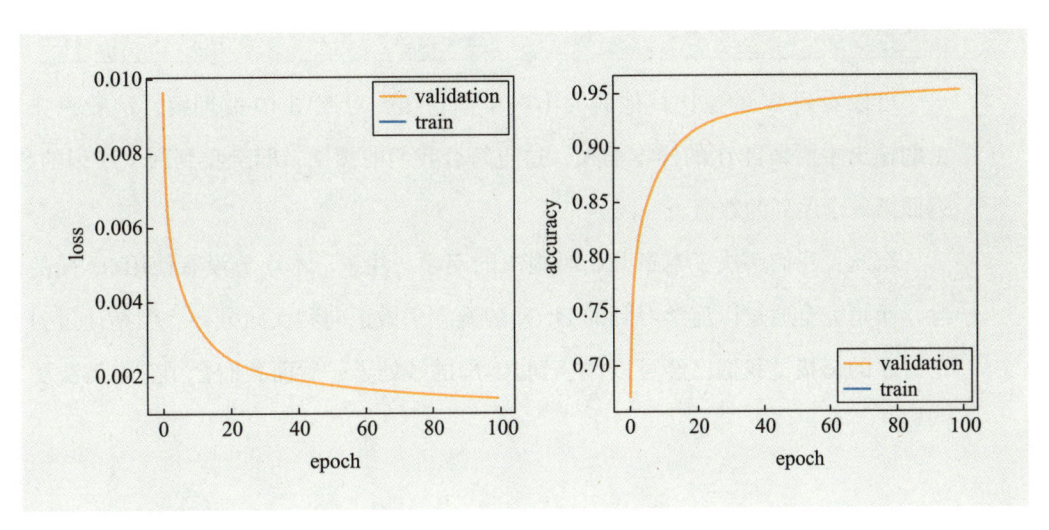

图 19-9 损失函数值和准确率的变化曲线

以下是打印输出的最后几行信息。

```
98
loss=0.001396, acc=0.952491
99
loss=0.001392, acc=0.952647
testing...
loss=0.002230, acc=0.952609
```

使用完全不同的测试集数据，得到的准确率为95.26%。最后在测试集上得到的拟合结果如图19-10所示。

红色 × 是测试集样本，蓝色圆点是模型的预测值，可以看到波动的趋势全都预测准确，具体的值有一些微小的误差。

以下是训练出来的各个参数的值。

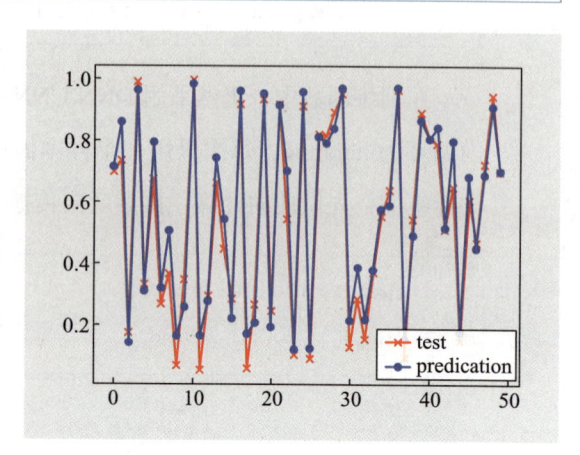

图 19-10 测试集上的拟合结果

```
U=[[-0.54717934]],bh=[[0.26514691]],
V=[[0.50609376]],bz=[[0.53271514]],
W=[[-4.39099762]]
```

可以看到 W 的值比其他值大出一个数量级，对照图 19-8 理解，这就意味着在 $t2$ 上的输出主要来自 $t1$ 的样本输入，这也符合我们的预期，即接收到两个序列的数值时，返回第一个序列的数值。

至此，我们解决了本章开始时提出的问题。注意，本小节没有使用 RNN 的任何概念，而是完全通过以前学习到的 DNN 的概念来做正向和反向推导。但是通过 $t1$、$t2$ 两个时序的衔接，我们已经可以体会到 RNN 的妙处了，后面我们会用它来解决更复杂的问题。

代码位置

ch19，Level1

思考与练习

如果不加 bh 和 bz 两个值，即令其为 0，试验一下网络训练的效果。

19.3 四个时间步的循环神经网络

本小节中，我们将学习具有四个时间步的循环神经网络，用于二分类问题。

19.3.1 提出问题

在加减法运算中，总会遇到进位或者退位的问题，我们以二进制为例，例如 13-6=7 这个十进制的减法，变成二进制后如下所示。

```
13 - 6 = 7
====================
  x1: [1,1,0,1]
- x2: [0,1,1,0]
  _____
   y: [0,1,1,1]
====================
```

- 被减数 13 变成了 [1，1，0，1]。
- 减数 6 变成了 [0，1，1，0]。
- 结果 7 变成了 [0，1，1，1]。

从减法过程中不难看出如下几点。

- x1 和 x2 的最后一位是 1 和 0，相减为 1。
- 倒数第二位是 0 和 1，需要从前面借一位，相减后得 1。
- 倒数第三位本来是 1 和 1，借位后变成了 0 和 1，再从前面借一位，相减后得 1。
- 倒数第四位现在是 0 和 0，相减为 0。

也就是说，在减法过程中，后面的计算会影响前面的值，所以必须逐位计算，这也就是序列的概念，所以可以用循环神经网络的技术来解决。

19.3.2 准备数据

由于计算是从最后一位开始的，我们认为最后一位是第一个时间步，所以需要把样本数据的前后顺序颠倒一下，例如13，从二进制的 [1, 1, 0, 1] 变成 [1, 0, 1, 1]。相应地，标签数据 7 也要从二进制的 [0, 1, 1, 1] 变成 [1, 1, 1, 0]。

在这个例子中，因为是 4 位二进制减法，所以最大值是 15，即 [1, 1, 1, 1]；最小值是 0，并且要求被减数必须大于或等于减数，所以样本的数量一共是 136 个，每个样本含有两组 4 位的二进制数，表示被减数和减数。标签值为一组 4 位二进制数。这三组二进制数都是倒序。所以，仍以 13-6=7 为例，单个样本如表 19-4 所示。

表 19-4 以 13-6=7 为例的单个样本

时间步	特征值 1	特征值 2	标签值
1	1	0	1
2	0	1	1
3	1	1	1
4	1	0	0

为了和图 19-11 保持一致，我们令时间步从 1 开始（但编程时是从 0 开始的）。特征值 1 从下向上看是 [1,1,0,1]，即十进制 13；特征值 2 从下向上看是 [0,1,1,0]，即十进制 6；标签值从下向上看是 [0,1,1,1]，即十进制 7。

所以，单个样本是一个二维数组，而多个样本就是三维数组，第一维是样本，第二维是时间步，第三维是特征值。

19.3.3 搭建多个时序的网络

在本例中，我们仍然从前馈神经网络的结构扩展到含有 4 个时序的循环神经网络结构，如图 19-11 所示。最左侧的简易结构是通常的循环神经网络的画法，而右侧是其展开后的细节，由此可见细节有很多，如果不展开的话，对于初学者来说很难理解，而且也不利于我们进行反向传播的推导。

与 19.1 节不同的是，在每个时间步的结构中，多出来一个中间层，是 z 经过二分类函数生成的。这是为什么呢？因为在本例中，我们想模拟二进制数的减法，所以结果应该是 0 或 1，于是我们把它看作是二分类问题，z 的值是一个浮点数，用二分类函数后，使得 a 的值尽量向两端（0 或 1）靠近，但是并不能真正地达到 0 或 1，只要大于 0.5 就认为是 1，否则就认为是 0。

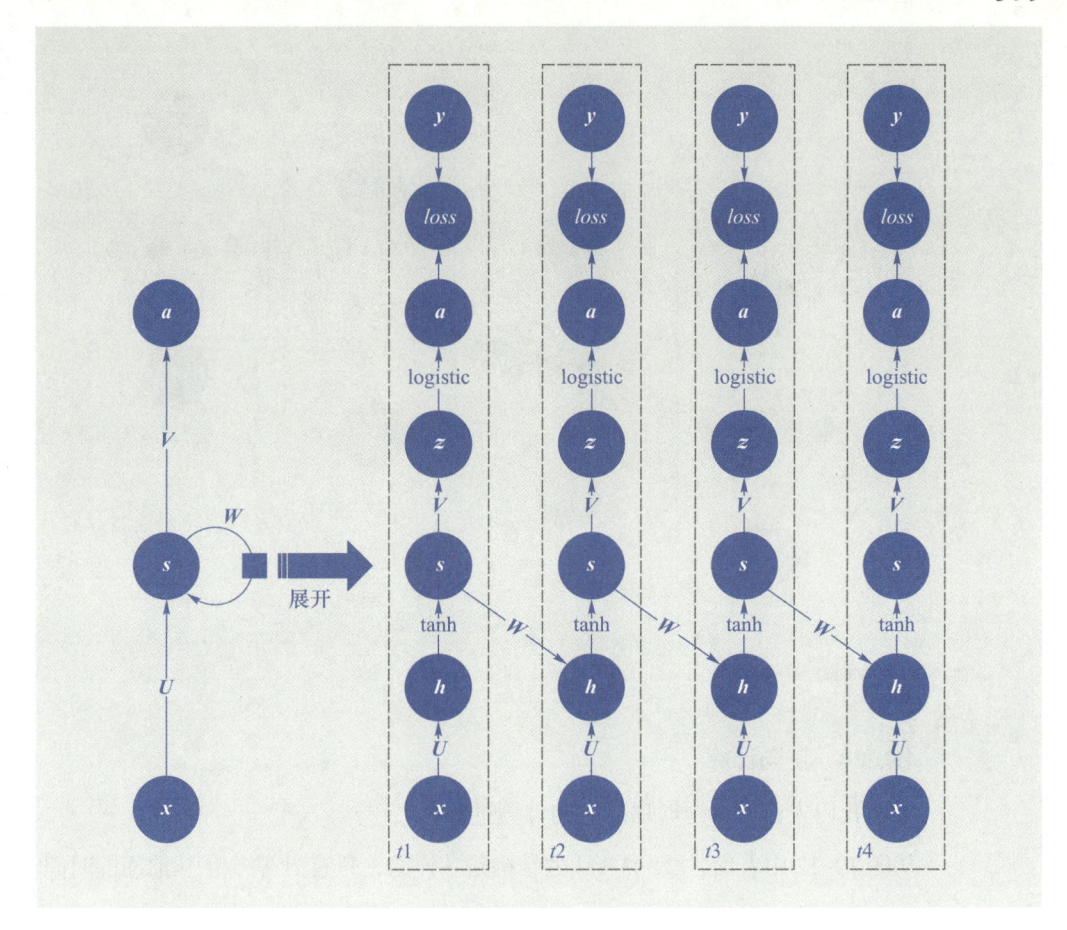

图 19-11　含有 4 个时序的网络结构图

  二分类问题的损失函数使用交叉熵函数，这与我们前面学习的二分类问题完全相同。

  请读者记住，$t1$ 是二进制数的最低位，但是由于我们把样本倒序了，所以，现在的 $t1$ 就是样本的每个单元的值。并且由于涉及被减数和减数，所以每个样本的每个单元（时间步）都有两个特征值。

  在 19.1 节的例子中，连接 x 和 h 的线标记为 U，U 是一个标量参数；在图 19-11 中，由于隐藏层神经元数量为 4，所以 U 是一个 1×4 的参数矩阵，V 是一个 4×1 的参数矩阵，而 W 就是一个 4×4 的参数矩阵。我们把它们展开画成图 19-12。

  U 和 V 都比较容易理解，而 W 是一个连接相邻时序的参数矩阵，并且共享相同的参数值，这一点在刚开始接触循环神经网络时不太容易理解。图 19-12 中把 W 绘制成 3 种颜色，代表它们在不同的时间步中的作用，是想让读者看得清楚些，并不代表它们是不同的值。

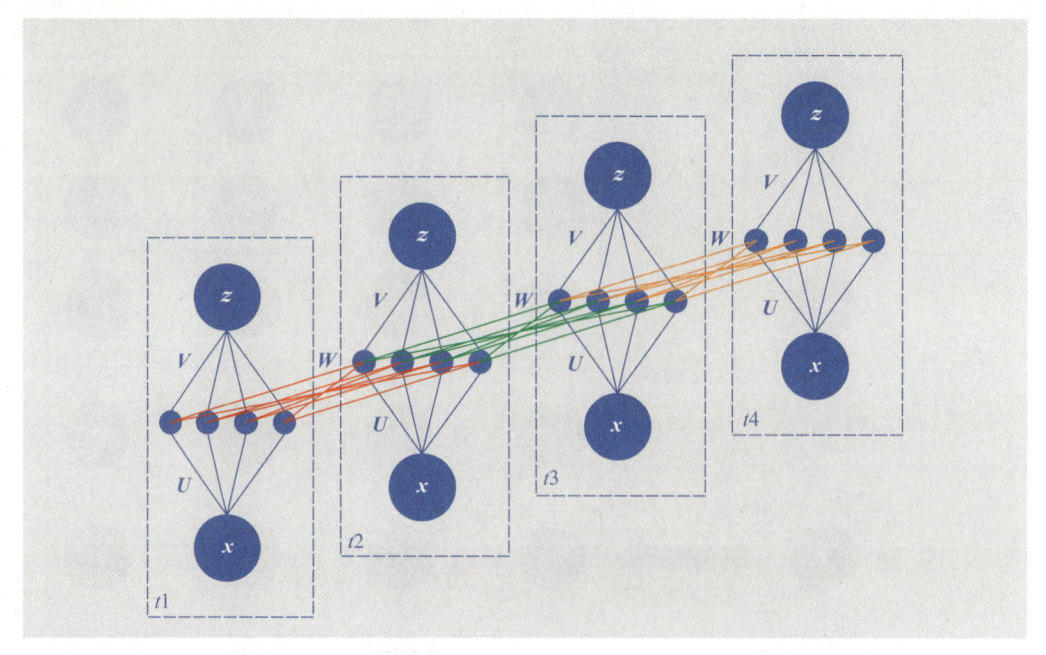

图 19-12 权重矩阵的展开图

19.3.4 正向计算

下面我们先看看 4 个时序的正向计算过程。

从图 19-12 中看出，$t2$、$t3$、$t4$ 的结构是一样的，只有 $t1$ 缺少了从前面的时间步的输入，因为它是第一个时序，前面没有输入，所以我们单独定义 $t1$ 的前向计算函数如下。

$$h = x \cdot U \quad (19.3.1)$$

$$s = \tanh(h) \quad (19.3.2)$$

$$z = s \cdot V \quad (19.3.3)$$

$$a = logistic(z) \quad (19.3.4)$$

单个时间步的损失函数值：

$$loss_t = -[y_t \odot \ln a_t + (1 - y_t) \odot \ln(1 - a_t)]$$

所有时间步的损失函数值计算：

$$J = \frac{1}{4} \sum_{t=1}^{4} loss_t \quad (19.3.5)$$

细心的读者可能会注意到在公式（19.3.1）和公式（19.3.3）中，我们并没有添加偏移项 b，是因为在此问题中，没有偏移项一样可以完成任务。

```
class timestep_1(timestep):
    def forward(self,x,U,V,W):
```

```
            self.U = U
            self.V = V
            self.W = W
            self.x = x
            # 公式(19.3.1)
            self.h = np.dot(self.x, U)
            # 公式(19.3.2)
            self.s = Tanh().forward(self.h)
            # 公式(19.3.3)
            self.z = np.dot(self.s, V)
            # 公式(19.3.4)
            self.a = Logistic().forward(self.z)
```

其他3个时间步的前向计算过程是一样的，它们与 t1 的不同之处在于公式（19.3.1），所以需要单独说明一下。

$$h = x \cdot U + s_{t-1} \cdot W \tag{19.3.6}$$

```
    class timestep(object):
        def forward(self,x,U,V,W,prev_s):
            ...
            # 公式(19.3.6)
            self.h = np.dot(x, U) + np.dot(prev_s, W)
            ...
```

19.3.5 反向传播

反向传播的计算对于4个时间步来说，分为3种过程，但是它们之间只有微小的区别。我们先把公共的部分列出来，再说明每个时间步的差异。

首先是损失函数对 z 节点的偏导数，对于4个时间步来说都一样。

$$\begin{aligned}\frac{\partial loss_t}{\partial z_t} &= \frac{\partial loss_t}{\partial a_t}\frac{\partial a_t}{\partial z_t} \\ &= a_t - y_t \to \mathrm{d}z_t\end{aligned} \tag{19.3.7}$$

再进一步计算 s 和 h 的误差。对于 t4 来说，s 和 h 节点的路径比较单一，直接从 z 节点向下反向推导即可。

$$\frac{\partial loss_{t4}}{\partial s_{t4}} = \frac{\partial loss_{t4}}{\partial z_{t4}}\frac{\partial z_{t4}}{\partial s_{t4}} = dz_{t4} \cdot V^{\mathrm{T}} \tag{19.3.8}$$

$$\frac{\partial loss_{t4}}{\partial h_{t4}} = \frac{\partial loss_{t4}}{\partial s_{t4}}\frac{\partial s_{t4}}{\partial h_{t4}} = dz_{t4} \cdot V^{\mathrm{T}} \odot \tanh'(s_{t4}) \rightarrow dh_{t4} \tag{19.3.9}$$

（1）公式（19.3.8）、（19.3.9）中用了 $loss_{t4}$ 而不是 J，因为只针对第 4 个时间步，而不是所有时间步。

（2）出现了 V^{T}，因为在本例中 V 是一个矩阵，而非标量，在求导时需要转置。

对于 $t1$、$t2$、$t3$ 的 s 节点来说，都有两个方向的反向路径，第一个是从本时间步的 z 节点，第二个是从后一个时间步的 h 节点，因此，s 的反向计算应该是两个路径的和。

先以 $t3$ 为例推导：

$$\begin{aligned}\frac{\partial J}{\partial s_{t3}} &= \frac{\partial loss_{t3}}{\partial s_{t3}} + \mathrm{d}h_{t4}\frac{\partial h_{t4}}{\partial s_{t3}}\\ &= \mathrm{d}z_{t3} \cdot V^{\mathrm{T}} + \mathrm{d}h_{t4} \cdot W^{\mathrm{T}}\end{aligned}$$

再扩展到一般情况：

$$\begin{aligned}\frac{\partial J}{\partial s_t} &= \frac{\partial loss_t}{\partial s_t} + \mathrm{d}h_{t+1}\frac{\partial h_{t+1}}{\partial s_t}\\ &= \mathrm{d}z_t \cdot V^{\mathrm{T}} + \mathrm{d}h_{t+1} \cdot W^{\mathrm{T}}\end{aligned} \tag{19.3.10}$$

再进一步计算 $t1$、$t2$、$t3$ 的 h 节点的误差。

$$\begin{aligned}\frac{\partial J}{\partial h_t} &= \frac{\partial J}{\partial s_t}\frac{\partial s_t}{\partial h_t}\\ &= (\mathrm{d}z \cdot V^{\mathrm{T}} + \mathrm{d}h_{t+1} \cdot W^{\mathrm{T}}) \odot \tanh'(s_t) \rightarrow \mathrm{d}h_t\end{aligned} \tag{19.3.11}$$

下面计算 V 的误差，V 只与 z 节点和 s 节点有关，而且 4 个时间步是相同的。

$$\frac{\partial loss_t}{\partial V_t} = \frac{\partial loss_t}{\partial z_t}\frac{\partial z_t}{\partial V_t} = s_t^{\mathrm{T}} \cdot \mathrm{d}z_t \rightarrow \mathrm{d}V_t \tag{19.3.12}$$

下面计算 U 的误差，U 只与节点 h 和输入 x 有关，而且 4 个时间步是相同的，但是 U 参与了所有时间步的计算，因此要用 J 求 U_t 的偏导。

$$\frac{\partial J}{\partial U_t} = \frac{\partial J}{\partial h_t}\frac{\partial h_t}{\partial U_t} = x_t^{\mathrm{T}} \cdot \mathrm{d}h_t \rightarrow \mathrm{d}U_t \tag{19.3.13}$$

下面计算 W 的误差，从图 19-11 中看，$t1$ 没有 W 参与计算的，与其他 3 个时间步不同，所以对于 $t1$ 来说：

$$\mathrm{d}W_{t1} = 0 \tag{19.3.14}$$

对于 $t2$、$t3$、$t4$：

$$\frac{\partial J}{\partial \boldsymbol{W}_t} = \frac{\partial J}{\partial \boldsymbol{h}_t}\frac{\partial \boldsymbol{h}_t}{\partial \boldsymbol{W}_t} = \boldsymbol{s}_{t-1}^{\mathrm{T}} \cdot \mathrm{d}\boldsymbol{h}_t \rightarrow \mathrm{d}\boldsymbol{W}_t \qquad (19.3.15)$$

下面是 $t1$ 的反向传播函数的代码。

```python
class timestep_1(timestep):
    # for the first timestep,there has no prev_s
    def backward(self,y,next_dh):
        # 公式 (19.3.7)
        self.dz = (self.a - y)
        # 公式 (19.3.11)
        self.dh = (np.dot(self.dz,self.V.T) + np.dot(next_dh,self.W.T)) * Tanh().backward(self.s)
        # 公式 (19.3.12)
        self.dV = np.dot(self.s.T,self.dz)
        # 公式 (19.3.13)
        self.dU = np.dot(self.x.T,self.dh)
        # 公式 (19.3.14)
        self.dW = 0
```

下面是 $t2$、$t3$ 的反向传播函数的代码。

```python
class timestep(object):
    def backward(self,y,prev_s,next_dh):
        # 公式 (19.3.7)
        self.dz = (self.a - y)
        # 公式 (19.3.11)
        self.dh = (np.dot(self.dz,self.V.T) + np.dot(next_dh,self.W.T)) * Tanh().backward(self.s)
        # 公式 (19.3.12)
        self.dV = np.dot(self.s.T,self.dz)
        # 公式 (19.3.13)
        self.dU = np.dot(self.x.T,self.dh)
        # 公式 (19.3.15)
        self.dW = np.dot(prev_s.T,self.dh)
```

下面是 t4 的反向传播函数的代码。

```python
class timestep_4(timestep):
    # compare with timestep class: no next_dh from future layer
    def backward(self,y,prev_s):
        # 公式 (19.3.7)
        self.dz = self.a - y
        # 公式 (19.3.9)
        self.dh = np.dot(self.dz,self.V.T) * Tanh().backward(self.s)
        # 公式 (19.3.12)
        self.dV = np.dot(self.s.T,self.dz)
        # 公式 (19.3.13)
        self.dU = np.dot(self.x.T,self.dh)
        # 公式 (19.3.15)
        self.dW = np.dot(prev_s.T,self.dh)
```

19.3.6 梯度更新

到目前为止，我们已经得到了所有时间步中所有参数的梯度，梯度更新时，由于参数共享，所以与 19.2 节中的方法一样，先要把所有时间步的相同参数的梯度相加，统一乘以学习率，在被上一次的参数减去。用一个通用的公式描述如下。

$$P_{next} = P_{current} - \eta \cdot \sum_{1}^{\tau} \nabla J(P)$$

其中，P 可以换成 W、U、V 等参数。

19.3.7 代码实现

上一小节已经介绍了正向和反向的代码实现，本小节介绍训练部分的主要代码。

1. 初始化

初始化损失函数，然后初始化 4 个时间步。注意代码中，t2 和 t3 使用了相同的类 timestep。

```python
class net(object):
    def __init__(self,dr):
```

```
        self.dr = dr
        self.loss_fun = LossFunction_1_1(NetType.BinaryClassifier)
        self.loss_trace = TrainingHistory_3_0()
        self.t1 = timestep_1()
        self.t2 = timestep()
        self.t3 = timestep()
        self.t4 = timestep_4()
```

2. 前向计算

按顺序分别调用 4 个时间步的前向计算函数，注意在 t2 到 t4 时，需要把 t−1 时刻的 s 值代进去。

```
    def forward(self,X):
        self.t1.forward(X[:,0],self.U,self.V,self.W)
        self.t2.forward(X[:,1],self.U,self.V,self.W,self.t1.s)
        self.t3.forward(X[:,2],self.U,self.V,self.W,self.t2.s)
        self.t4.forward(X[:,3],self.U,self.V,self.W,self.t3.s)
```

3. 反向传播

按逆序调用 4 个时间步的反向传播函数，注意在 t3、t2、t1 时，要把 t+1 时刻的 dh 代进去，以便计算当前时刻的 dh；而在 t4、t3、t2 时，需要把 t+1 时刻的 s 值代进去，以便计算 dW 的值。

```
    def backward(self,Y):
        self.t4.backward(Y[:,3],self.t3.s)
        self.t3.backward(Y[:,2],self.t2.s,self.t4.dh)
        self.t2.backward(Y[:,1],self.t1.s,self.t3.dh)
        self.t1.backward(Y[:,0],          self.t2.dh)
```

4. 损失函数

4 个时间步都参与损失函数计算，所以总体的损失函数是 4 个时间步的损失函数值的和。

```
    def check_loss(self,X,Y):
```

```
            self.forward(X)
            loss1,acc1 = self.loss_fun.CheckLoss(self.t1.a,Y[:,0:1])
            loss2,acc2 = self.loss_fun.CheckLoss(self.t2.a,Y[:,1:2])
            loss3,acc3 = self.loss_fun.CheckLoss(self.t3.a,Y[:,2:3])
            loss4,acc4 = self.loss_fun.CheckLoss(self.t4.a,Y[:,3:4])
            ...
            loss = (loss1 + loss2 + loss3 + loss4)/4
            return loss,acc,result
```

5. 训练过程

先初始化参数矩阵，然后用双重循环进行训练，每次只用一个样本，因此 batch_size=1。

```
    def train(self,batch_size, checkpoint=0.1):
        ...
```

在参数更新部分，需要把 4 个时间步的参数梯度相加再乘以学习率，作为整个网络的梯度。

19.3.8 运行结果

我们设定在验证集上的准确率为 1.0 时即停止训练，图 19-13 为训练过程曲线。

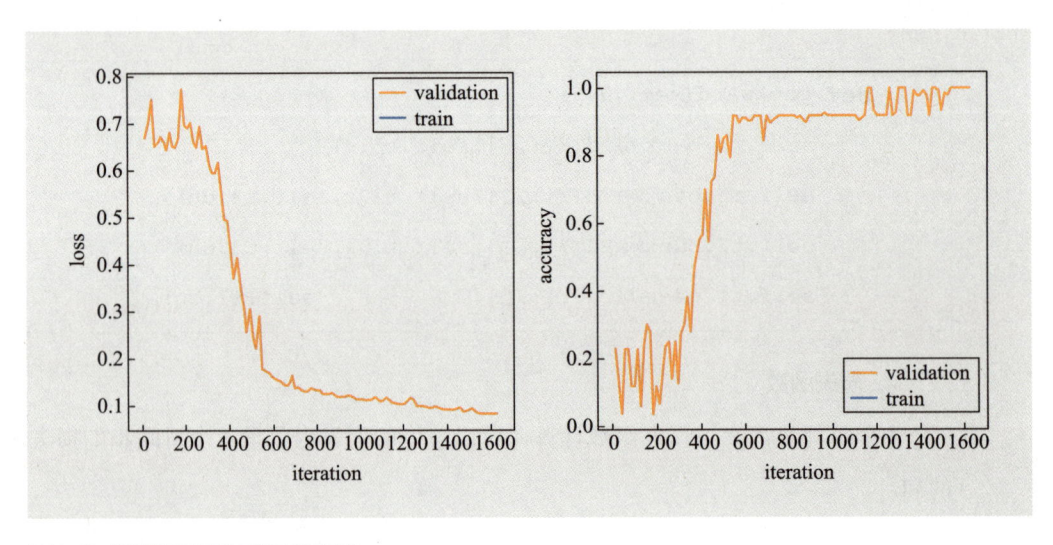

图 19-13 训练过程中的损失函数和准确率变化

最后几轮的打印输出结果如下。

```
5 741 loss=0.156525,acc=0.867647
5 755 loss=0.131925,acc=0.963235
5 811 loss=0.106093,acc=1.000000
testing...
loss=0.105319,acc=1.000000
```

我们在验证集上（实际上和测试集一致）得到了100%的准确率，即136个测试样本都可以得到正确的预测值。

下面随机列出了几个测试样本及其预测结果。

```
  x1: [1,0,1,1]
- x2: [0,0,0,1]
------------------
true: [1,0,1,0]
pred: [1,0,1,0]
11 - 1 = 10
===================


  x1: [1,1,1,1]
- x2: [0,0,1,1]
------------------
true: [1,1,0,0]
pred: [1,1,0,0]
15 - 3 = 12
===================


  x1: [1,1,0,1]
- x2: [0,1,1,0]
------------------
true: [0,1,1,1]
pred: [0,1,1,1]
```

```
13 - 6 = 7
====================
```

如何理解循环神经网络的概念在这个问题中的作用呢？

在每个时间步中，U、V 负责的是 0、1 相减可以得到正确的值，而 W 的作用是借位，在相邻的时间步之间传递借位信息，以便当 t−1 时刻的计算发生借位时，在 t 时刻也可以得到正确的结果。

代码位置

ch19，Level2

思考与练习

1. 把 tanh 函数变成 sigmoid 函数，试试看有什么不同？
2. 给 h 和 z 节点增加偏移值，看看有什么不同？
3. 把 h 节点的神经元数量增加到 8 个或 16 个，看看训练过程有何不同？减少到 2 个会得到正确结果吗？
4. 把二进制数扩展为 8 位，即最大值 255 时，这个网络还能正确工作吗？

19.4 通用的循环神经网络

19.4.1 提出问题

19.1 和 19.2 中的情况，都是预知时间步长度，然后以纯手工方式搭建循环神经网络。表 19-5 展示了不同场景下的循环神经网络参数。

表 19-5 不同场景下的循环神经网络参数

	回波检测问题	二进制减法问题	PM2.5 预测问题
时间步	2	4	用户指定
网络输出类别	回归	二分类	多分类
分类函数	无	Logistic 函数	Softmax 函数
损失函数	均方差	二分类交叉熵	多分类交叉熵
时间步输出	最后一个	每一个	最后一个
批大小	1	1	用户指定
有无偏移值	有	无	有

如果后面再遇到多分类情况，或者其他参数有变化的话，不能像 19.1 节和 19.2 节那样纯手工方式搭建，而是要抽象出来，写一个比较通用的框架。

"比较通用"应该满足以下条件。

（1）既可以支持分类网络（二分类和多分类），也可以支持回归网络。

（2）每一个时间步可以有输出并且有监督学习信号，也可以只在最后一个时间步有输出。

（3）第一个时间步的前向计算中不包含前一个时间步的隐藏层状态值（因为前面没有时间步）。

（4）最后一个时间步的反向传播中不包含下一个时间步的回传误差（因为后面没有时间步）。

（5）可以指定超参数进行网络训练，如：学习率、批大小、最大训练次数、输入层尺寸、隐藏层神经元数量、输出层尺寸等。

（6）可以保存训练结果并可以在以后加载参数，避免重新训练。

19.4.2　全输出网络通过时间反向传播

前几节的内容详细地描述了循环神经网络中的反向传播的方法，尽管如表 19-5 所示，二者有些许不同，但是还是可以从中总结出关于梯度计算和存储的一般性的规律，即通过时间的反向传播（BPTT，back propagation through time）。

如图 19-14 所示，我们仍以具有 4 个时间步的循环神经网络为例，推导通用的反向传播算法，然后再扩展到一般性。每一个时间步都有输出，所以称为全输出网路，主要是为了区别于后面的单输出形式。

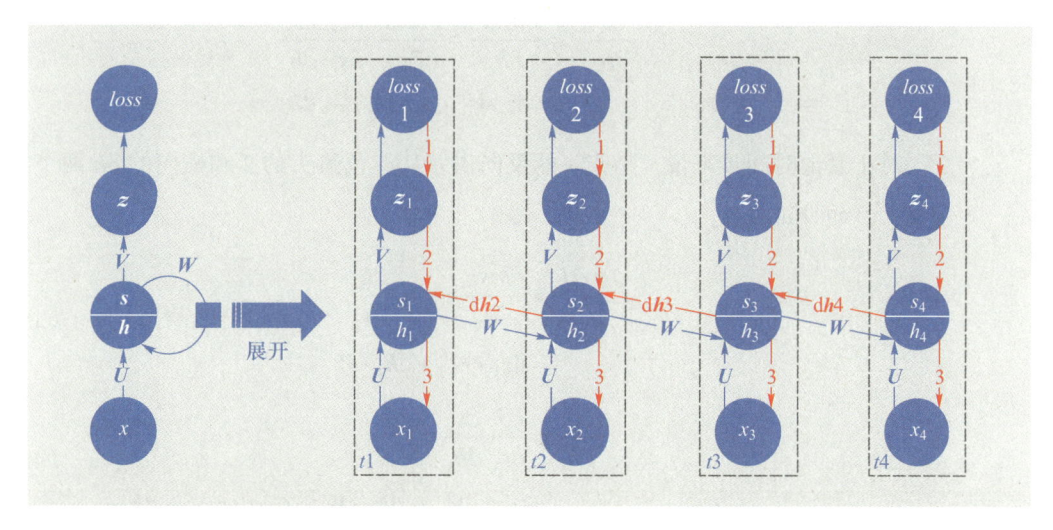

图 19-14　全输出网路通过时间的反向传播

图中蓝色箭头线表示正向计算的过程，线上的字符表示连接参数，用于矩阵相乘。红色的箭头线表示反向传播的过程，线上的数字表示计算梯度的顺序。

正向计算过程如下。

$$h_t = x_t \cdot U + s_{t-1} \cdot W + b_u \tag{19.4.1}$$

只有在时间步 $t1$ 时，公式（19.4.1）中的 s_{t-1} 为 $\mathbf{0}$。

后续过程推导如下。

$$s_t = \sigma(h_t) \tag{19.4.2}$$

$$z_t = V \cdot s_t + b_v \tag{19.4.3}$$

$$a_t = C(z_t) \tag{19.4.4}$$

$$loss_t = L(a_t, y_t) \tag{19.4.5}$$

公式（19.4.2）中的 σ 是激活函数，一般为 tanh 函数，但也不排除使用其他函数。公式（19.4.4）中的分类函数 C 和公式（19.4.5）中的损失函数 L 因不同的网络类型而不同，如表 19-5 所示。

$$J = \frac{1}{\tau}\sum_{t}^{\tau} loss_t \tag{19.4.6}$$

公式（19.4.6）中的 τ 表示最大时间步数，或最后一个时间步数。

$$\frac{\partial loss_t}{\partial z_t} = a_t - y_t \to \mathrm{d}z_t \tag{19.4.7}$$

对于图 19-14 的最后一个时间步来说，节点 s 和 h 的误差只与 $loss_\tau$ 有关。

$$\frac{\partial J}{\partial s_\tau} = \frac{\partial loss_\tau}{\partial s_\tau} = \frac{\partial loss_\tau}{\partial z_\tau}\frac{\partial z_\tau}{\partial s_\tau} = \mathrm{d}z_\tau \cdot V^{\mathrm{T}} \tag{19.4.8}$$

$$\begin{aligned}\frac{\partial J}{\partial h_\tau} &= \frac{\partial loss_\tau}{\partial h_\tau} = \frac{\partial loss_\tau}{\partial z_\tau}\frac{\partial z_\tau}{\partial s_\tau}\frac{\partial s_\tau}{\partial h_\tau} \\ &= \mathrm{d}z_\tau \cdot V^{\mathrm{T}} \odot \sigma'(s_\tau) \to \mathrm{d}h_\tau\end{aligned} \tag{19.4.9}$$

对于其他时间步来说，节点 s 的反向误差从红色箭头的 2 和横向的 $\mathrm{d}h$ 两个方向传回来，例如时间步 $t3$：

$$\begin{aligned}\frac{\partial J}{\partial s_3} &= \frac{\partial loss_3}{\partial s_3} + \mathrm{d}h_4 \frac{\partial h_4}{\partial s_3} \\ &= \mathrm{d}z_3 \cdot V^{\mathrm{T}} + \mathrm{d}h_4 \cdot W^{\mathrm{T}}\end{aligned} \tag{19.4.10}$$

$$\begin{aligned}\frac{\partial J}{\partial h_3} &= \frac{\partial J}{\partial s_3}\frac{\partial s_3}{\partial h_3} \\ &= (\mathrm{d}z_3 \cdot V^{\mathrm{T}} + \mathrm{d}h_4 \cdot W^{\mathrm{T}}) \odot \sigma'(s_3) \to \mathrm{d}h_3\end{aligned} \tag{19.4.11}$$

扩展到一般性：

$$\frac{\partial J}{\partial \boldsymbol{h}_t} = (\mathrm{d}\boldsymbol{z}_t \cdot \boldsymbol{V}^\mathrm{T} + \mathrm{d}\boldsymbol{h}_{t+1} \cdot \boldsymbol{W}^\mathrm{T}) \odot \sigma'(\boldsymbol{s}_t) \to \mathrm{d}\boldsymbol{h}_t \qquad (19.4.12)$$

从公式（19.4.12）可以看到，求任意时间步 t 的 $\mathrm{d}\boldsymbol{h}_t$ 是关键的环节，有了它之后，后面的问题都和全连接网络一样了，在 19.1 和 19.2 节中也有讲述具体的方法，在此不再赘述。求 $\mathrm{d}\boldsymbol{h}_t$ 时，是要依赖 $\mathrm{d}\boldsymbol{h}_{t+1}$ 的结果的，所以，在通过时间的反向传播时，要先计算最后一个时间步的 $\mathrm{d}\boldsymbol{h}_\tau$，然后按照时间倒流的顺序一步步向前推导。

19.4.3 单输出网络通过时间的反向传播

图 19-14 描述了一种通用的网络形式，即在每一个时间步都有监督学习信号，即计算损失函数值。另外一种常见的特例是，只有最后一个时间步有输出，需要计算损失函数值，并且有反向传播的梯度产生，而前面所有的其他时间步都没有输出，这种情况如图 19-15 所示。

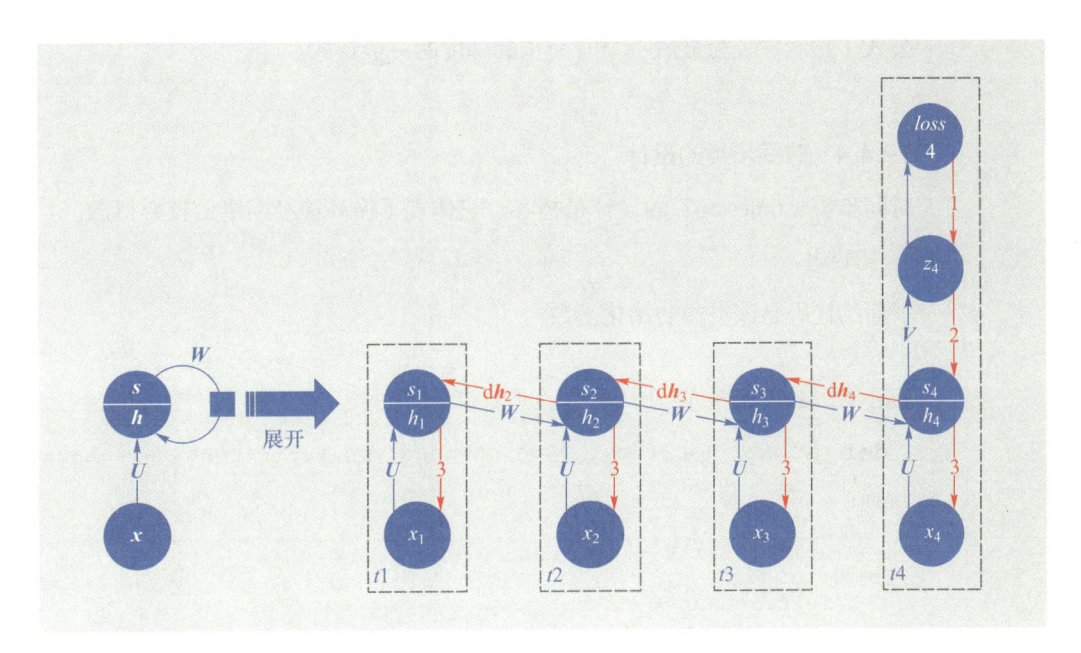

图 19-15 单输出网络通过时间的反向传播

这种情况的反向传播比较简单，首先，最后一个时间步的梯度公式（19.4.9）依然不变。但是对于公式（19.4.11），由于 $loss_3$ 为 0，所以公式简化为：

$$\begin{aligned}\frac{\partial J}{\partial \boldsymbol{h}_3} &= \frac{\partial loss_4}{\partial \boldsymbol{h}_3} = \frac{\partial loss_4}{\partial \boldsymbol{h}_4}\frac{\partial \boldsymbol{h}_4}{\partial \boldsymbol{s}_3}\frac{\partial \boldsymbol{s}_3}{\partial \boldsymbol{h}_3} \\ &= \mathrm{d}\boldsymbol{h}_4 \cdot \boldsymbol{W}^\mathrm{T} \odot \sigma'(\boldsymbol{s}_3)\end{aligned} \qquad (19.4.13)$$

扩展到一般性：

$$\frac{\partial J}{\partial \boldsymbol{h}_t} = \mathrm{d}\boldsymbol{h}_{t+1} \cdot \boldsymbol{W}^\mathrm{T} \odot \sigma'(\boldsymbol{s}_t) \to \mathrm{d}\boldsymbol{h}_t \qquad (19.4.14)$$

如果有 4 个时间步，则第一个时间步的 h 节点的梯度为：

$$\begin{aligned}
\frac{\partial J}{\partial \boldsymbol{h}_1} &= \mathrm{d}\boldsymbol{h}_2 \cdot \boldsymbol{W}^\mathrm{T} \odot \sigma'(\boldsymbol{s}_1) \\
&= \mathrm{d}\boldsymbol{h}_3 \cdot (\boldsymbol{W}^\mathrm{T} \odot \sigma'(\boldsymbol{s}_2)) \cdot (\boldsymbol{W}^\mathrm{T} \odot \sigma'(\boldsymbol{s}_1)) \\
&= \mathrm{d}\boldsymbol{h}_4 \cdot (\boldsymbol{W}^\mathrm{T} \odot \sigma'(\boldsymbol{s}_3)) \cdot (\boldsymbol{W}^\mathrm{T} \odot \sigma'(\boldsymbol{s}_2)) \cdot (\boldsymbol{W}^\mathrm{T} \odot \sigma'(\boldsymbol{s}_1)) \\
&= \mathrm{d}\boldsymbol{h}_4 \prod_{t=1}^{3} \boldsymbol{W}^\mathrm{T} \odot \sigma'(\boldsymbol{s}_t)
\end{aligned} \qquad (19.4.15)$$

扩展到一般性：

$$\frac{\partial J}{\partial \boldsymbol{h}_k} = \mathrm{d}\boldsymbol{h}_\tau \prod_{t=k}^{\tau-1} \boldsymbol{W}^\mathrm{T} \odot \sigma'(\boldsymbol{s}_t) \to \mathrm{d}\boldsymbol{h}_k \qquad (19.4.16)$$

$$\mathrm{d}\boldsymbol{h}_\tau = \mathrm{d}\boldsymbol{z}_\tau \cdot \boldsymbol{V}^\mathrm{T} \odot \sigma'(\boldsymbol{s}_\tau) \qquad (19.4.17)$$

公式（19.4.17）为最后一个时间步的梯度的一般形式。

19.4.4 时间步类的设计

时间步类（timestep）的设计是核心，它体现了循环神经网络的核心概念。

1. 初始化

下面的代码是该类的初始化函数。

```
class timestep(object):
    def __init__(self,net_type,output_type,isFirst=False,isLast=False):
        self.isFirst = isFirst
        self.isLast = isLast
        self.netType = net_type
        if (output_type == OutputType.EachStep):
            self.needOutput = True
        elif (output_type == OutputType.LastStep and isLast):
            self.needOutput = True
        else:
            self.needOutput = False
```

- isFirst 和 isLast 参数指定了该实例是否为第一个时间步或最后一个时间步。
- netType 参数指定了网络类型，回归、二分类、多分类，三种选择。
- output_type 结合 isLast，可以指定该时间步是否有输出，如果是最后一个时间步，肯定有输出；如果不是最后一个时间步，并且如果 output_type 是 OutputType.EachStep，则每个时间步都有输出，否则就没有输出。最后的判断结果记录在 self.needOutput 中。

2. 前向计算

```
def forward(self,x,U,bu,V,bv,W,prev_s):
    self.U = U
    self.bu = bu
    self.V = V
    self.bv = bv
    self.W = W
    self.x = x
    if (self.isFirst):
        self.h = np.dot(x,U) + self.bu
    else:
        self.h = np.dot(x,U) + np.dot(prev_s,W) + self.bu
    #endif
    self.s = Tanh().forward(self.h)

    if (self.needOutput):
        self.z = np.dot(self.s,V) + self.bv
        if (self.netType == NetType.BinaryClassifier):
            self.a = Logistic().forward(self.z)
        elif (self.netType == NetType.MultipleClassifier):
            self.a = Softmax().forward(self.z)
        else:
            self.a = self.z
        #endif
    #endif
```

- 如果是第一个时间步，在计算隐藏层节点值时，则只需要计算 np.dot(x, U)，prev_s 参数为 None，不需要计算在内。

- 如果不是第一个时间步，则 prev_s 参数是存在的，需要增加 np.dot(prev_s, W) 项。
- 如果该时间步有输出要求，即 self.needOutput 为 True，则计算输出项。
- 如果是二分类，最后的输出用 Logistic 函数；如果是多分类，用 Softmax 函数；如果是回归，直接令 self.a = self.z，这里的赋值是为了编程模型一致，对外只暴露 self.a 为结果值。

3. 反向传播

```python
    def backward(self,y,prev_s,next_dh):
        if (self.isLast):
            assert(self.needOutput == True)
            self.dz = self.a - y
            self.dh = np.dot(self.dz,self.V.T) * Tanh().backward(self.s)
            self.dV = np.dot(self.s.T,self.dz)
        else:
            assert(next_dh is not None)
            if (self.needOutput):
                self.dz = self.a - y
                self.dh = (np.dot(self.dz,self.V.T) + np.dot(next_dh,self.W.T)) * Tanh().backward(self.s)
                self.dV = np.dot(self.s.T,self.dz)
            else:
                self.dz = np.zeros_like(y)
                self.dh = np.dot(next_dh,self.W.T) * Tanh().backward(self.s)
                self.dV = np.zeros_like(self.V)
            #endif
        #endif
        self.dbv = np.sum(self.dz,axis=0,keepdims=True)
        self.dbu = np.sum(self.dh,axis=0,keepdims=True)

        self.dU = np.dot(self.x.T,self.dh)
```

```
        if (self.isFirst):
            self.dW = np.zeros_like(self.W)
        else:
            self.dW = np.dot(prev_s.T,self.dh)
        # end if
```

- 如果是最后一个时间步，则肯定要有监督学习信号，因此会计算 dz、dh、dV 等参数，但要注意计算 dh 时，只有 np.dot(self.dz, self.V.T) 项，因为 next_dh 不存在。
- 如果不是最后一个时间步，但是有输出（有监督学习信号），仍需要计算 dz、dh、dV 等参数，并且在计算 dh 时，需要考虑后一个时间步的 next_dh 传入，所以 dh 有 np.dot(self.dz, self.V.T) 和 np.dot(next_dh, self.W.T) 两部分组成。
- 如果不是最后一个时间步，并且没有有输出，则只计算 dh，误差来源是后面的时间步传入的 next_dh。
- 如果是第一个时间步，则 dW 为 0，因为 prev_s 为 None（没有前一个时间步传入的状态值），否则需要计算 dW = np.dot(prev_s.T, self.dh)。

19.4.5 网络模型类的设计

这部分代码量较大，由于篇幅原因，就不把代码全部列在这里了，而只是列出一些类方法。

1. 初始化

- 接收传入的超参数，超参数由使用者指定。
- 创建一个子目录来保存参数初始化结果和训练结果。
- 初始化损失函数类和训练记录类。
- 初始化时间步实例。

2. 前向计算

循环调用所有时间步实例的前向计算方法，遵循从前向后的顺序。要注意的是 prev_s 变量在第一个时间步是 None。

3. 反向传播

循环调用所有时间步实例的反向传播方法，遵循从后向前的顺序。要注意的是 prev_s 变量在第一个时间步是 None，next_dh 在最后一个时间步是 None。

4. 参数更新

在进行完反向传播后，每个时间步都会针对各个参数有自己的误差矩阵，由于循环神经网络的参数共享特性,需要统一进行更新,即把每个时间步的误差相加,然后乘以学习率,再除以批大小。

以 W 为例,其更新过程如下。

```
dw = np.zeros_like(self.W)
    for i in range(self.ts):
        dw += self.ts_list[i].dW
    #end for
    self.W = self.W - dw * self.hp.eta / batch_size
```

一定不要忘记除以批大小,笔者在开始阶段忘记了这一项,结果不得不把全局学习率设置得非常小,才可以正常训练。在加上这一项后,全局学习率设置为 0.1 就可以正常训练了。

5. 保存和加载网络参数

- 保存和加载初始化网络参数,为了比较不同超参对网络的影响。
- 保存和加载训练过程中最低损失函数时的网络参数。
- 保存和加载训练结束时的网络参数。

6. 网络训练

代码片段如下。

```
for epoch in range(self.hp.max_epoch):
    dataReader.Shuffle()
    for iteration in range(max_iteration):
        # get data
        batch_x,batch_y = GetBatchTrainSamples()
        # forward
        self.forward(batch_x)
        # backward
        self.backward(batch_y)
        # update
        self.update(batch_x.shape[0])
        # check loss and accuracy
        if (checkpoint):
            loss,acc = self.check_loss(X,Y)
```

- 外循环控制训练的 epoch 数，并且在每个 epoch 之间打乱样本顺序。
- 内循环控制一个 epoch 内的迭代次数。
- 每次迭代都遵守前向计算、反向传播、更新参数的顺序。
- 定期检查验证集的损失函数值和准确率。

代码位置

ch19, Level3_Base

19.5 实现空气质量预测

在 19.4 节中搭建了一个通用的循环神经网络模型，现在看看如何把这个模型应用到实际中。

19.5.1 提出问题

大气污染治理问题迫在眉睫，否则会严重影响人类健康。如果能够根据当前的空气质量条件和气象条件，预测未来几个小时的空气质量，就会为预警机制提供保证，以提醒人们未来几小时的出行安排。

用当前时刻的数据来预测未来的数据，也是循环神经网络的重要功能之一，它与前面学习的回归问题的重要区别在于：假设在 [0，1] 区间内，给定任意 x 值，预测 y 值，是属于普通的回归问题；而预测 $x>1$ 时的 y 值，就属于循环神经网络的预测范畴了。

19.5.2 准备数据

1. 原始数据格式

北京空气质量的原始数据格式见表 19-6。

表 19-6 空气质量数据字段说明

字段序号	英文名称	中文名称	取值说明
1	No	行数	1~43 824
2	year	年	2010~2014
3	month	月	1~12
4	day	日	1~31
5	hour	小时	0~23
6	pm2.5	PM2.5 浓度	0~994

续表

字段序号	英文名称	中文名称	取值说明
7	DEWP	露点	-40~28
8	TEMP	温度	-19~42
9	PRES	气压	991~1046
10	cbwd	风向	cv,NE,NW,SE
11	Iws	累积风速	0.45~585.6
12	Is	累积降雪量	0~27
13	Ir	累积降雨量	0~36

注意数据中最后三个字段都是按小时统计的累积量，以下面的数据片段为例。

```
No.   年    月   日   时   污染   露点   温    气压   风向   风速    雪   雨
-------------------------------------------------------------------------
...
22   2010   1   1   21   NA    -17   -5   1018   NW    1.79    0   0
23   2010   1   1   22   NA    -17   -5   1018   NW    2.68    0   0
24   2010   1   1   23   NA    -17   -5   1020   cv    0.89    0   0
25   2010   1   2   0    129   -16   -4   1020   SE    1.79    0   0
26   2010   1   2   1    148   -15   -4   1020   SE    2.68    0   0
27   2010   1   2   2    159   -11   -5   1021   SE    3.57    0   0
28   2010   1   2   3    181   -7    -5   1022   SE    5.36    1   0
29   2010   1   2   4    138   -7    -5   1022   SE    6.25    2   0
30   2010   1   2   5    109   -7    -6   1022   SE    7.14    3   0
31   2010   1   2   6    105   -7    -6   1023   SE    8.93    4   0
32   2010   1   2   7    124   -7    -5   1024   SE    10.72   0   0
...
```

第 22 行数据和第 23 行数据的风向都是 NW（西北风），前者的风速为 1.79 米 / 秒，后者的数值是 2.68，但是应该用 2.68-1.79=0.89 米 / 秒，因为 2.68 是累积值，表示这两个小时一直是西北风。第 24 行数据的风向是 cv，表示风力很小且风向不明显，正处于交替阶段。可以看到第 25 行数据的风向就变成了 SE（东南风），再往后又是持续的东南风数值的累积。

降雪量也是如此，例如第 28 行数据，开始降雪，到第 31 行数据结束，数值表示持续降雪的时长，单位为小时。

2. 累积值的处理

前面说过了，风速是累积值，这种累积关系实际上与循环神经网络的概念是重合的，因为循环神经网络设计的目的就是要识别这种与时间相关的特征，所以，我们需要把数据还原，把识别特征的任务交给循环神经网络来完成，而不要人为地制造特征。

假设原始数据如下。

```
24    cv    0.89
25    SE    1.79
26    SE    2.68
27    SE    3.57
28    SE    5.36
29    SE    6.25
```

去掉累积值之后的记录如下。

```
24    cv    0.89
25    SE    1.79
26    SE    0.89(=2.68-1.79)
27    SE    0.89(=3.57-2.68)
28    SE    1.79(=5.36-3.57)
29    SE    0.89(=6.25-5.36)
```

所以在处理数据时要注意把累积值变成当前值，需要用当前行的数值减去上一行的数值。

3. 缺失值的处理

大致浏览一下原始数据，可以看到 PM2.5 字段有不少缺失值，例如第 24 条数据中，该字段就是 NA。在后面的未展示的数据中，还有很多段是 NA 的情况。

很多资料建议对于缺失值的处理是删除该记录或者填充为 0，但是在本例中都不太合适。删除记录，会造成训练样本的不连续，而循环神经网络的通常要求时间步较长，这样遇到删除的记录时会跳到后面的记录。假设时间步为 4，应该形成的记录是 [1，2，3，4]，如果 3、4 记录被删除，会变成 [1，2，5，6]，从时间上看没有真正地连续，会给训练带来影响。如果填充为 0，相当于标签值 PM2.5 数据为 0，会给训练带来更大的影响。

所以，这两种方案我们都不能采用。在不能完全还原原始数据的情况下，可以采用折中的插值法来补充缺失字段。

假设有 PM2.5 的字段记录如下。

```
1 14.5
2 NA
3 NA
4 NA
5 NA
6 20.7
```

中间缺失了 4 个记录，采用插值法，插值 =(20.7−14.5)/(6−1)=1.24，则数据如下。

```
1 14.5
2 15.74(=14.5+1.24)
3 16.98(=15.74+1.24)
4 18.22(=16.98+1.24)
5 19.46(=18.22+1.24)
6 20.7
```

4. 无用特征的处理

（1）序号肯定没用，因为是人为给定的。

（2）年份字段也没用，除非你认为污染值是每年都会变得比前一年更糟糕。

（3）雨和雪的气象条件，对于 PM2.5 来说是没有用的，因为主要是温度、湿度、风向决定了雨雪的形成，而降水本身不会改变 PM2.5 的数值。

（4）"月日时"三个字段是否有用呢？实际上"月日"代表了季节，明显的特征是温度、气压等；"时"代表了一天的温度变化。所以有了温度、气压，就没必要有"月日时"了。

对于以上的无用特征值，要把该字段从数据中删除。如果不删除，网络训练也可以进行，造成的影响如下。

（1）需要更多的隐藏层神经元。

（2）需要更长的计算时间。

5. 预测类型

此例中的预测，可以是预测 PM2.5 的具体数值，也可以是预测空气质量的好坏程度，按照标准，我们可以把 PM2.5 的数值分为以下 6 个级别，如表 19-7 所示。

表 19-7　PM2.5 数值及级别对应

级别	数值
0	0~50
1	50~100
2	100~150
3	150~200
4	200~300
5	300 以上

如果预测具体数值，则是个回归网络，需要在最后一个时间步上用线性网络，后接一个均方差损失函数；如果预测污染级别，则是个分类网络，需要在最后一个时间步上用 Softmax 做 6 分类，后接一个交叉熵损失函数。

由于我们在 19.4 节实现了一个"通用的循环神经网络"，所以这些细节就可以不考虑了，只需要指定网络类型为 NetType.Fitting 或者 NetType.MultipleClassifier 即可。

6. 对于 PM2.5 数值字段的使用

在前面的前馈神经网络的学习中，我们知道在本问题中，PM2.5 的数值应该作为标签值，那么它就不应该出现在训练样本 TrainX 中，而是只在标签值 TrainY 中出现。

到了循环神经网络的场景，很多情况下，需要前面时间步的所有信息才能预测下一个时间步的数值，例如股票的股价预测，股价本身是要本预测的标签值，但是如果没有前一天的股价作为输入，是不可能预测出第二天的股价的。所以，在这里股价既是样本值，又是标签值。

在这个 PM2.5 的例子中，也是同样的情况，前一时刻的污染数值必须作为输入值，来预测下一时刻的污染数值。笔者曾经把 PM2.5 数值从 TrainX 中删除，试图直接训练出一个拟合网络，但是其准确率非常低，一度令笔者迷惑，还以为是循环神经网络的实现代码有问题。后来想通了这一点，把 PM2.5 数值加入训练样本中，才得到了比较满意的训练效果。

具体的用法是这样的，原始数据片段如下。

```
No.  污染  露点   温  气压  风向  风速
----------------------------------
...
25   129  -16   -4  1020  SE   1.79
```

```
26   148   -15   -4   1020   SE   2.68
27   159   -11   -5   1021   SE   3.57
28   181   -7    -5   1022   SE   5.36
29   138   -7    -5   1022   SE   6.25
30   109   -7    -6   1022   SE   7.14
31   105   -7    -6   1023   SE   8.93
32   124   -7    -5   1024   SE   10.72
...
```

这里有个问题：标签值数据如何确定呢？是把污染字段数据直接拿出来就能用了吗？

例如第 26 行的污染数值为 148，其含义是在当前时刻采样得到的污染数据，是第 25 行所描述的气象数据在持续 1 个小时后，在 129 的基础上升到了 148。如果第 25 行的数据不是 129，而是 100，那么第 26 行的数据就可能是 120，而不是 148。所以，129 这个数据一定要作为训练样本放入训练集中，而 148 是下一时刻的预测值。

这样就比较清楚了，处理后的数据如下。

```
No.  污染  露点  温   气压   风向  风速   标签值 Y
-------------------------------------------
...
25   129   -16   -4   1020   SE   1.79   148
26   148   -15   -4   1020   SE   2.68   159
27   159   -11   -5   1021   SE   3.57   181
28   181   -7    -5   1022   SE   5.36   138
29   138   -7    -5   1022   SE   6.25   109
30   109   -7    -6   1022   SE   7.14   105
31   105   -7    -6   1023   SE   8.93   124
32   124   -7    -5   1024   SE   10.72  134
...
```

仔细对比数据，其实就是把污染字段的数值向上移一个时间步，就可以作为标签值。

如果想建立一个 4 个时间步的训练集，那么数据如下。

```
No.    污染    露点    温    气压    风向    风速    标签值 Y
---------------------------------------------------------
(第一个样本,含有 4 个时间步)
25     129    -16    -4    1020    SE     1.79
26     148    -15    -4    1020    SE     2.68
27     159    -11    -5    1021    SE     3.57
28     181    -7     -5    1022    SE     5.36   138
(第二个样本,含有 4 个时间步)
29     138    -7     -5    1022    SE     6.25
30     109    -7     -6    1022    SE     7.14
31     105    -7     -6    1023    SE     8.93
32     124    -7     -5    1024    SE     10.72  134
...
```

该样本是三维数据,第一维是样本序列,第二维是时间步,第三维是气象条件。针对每个样本只有一个标签值,而不是 4 个。第一个样本的标签值 138,实际上是原始数据第 28 行的 PM2.5 数据;第二个样本的标签值 134,是原始数据第 33 行的 PM2.5 数据。

如果是预测污染级别,则把 PM2.5 数据映射到 0~5 的六个级别上即可,标签值同样也是级别数据。

19.5.3 训练一个分类预测网络

与 19.2 节和 19.3 节的情况不同,此次的问题并没有指定时间步的长度,而是由网络搭建者自己指定。在此,我们指定时间步为 72,然后分别预测 8 小时、4 小时、2 小时、1 小时的污染指标级别,代码如下。

```
if __name__=='__main__':
    net_type = NetType.MultipleClassifier
    output_type = OutputType.LastStep
    num_step = 72
    dataReader = load_data(net_type,num_step)
    eta = 0.1 #0.1
    max_epoch = 10
```

```
    batch_size = 64 #64
    num_input = dataReader.num_feature
    num_hidden = 4   # 16
    num_output = dataReader.num_category
    ...
    n.train(dataReader,checkpoint=1)
    pred_steps = [8,4,2,1]
    for i in range(4):
        test(n,dataReader,num_step,pred_steps[i],1050,1150)
```

图 19-16 显示了训练过程，只是在刚开始几步中没有找到正确的梯度方向，后面还算比较顺利。

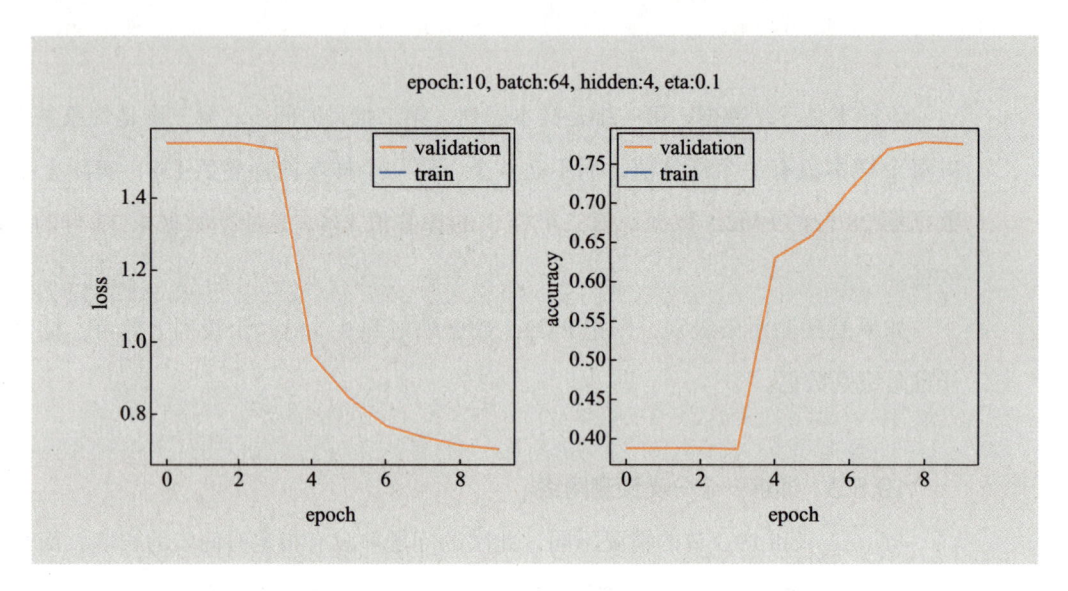

图 19-16　训练过程中的损失函数值和准确率的变化

然后分别预测了未来 8、4、2、1 小时的污染程度，并截取了中间一小段数据来展示预测效果，如表 19-8 所示。从表中的 4 张图的直观比较可以看出来，预测时间越短，预测结果越准确。预测 8 小时的污染数据的准确率只有约 60%，而预测 1 小时的准确率可以达到约 76%。如果我们把 max_epoch 的数值改大，多训练几步，是否可以得到更好的效果呢？笔者实验过 max_epoch=100 的情况，结果并没有好多少。

表 19-8 预测时长与准确率的关系

预测时长	结果	分类效果图
8 小时	损失函数值：1.178 819 准确率：0.601 980	
4 小时	损失函数值：0.944 813 准确率：0.655 847	
2 小时	损失函数值：0.800 045 准确率：0.713 743	
1 小时	损失函数值：0.713 512 准确率：0.755 755	

19.5.4 训练一个回归预测网络

下面我们训练一个回归网络,预测具体的 PM2.5 数值,由于有 19.4 节的代码支持,只需要在 19.4 节的代码上改一行即可,具体如下。

```
net_type = NetType.Fitting
```

图 19-17 显示了训练过程,一开始变化得很快,然后变得很平缓。

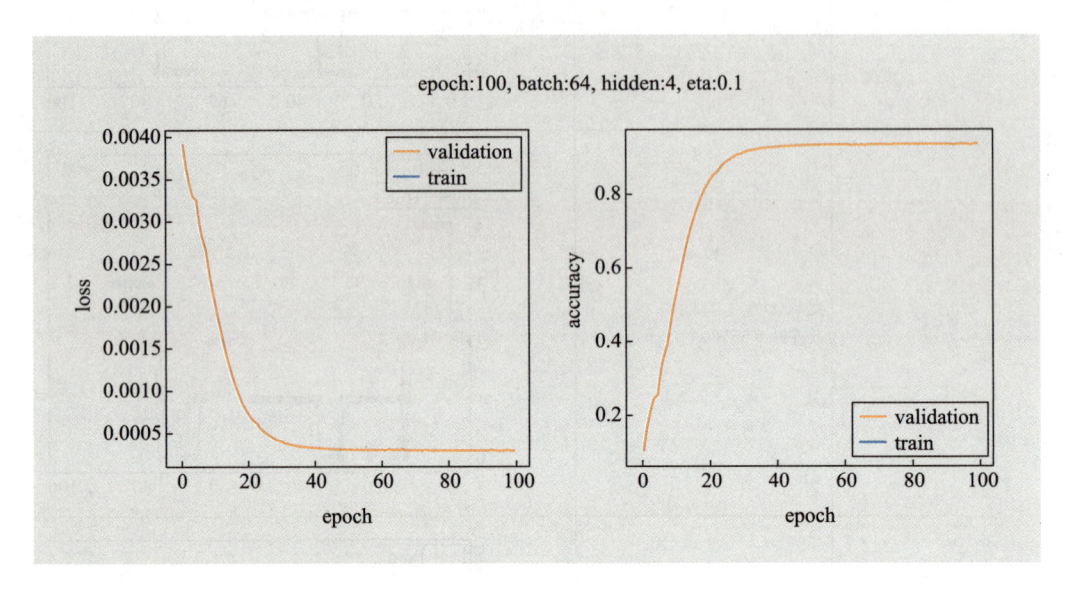

图 19-17 训练过程中的损失函数值和准确率的变化

分别预测了未来 8、4、2、1 小时的污染数值,并截取了中间一小段数据来展示预测效果,如表 19-9 所示。

从下面的 4 张图的直观比较可以看出来,预测时间越短的越准确,预测 8 小时候的污染数据的准确率是 72%,而预测 1 小时的准确率可以达到 94.6%。

表 19-9 预测时长与准确率的关系

预测时长	结果	预测结果
8 小时	损失函数值:0.001 239 准确率:0.722 895	

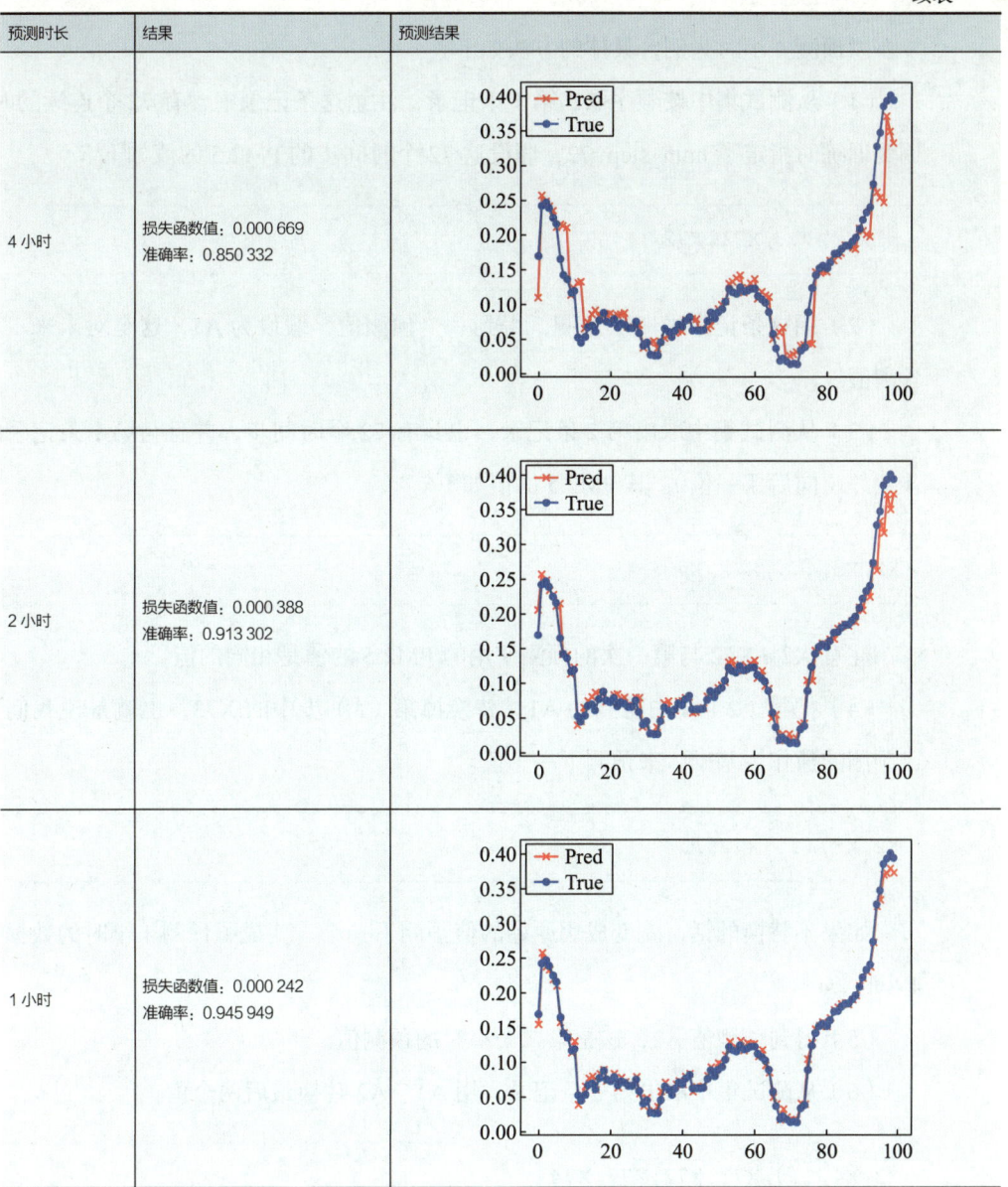

预测时长	结果	预测结果
4 小时	损失函数值：0.000 669 准确率：0.850 332	
2 小时	损失函数值：0.000 388 准确率：0.913 302	
1 小时	损失函数值：0.000 242 准确率：0.945 949	

19.5.5 几个预测时要注意的问题

1. 准确率问题

预测 8 小时的具体污染数值的准确率是 72%，而按污染程度做的分类预测的准确率为 60%，为什么有差异呢？

在训练前，一般都需要把数据做归一化处理，因此 PM2.5 的数值都被归一到 [0,1] 之间。在预测污染数值时，我们并没有把预测值还原为真实值。假设预测值为 0.11，标签值为 0.12，二者相差 0.01。但是如果都还原为真实值的话，可能会是 110 和 120 做比较，这样差别就比较大了。

2. 预测方法

以预测 4 小时为例,具体的方法如下。

(1)从测试集中按顺序取出第 1 条记录,注意这条记录中含有 72 个连续的时间步,因为训练时指定了 num_step=72,假设这 72 个时间步的 PM2.5 的值如下。

```
X1,X2,...,X71,X72
```

(2)用这条记录做一次预测,得到一个预测值,假设为 A1,这是对未来 1 小时的预测值。

(3)从测试集中取出第 2 条记录,也具有 72 个时间步,并且与第 1 条记录的时间步相邻(向后挪一位),其 PM2.5 的值如下。

```
X2,X3,...,X72,X73
```

注意 X2~X72 与第一次的预测使用的 PM2.5 的值是相同的值。

(4)把第(2)步中得到的 A1,替换掉第(3)步中的 X73,也就是说我们要用自己预测的值作为基础,来预测下一个值。

```
X2,X3,...,X72,A1
```

如果不替换的话,就变成用原始的值预测下一个,变成了预测 1 小时的数据而不是 4 小时。

(5)得到预测值 A2,这是第二个小时的预测值。

(6)从测试集中取出第 3 条记录,用 A1、A2 替换最后两个值。

```
X3,X4,...,X71,X72,X73,X74
变成:
X3,X4,...,X71,X72,A1,A2
```

(7)再次预测得到 A3,这是第 3 个小时的预测值。

(8)从测试集中取出第 4 条记录,并替换最后 3 个值。

```
X4,X5,...,X72,X73,X74,X75
变成:
X4,X5,...,X72,A1,A2,A3
```

（9）得到预测值 A4，至此，4 个小时的预测值集合：[A1，A2，A3，A4]。

（10）用 [A1，A2，A3，A4] 与标签值 [Y1，Y2，Y3，Y4] 相比得到预测准确率；至此，4 小时的预测已经完成。

（11）下面取出第 5 至第 8 条记录，重复第（1）到第（9）步，得到 [A5，A6，A7，A8]，注意与测试不要使用 [A1，A2，A3，A4] 的值，否则就变成预测 8 小时的数据了。

（12）假设测试集一共有 n 条记录，最终得到 A 值为 [A1，A2，…，An]，测试集标签值为 [Y1，Y2，…，Yn]，将二者比较，得到准确率。

用图 19-18 可以示意性地解释这种情况。

（1）a，b，c，d 为到当前为止前 4 个时间步的记录，用它预测出了第 5 个时间步的情况 w，并在第二次预测时加入到预测输入部分，挤掉最前面的 a。

（2）用 b，c，d，w 预测出 x。

（3）用 c，d，w，x 预测出 y。

（4）用 d，w，x，y 预测出 z。

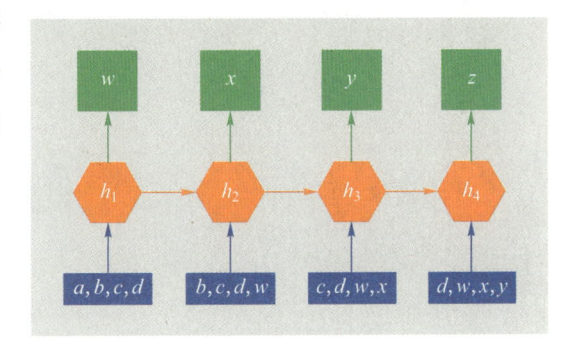

图 19-18　预测未来 4 个时间步的示意图

代码位置

ch19，Level4

（注：如果想改变数据集，可以修改 SourceCode/Data/ch19_PM25.py，来重新生成数据集。）

思考与练习

1. 把预测值还原为真实值后，再计算准确率，看看数值会是多少？

2. 做分类预测时，把 max_epoch 的数值变大，看看是否可以得到更好的效果？

3. 分别调整隐藏层神经元数 num_hidden、时间步数 num_step，并仍旧预测 8、4、2、1 小时的数据，看看结果是否有变化？

4. 不删除原始数据中的年、月、日、时、雨、雪等字段，看看对训练效果的影响如何。

知识拓展：不定长时序的循环神经网络

深度循环神经网络

双向循环神经网络

第20章 高级循环神经网络

20.1 高级循环神经网络概论

20.1.1 传统循环神经网络的不足

在上一章中，介绍了循环神经网络的由来和发展历史，以及传统循环神经网络的原理和应用。传统循环神经网络弥补了前馈神经网络的不足，可以更好地处理时序相关的问题，扩大了神经网络解决问题的范围。

传统循环神经网络也有自身的缺陷，由于容易产生梯度爆炸和梯度消失的问题，导致很难处理长距离的依赖。传统神经网络模型，不论是一对多、多对一、多对多，都很难处理不确定序列输出的问题，一般需要输出序列为1，或与输入相同。在机器翻译等问题上产生了局限性。

20.1.2 高级循环神经网络简介

针对上述问题，科学家们对传统循环神经网络进行改进，以便处理更复杂的数据模型，提出了如 LSTM，GRU，Seq2Seq 等模型。此外，注意力（attention）机制的引入，使得 Seq2Seq 模型的性能得到提升。

下面简单介绍本章将会讲解的三种网络模型。

1. 长短时记忆网络

长短时记忆（long short-term memory，LSTM）网络是最先提出的改进算法，由于门控单元的引入，从根本上解决了梯度爆炸和消失的问题，使网络可以处理长距离依赖。

2. 门控循环单元网络

LSTM 网络结构中有三个门控单元和两个状态，参数较多，实现复杂。为此，针对 LSTM 提出了许多变体，其中门控循环单元网络是最流行的一种，它将三个门减少为两个，状态也只保留一个，和传统循环神经网络保持一致。

3. 序列到序列网络

LSTM 与其变体很好地解决了网络中梯度爆炸和消失的问题。但 LSTM 有一个缺陷，无法处理输入和输出序列不等长的问题，为此提出了序列到序列（sequence-to-sequence，简称 Seq2Seq）模型，引入和编码解码结构（encoder-decoder），在机器翻译等领域取得了很大的成果，进一步提升了循环神经网络的处理范围。

20.2 LSTM的基本原理

20.2.1 提出问题

循环神经网络（RNN）的提出，使神经网络可以训练和解决带有时序信息的任务，大大拓宽了神经网络的使用范围。但是原始的 RNN 有明显的缺陷。不管是双向 RNN，还是深度 RNN，都有一个严重的缺陷：训练过程冲经常会出现梯度爆炸和梯度消失的问题，以至于传统 RNN 很难处理长距离的依赖。

1. 从实例角度

例如，在语言生成问题中，有如下场景。

佳佳今天帮助妈妈洗碗，帮助爸爸修理椅子，还帮助爷爷奶奶照顾小狗毛毛，大家都夸奖了＿＿＿＿＿＿＿＿。

例句中出现了很多人，空白出要填谁呢？我们知道是"佳佳"，但传统 RNN 无法很好学习这么远距离的依赖关系。

2. 从理论角度

根据循环神经网络的反向传播算法，可以得到任意时刻 k，误差项沿时间反向传播的公式如下。

$$\delta_k^T = \delta_t^T \prod_{i=k}^{t-1} diag[f'(z_i)]W$$

其中 f 为激活函数，z_i 为神经网络在第 i 时刻的加权输入，W 为权重矩阵，$diag$ 表示求对角矩阵。

注意，由于使用链式求导法则，式中有一个连乘项 $\prod_{i=k}^{t-1} diag[f'(z_i)]W$，如果激活函数是挤压型，例如 tanh 或 sigmoid，它们的导数值在 [0, 1] 之间。

（1）如果 W 的值在 (0, 1) 的范围内，则随着 t 的增大，连乘项会越来越趋近于 0，误差无法传播，这就导致了梯度消失的问题。

（2）如果 W 的值很大，使得 $diag[f'(z_i)]W$ 的值大于 1，则随着 t 的增大，连乘项的值会呈指数增长，并趋向于无穷，产生梯度爆炸。

梯度消失使得误差无法传递到较早的时刻，权重无法更新，网络停止学习。梯度爆炸又会使网络不稳定，梯度过大，权重变化太大，无法很好学习，最坏的情况是会产生溢出（NaN）错误而无法更新权重。

3. 解决办法

为了解决这个问题，科学家们想了很多办法。

（1）采用半线性激活函数 ReLU 代替挤压型激活函数，ReLU 函数在定义域大于 0 的部分，导数恒等于 1，来解决梯度消失问题。

（2）合理初始化权重，使 $diag[f'(z_i)]W$ 的值尽量趋近于 1，避免梯度消失和梯度爆炸。

上面两种办法都有一定的缺陷，ReLU 函数有自身的缺点，而初始化权重的策略也抵不过连乘带来的指数增长问题。要想根本解决问题，必须去掉连乘项。

所以诞生了新的模型——长短时记忆网络。

20.2.2 LSTM网络

1. LSTM网络的结构

LSTM 网络的设计思路比较简单，原来的 RNN 中隐藏层只有一个状态 h，对短期输入敏感，现在再增加一个状态 c，来保存长期状态。这个新增状态称为细胞状态（cell state）或单元状态。增加细胞状态前后的网络对比，如图 20-1 和图 20-2 所示。

那么，如何控制长期状态 c 呢？在任意时刻 t，需要确定以下几点。

（1）$t-1$ 时刻传入的状态 c_{t-1}，有多少需要保留。

（2）当前时刻的输入信息，有多少需要传递到 $t+1$ 时刻。

（3）当前时刻的隐藏层输出状态 h_t 是什么。

LSTM 设计了门控（gate）结构，控制信息的保留和丢弃。LSTM 有 3 个门，

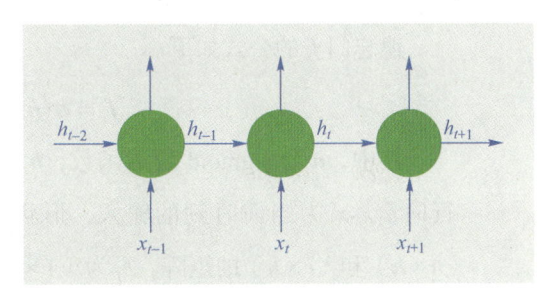

图 20-1　传统 RNN 结构示意图

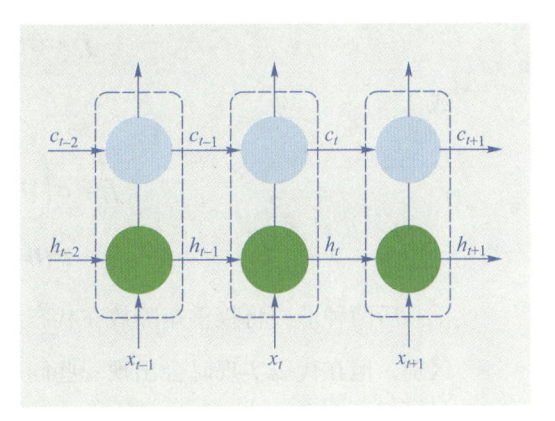

图 20-2　LSTM 结构示意图

分别是：遗忘门（forget gate），输入门（input gate）和输出门（output gate）。

图 20-3 是常见的 LSTM 结构，以任意时刻 t 的 LSTM 单元（LSTM cell）为例，来分析其工作原理。

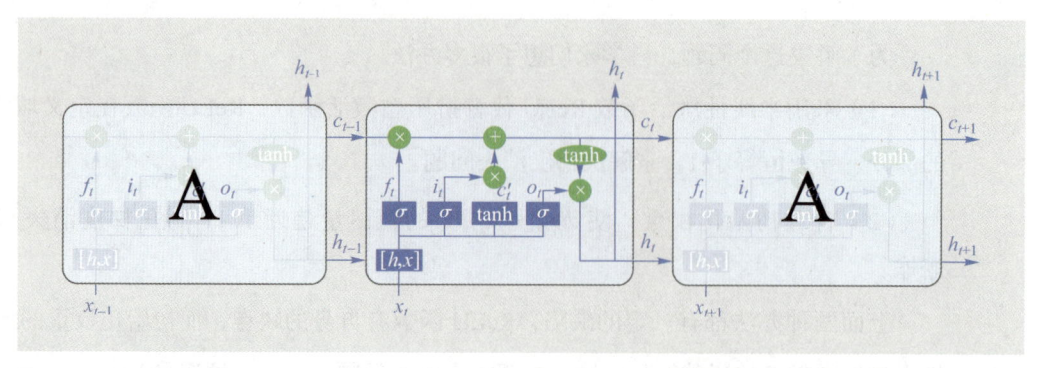

图 20-3　LSTM 内部结构示意图

2. LSTM 的前向计算

（1）遗忘门

由图 20-3 可知，遗忘门的输出为 f_t，采用 Sigmoid 激活函数，将输出映射到 [0，1] 区间。上一时刻细胞状态 c_{t-1} 通过遗忘门时，与 f_t 结果相乘，显然，乘数为 0 的信息被全部丢弃，为 1 的被全部保留。这样就决定了上一细胞状态 c_{t-1} 有多少能进入当前状态 c_t。

遗忘门 f_t 的公式如下。

$$f_t = \sigma(\boldsymbol{h}_{t-1} \cdot \boldsymbol{W}_f + \boldsymbol{x}_t \cdot \boldsymbol{U}_f + \boldsymbol{b}_f) \tag{20.2.1}$$

其中，σ 为 sigmoid 激活函数，$\boldsymbol{h}_{t-1}$ 为上一时刻的隐藏层状态，形状为（$1 \times h$）的行向量。$\boldsymbol{x}_t$ 为当前时刻的输入，形状为（$1 \times i$）的行向量。参数矩阵 $\boldsymbol{W}_f$、$\boldsymbol{U}_f$ 分别是（$h \times h$）和（$i \times h$）的矩阵，$\boldsymbol{b}_f$ 为（$1 \times h$）的行向量。

很多教科书或网络资料将公式写成如下格式：

$$f_t = \sigma(\boldsymbol{W}_f \cdot [\boldsymbol{h}_{t-1}, \boldsymbol{x}_t] + \boldsymbol{b}_f)$$

或

$$\begin{aligned} f_t &= \sigma\left(\begin{bmatrix} \boldsymbol{W}_{fh} & \boldsymbol{W}_{fx} \end{bmatrix} \begin{bmatrix} \boldsymbol{h}_{t-1} \\ \boldsymbol{x}_t \end{bmatrix} + \boldsymbol{b}_f \right) \\ &= \sigma(\boldsymbol{W}_{fh}\boldsymbol{h}_{t-1} + \boldsymbol{W}_{fx}\boldsymbol{x}_t + \boldsymbol{b}_f) \end{aligned}$$

后两种形式将权重矩阵放在状态向量前面，在讲解原理时，与公式（20.2.1）没有区别，但在代码实现时会出现一些问题，所以，在本章中我们采用公式（20.2.1）的表达方式。

（2）输入门

输入门 i_t 决定输入信息有哪些被保留，输入信息包含当前时刻输入和上一时刻隐藏层输出两部分，存入即时细胞状态 $\tilde{c}_t$ 中。输入门依然采用 Sigmoid 激活函数，将输出映射到 [0，1] 区间。$\tilde{c}_t$ 通过输入门时进行信息过滤。

输入门 i_t 的公式如下。

$$i_t = \sigma(\boldsymbol{h}_{t-1} \cdot \boldsymbol{W}_i + \boldsymbol{x}_t \cdot \boldsymbol{U}_i + \boldsymbol{b}_i) \tag{20.2.2}$$

即时细胞状态 $\tilde{c}_t$ 的公式如下。

$$\tilde{c}_t = \tanh(\boldsymbol{h}_{t-1} \cdot \boldsymbol{W}_c + \boldsymbol{x}_t \cdot \boldsymbol{U}_c + \boldsymbol{b}_c) \tag{20.2.3}$$

上一时刻保留的信息，加上当前输入保留的信息，构成了当前时刻的细胞状态 c_t。当前细胞状态 c_t 的公式如下。

$$c_t = \boldsymbol{f}_t \circ \boldsymbol{c}_{t-1} + \boldsymbol{i}_t \circ \tilde{\boldsymbol{c}}_t \tag{20.2.4}$$

其中，符号 • 表示矩阵乘积，∘ 表示 Hadamard 乘积，即元素乘积。

（3）输出门

最后，需要确定输出信息。

输出门 o_t 决定 $\boldsymbol{h}_{t-1}$ 和 $\boldsymbol{x}_t$ 中哪些信息将被输出，公式如下。

$$o_t = \sigma(\boldsymbol{h}_{t-1} \cdot \boldsymbol{W}_o + \boldsymbol{x}_t \cdot \boldsymbol{U}_o + \boldsymbol{b}_o) \tag{20.2.5}$$

细胞状态 c_t 通过 tanh 激活函数压缩到（−1，1）区间，通过输出门，得到当前时刻的隐藏状态 h_t 作为输出，公式如下。

$$h_t = o_t \circ \tanh(c_t) \tag{20.2.6}$$

最后，时刻 t 的预测输出为

$$a_t = \sigma(\boldsymbol{h}_t \cdot \boldsymbol{V} + z_t) \tag{20.2.7}$$

其中，

$$z_t = \boldsymbol{h}_t \cdot \boldsymbol{V} + \boldsymbol{b} \tag{20.2.8}$$

经过上面的步骤，LSTM 就完成了当前时刻的前向计算工作。

3. LSTM 的反向传播

LSTM 使用时序反向传播算法（backpropagation through time，BPTT）进行计算。图 20-4 是带有一个输出的 LSTM cell。我们使用该图来推导反向传播过程。

假设当前 LSTM cell 处于第 l 层、t 时刻。那么，它从两个方向接受反向传播的误差：一个是从 t 时刻 $l+1$ 层的输入传回误差，记为 $\delta_{x_t}^{l+1}$；另一个是从 $t+1$ 时刻 l 层传回的误差，记为 $\delta_{h_t}^l$。（注意，这里不是 h_{t+1}，而是 h_t）。

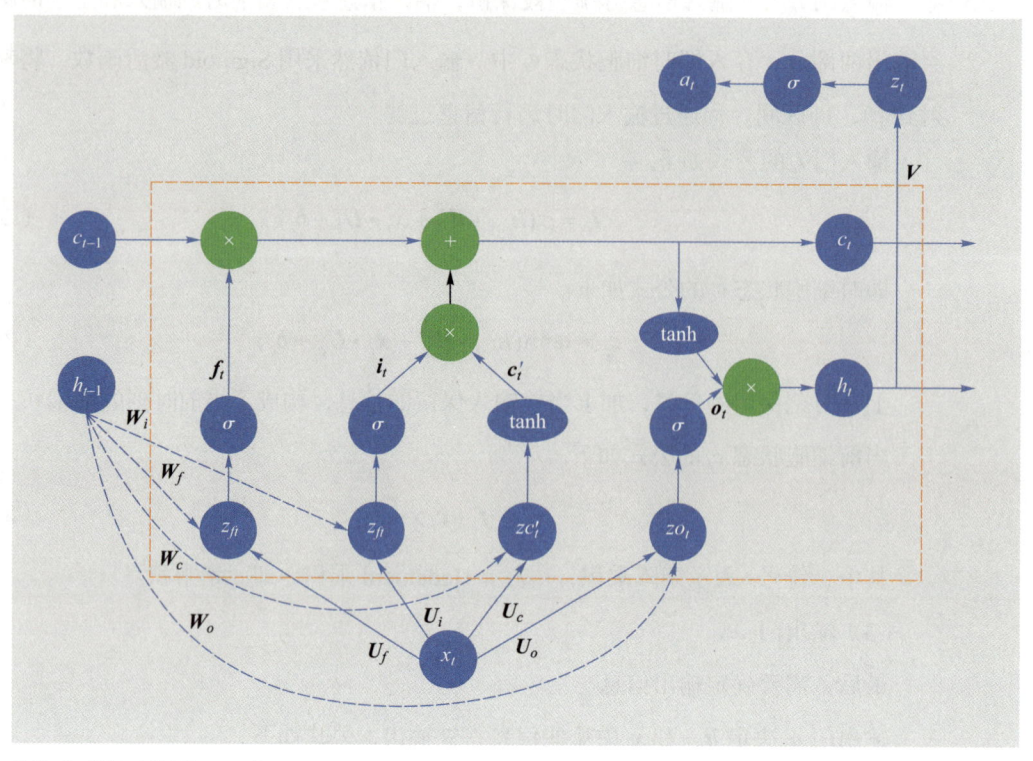

图 20-4　带有一个输出的 LSTM 单元

我们先复习几个在推导过程中会使用到的激活函数，以及其导数公式。令 sigmoid=σ，则：

$$\sigma(z) = y = \frac{1}{1+e^{-z}} \quad (20.2.9)$$

$$\sigma'(z) = y(1-y) \quad (20.2.10)$$

$$\tanh(z) = y = \frac{e^z - e^{-z}}{e^z + e^{-z}} \quad (20.2.11)$$

$$\tanh'(z) = 1 - y^2 \quad (20.2.12)$$

假设某一线性函数 z_i 经过 Softmax 函数之后的预测输出为 $\hat{y}_i$，该输出的标签值为 y_i，则：

$$softmax(z_i) = \hat{y}_i = \frac{e^{z_i}}{\sum_{j=1}^{m} e^{z_j}} \quad (20.2.13)$$

$$\frac{\partial loss}{\partial z_i} = \hat{y}_i - y_i \quad (20.2.14)$$

从图中可知，从上层传回的误差为输出层 z_t 向 h_t^l 传回的误差，假设输出层的激活函数为 Softmax 函数，输出层标签值为 y，则：

$$\delta_{x_t}^{l+1} = \frac{\partial loss}{\partial z_t} \cdot \frac{\partial z_t}{\partial h_t^l} = (\boldsymbol{a} - \boldsymbol{y}) \cdot \boldsymbol{V} \quad (20.2.15)$$

从 $t+1$ 时刻传回的误差为 $\delta_{h_t}^l$，若 t 为时序的最后一个时间点，则 $\delta_{h_t}^l = \boldsymbol{0}$。

该 cell 的隐藏层 h_t^l 的最终误差为两项误差之和，即：

$$\delta_t^l = \frac{\partial loss}{\partial \boldsymbol{h}_t} = \delta_{x_t}^{l+1} + \delta_{h_t}^l = (\boldsymbol{a} - \boldsymbol{y}) \cdot \boldsymbol{V} \quad (20.2.16)$$

接下来的推导过程仅与本层相关，为了方便推导，我们忽略层次信息，令 $\delta_t^l = \delta_t$。可以求得各个门结构加权输入的误差。

$$\begin{aligned}\delta_{z_{o_t}} &= \frac{\partial loss}{\partial z_{o_t}} = \frac{\partial loss}{\partial \boldsymbol{h}_t} \cdot \frac{\partial \boldsymbol{h}_t}{\partial \boldsymbol{o}_t} \cdot \frac{\partial \boldsymbol{o}_t}{\partial z_{o_t}} \\ &= \delta_t \cdot diag[\tanh(\boldsymbol{c}_t)] \cdot diag[\boldsymbol{o}_t \circ (1 - \boldsymbol{o}_t)] \\ &= \delta_t \circ \tanh(\boldsymbol{c}_t) \circ \boldsymbol{o}_t \circ (1 - \boldsymbol{o}_t)\end{aligned} \quad (20.2.17)$$

$$\begin{aligned}\delta_{c_t} &= \frac{\partial loss}{\partial \boldsymbol{c}_t} = \frac{\partial loss}{\partial \boldsymbol{h}_t} \cdot \frac{\partial \boldsymbol{h}_t}{\partial \tanh(\boldsymbol{c}_t)} \cdot \frac{\partial \tanh(\boldsymbol{c}_t)}{\partial \boldsymbol{c}_t} \\ &= \delta_t \cdot diag[\boldsymbol{o}_t] \cdot diag[1 - \tanh^2(\boldsymbol{c}_t)] \\ &= \delta_t \circ \boldsymbol{o}_t \circ (1 - \tanh^2(\boldsymbol{c}_t))\end{aligned} \quad (20.2.18)$$

$$\begin{aligned}\delta_{z_{\tilde{c}_t}} &= \frac{\partial loss}{\partial z_{\tilde{c}_t}} = \frac{\partial loss}{\partial \boldsymbol{c}_t} \cdot \frac{\partial \boldsymbol{c}_t}{\partial \tilde{\boldsymbol{c}}_t} \cdot \frac{\partial \tilde{\boldsymbol{c}}_t}{\partial z_{\tilde{c}_t}} \\ &= \delta_{c_t} \cdot diag[\boldsymbol{i}_t] \cdot diag[1 - (\tilde{\boldsymbol{c}}_t)^2] \\ &= \delta_{c_t} \circ \boldsymbol{i}_t \circ (1 - (\tilde{\boldsymbol{c}}_t)^2)\end{aligned} \quad (20.2.19)$$

$$\begin{aligned}\delta_{z_{i_t}} &= \frac{\partial loss}{\partial z_{i_t}} = \frac{\partial loss}{\partial \boldsymbol{c}_t} \cdot \frac{\partial \boldsymbol{c}_t}{\partial \boldsymbol{i}_t} \cdot \frac{\partial \boldsymbol{i}_t}{\partial z_{i_t}} \\ &= \delta_{c_t} \cdot diag[\tilde{\boldsymbol{c}}_t] \cdot diag[\boldsymbol{i}_t \circ (1 - \boldsymbol{i}_t)] \\ &= \delta_{c_t} \circ \tilde{\boldsymbol{c}}_t \circ \boldsymbol{i}_t \circ (1 - \boldsymbol{i}_t)\end{aligned} \quad (20.2.20)$$

$$\begin{aligned}\delta_{z_{f_t}} &= \frac{\partial loss}{\partial z_{f_t}} = \frac{\partial loss}{\partial \boldsymbol{c}_t} \cdot \frac{\partial \boldsymbol{c}_t}{\partial \boldsymbol{f}_t} \cdot \frac{\partial \boldsymbol{f}_t}{\partial z_{f_t}} \\ &= \delta_{c_t} \cdot diag[\boldsymbol{c}_{t-1}] \cdot diag[\boldsymbol{f}_t \circ (1 - \boldsymbol{f}_t)] \\ &= \delta_{c_t} \circ \boldsymbol{c}_{t-1} \circ \boldsymbol{f}_t \circ (1 - \boldsymbol{f}_t)\end{aligned} \quad (20.2.21)$$

于是，在 t 时刻，输出层参数的各项误差为：

$$\mathrm{d}\boldsymbol{W}_{o,t} = \frac{\partial loss}{\partial \boldsymbol{W}_{o,t}} = \frac{\partial loss}{\partial z_{o_t}} \cdot \frac{\partial z_{o_t}}{\partial \boldsymbol{W}_o} = \boldsymbol{h}_{t-1}^{\mathrm{T}} \cdot \delta_{z_{o_t}} \quad (20.2.22)$$

$$\mathrm{d}\boldsymbol{U}_{o,t} = \frac{\partial loss}{\partial \boldsymbol{U}_{o,t}} = \frac{\partial loss}{\partial \boldsymbol{z}_{o_t}} \cdot \frac{\partial \boldsymbol{z}_{o_t}}{\partial \boldsymbol{U}_o} = \boldsymbol{x}_t^{\mathrm{T}} \cdot \boldsymbol{\delta}_{z_{ot}} \quad (20.2.23)$$

$$\mathrm{d}\boldsymbol{b}_{o,t} = \frac{\partial loss}{\partial \boldsymbol{b}_{o,t}} = \frac{\partial loss}{\partial \boldsymbol{z}_{o_t}} \cdot \frac{\partial \boldsymbol{z}_{o_t}}{\partial \boldsymbol{b}_o} = \boldsymbol{\delta}_{z_{ot}} \quad (20.2.24)$$

最终误差为各时刻误差之和，则：

$$\mathrm{d}\boldsymbol{W}_o = \sum_{t=1}^{\tau} \mathrm{d}\boldsymbol{W}_{o,t} = \sum_{t=1}^{\tau} \boldsymbol{h}_{t-1}^{\mathrm{T}} \cdot \boldsymbol{\delta}_{z_{ot}} \quad (20.2.25)$$

$$\mathrm{d}\boldsymbol{U}_o = \sum_{t=1}^{\tau} \mathrm{d}\boldsymbol{U}_{o,t} = \sum_{t=1}^{\tau} \boldsymbol{x}_t^{\mathrm{T}} \cdot \boldsymbol{\delta}_{z_{ot}} \quad (20.2.26)$$

$$\mathrm{d}\boldsymbol{b}_o = \sum_{t=1}^{\tau} \mathrm{d}\boldsymbol{b}_{o,t} = \sum_{t=1}^{\tau} \boldsymbol{\delta}_{z_{ot}} \quad (20.2.27)$$

同理可得：

$$\mathrm{d}\boldsymbol{W}_c = \sum_{t=1}^{\tau} \mathrm{d}\boldsymbol{W}_{c,t} = \sum_{t=1}^{\tau} \boldsymbol{h}_{t-1}^{\mathrm{T}} \cdot \boldsymbol{\delta}_{z_{\tilde{c}t}} \quad (20.2.28)$$

$$\mathrm{d}\boldsymbol{U}_c = \sum_{t=1}^{\tau} \mathrm{d}\boldsymbol{U}_{c,t} = \sum_{t=1}^{\tau} \boldsymbol{x}_t^{\mathrm{T}} \cdot \boldsymbol{\delta}_{z_{\tilde{c}t}} \quad (20.2.29)$$

$$\mathrm{d}\boldsymbol{b}_c = \sum_{t=1}^{\tau} \mathrm{d}\boldsymbol{b}_{c,t} = \sum_{t=1}^{\tau} \boldsymbol{\delta}_{z_{\tilde{c}t}} \quad (20.2.30)$$

$$\mathrm{d}\boldsymbol{W}_i = \sum_{t=1}^{\tau} \mathrm{d}\boldsymbol{W}_{i,t} = \sum_{t=1}^{\tau} \boldsymbol{h}_{t-1}^{\mathrm{T}} \cdot \boldsymbol{\delta}_{z_{it}} \quad (20.2.31)$$

$$\mathrm{d}\boldsymbol{U}_i = \sum_{t=1}^{\tau} \mathrm{d}\boldsymbol{U}_{i,t} = \sum_{t=1}^{\tau} \boldsymbol{x}_t^{\mathrm{T}} \cdot \boldsymbol{\delta}_{z_{it}} \quad (20.2.32)$$

$$\mathrm{d}\boldsymbol{b}_i = \sum_{t=1}^{\tau} \mathrm{d}\boldsymbol{b}_{i,t} = \sum_{t=1}^{\tau} \boldsymbol{\delta}_{z_{it}} \quad (20.2.33)$$

$$\mathrm{d}\boldsymbol{W}_f = \sum_{t=1}^{\tau} \mathrm{d}\boldsymbol{W}_{f,t} = \sum_{t=1}^{\tau} \boldsymbol{h}_{t-1}^{\mathrm{T}} \cdot \boldsymbol{\delta}_{z_{ft}} \quad (20.2.34)$$

$$\mathrm{d}\boldsymbol{U}_f = \sum_{t=1}^{\tau} \mathrm{d}\boldsymbol{U}_{f,t} = \sum_{t=1}^{\tau} \boldsymbol{x}_t^{\mathrm{T}} \cdot \boldsymbol{\delta}_{z_{ft}} \quad (20.2.35)$$

$$\mathrm{d}\boldsymbol{b}_f = \sum_{t=1}^{\tau} \mathrm{d}\boldsymbol{b}_{f,t} = \sum_{t=1}^{\tau} \boldsymbol{\delta}_{z_{ft}} \quad (20.2.36)$$

当前 LSTM cell 分别向前一时刻（$t-1$）和下一层（$l-1$）传递误差，公式如下。

沿时间向前传递：

$$\begin{aligned}\delta_{h_{t-1}} &= \frac{\partial loss}{\partial \boldsymbol{h}_{t-1}} = \frac{\partial loss}{\partial \boldsymbol{z}_{ft}} \cdot \frac{\partial \boldsymbol{z}_{ft}}{\partial \boldsymbol{h}_{t-1}} + \frac{\partial loss}{\partial \boldsymbol{z}_{it}} \cdot \frac{\partial \boldsymbol{z}_{it}}{\partial \boldsymbol{h}_{t-1}} \\ &\quad + \frac{\partial loss}{\partial \boldsymbol{z}_{\tilde{c}t}} \cdot \frac{\partial \boldsymbol{z}_{\tilde{c}t}}{\partial \boldsymbol{h}_{t-1}} + \frac{\partial loss}{\partial \boldsymbol{z}_{ot}} \cdot \frac{\partial \boldsymbol{z}_{ot}}{\partial \boldsymbol{h}_{t-1}} \\ &= \delta_{z_{ft}} \cdot \boldsymbol{W}_f^\mathrm{T} + \delta_{z_{it}} \cdot \boldsymbol{W}_i^\mathrm{T} + \delta_{z_{\tilde{c}t}} \cdot \boldsymbol{W}_c^\mathrm{T} + \delta_{z_{ot}} \cdot \boldsymbol{W}_o^\mathrm{T}\end{aligned} \quad (20.2.37)$$

沿层次向下传递：

$$\begin{aligned}\delta_{x_t} &= \frac{\partial loss}{\partial \boldsymbol{x}_t} = \frac{\partial loss}{\partial \boldsymbol{z}_{ft}} \cdot \frac{\partial \boldsymbol{z}_{ft}}{\partial \boldsymbol{x}_t} + \frac{\partial loss}{\partial \boldsymbol{z}_{it}} \cdot \frac{\partial \boldsymbol{z}_{it}}{\partial \boldsymbol{x}_t} \\ &\quad + \frac{\partial loss}{\partial \boldsymbol{z}_{\tilde{c}t}} \cdot \frac{\partial \boldsymbol{z}_{\tilde{c}t}}{\partial \boldsymbol{x}_t} + \frac{\partial loss}{\partial \boldsymbol{z}_{ot}} \cdot \frac{\partial \boldsymbol{z}_{ot}}{\partial \boldsymbol{x}_t} \\ &= \delta_{z_{ft}} \cdot \boldsymbol{U}_f^\mathrm{T} + \delta_{z_{it}} \cdot \boldsymbol{U}_i^\mathrm{T} + \delta_{z_{\tilde{c}t}} \cdot \boldsymbol{U}_c^\mathrm{T} + \delta_{z_{ot}} \cdot \boldsymbol{U}_o^\mathrm{T}\end{aligned} \quad (20.2.38)$$

以上，LSTM 反向传播公式推导完毕。

20.3 LSTM的代码实现

上一节，我们学习了 LSTM 的基本原理，本小节我们用代码实现 LSTM 网络，并用含有 4 个时序的 LSTM 进行二进制减法的训练和测试。

20.3.1 LSTM单元的代码实现

下面是单个 LSTM Cell 实现的代码。

1. 初始化

初始化时需要告知 LSTM Cell 输入向量的维度和隐藏层状态向量的维度，分别为 input_size 和 hidden_size。

```
def __init__(self,input_size,hidden_size,bias=True):
    self.input_size = input_size
    self.hidden_size = hidden_size
    self.bias = bias
```

2. 前向计算

```python
def forward(self,x,h_p,c_p,W,U,b=None):
    self.get_params(W,U,b)
    self.x = x

    # caclulate each gate
    # use g instead of \tilde{c}
    self.f = self.get_gate(x,h_p,self.wf,self.uf,self.bf,Sigmoid())
    self.i = self.get_gate(x,h_p,self.wi,self.ui,self.bi,Sigmoid())
    self.g = self.get_gate(x,h_p,self.wg,self.ug,self.bg,Tanh())
    self.o = self.get_gate(x,h_p,self.wo,self.uo,self.bo,Sigmoid())
    # calculate the states
    self.c = np.multiply(self.f,c_p) + np.multiply (self.i,self.g)
    self.h = np.multiply(self.o,Tanh().forward(self.c))
```

其中，get_params 将传入参数拆分，每个门使用一个独立参数。get_gate 实现每个门的前向计算公式。

```python
def get_params(self,W,U,b=None):
        self.wf,self.wi,self.wg,self.wo = self.split_params(W,self.hidden_size)
        self.uf,self.ui,self.ug,self.uo = self.split_params(U,self.input_size)
        self.bf,self.bi,self.bg,self.bo = self.split_params((b if self.bias else np.zeros((4,self.hidden_size))) ,1)
def get_gate(self,x,h,W,U,b,activator):
    if self.bias:
        z = np.dot(h,W) + np.dot(x,U) + b
```

```python
    else:
        z = np.dot(h,W) + np.dot(x,U)
    a = activator.forward(z)
    return a
```

3. 反向传播

反向传播过程分为沿时间传播和沿层次传播两部分。dh 将误差传递给前一个时刻，dx 将误差传向下一层。

```python
def backward(self,h_p,c_p,in_grad):
        tanh = lambda x : Tanh().forward(x)

        self.dzo = in_grad * tanh(self.c) * self.o * (1 - self.o)
        self.dc = in_grad * self.o * (1 - tanh (self.c) * tanh (self.c))
        self.dzg = self.dc * self.i * (1- tanh (self.g) * tanh (self.g))
        self.dzi = self.dc * self.g * self.i * (1 - self.i)
        self.dzf = self.dc * c_p * self.f * (1 - self.f)

        self.dwo = np.dot(h_p.T,self.dzo)
        self.dwg = np.dot(h_p.T,self.dzg)
        self.dwi = np.dot(h_p.T,self.dzi)
        self.dwf = np.dot(h_p.T,self.dzf)

        self.duo = np.dot(self.x.T,self.dzo)
        self.dug = np.dot(self.x.T,self.dzg)
        self.dui = np.dot(self.x.T,self.dzi)
        self.duf = np.dot(self.x.T,self.dzf)

        if self.bias:
            self.dbo = np.sum(self.dzo,axis=0,keepdims=True)
```

```python
        self.dbg = np.sum(self.dzg,axis=0,keepdims=True)
        self.dbi = np.sum(self.dzi,axis=0,keepdims=True)
        self.dbf = np.sum(self.dzf,axis=0,keepdims=True)

    # pass to previous time step
    self.dh = np.dot(self.dzf,self.wf.T) + np.dot(self.dzi,
self.wi.T) + np.dot(self.dzg,self.wg.T) + np.dot(self.dzo,self.
wo.T)
    # pass to previous layer
    self.dx = np.dot(self.dzf,self.uf.T) + np.dot(self.dzi,
self.ui.T) + np.dot(self.dzg,self.ug.T) + np.dot(self.dzo,self.
uo.T)
```

最后，将所有拆分的参数合并，便于更新梯度。

```python
def merge_params(self):
    self.dW = np.concatenate((self.dwf,self.dwi,self.dwg,self.
dwo),axis=0)
    self.dU = np.concatenate((self.duf,self.dui,self.dug,self.
duo),axis=0)
    if self.bias:
        self.db = np.concatenate((self.dbf,self.dbi,self.dbg,
self.dbo),axis=0)
```

以上，完成了 LSTM Cell 的代码实现。

通常，LSTM 的输出会接一个线性层，得到最终预测输出，即公式（20.2.7）和（20.2.8）的内容。

下面是线性单元的实现代码。

```python
class LinearCell_1_2(object):
    def __init__(self,input_size,output_size,activator=None,
bias=True):
        self.input_size = input_size
```

```python
        self.output_size = output_size
        self.bias = bias
        self.activator = activator

    def forward(self,x,V,b=None):
        self.x = x
        self.batch_size = self.x.shape[0]
        self.V = V
        self.b = b if self.bias else np.zeros((self.output_size))
        self.z = np.dot(x,V) + b
        if self.activator:
            self.a = self.activator.forward(self.z)


    def backward(self,in_grad):
        self.dz = in_grad
        self.dV = np.dot(self.x.T,self.dz)
        if self.bias:
            # in the sake of backward in batch
            self.db = np.sum(self.dz,axis=0,keepdims=True)
        self.dx = np.dot(self.dz,self.V.T)
```

20.3.2 用LSTM训练网络

我们以前面讲过的4位二进制减法为例，验证LSTM网络的正确性。

该实例需要4个时间步（time steps），我们搭建一个含有4个LSTM单元的单层网络，连接一个线性层，提供最终预测输出。网络结构如图20-5所示。

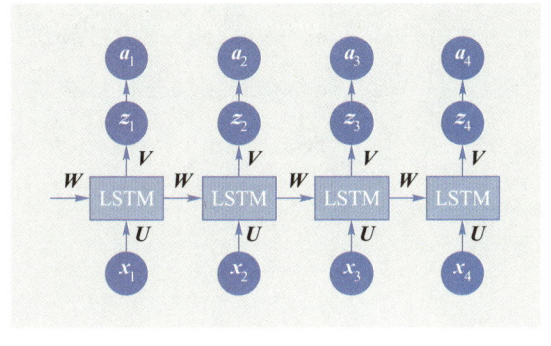

图 20-5 训练网络结构示意图

网络初始化，前向计算，反向传播的代码如下。

```python
class net(object):
    def __init__(self,dr,input_size,hidden_size,output_size,bias=True):
        self.dr = dr
        self.loss_fun = LossFunction_1_1(NetType.BinaryClassifier)
        self.loss_trace = TrainingHistory_3_0()
        self.times = 4
        self.input_size = input_size
        self.hidden_size = hidden_size
        self.output_size = output_size
        self.bias = bias
        self.lstmcell = []
        self.linearcell = []
        #self.a = []
        for i in range(self.times):
            self.lstmcell.append(LSTMCell_1_2 (input_size,hidden_size,bias=bias))
            self.linearcell.append(LinearCell_1_2 (hidden_size,output_size,Logistic(),bias=bias))
            #self.a.append((1,self.output_size))

    def forward(self,X):
        hp = np.zeros((1,self.hidden_size))
        cp = np.zeros((1,self.hidden_size))
        for i in range(self.times):
            self.lstmcell[i].forward(X[:,i],hp,cp,self.W,self.U,self.bh)
            hp = self.lstmcell[i].h
            cp = self.lstmcell[i].c
            self.linearcell[i].forward(hp,self.V,self.b)
            #self.a[i] = Logistic().forward(self.linearcell[i].z)
```

在反向传播的过程中，不同时间步，误差的来源不同。最后的时间步，传入误差只来自输出层的误差 dx。其他时间步的误差来自于两个方向 dh 和 dx（时间和层次）。第一个时间步，传入的状态 h0，c0 皆为 0。

```python
def backward(self,Y):
    hp = []
    cp = []
    # The last time step:
    tl = self.times-1
    dz = self.linearcell[tl].a - Y[:,tl:tl+1]
    self.linearcell[tl].backward(dz)
    hp = self.lstmcell[tl-1].h
    cp = self.lstmcell[tl-1].c
    self.lstmcell[tl].backward(hp,cp,self.linearcell[tl].dx)
    # Middle time steps:
    dh = []
    for i in range(tl-1,0,-1):
        dz = self.linearcell[i].a - Y[:,i:i+1]
        self.linearcell[i].backward(dz)
        hp = self.lstmcell[i-1].h
        cp = self.lstmcell[i-1].c
        dh = self.linearcell[i].dx + self.lstmcell[i+1].dh
        self.lstmcell[i].backward(hp,cp,dh)
    # The first time step:
    dz = self.linearcell[0].a - Y[:,0:1]
    self.linearcell[0].backward(dz)
    dh = self.linearcell[0].dx + self.lstmcell[1].dh
    self.lstmcell[0].backward(np.zeros((self.batch_size,self.hidden_size)),np.zeros((self.batch_size,self.hidden_size)),dh)
```

下面就可以开始训练了，训练部分主要分为初始化参数，训练网络，更新参数和计算误差几个部分。主要代码如下。

```python
def train(self,batch_size,checkpoint=0.1):
    self.batch_size = batch_size
    max_epoch = 100
    eta = 0.1
    # Try different initialize method
    #self.U = np.random.random((4 * self.input_size,self.hidden_size))
    #self.W = np.random.random((4 * self.hidden_size,self.hidden_size))
    self.U = self.init_params_uniform((4 * self.input_size,self.hidden_size))
    self.W = self.init_params_uniform((4 * self.hidden_size,self.hidden_size))
    self.V = np.random.random((self.hidden_size,self.output_size))
    self.bh = np.zeros((4,self.hidden_size))
    self.b = np.zeros((self.output_size))

    max_iteration = math.ceil(self.dr.num_train/batch_size)
    checkpoint_iteration = (int)(math.ceil(max_iteration * checkpoint))

    for epoch in range(max_epoch):
        self.dr.Shuffle()
        for iteration in range(max_iteration):
            # get data
            batch_x,batch_y = self.dr.GetBatchTrainSamples(batch_size,iteration)
            # forward
            self.forward(batch_x)
            self.backward(batch_y)
            # update
            for i in range(self.times):
```

```
                        self.lstmcell[i].merge_params()
                        self.U = self.U - self.lstmcell[i].dU * eta /self.
batch_size
                        self.W = self.W - self.lstmcell[i].dW * eta /self.
batch_size
                        self.V = self.V - self.linearcell[i].dV * eta /
self.batch_size
                    if self.bias:
                        self.bh = self.bh - self.lstmcell[i].db * eta /self.
batch_size
                        self.b = self.b - self.linearcell[i].db * eta /self.
batch_size

                # check loss
                total_iteration = epoch * max_iteration + iteration
                if (total_iteration+1) % checkpoint_iteration == 0:
                    X,Y = self.dr.GetValidationSet()
                    loss,acc,_ = self.check_loss(X,Y)
                    self.loss_trace.Add(epoch,total_iteration,None,None,
loss,acc,None)
                    print(epoch,total_iteration)
                    print(str.format("loss={0:6f},acc={1:6f}",loss,acc))
                #end if
            #enf for
        if (acc == 1.0):
            break
    #end for
    self.loss_trace.ShowLossHistory("Loss and Accuracy", XCoor-
dinate.Iteration)
```

20.3.3 最终结果

图 20-6 展示了训练过程，以及损失函数和准确率的曲线变化。

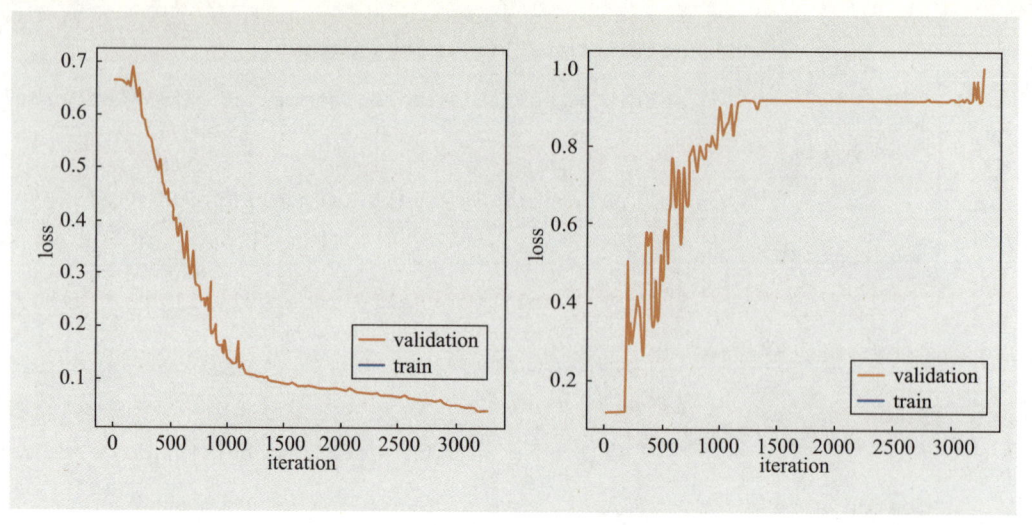

图 20-6 损失函数和准确率的曲线变化图

该模型在验证集上可得 100% 的正确率。随机测试样例预测值与真实值完全一致，网络正确性得到验证。

```
  x1: [1,1,0,1]
- x2: [1,0,0,1]
------------------
true: [0,1,0,0]
pred: [0,1,0,0]
13 - 9 = 4
===================
  x1: [1,0,0,0]
- x2: [0,1,0,1]
------------------
true: [0,0,1,1]
pred: [0,0,1,1]
8 - 5 = 3
===================
  x1: [1,1,0,0]
- x2: [1,0,0,1]
------------------
true: [0,0,1,1]
pred: [0,0,1,1]
12 - 9 = 3
```

代码位置

ch20，Level1

思考与练习

1. 本例中都使用了 bias 参数，如果去掉 bias（即 bh，b 皆为 0）效果如何。

2. 用不同的方式初始化权重 W，U，比较不同的结果。

3. 使用不同 batch_size，比较不同结果。

20.4　GRU 的基本原理

20.4.1　GRU 的基本概念

LSTM 存在很多变体，其中门控循环单元（gated recurrent unit，GRU）是最常见的一种，也是目前比较流行的一种。GRU 是由 Cho 等人在 2014 年提出的，它对 LSTM 做了一些简化。

（1）GRU 将 LSTM 原来的三个门简化成为两个：重置门 r_t（reset gate）和更新门 z_t（update gate）。

（2）GRU 不保留单元状态 c_t，只保留隐藏状态 h_t 作为单元输出，这样就和传统 RNN 的结构保持一致。

（3）重置门直接作用于前一时刻的隐藏状态 h_{t-1}。

20.4.2　GRU 的前向计算

1. GRU 的单元结构

图 20-7 展示了 GRU 的单元结构。

GRU 单元的前向计算公式如下。

（1）更新门

$$z_t = \sigma(h_{t-1} \cdot W_z + x_t \cdot U_z) \quad （20.4.1）$$

（2）重置门

$$r_t = \sigma(h_{t-1} \cdot W_r + x_t \cdot U_r) \quad （20.4.2）$$

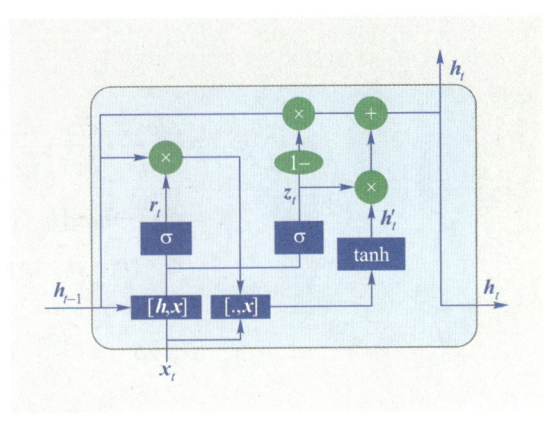

图 20-7　GRU 单元结构图

（3）候选隐藏藏状态

$$\tilde{h}_t = \tanh((r_t \circ h_{t-1}) \cdot W_h + x_t \cdot U_h) \quad （20.4.3）$$

（4）隐藏层状态

$$h = (1-z_t) \circ h_{t-1} + z_t \circ \tilde{h}_t \tag{20.4.4}$$

2. GRU的原理浅析

从上面的公式可以看出，GRU通过更新门和重置门控制长期状态的遗忘和保留，以及当前输入信息的选择。更新门和重置门通过 $sigmoid$ 函数，将输入信息映射到 [0，1] 区间，实现门控功能。

首先，上一时刻的状态 h_{t-1} 通过重置门，加上当前时刻输入信息，共同构成当前时刻的即时状态 $\tilde{h}_t$，并通过 tanh 函数将其值映射到 [-1，1] 区间。

然后，通过更新门实现遗忘和记忆两个部分。从隐藏状态的公式可以看出，通过 z_t 进行选择性的遗忘和记忆。（$1-z_t$）和 z_t 有联动关系，上一时刻信息遗忘的越多，当前信息记住的就越多，实现了 LSTM 中 f_t 和 i_t 的功能。

20.4.3　GRU的反向传播

学习了 LSTM 的反向传播的推导，GRU 的推导就相对简单了。我们仍然以 l 层 t 时刻的 GRU 单元为例，推导反向传播过程。

同 LSTM，令 l 层 t 时刻传入误差为 δ_t^l，为下一时刻传入误差 $\delta_{h_t}^l$ 和上一层传入误差 $\delta_{x_t}^{l+1}$ 之和，简写为 δ_t。

令：

$$z_{zt} = h_{t-1} \cdot W_z + x_t \cdot U_z \tag{20.4.5}$$

$$z_{rt} = h_{t-1} \cdot W_r + x_t \cdot U_r \tag{20.4.6}$$

$$z_{\tilde{h}t} = (r_t \circ h_{t-1}) \cdot W_h + x_t \cdot U_h \tag{20.4.7}$$

则：

$$\begin{aligned}\delta_{z_{zt}} &= \frac{\partial loss}{\partial h_t} \cdot \frac{\partial h_t}{\partial z_t} \cdot \frac{\partial z_t}{\partial z_{z_t}} \\ &= \delta_t \cdot (-diag[h_{t-1}] + diag[\tilde{h}_t]) \cdot diag[z_t \circ (1-z_t)] \\ &= \delta_t \circ (\tilde{h}_t - h_{t-1}) \circ z_t \circ (1-z_t)\end{aligned} \tag{20.4.8}$$

$$\begin{aligned}\delta_{z_{\tilde{h}t}} &= \frac{\partial loss}{\partial h_t} \cdot \frac{\partial h_t}{\partial \tilde{h}_t} \cdot \frac{\partial \tilde{h}_t}{\partial z_{ht}} \\ &= \delta_t \cdot diag[z_t] \cdot diag[1-(\tilde{h}_t)^2] \\ &= \delta_t \circ z_t \circ (1-(\tilde{h}_t)^2)\end{aligned} \tag{20.4.9}$$

$$\begin{aligned}\delta_{z_{rt}} &= \frac{\partial loss}{\partial \tilde{h}_t} \cdot \frac{\partial \tilde{h}_t}{\partial z_{\tilde{h}_t}} \cdot \frac{\partial z_{\tilde{h}_t}}{\partial r_t} \cdot \frac{\partial r_t}{\partial z_{r_t}} \\ &= \delta_{z_{\tilde{h}_t}} \cdot W_h^{\mathrm{T}} \cdot diag[h_{t-1}] \cdot diag[r_t \circ (1-r_t)] \\ &= \delta_{z_{\tilde{h}_t}} \cdot W_h^{\mathrm{T}} \circ h_{t-1} \circ r_t \circ (1-r_t) \end{aligned} \qquad (20.4.10)$$

由此可求出，t 时刻各个可学习参数的误差如下。

$$\mathrm{d}W_{h,t} = \frac{\partial loss}{\partial z_{\tilde{h}_t}} \cdot \frac{\partial z_{\tilde{h}_t}}{\partial W_h} = (r_t \circ h_{t-1})^{\mathrm{T}} \cdot \delta_{z_{\tilde{h}_t}} \qquad (20.4.11)$$

$$\mathrm{d}U_{h,t} = \frac{\partial loss}{\partial z_{\tilde{h}_t}} \cdot \frac{\partial z_{\tilde{h}_t}}{\partial U_h} = x_t^{\mathrm{T}} \cdot \delta_{z_{\tilde{h}t}} \qquad (20.4.12)$$

$$\mathrm{d}W_{r,t} = \frac{\partial loss}{\partial z_{r_t}} \cdot \frac{\partial z_{r_t}}{\partial W_r} = h_{t-1}^{\mathrm{T}} \cdot \delta_{z_{rt}} \qquad (20.4.13)$$

$$\mathrm{d}U_{r,t} = \frac{\partial loss}{\partial z_{r_t}} \cdot \frac{\partial z_{r_t}}{\partial U_r} = x_t^{\mathrm{T}} \cdot \delta_{z_{rt}} \qquad (20.4.14)$$

$$\mathrm{d}W_{z,t} = \frac{\partial loss}{\partial z_{z_t}} \cdot \frac{\partial z_{z_t}}{\partial W_z} = h_{t-1}^{\mathrm{T}} \cdot \delta_{z_{zt}} \qquad (20.4.15)$$

$$\mathrm{d}U_{z,t} = \frac{\partial loss}{\partial z_{z_t}} \cdot \frac{\partial z_{z_t}}{\partial U_z} = x_t^{\mathrm{T}} \cdot \delta_{z_{zt}} \qquad (20.4.16)$$

可学习参数的最终误差为各个时刻误差之和，即：

$$\mathrm{d}W_h = \sum_{t=1}^{\tau} \mathrm{d}W_{h,t} = \sum_{t=1}^{\tau} (r_t \circ h_{t-1})^{\mathrm{T}} \cdot \delta_{z_{\tilde{h}t}} \qquad (20.4.17)$$

$$\mathrm{d}U_h = \sum_{t=1}^{\tau} \mathrm{d}U_{h,t} = \sum_{t=1}^{\tau} x_t^{\mathrm{T}} \cdot \delta_{z_{\tilde{h}t}} \qquad (20.4.18)$$

$$\mathrm{d}W_r = \sum_{t=1}^{\tau} \mathrm{d}W_{r,t} = \sum_{t=1}^{\tau} h_{t-1}^{\mathrm{T}} \cdot \delta_{z_{rt}} \qquad (20.4.19)$$

$$\mathrm{d}U_r = \sum_{t=1}^{\tau} \mathrm{d}U_{r,t} = \sum_{t=1}^{\tau} x_t^{\mathrm{T}} \cdot \delta_{z_{rt}} \qquad (20.4.20)$$

$$\mathrm{d}W_z = \sum_{t=1}^{\tau} \mathrm{d}W_{z,t} = \sum_{t=1}^{\tau} h_{t-1}^{\mathrm{T}} \cdot \delta_{z_{zt}} \qquad (20.4.21)$$

$$\mathrm{d}U_z = \sum_{t=1}^{\tau} \mathrm{d}U_{z,t} = \sum_{t=1}^{\tau} x_t^{\mathrm{T}} \cdot \delta_{z_{zt}} \qquad (20.4.22)$$

当前 GRU cell 分别向前一时刻（t–1）和下一层（l–1）传递误差，公式如下。

（1）沿时间向前传递

$$\begin{aligned}\delta_{h_{t-1}} &= \frac{\partial loss}{\partial \boldsymbol{h}_{t-1}} = \frac{\partial loss}{\partial \boldsymbol{h}_t} \cdot \frac{\partial \boldsymbol{h}_t}{\partial \boldsymbol{h}_{t-1}} + \frac{\partial loss}{\partial \boldsymbol{z}_{\tilde{h}_t}} \cdot \frac{\partial \boldsymbol{z}_{\tilde{h}_t}}{\partial \boldsymbol{h}_{t-1}} \\ &\quad + \frac{\partial loss}{\partial \boldsymbol{z}_{rt}} \cdot \frac{\partial \boldsymbol{z}_{rt}}{\partial \boldsymbol{h}_{t-1}} + \frac{\partial loss}{\partial \boldsymbol{z}_{zt}} \cdot \frac{\partial \boldsymbol{z}_{zt}}{\partial \boldsymbol{h}_{t-1}} \\ &= \delta_t \circ (1-\boldsymbol{z}_t) + \delta_{z_{\tilde{h}_t}} \cdot \boldsymbol{W}_h^{\mathrm{T}} \circ \boldsymbol{r}_t \\ &\quad + \delta_{z_{rt}} \cdot \boldsymbol{W}_r^{\mathrm{T}} + \delta_{z_{zt}} \cdot \boldsymbol{W}_z^{\mathrm{T}}\end{aligned} \quad (20.4.23)$$

（2）沿层次向下传递

$$\begin{aligned}\delta_{x_t} &= \frac{\partial loss}{\partial \boldsymbol{x}_t} = \frac{\partial loss}{\partial \boldsymbol{z}_{\tilde{h}_t}} \cdot \frac{\partial \boldsymbol{z}_{\tilde{h}_t}}{\partial \boldsymbol{x}_t} \\ &\quad + \frac{\partial loss}{\partial \boldsymbol{z}_{r_t}} \cdot \frac{\partial \boldsymbol{z}_{r_t}}{\partial \boldsymbol{x}_t} + \frac{\partial loss}{\partial \boldsymbol{z}_{z_t}} \cdot \frac{\partial \boldsymbol{z}_{z_t}}{\partial \boldsymbol{x}_t} \\ &= \delta_{z_{\tilde{h}_t}} \cdot \boldsymbol{U}_h^{\mathrm{T}} + \delta_{z_{rt}} \cdot \boldsymbol{U}_r^{\mathrm{T}} + \delta_{z_{zt}} \cdot \boldsymbol{U}_z^{\mathrm{T}}\end{aligned} \quad (20.4.24)$$

以上，GRU 反向传播公式推导完毕。

20.4.4 代码实现

本节进行了 GRU 网络单元前向计算和反向传播的实现，没有引入实例。具体可参照代码库中内容。

代码位置

ch20，Level2

思考与练习

1. 仿照 LSTM 的实现方式，实现 GRU 单元的前向计算和反向传播。
2. 仿照 LSTM 的实例，使用 GRU 进行训练，并比较效果。

20.5 序列到序列模型

序列到序列模型是重要的模型结构，在自然语言处理中应用广泛。本小节对序列到序列模型的提出和结构进行简要介绍，没有涉及代码实现部分。

20.5.1 提出问题

前面章节讲到的 RNN 模型和实例，都属于序列预测问题，或是通过序列中一个时间步的输入值，预测下一个时间步输出值（如二进制减法问题）；或是对所有输入序列得到一个输出作为分类（如名字分类问题）。他们的共同特点是：输出序列与输入序列等长，或输出长度为 1。

还有一类序列预测问题，以序列作为输入，需要输出也是序列，并且输入和输出序列长度不确定，并不断变化。这类问题被称为序列到序列（Seq2Seq）预测问题。

序列到序列问题有很多应用场景，例如机器翻译、问答系统、文档摘要生成等。简单的 RNN 或 LSRM 结构无法处理这类问题，于是科学家们提出了一种新的结构——编码解码（encoder-decoder）结构。

20.5.2 编码解码结构

编码解码结构的处理流程非常简单直观。图 20-8 为编码解码结构示意图。输入序列和输出序列分别为中文语句和翻译之后的英文语句，它们的长度不一定相同。通常会将输入序列嵌入成一定维度的向量，传入编码器。

编码器将输入序列编码成为固定长度的状态向量，通常称为语义编码向量。解码器将语义编码向量作为原始输入，解码成所需要的输出序列。

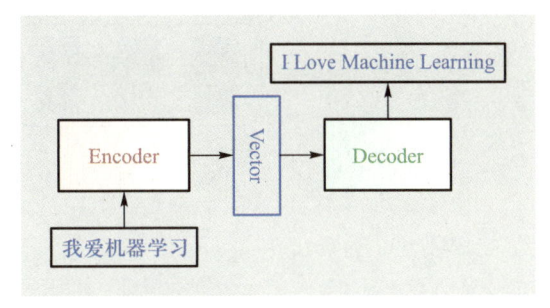

图 20-8　编码解码结构示意图

在具体实现中，编码器、解码器可以有不同选择，可自由组合。常见的选择有 CNN、RNN、GRU、LSTM 等。应用编码解码结构，可构建出序列到序列模型。

20.5.3 序列到序列模型（Seq2Seq）

Seq2Seq 模型有两种常见结构。以 RNN 网络作为编码和解码器来进行讲解。图 20-9 和图 20-10 分别展示了这两种结构。

1. 编码过程

两种结构的编码过程完全一致。

RNN 网络中，每个时间节点隐藏层状态为：

$$h_t = f(h_{t-1}, x_t), \quad t \in [1,3]$$

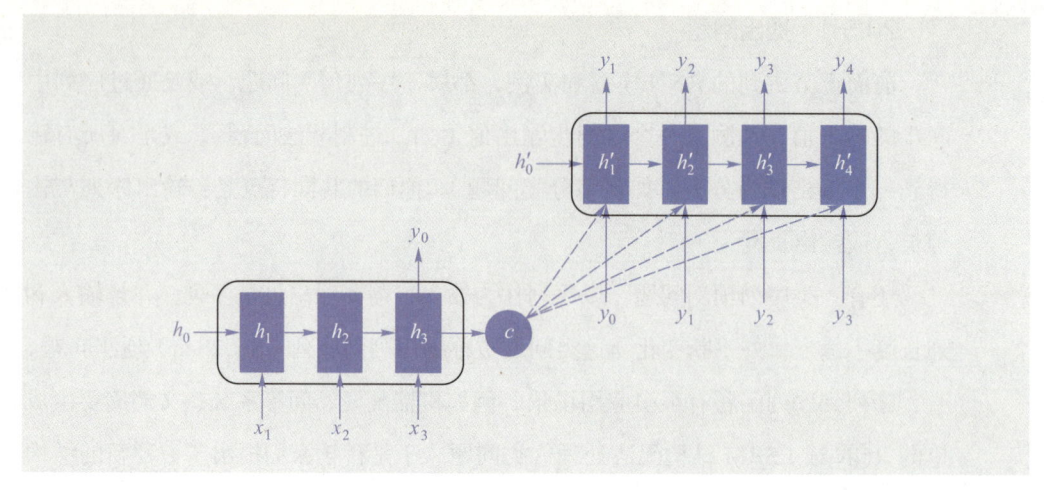

图 20-9　Seq2Seq 结构一

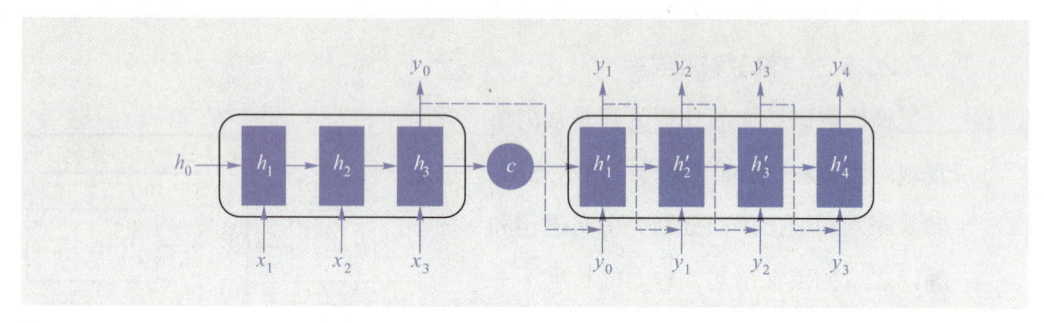

图 20-10　Seq2Seq 结构二

编码器中输出的语义编码向量可以有三种不同选取方式，分别是：

$$c = h_3$$
$$c = g(h_3)$$
$$c = g(h1, h2, h3)$$

2. 解码过程

两种结构解码过程的不同点在于，语义编码向量是否应用于每一时刻输入。

第一种结构，每一时刻的输出 y_t 由前一时刻的输出 y_{t-1}、前一时刻的隐藏层状态 h'_{t-1} 和 c 共同决定，即：$y_t = f(y_{t-1}, h'_{t-1}, c)$。

第二种结构，c 只作为初始状态传入解码器，并不参与每一时刻的输入，即：

$$\begin{cases} y_1 = f(y_0, h'_0, c) \\ y_t = f(y_{t-1}, h'_{t-1}), \quad t \in [2, 4] \end{cases}$$

以上是序列到序列模型的结构简介。

结束语

亲爱的读者，读到这里，你已经正式迈进了"智能之门"。感觉如何？再来回顾一下本书的学习之路。

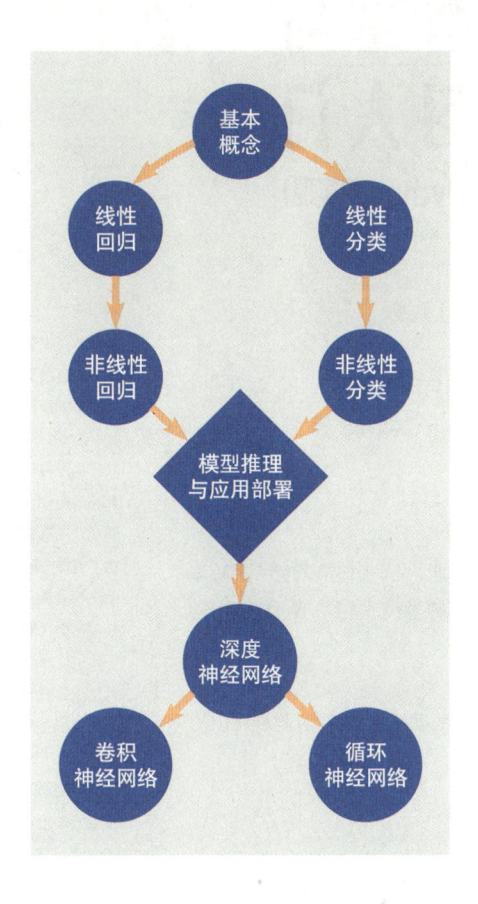

```
            基本
            概念
           ↙    ↘
         线性      线性
         回归      分类
          ↓        ↓
         非线性    非线性
         回归      分类
           ↘    ↙
          模型推理
          与应用部署
            ↓
          深度
          神经网络
          ↙    ↘
        卷积      循环
       神经网络   神经网络
```

当前，深度学习的科学研究和工程实践都在不断发展中，你通过对本书内容的学习，已经掌握了深度学习中基本的知识框架，接下来可以选择自己感兴趣的方向继续钻研。本书配套的网上社区——"微软人工智能教育与学习共建社区"也在不断更新中，通过该社区，你可以和我们分享人工智能学习之路上的问题与心得，也可以和我们分享 AI 应用开发之路上的疑惑和感悟。

微软人工智能教育
与学习共建社区

智能之门
神经网络与深度学习入门
（基于Python的实现）

Zhineng Zhi Men
Shenjing Wangluo yu Shendu Xuexi Rumen

胡晓武　秦婷婷　李超　邹欣　编著

图书在版编目（CIP）数据

智能之门：神经网络与深度学习入门：基于Python的实现/胡晓武等编著. -- 北京：高等教育出版社，2020.12
ISBN 978-7-04-054141-0

Ⅰ.①智… Ⅱ.①胡… Ⅲ.①人工神经网络-高等学校-教材 ②机器学习-高等学校-教材 Ⅳ.①TP183 ②TP181

中国版本图书馆CIP数据核字（2020）第095060号

郑重声明

高等教育出版社依法对本书享有专有出版权。任何未经许可的复制、销售行为均违反《中华人民共和国著作权法》，其行为人将承担相应的民事责任和行政责任；构成犯罪的，将被依法追究刑事责任。为了维护市场秩序，保护读者的合法权益，避免读者误用盗版书造成不良后果，我社将配合行政执法部门和司法机关对违法犯罪的单位和个人进行严厉打击。社会各界人士如发现上述侵权行为，希望及时举报，本社将奖励举报有功人员。

反盗版举报电话
（010）58581999　58582371
58582488

反盗版举报传真
（010）82086060

反盗版举报邮箱
dd@hep.com.cn

通信地址
北京市西城区德外大街4号
高等教育出版社法律事务
与版权管理部
邮政编码　100120

防伪查询说明
用户购书后刮开封底防伪涂层，利用手机微信等软件扫描二维码，会跳转至防伪查询网页，获取所购图书详细信息。也可将防伪二维码下的20位密码按从左到右、从上到下的顺序发送短信至106695881280，免费查询所购图书真伪。

反盗版短信举报
编辑短信"JB，图书名称，出版社，购买地点"发送至10669588128
防伪客服电话
（010）58582300

策划编辑　韩　飞
责任编辑　韩　飞
封面设计　姜　磊
版式设计　张申申
责任校对　陈　杨
责任印制　赵义民

出版发行　高等教育出版社
社　址　北京市西城区德外大街4号
邮政编码　100120
购书热线　010-58581118
咨询电话　400-810-0598
网　址　http://www.hep.edu.cn
　　　　http://www.hep.com.cn
网上订购　http://www.hepmall.com.cn
　　　　http://www.hepmall.com
　　　　http://www.hepmall.cn

印　刷　北京盛通印刷股份有限公司
开　本　787mm×1092mm　1/16
印　张　28.25
字　数　540千字
版　次　2020年12月第1版
印　次　2020年12月第1次印刷
定　价　69.00元

本书如有缺页、倒页、脱页等质量问题，请到所购图书销售部门联系调换

版权所有　侵权必究
物料号 54141-00